ZHIYE JINENG PEIXUN JIANDING JIAOCAI

■ 职业技能培训鉴定教材 ■

装配钳工
ZHUANGPEI QIANGONG

（技师 高级技师）

主 编 徐洪义
编 者 李金华 朱 勇 邢怀喜
　　　　苗金龙
主 审 徐树贵

中国劳动社会保障出版社

图书在版编目(CIP)数据

装配钳工：技师　高级技师/劳动和社会保障部教材办公室组织编写. —北京：中国劳动社会保障出版社，2008
职业技能培训鉴定教材
ISBN 978-7-5045-6798-7

Ⅰ. 装… Ⅱ. 劳… Ⅲ. 安装钳工-职业技能鉴定-教材　Ⅳ. TG946

中国版本图书馆 CIP 数据核字(2008)第 053848 号

中国劳动社会保障出版社出版发行

(北京市惠新东街 1 号　邮政编码：100029)
出 版 人：张梦欣

*

北京谊兴印刷有限公司印刷装订　新华书店经销
787 毫米×1092 毫米　16 开本　20 印张　428 千字
2008 年 5 月第 1 版　2023 年 12 月第 16 次印刷
定价：35.00 元

营销中心电话：400-606-6496
出版社网址：http://www.class.com.cn

版权专有　侵权必究
如有印装差错，请与本社联系调换：(010)81211666
我社将与版权执法机关配合，大力打击盗印、销售和使用盗版图书活动，敬请广大读者协助举报，经查实将给予举报者奖励。
举报电话：(010)64954652

内容简介

本教材由劳动和社会保障部教材办公室组织编写。教材以《国家职业标准·装配钳工》为依据，紧紧围绕"以企业需求为导向，以职业能力为核心"的编写理念，力求突出职业技能培训特色，满足职业技能培训与鉴定考核的需要。

本教材详细介绍了装配钳工技师和高级技师要求掌握的最新实用知识和技术。全书分为技师和高级技师两个部分，主要内容包括：工艺准备、加工与装配、装配质量检验、培训与指导、管理。每一单元后安排了单元测试题及答案，每一级别后提供了理论知识和操作技能考核试卷，供读者巩固、检验学习效果时参考使用。

本教材是装配钳工技师和高级技师职业技能培训与鉴定考核用书，也可供相关人员参加在职培训、岗位培训使用。

前言

1994年以来，劳动和社会保障部职业技能鉴定中心、教材办公室和中国劳动社会保障出版社组织有关方面专家，依据《中华人民共和国职业技能鉴定规范》，编写出版了职业技能鉴定教材及其配套的职业技能鉴定指导200余种，作为考前培训的权威性教材，受到全国各级培训、鉴定机构的欢迎，有力地推动了职业技能鉴定工作的开展。

劳动保障部从2000年开始陆续制定并颁布了国家职业标准。同时，社会经济、技术不断发展，企业对劳动力素质提出了更高的要求。为了适应新形势，为各级培训、鉴定部门和广大受培训者提供优质服务，教材办公室组织有关专家、技术人员和职业培训教学管理人员、教师，依据国家职业标准和企业对各类技能人才的需求，研发了职业技能培训鉴定教材。

新编写的教材具有以下主要特点：

在编写原则上，突出以职业能力为核心。教材编写贯穿"以职业标准为依据，以企业需求为导向，以职业能力为核心"的理念，依据国家职业标准，结合企业实际，反映岗位需求，突出新知识、新技术、新工艺、新方法，注重职业能力培养。凡是职业岗位工作中要求掌握的知识和技能，均作详细介绍。

在使用功能上，注重服务于培训和鉴定。根据职业发展的实际情况和培训需求，教材力求体现职业培训的规律，反映职业技能鉴定考核的基本要求，满足培训对象参加各级各类鉴定考试的需要。

在编写模式上，采用分级模块化编写。纵向上，教材按照国家职业资格等级单独成册，各等级合理衔接、步步提升，为技能人才培养搭建科学的阶梯型培训架构。横向上，教材按照职业功能分模块展开，安排足量、适用的内容，贴近生产实际，贴近培训对象需要，贴近市场需求。

装配钳工（技师　高级技师）

　　在内容安排上，增强教材的可读性。为便于培训、鉴定部门在有限的时间内把最重要的知识和技能传授给培训对象，同时也便于培训对象迅速抓住重点，提高学习效率，在教材中精心设置了"培训目标""考核要点"等栏目，以提示应该达到的目标，需要掌握的重点、难点、鉴定点和有关的扩展知识。另外，每个学习单元后安排了单元测试题，每个级别的教材都提供了理论知识和操作技能考核试卷，方便培训对象及时巩固、检验学习效果，并对本职业鉴定考核形式有初步的了解。

　　本书在编写过程中得到天津市职业技能培训研究室的大力支持和热情帮助，在此一并致以诚挚的谢意。

　　编写教材有相当的难度，是一项探索性工作。由于时间仓促，不足之处在所难免，恳切希望各使用单位和个人对教材提出宝贵意见，以便修订时加以完善。

劳动和社会保障部教材办公室

目 录

第一部分 装配钳工技师

第1单元 工艺准备 /3-74

第一节 读图与绘图 /5
- 一、CK3263B 型数控车床传动系统图
- 二、M1432A 型万能外圆磨床的液压系统图
- 三、复杂零件的测绘
- 四、气压传动
- 五、机床夹具设计基础

第二节 编制装配工艺 /53
- 一、编制 M7120A 型平面磨床磨头的装配工艺
- 二、与装配钳工相关的新知识

单元考核要点 /69

单元测试题 /70

单元测试题答案 /73

第2单元 加工与装配 /75-105

第一节 刮削与研磨 /77
- 一、刮削
- 二、研磨

第二节 装配与调整 /83
- 一、齿轮磨床的装配
- 二、大型设备的装配
- 三、数控机床的装配、安装与调试

单元考核要点 /100

单元测试题 /100

单元测试题答案 /105

第3单元 装配质量检验 /107－155

第一节 高精度测量仪器及其应用 /109
一、常用精密测量仪器及其应用
二、机械装配的精度测量

第二节 机械振动和零部件的平衡 /127
一、机械振动
二、旋转零部件的平衡

第三节 齿轮磨床空运转试验中的常见故障及排除 /147

第四节 坐标镗床加工试件产生不合格项的原因及排除方法 /151

单元考核要点 /153
单元测试题 /153
单元测试题答案 /155

第4单元 培训与指导 /157－161
一、理论培训的目的
二、理论培训的基本要求
三、理论培训的方法

单元考核要点 /160
单元测试题 /161
单元测试题答案 /161

第5单元 管理 /163－180

第一节 质量管理 /165
一、相关质量标准
二、质量分析与控制方法

第二节 生产管理基本知识 /175
一、组织人员协同作业
二、协助部门领导进行生产计划、调度及人员的管理

单元考核要点 /179
单元测试题 /180
单元测试题答案 /180

理论知识考核试卷 /181
理论知识考核试卷答案 /186
操作技能考核试卷（一） /188
操作技能考核试卷（二） /193

第二部分　装配钳工高级技师

第6单元　工艺准备　/197-245

第一节　读图与绘图 /199
一、读TK4163B型单柱数控坐标镗床传动系统图
二、平面磨床液压系统
三、机床专用夹具的设计
四、第三角画法
五、专业英语基础

第二节　编制装配工艺 /238
一、坐标镗床部件的总装配工艺要求
二、坐标床面部件的总装配工艺

单元考核要点 /243
单元测试题 /243
单元测试题答案 /245

第7单元　加工与装配　/247-274

第一节　研磨 /249
一、螺纹环规和丝杆的研磨
二、研磨特殊材料工件

第二节　装配与调整 /253
一、机床液压系统的安装
二、机床液压系统的调试
三、液压系统的维护保养
四、液压系统常见故障及排除方法
五、数控机床主传动系统的结构原理、常见故障及排除方法
六、进给系统的常见故障及排除方法

单元考核要点 /267
单元测试题 /267
单元测试题答案 /273

第8单元　装配质量检验　/275-295

第一节　噪声的检测 /277
一、噪声的概念
二、噪声的测量
三、降低噪声的途径

第二节　零件的探伤检验法 /280
　　一、超声波探伤
　　二、X射线探伤
　　三、磁粉探伤
　　四、渗透探伤
第三节　螺纹磨床加工试件表面产生波纹的分析 /283
第四节　刨齿机床常见的振动、噪声、加工波纹的分析 /285
单元考核要点 /287
单元测试题 /287
单元测试题答案 /288

第9单元　培训与指导 /289－295

　　一、培训讲义的基本要求
　　二、编写培训讲义的方法
　　三、培训讲义编写范例
单元考核要点 /295
单元测试题 /295
单元测试题答案 /295

理论知识考核试卷　/296
理论知识考核试卷答案　/302
操作技能考核试卷　/304

附录　常用标牌规范英汉对照　/307

第一部分

装配钳工技师

第1单元

工艺准备

- 第一节　读图与绘图 /5
- 第二节　编制装配工艺 /53

工艺准备是装配钳工重要的技术基础知识。本单元详细介绍了 CK3263B 型数控车床传动系统、M1432A 型万能外圆磨床的液压系统以及复杂零件测绘的一般方法。本单元还以平面磨床磨头为例介绍了精密、复杂部件装配工艺的编制方法，并对与装配钳工相关的新知识，如滚珠丝杠副的装配、静压丝杠螺母副传动的装配以及贴塑导轨的装配方法都做了较为详细的介绍。

第一节 读图与绘图

→ 掌握复杂设备及数控设备的读图方法
→ 熟悉工件定位的基本原理,并能够分析工件的定位方法和计算定位误差

一、CK3263B型数控车床传动系统图

图1—1所示为CK3263B型数控车床的传动系统图。主电动机M_1为直流电动机,额定功率为37 kW,额定转速为1 150 r/min,最低转速为252 r/min,最高转速为2 660 r/min。转速在1 150～2 660 r/min范围内为恒功率调速;在252～1 150 r/min范围内为恒转矩调速,最大输出转矩维持额定转速时的转矩不变。

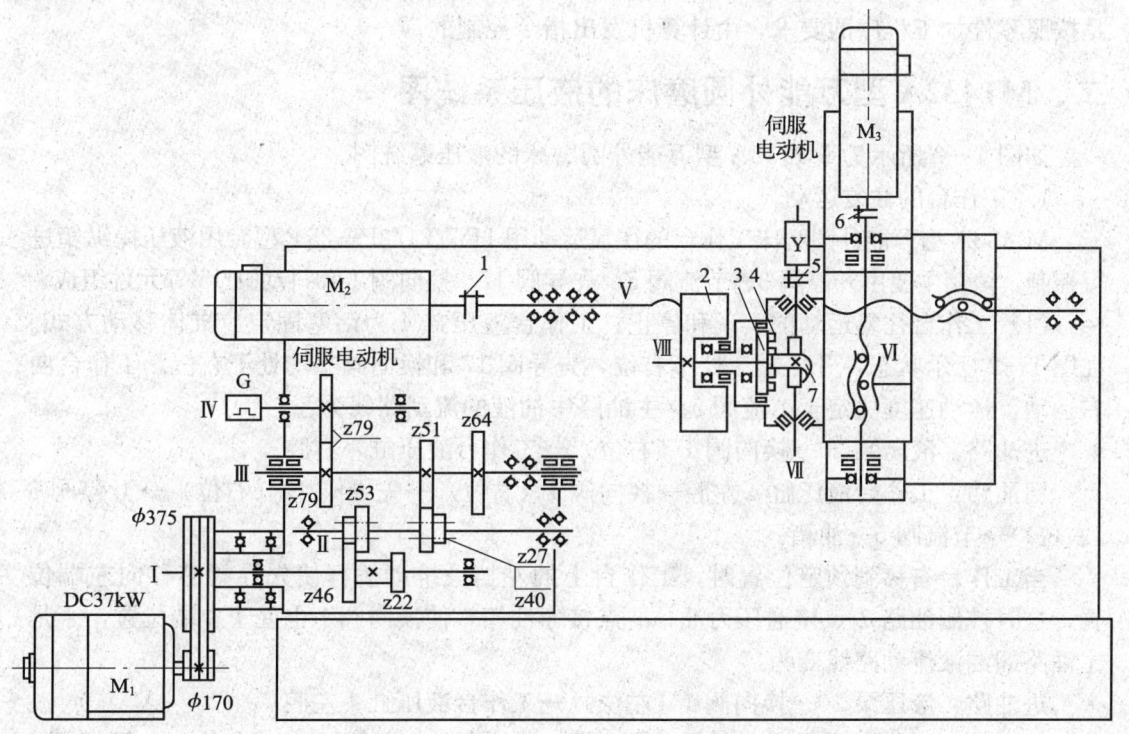

图1—1 CK3263B型数控车床的传动系统
1、5、6—联轴器 2—转塔 3—回转轮 4—柱销 7—凸轮

电动机M_1经同步齿形带和四级齿轮变速机构传动至主轴Ⅲ,使主轴获得20～90～210 r/min(20～90 r/min段为恒转矩调速,90～210 r/min段为恒功率调速,以下类同)、37～170～395 r/min、76～350～807 r/min、142～650～1 500 r/min四段转速。

主轴转速在 20～1 500 r/min 范围内可实现无级调速。

主传动轴中两对滑移调速齿轮的移动是由液压缸推动的，变速过程自动操纵。主电动机 M_1 接到变速指令后低速摇摆，以便齿轮顺利啮合。当滑移调速齿轮在液压缸的推动下啮合到位后，压下行程开关，命令电动机停止摇摆，并启动主轴运转。

主轴与刀具的运动联系（进给传动链）是用电脉冲实现的，主轴经齿轮副 79/79 驱动主轴脉冲发生器 G。主轴脉冲发生器发出两组脉冲，一组脉冲为每转 1 024 个脉冲，另一组脉冲为每转 1 个脉冲。第一组脉冲经过数控系统根据加工程序处理后，按进给量要求输出一定数量的脉冲，再由伺服机构，即伺服电动机 M_2 驱动滚珠丝杠Ⅴ实现纵向进给（Z 轴进给），或经 M_3、联轴器 6、滚珠丝杠Ⅵ，实现横向进给（X 轴进给），这样就可以进行各种螺距的螺纹加工和一般车削。如果将脉冲同时送给纵向和横向伺服电动机，使 X 轴和 Z 轴同时进给，脉冲频率又可按加工程序变化，加工任意回转曲面。脉冲发生器发出的另一组脉冲，为每转 1 个脉冲，称为同步脉冲。在螺纹加工时，同步脉冲可以保证每次进刀时在螺纹同一切削点加工，保证螺纹加工不"乱牙"。

八工位转塔刀架由液压马达 Y，通过联轴器 5 驱动凸轮轴Ⅶ；凸轮轴上的凸轮 7 随之转动，拨动回转轮 3 上的柱销 4，使回转轮 3、轴Ⅷ和转塔 2 旋转。转塔转动的角度是按照零件加工程序的要求，由计算机发出指令控制的。

二、M1432A 型万能外圆磨床的液压系统图

如图 1—2 所示为 M1432A 型万能外圆磨床的液压系统图。

1. 工作台的往复运动

M1432A 型万能外圆磨床工作台的往复运动用 HYY21/3P—25T 型专用液压操纵箱进行控制。该箱主要由开停阀 3、节流阀 5、先导阀 17、换向阀 1 和抖动缸 15 等元件组成。

（1）工作台往复运动的实现和停止。工作台液压缸 4 为活塞固定、缸体移动方式。在图 1—2 所示状态，开停阀 3 处于右位，先导阀 17 和换向阀 1 均处于右位，工作台向右运动，运动速度决定于节流阀 5。主油路中油液的流动路线为：

进油路：液压泵 20→换向阀 1（右位）→工作台液压缸 4 右腔。

回油路：工作台液压缸 4 左腔→换向阀 1（右位）→先导阀 17（右位）→开停阀 3（右位）→节流阀 5→油箱。

当工作台右移到预定位置时，工作台上的左挡块推动拨杆使先导阀芯移向左端位置，这时控制油路 a_2 点接通压力油，a_1 点接通油箱，使换向阀 1 也处于左端位置，于是主油路的油液流动路线变为：

进油路：液压泵 20→换向阀 1（左位）→工作台液压缸 4 左腔。

回油路：工作台液压缸 4 右腔→换向阀 1（左位）→先导阀 17（左位）→开停阀 3（右位）→节流阀 5→油箱。

此时工作台向左运动，并在其右挡块碰上拨杆后发生与上述情况相反的变换，使工作台又换向，向右运动，如此不停的反复，直到开停阀 3 拨到左位（即关闭）时，自动往复运动停止。

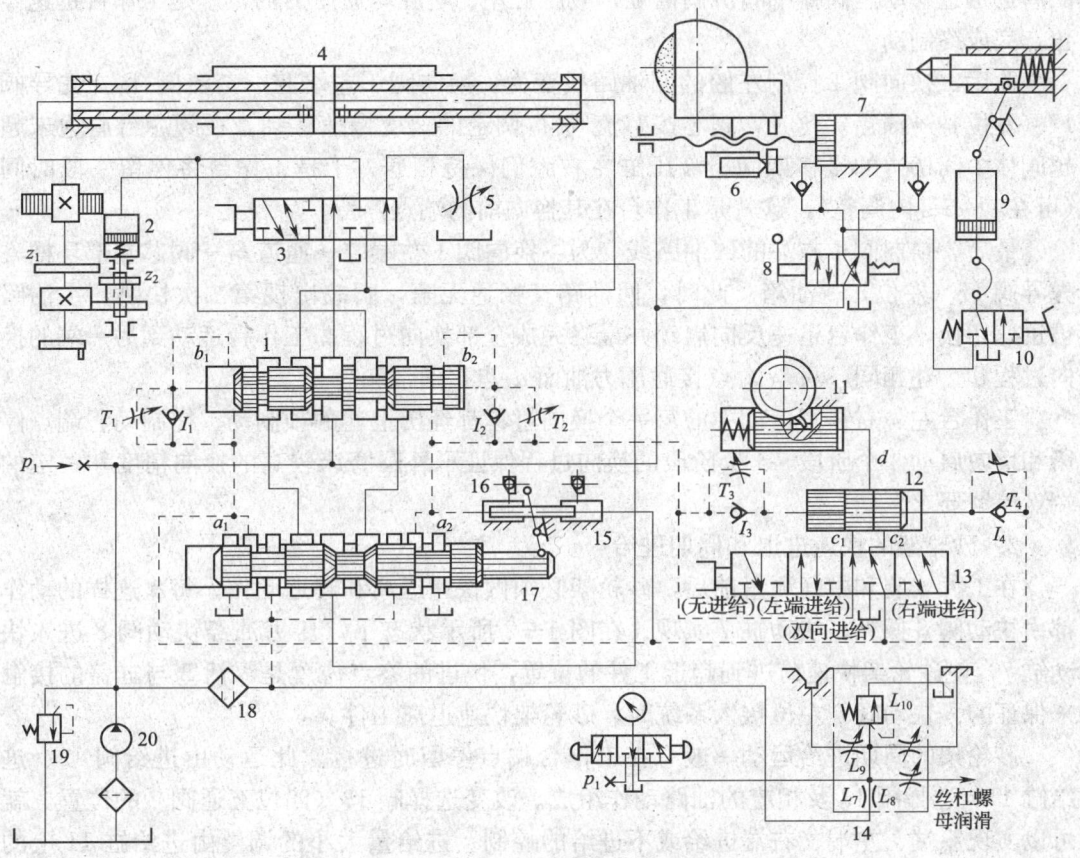

图 1—2 M1432A 型万能外圆磨床液压系统
1—换向阀 2—互锁缸 3—开停阀 4—工作台液压缸 5—节流阀 6—闸缸 7—快动缸 8—快动阀
9—尾座缸 10—尾座阀 11—进给缸 12—进给阀 13—选择阀 14—润滑稳定器
15—抖动缸 16—挡块 17—先导阀 18—精过滤器 19—溢流阀 20—液压泵

（2）往复运动中的换向过程。工作台换向时，先导阀 17 先受到挡块的操纵而移动，接着又受到抖动缸 15 的操纵而产生快跳；换向阀 1 的控制油路的回油则先后 3 次变换情况，使其阀芯产生第一次快跳、慢速移动和第二次快跳。这样就使工作台的换向过程经历迅速制动、停留和迅速反向启动 3 个阶段。具体情况如下：

当先导阀 17 的阀芯被拨杆推着向左移动，其中段的制动锥逐渐将阀门关小时，工作台逐渐减速，实现预制动。与此同时，右部环形控制边使 a_2 点接通压力油，左部控制边使 a_1 点接通油箱，控制油路开始被切换。这时抖动缸 15 的柱塞推动先导阀 17 向左快跳，直到全部切换上述控制油路。

当先导阀 17 控制油路被切换后，换向阀 1 开始向左移动，此时，换向阀 1 的右端腔接通压力油，即：液压泵→精过滤器 18→先导阀 17（左位）→单向阀 I_2→换向阀 1 右端腔；而换向阀 1 的左端腔则先后经历 3 种状态接通回油箱。

开始的回油路线为：换向阀 1 左端→先导阀 17（左位）→油箱。此时回油畅通无阻，阀芯移动速度很快，出现第一次快跳，其右部制动锥迅速关闭主回油通道，其中部凸肩也迅速移动至阀体中间沉割槽处，液压缸左、右腔均通压力油，于是工作台迅速停止，完成终制动。

此后，换向阀 1 控制左腔的回油路线变为：换向阀 1 左端腔→节流阀 T_1→先导阀 17（左位）→油箱。此时，阀芯按节流阀 T_1 调定的速度慢速移动。在阀芯台肩边未超越阀体中间槽边的慢移期间，液压缸左右腔仍保持相通，于是工作台将停留一段时间（可在 0～5 s 内调整），这就是工作台在其换向前的端点停留。

最后，换向阀 1 左端的回油路线变为：换向阀 1 左端腔→通道 b_1→阀芯左部环槽→先导阀 17（左位）→油箱。此时，回油路又畅通无阻，阀芯出现第二次快跳，主油路被迅速切换，工作台迅速反向启动并最终完成全部换向过程。工作台运动到另一端的换向过程和上述相同，只是 a_1 点接通压力油而 a_2 点接通油箱。

工作台左、右往复运动中的每一个换向过程都经历上述的预制动、终制动、端点停留和反向启动 4 个阶段，4 个阶段的换向过程保证了外圆磨床较高的换向精度和一定的端点停留要求。

2. 砂轮架的快速进退和周期进给

在工件安装和中间测量前后，砂轮架必须做快速退离和趋近动作。每次这样的动作都由快动阀 8 操纵、快动缸 7 实现。在图 1—2 所示状态下，压力油经快动阀 8 进入快动缸 7，使砂轮架快速前进到趋近工件的位置，快进的终点位置是靠活塞与缸盖的接触来保证的。快动阀 8 左位接入系统时，砂轮架快速退离工件。

砂轮架的周期进给运动一般总在工作台端点停留时进行。此运动由进给阀 12、进给缸 11、选择阀 13 及相应的油路动作组成。改变选择阀 13（四位五通阀）的位置，就可以实现双端、左端、右端进给或不进给的控制。进给量大小的调整由进给缸 11 上的棘轮棘爪机构实现。

三、复杂零件的测绘

零件测绘是对现有的零件实物进行观察、分析、测量，绘制零件草图，制定技术要求，最后完成零件图的过程。

1. 零件尺寸的测量方法

常用的测量工具有钢直尺、内卡钳、外卡钳、游标卡尺、千分尺等。专用量具有螺纹规、半径样板等。测量时，应根据零件的结构形状及精度要求选定合适的测量工具。常用测量零件尺寸的方法见表 1—1。

2. 零件测绘注意事项

（1）零件上的缺陷。测绘时零件上因制造所产生的缺陷，如铸件的砂眼、气孔、浇冒口以及加工刀痕等，都不应画在草图上。

（2）零件上的工艺结构。零件上因制造、装配的需要而制成的工艺结构，如铸造圆角、倒角、退刀槽、凸台和凹坑等，都必须清晰地画在草图上，不能省略或忽略。

（3）尺寸的测定。有配合关系的尺寸，一般只测出它的基本尺寸（如配合的孔和轴的直径尺寸），配合的性质和公差等级应根据分析查阅有关资料确定；没有配合关系的尺寸或一般尺寸，允许将所测得的带小数的尺寸适当取成整数。

表 1—1　　　　　　　　　　常用测量工具的使用方法

钢直尺和内卡钳配合使用测量中心高	钢直尺和外卡钳配合使用测量壁厚
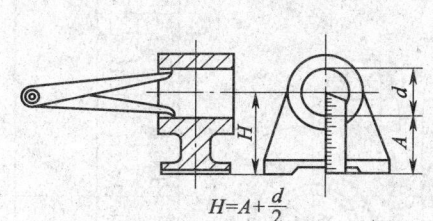 $H=A+\dfrac{d}{2}$	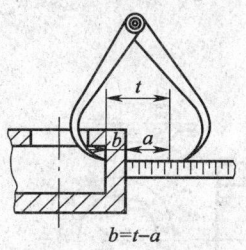 $b=t-a$
内、外卡钳分别使用测量孔径和厚度	钢直尺与三角板配合使用测量曲线、曲面尺寸
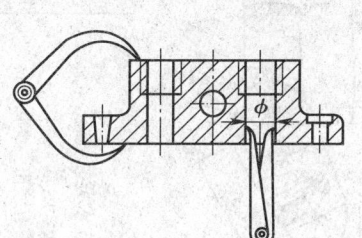	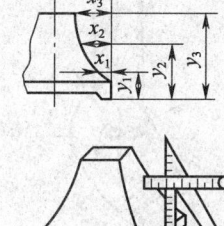
游标卡尺测量孔径、孔深及中心距、厚度等尺寸	
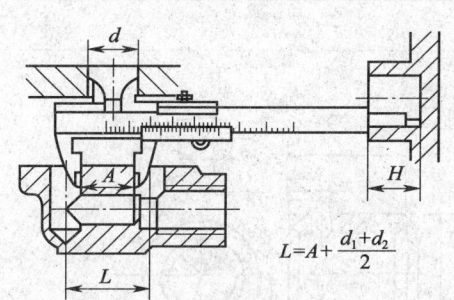 $L=A+\dfrac{d_1+d_2}{2}$	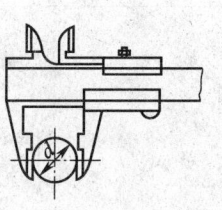
半径样板测量圆角半径	螺纹规测量螺距	用零件直接拓印法测量半径等尺寸
	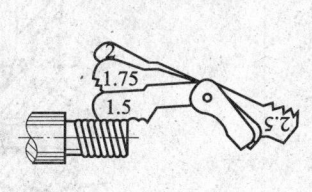	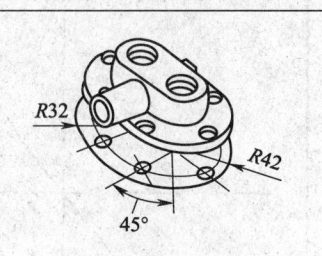

3. 零件草图测绘方法和步骤（以调节杆零件为例）

（1）在分析研究被测零件的基础上，确定视图表达方案，选定作图比例和图幅。

（2）布置图面，徒手画出各个视图的作图基准线（尽量画得匀称挺直），如图 1—3a 所示。

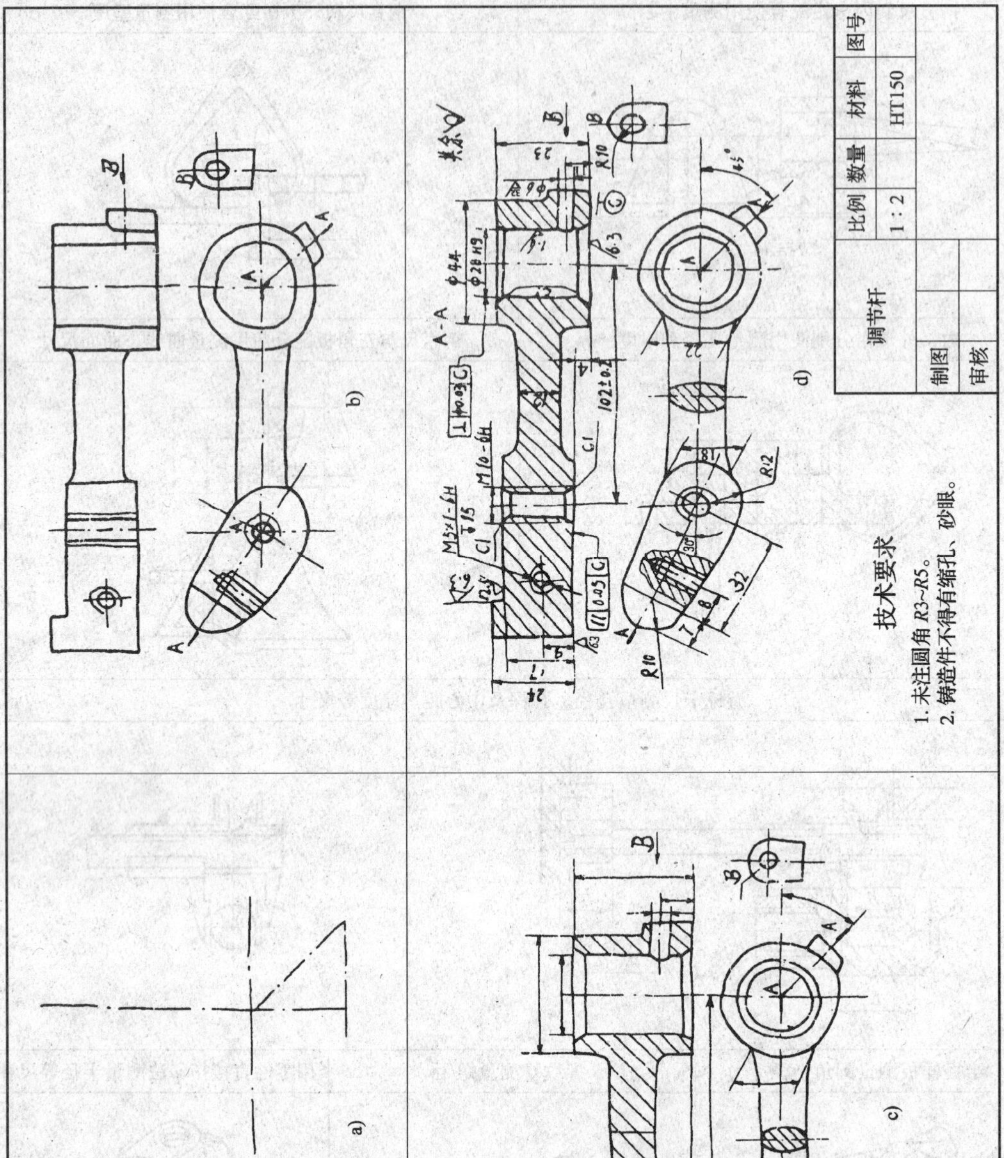

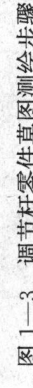

图1—3 调节杆零件图草图测绘步骤

(3) 画出基本视图的外形轮廓线及其他辅助视图，如图1—3b所示。

(4) 为表达内部结构可采取剖视图和断面图，并画出剖面符号及全部细节。

(5) 画出全部尺寸界线、尺寸线及箭头，如图1—3c所示。

(6) 测量、标注尺寸数值，并确定技术要求等。

(7) 检查无误后，加深图线并填写标题栏，经过以上步骤，完成零件草图的测绘工作，如图1—3d所示。

4. 零件工作图绘制方法和步骤

(1) 首先检查零件草图的表达方案是否正确、完整、清晰，尺寸标注是否正确、齐全、清晰、合理，技术要求规定是否恰当。必要时可参考有关资料，查阅标准，进行认真计算和分析，进一步完善零件草图。

(2) 根据零件的表达方案，确定图样的比例和图幅。

(3) 用绘图工具和仪器绘制图样底稿。

(4) 检查底稿，标注尺寸，确定技术要求，清理图面，加深图线。

(5) 填写标题栏，完成零件工作图，如图1—4所示。

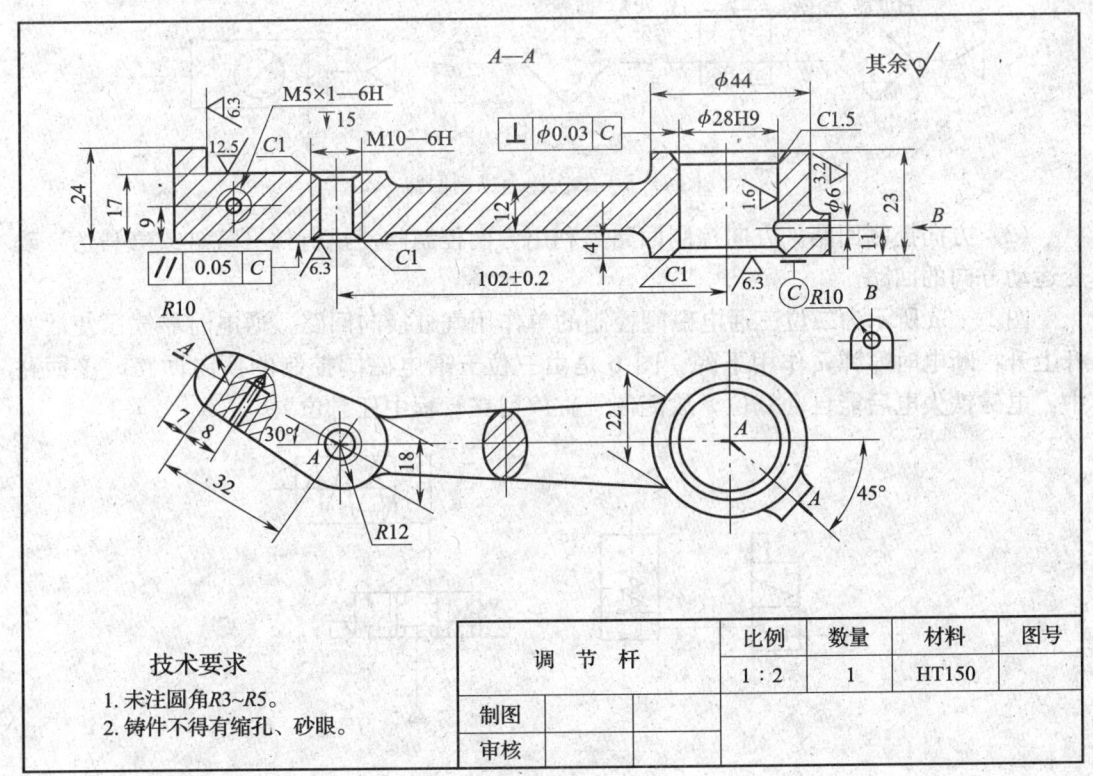

图1—4 调节杆零件工作图

四、气压传动

在日常工作和生活中经常见到各种机器，如汽车、电梯、机床等通常都是由原动机、传动装置和工作机构3部分组成。其中,传动装置最常见的类型有机械传动、电力传动和流体传动。流体传动又可分为利用气体压力能的气压传动和利用液体压力能的液压传动。

气压传动技术简称"气动技术",它具有许多优点,如工作介质来源方便,不污染环境。气动动作迅速,反应快,过载能自动保护,工作安全可靠,工作环境适应性好。气动技术广泛应用于食品加工、轻工、纺织、印刷、精密检测等高净化、无污染场合,还能在易燃、易爆、多尘埃、强磁、辐射、振动等恶劣环境中正常使用。

目前,随着微电子技术、传感器技术、通信技术和自动控制技术的发展,气动技术不仅用于完成简单的机械动作,而且在机械手、机器人中得到广泛应用。

1. 常用的气动基本回路

(1) 压力控制回路。压力控制回路的功用是使系统压力保持在某一规定的范围内。如图1—5所示的二次压力控制回路,从压缩空气站储气罐输出的压缩空气,经过空气过滤器、减压阀、油雾器后供气动设备使用。

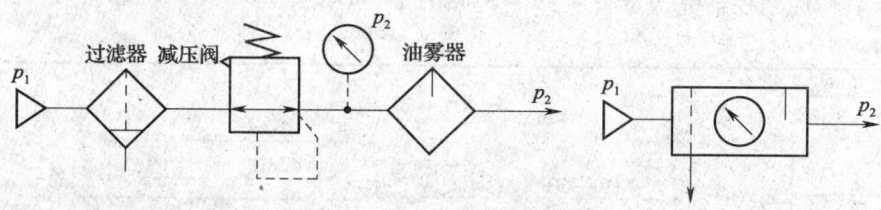

图1—5 二次压力控制回路

(2) 方向控制回路。方向控制回路是利用方向控制阀使执行件(气缸或气马达)改变运动方向的回路。

图1—6a所示为二位三通电磁阀控制的单作用气缸换向回路,通电时靠气压使活塞杆上升,断电时靠弹簧作用下降。图b是由三位五通电磁阀控制的换向回路,该回路中,电磁铁失电后能自动复位,故能使气缸停留在行程中任意位置。

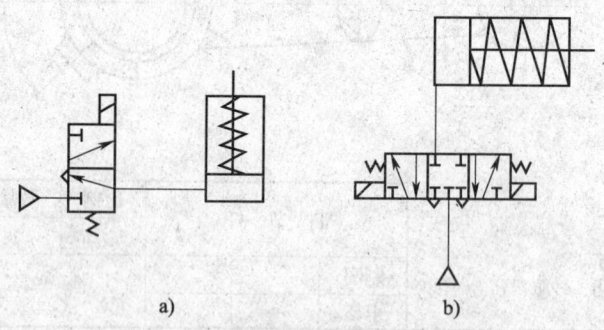

图1—6 单作用气缸换向回路

(3) 速度控制回路。由于目前气动系统中所使用的功率都不太大,因而调速方法主要是节流调速。

1) 节流调速回路。如图1—7所示为单作用气缸速度控制回路。能够实现活塞杆向上工作进给,而依靠弹簧力返回时,气缸下腔通过快速排气阀排气。

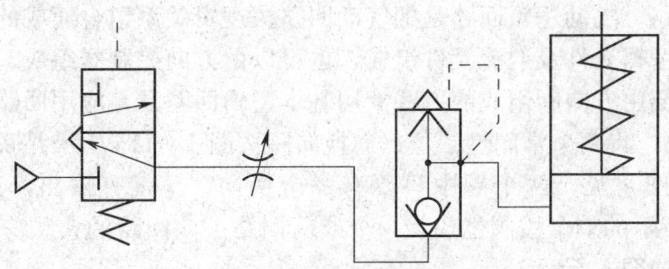

图 1—7　单作用气缸速度控制回路

2）缓冲回路。如图 1—8 所示为由速度控制阀配合使用的缓冲回路。当活塞运动到末端碰到行程阀时，气体只能经节流阀排除，使活塞速度得到了缓冲。此回路适用于活塞惯性力大的场合。

3）气液联动回路。如图 1—9 所示为采用气液转换器的速度控制回路。它利用气液转换器将气压变成液压，利用液压油驱动液压缸，从而得到平稳易控制的活塞运动速度。

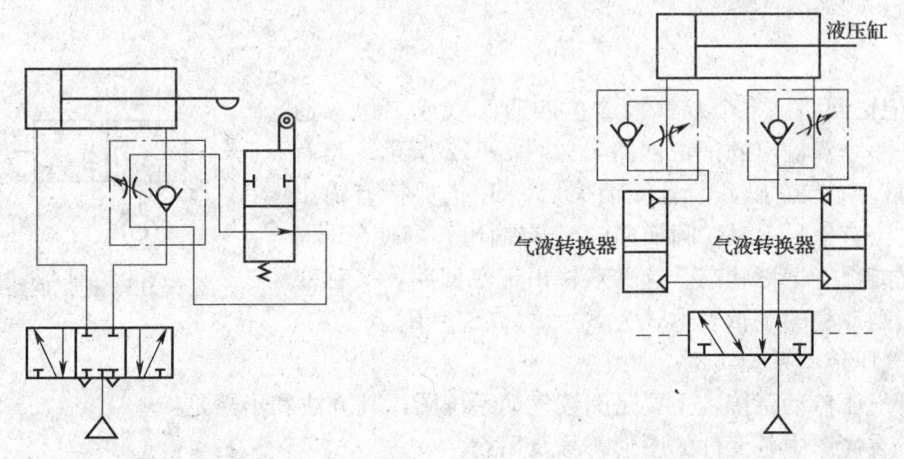

图 1—8　缓冲回路　　　　图 1—9　采用气液转换器的速度控制回路

（4）延时回路。如图 1—10 所示为延时回路。图 a 是延时输出回路。当控制信号使换向阀 2 切换后，压缩空气经单向节流阀向气罐充气。当充气压力经过延时升高致使阀 1 换位时，阀 1 就有输出。图 b 是延时退回回路。按下手动阀，气缸向外伸出，当气缸在伸出行程中压下换向阀 1 后，压缩空气经节流阀到气罐，延时后才将阀 2 切换，气缸退回。

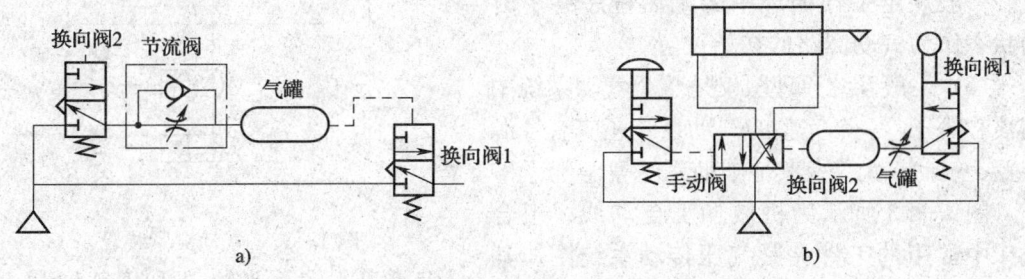

图 1—10　延时回路
a) 延时输出回路　b) 延时退回回路

(5) 逻辑回路。气动逻辑回路是把气动回路按逻辑关系组合而成的回路。气动逻辑回路可以由各种逻辑元件及射流元件组成,也可以由方向控制阀组成。

下面简要介绍由方向阀组成的一些常用基本逻辑回路及其应用回路。

1) 或门回路。将两个常闭型二位三通换向阀按图1—11a所示并联起来,就组成一个或门回路。由图可见,两个阀中只要有一个换向,S 就有输出,其逻辑表达式为 $S=a+b$。图b所示的单个梭阀也成为一个或门回路。该回路的典型应用实例是自动—手动并用回路,如图c所示。

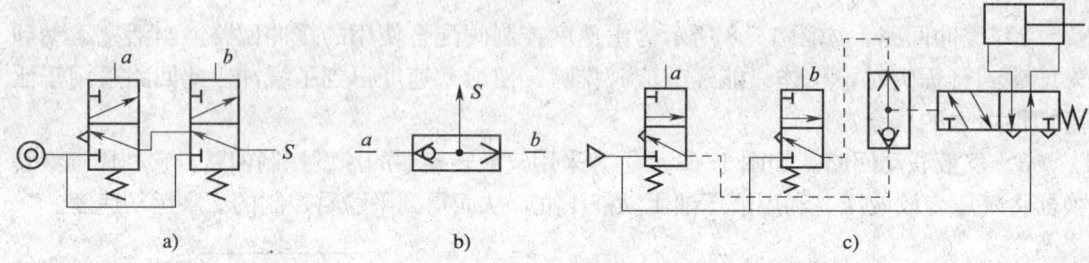

图1—11 或门回路

2) 记忆回路。一个双气控二位四通阀(或二位五通阀)就是一个双输出的记忆回路,如图1—12所示。当有信号 a 时,S_1 有输出,信号 a 消失后,S_1 仍保持有输出的状态。当有信号 b 时,阀换向,S_2 有输出,即使信号 b 消失,仍能保持记忆状态。这种双输出记忆回路,又称双稳回路。则双稳的逻辑表达式为 $S_1=K_b^a$,$S_2=K_a^b$。

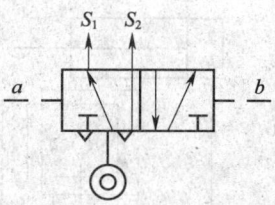

图1—12 记忆回路

2. 气压传动系统实例

分析气压传动系统,主要是阅读气动系统图,其方法和步骤是:

(1) 看懂图中各元件的图形符号及用途。

(2) 分析基本回路及功能。

(3) 了解系统的工作程序及程序转换的发信号元件,按工作程序逐个分析其程序动作。

(4) 系统图中各元件的状态应在初始位置。一般规定工作循环中的最后程序终了时的状态作为气动回路的初始位置。

(5) 一般系统原理图仅是整个气动系统中的核心部分,一个完整的气动系统还应有气源装置、气动三大件及其他辅助元件等。

图1—13所示为机械加工自动线、组合机床中常用的工件夹紧气压传动系统图。其工作原理是:当工件运行到指定位置后,气

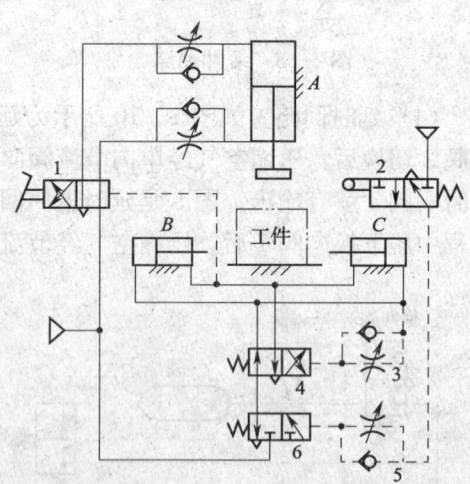

图1—13 气动夹紧装置
1—换向阀 2—行程阀 3、5—单向节流阀
4—主控阀 6—中继阀

缸 A 的活塞伸出，实现将工件定位，两侧的气缸 B 和 C 的活塞杆同时伸出，从两侧面夹紧工件，而后进行机械加工。该气动系统的动作过程如下：当用脚踏下脚踏换向阀 1（在自动线中也常采用其他形式的换向方式）后，压缩空气经单向节流阀进入气缸 A 的无杆腔，夹紧头下降至工件定位位置后使机动行程阀 2 换向，压缩空气经单向节流阀 5 进入中继阀 6 的右侧，使阀 6 换向；压缩空气经阀 6 通过主控阀 4 的左位进入气缸 B 和 C 的无杆腔，使两气缸活塞杆同时伸出，夹紧工件。与此同时，压缩空气的一部分经单向节流阀 3 调定延时用于加工后使主控阀 4 换向到右位，则两气缸 B 和 C 返回。在两气缸返回的过程中，有杆腔的压缩空气使脚踏阀 1 复位，则气缸 A 返回。此时，由于行程阀 2 复位（右位），所以中继阀 6 也复位，则气缸 B 和 C 的无杆腔通大气，主控阀 4 自动复位。由此完成一个工作循环，即缸 A 活塞杆伸出压下（定位）—夹紧缸 B、C 活塞杆伸出夹紧（加工）—夹紧缸 B、C 活塞杆返回—缸 A 的活塞杆返回。

五、机床夹具设计基础

夹具是用以装夹工件（和引导刀具）的装置。夹具一般包括机床夹具、检验夹具和焊接夹具等。机床夹具是用以装夹工件（和引导刀具），并使工件在加工过程中始终保持与刀具及机床的成形运动方向具有固定的正确相对位置的一种机床附属工艺装备。

1. 机床夹具概述

（1）机床夹具的用途

1）保证被加工表面的位置精度。采用夹具装夹工件，可以准确确定工件与机床、刀具之间的相对位置，因而能可靠和稳定地获得位置精度。

2）提高劳动生产率、降低成本。采用夹具可使工件装夹方便，免去了工件逐个找正对刀所花费的时间；如果采用气动、液动等动力装置，更可大幅度地缩短辅助时间，有利于提高生产率和降低成本。

3）扩大机床使用范围。在机床上配备专用夹具，可以使机床使用范围扩大。例如，在车床床鞍上或在摇臂钻床工作台上安放镗模后，可以进行箱体孔系的镗削加工，使车床、钻床具有镗床的功能。

4）可降低对工人技术水平的要求和减轻工人的劳动强度。

（2）机床夹具的组成。按功能相同的原则归类，机床夹具一般由下列几个基本部分组成：

1）定位元件或装置。其作用是用来确定工件在夹具中的位置。

2）夹紧装置。其作用是实现对工件的夹紧。

3）夹具与机床之间的连接元件。它是用于确定夹具对机床主轴、工作台或导轨面的相互位置，如铣床夹具中的定位键等。

4）对刀或导向元件。它是用于保证夹具与刀具之间的正确位置，如对刀块、钻套等。

5）其他装置或元件。为满足加工要求及提高夹具的使用性能，有些夹具上还设有分度装置、预定位装置、顶出器、吊装元件等。

6)夹具体。夹具体是夹具的基础件，用来配置、安装夹具各元件使之组成一个有机整体。

(3) 机床夹具的分类。机床夹具通常有 3 种分类方法，即按应用范围分类、按使用机床分类和按夹具动力源分类。

按应用范围可分为：通用夹具、专用夹具、组合夹具、通用可调整夹具、拼装式夹具、成组夹具等。

按使用机床可分为：车床夹具、铣床夹具、钻床夹具、镗床夹具、磨床夹具、齿轮机床夹具和其他机床夹具等。

按夹具动力源又可分为：手动夹具、气动夹具、液压夹具、气液增压夹具、电动夹具、磁力夹具、真空夹具、离心力夹具和其他夹具等。

其中通用夹具是指已经标准化的、可用于在一定范围内加工不同工件的夹具，如三爪自定心卡盘、四爪单动卡盘、机床用平口虎钳等。这类夹具主要用于单件小批量生产。

专用夹具是针对某一种工件的某一工序而专门设计与制造的。这类夹具一般适用于固定产品中批量以上的生产。

2. 工件的定位

工件在加工前，应首先使它在机床上与刀具和切削运动相对处于正确的加工位置，即工件的定位。工件的定位，是指同一批工件在夹具中按定位要求与定位元件相接触或配合，占有正确加工位置的过程。夹具在工件定位过程中起着决定的作用，工件正是通过夹具才使机床、刀具、夹具和工件始终保持正确的相互位置关系，从而达到准确、方便、可靠地获得工件上规定尺寸的目的。

(1) 六点定位原理。工件定位的实质，就是要使工件在夹具中占有某个确定的正确加工位置。在空间直角坐标系中，任何一个工件在夹具中尚未定位之前，都可视其为在空间处于自由状态的刚体，有且仅有六个运动自由度，如图 1—14 所示。沿 3 个互相垂直的坐标轴的移动自由度，用 $\vec{X}$、$\vec{Y}$、$\vec{Z}$ 表示；绕这三个坐标轴的转动自由度，用 $\overset{\frown}{X}$、$\overset{\frown}{Y}$、$\overset{\frown}{Z}$ 表示。由刚体运动学原理可知，如果要使工件在夹具中占有确定的位置，就必须设置相应的六个约束，即分别对 $\vec{X}$、$\vec{Y}$、$\vec{Z}$、$\overset{\frown}{X}$、$\overset{\frown}{Y}$、$\overset{\frown}{Z}$ 六个自由度予以限制。

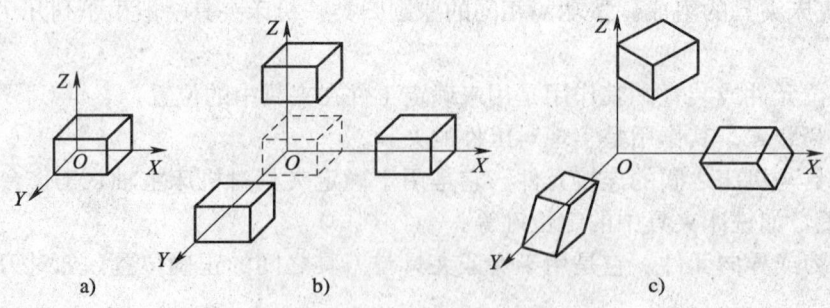

图 1—14 工件的六个自由度

用合理分布的 6 个支承点分别限制工件的 6 个自由度，使工件在夹具中的位置完全确定。这种用 6 个支承点来分别限制工件自由度的方法，称为"六点定位原理"。

在具体应用六点定位原理来分析工件在夹具中的定位时，必须清楚每一个支承点只能限制工件一个自由度，而绝不能用一个以上的支承点来限制同一个自由度。因此，支承点数目不能随意确定，6 个支承点也不能任意布置。必须注意以下几点：

1) 完全定位与不完全定位

①完全定位。工件的 6 个自由度全部被夹具的 6 个支承点限制，而在夹具中占有完全确定的唯一位置，这种定位称为完全定位。图 1—15a 所示的平行六面体上加工键槽时，为保证加工尺寸 $A±δ_a$，需限制工件的 $\vec{Z}$、$\widehat{X}$、$\widehat{Y}$ 三个自由度；为保证 $B±δ_b$，还需限制 $\vec{X}$、$\widehat{Z}$ 两个自由度；为保证 $C±δ_c$，最后还需限制 $\vec{Y}$ 自由度。

按照完全定位的要求，其支承点的分布如图 1—15b 所示，在工件的底面（M 面）上布置 3 个支承点 1、2、3，限制工件的 $\vec{Z}$、$\widehat{X}$、$\widehat{Y}$ 三个自由度，工件上的此面称为主要定位基准。这 3 个支承点所组成的三角形区域越大，工件定位就越稳定，有利于保证工件各表面间的位置精度。同时，对承受外力也有利。在工件的侧面（N 面）上布置两个支承点 4、5，限制了 $\vec{X}$、$\widehat{Z}$ 两个自由度，工件上的此面称为导向定位基准。此两点的连线不能与支承点 1、2、3 所构成的主要定位基准面垂直，否则它不仅没有限制 $\widehat{Z}$ 自由度，而且重复限制了 $\widehat{Y}$ 自由度。同时，这两个支承点的距离越远，则支承点高度误差所引起的 Z 轴转角误差就越小。

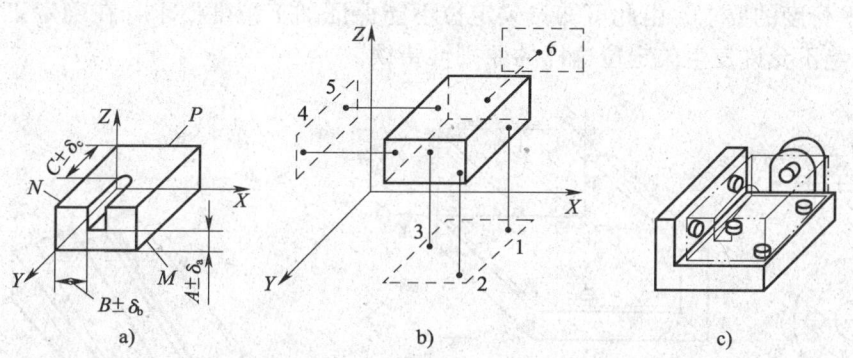

图 1—15 平行六面体工件的完全定位

在工件的侧面（P 面）上布置一个支承点 6，可限制工件 $\vec{Y}$ 的自由度，工件上的此面称为止推定位基准。由于它只和一个支承点接触，工件在加工时，还时常承受切削力和冲击振动等，因此可选工件上较窄小且与切削力方向相对的表面作为止推定位基准。

完全定位也可用于其他形状的工件，只是支承点的分布方式有所不同。图 1—16 所示为盘类工件的完全定位，图 1—17 所示为轴类工件的完全定位。

②不完全定位。工件在夹具中定位时，并不需要限制 6 个自由度，即限制自由度的数目少于六点的定位，称为不完全定位。

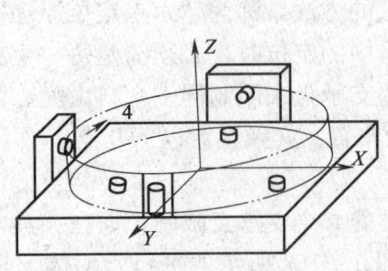
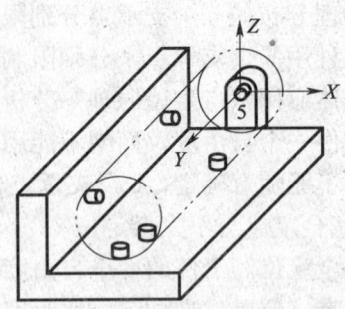

图 1—16　盘类工件完全定位　　　　图 1—17　轴类工件完全定位

图 1—18a 所示工件，在装入钻夹具中钻削 D 孔时，只要使孔中心在以 R 为半径的圆周上即可，而不要求在圆周上的哪一个具体位置。因此不需要限制工件绕 Z 轴的旋转自由度。而图 1—15a 所示工件，如果键槽是通槽，则只需限制五个自由度即可满足铣通槽加工要求，故可简化定位装置，在 $\vec{Y}$ 方向上不设定位（见图 1—18b）。

2）过定位和欠定位

①欠定位。工件实际定位所限制的自由度数目少于按其加工要求所必须限制的自由度数目，称为欠定位。按欠定位方式进行加工，则应该限制的自由度未予限制，必然无法保证工序所规定的加工要求。以图 1—15a 所示工件为例，若单纯以 M 面定位，而不用 N 面作导向定位面，则这时工件在机床上相对刀具的位置，就可能偏置成图 1—19 所示的位置，按这种定位方式铣出的键槽或通槽，显然都无法保证槽与 N 面的距离 $B±\delta_b$ 和平行度的要求。由此可知，欠定位不能保证加工精度要求，在确定工件的定位方案时，绝不允许发生欠定位这样的原则性错误。

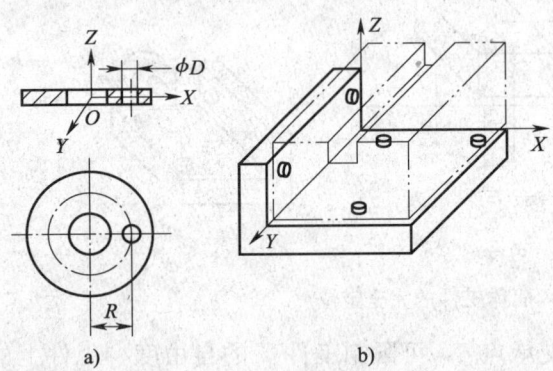
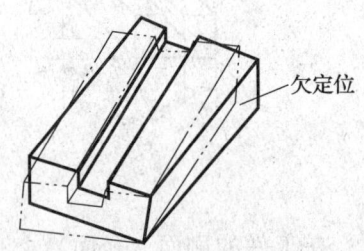

图 1—18　工件的不完全定位　　　　图 1—19　欠定位时铣出的槽偏斜

②过定位。夹具上的定位支承点多于 6 个，或虽少于 6 个，但由于布局不合理，造成重复限制工件的一个或几个自由度的现象，这种重复限制工件自由度的定位称为过定位。

图 1—20 是变速箱壳体定位简图，工件以 P、M 两面和孔 D 定位。两块窄长支承板 2 可限制 $\vec{Z}$、$\vec{X}$、$\vec{Y}$ 三个自由度，短圆柱销 1 可限制 $\vec{Z}$、$\vec{Y}$ 两个自由度，此处 $\vec{Z}$ 自由度是重复限制的，属过定位。当工件尺寸 H 和夹具上定位元件之间的尺寸 H_1 有误差

时，就会造成工件因干涉导致无法装到夹具上去或使$\vec{X}$失去限制。因此过定位的结果，会使工件的定位精度受到影响，使工件或定位元件在工件夹紧后产生变形，甚至无法安装和加工。

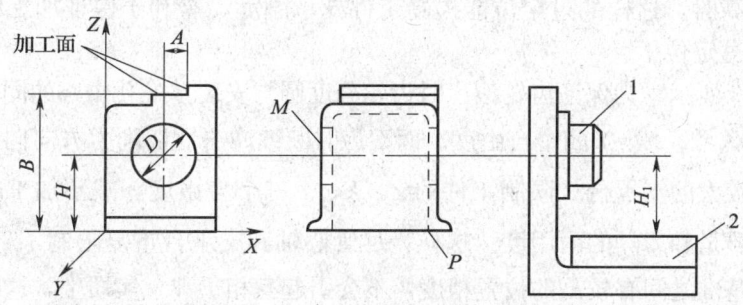

图1—20 变速箱壳体定位简图

如果用6个支承点来限制工件的6个自由度，当支承点的布局不合理时，则会同时出现过定位与不完全定位的情况。如图1—21a所示，六面体工件底平面1、2、3三个支承点位于同一直线上使工件$\vec{Y}$自由度未能限制，工件的位置不能完全确定，此时工件为不完全定位。但同时由于该3个支承点只限制了工件的$\vec{Z}$、$\hat{Z}$两个自由度，造成重复限制，所以又属于过定位。

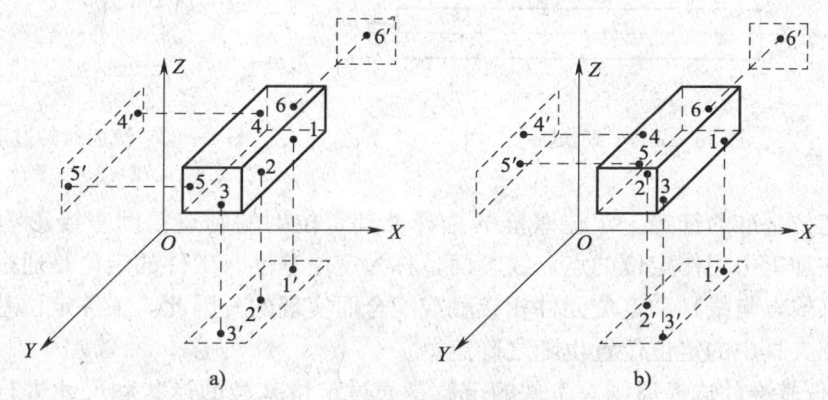

图1—21 支承点布局不合理

工件在夹具中定位时，由于采用过定位，重复限制工件的一个或几个自由度，会产生下列不良后果：首先使工件定位不稳定，增加了同批工件在夹具中位置的不一致性，影响定位精度，降低了加工精度；其次阻碍工件顺利安装到夹具中与定位元件相配合；再有使工件或定位元件受外力后易产生变形，以致无法夹紧或安装，影响加工。

由于过定位有上述不良后果，一般来说过定位是不允许的，应尽量避免。但是，在实际生产中，也常常会遇到工件按过定位方式来定位的例子。如对某些薄壁工件、细长轴或具有精基准的大平面工件等，为了增强刚度，减小工件受切削力造成工件变形，以及确保加工过程中定位稳定，往往利用过定位的特殊性质，使不利因素转变为对加工有利的因素。

如图1—22所示细长轴车削，工件一端定位夹紧于三爪自定心卡盘中，限制了$\vec{X}$、$\vec{Z}$、$\hat{X}$、$\hat{Z}$四个自由度；另一端用回转顶尖支承，限制了$\vec{X}$、$\vec{Z}$两个自由度，形成$\vec{X}$、$\vec{Z}$两个自由度的重复限制。但若中心孔和定位圆柱面同轴度较高，车床主轴轴线和尾座顶尖轴线同轴度较高时，这样的过定位能提高工件支承刚度，有利于保证加工精度。使用跟刀架时则更是过定位了。

如图1—23所示，为保证齿轮滚齿时齿轮分度圆与安装基准孔中心的同轴度，用心轴1限制工件的$\vec{X}$、$\vec{Y}$、$\hat{X}$、$\hat{Y}$四个自由度。而滚齿时断续冲击性切削力方向向下，采用刚度好、支承面积较大的支承台2限制工件的$\vec{Z}$、$\hat{X}$、$\hat{Y}$三个自由度，减小加工时的振动，有利于保证加工质量和刀具的耐用度。这样，尽管心轴和支承台重复限制了$\hat{X}$、$\hat{Y}$两个自由度，但因定位基准之间有较高的位置精度，不会引起互相干涉。实质上，这时限制的自由度仍然是五个，即$\vec{X}$、$\vec{Y}$、$\vec{Z}$、$\hat{X}$、$\hat{Y}$。这仅是形式上的过定位，实际上是完全可用的。

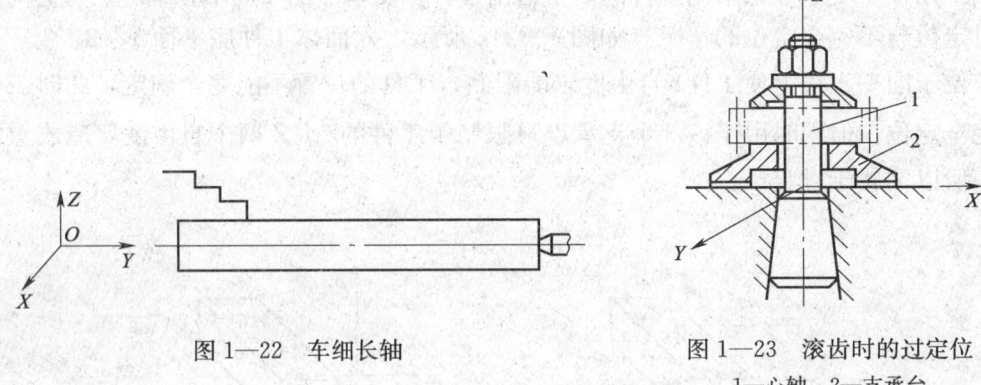

图1—22 车细长轴　　　　图1—23 滚齿时的过定位
　　　　　　　　　　　　　　1—心轴　2—支承台

(2) 定位基准的选择。定位基准的选择及其定位副的制造精度直接影响着定位精度。工件在加工中用作定位的点、线、面，称为定位基准。工件的定位是通过工件上的定位表面（或点与线）和定位元件相接触或配合而实现的。因此，工件定位基准一旦确定，工件在夹具中的定位位置也随之确定。

1) 定位基准的选择原则。工件的定位是通过定位基准的形状和尺寸进行的。在选择定位基准时，首先应采用工艺人员指定的基准，同时也要考虑加工工序的要求、夹具结构的合理性、工件表面条件以及定位误差小等因素。故从夹具设计角度出发提出下述几项选择原则：

①定位基准的选择，应消除基准不重合误差，利于夹具的制造。但当定位基准与设计基准重合后，会使夹具结构复杂或工件定位不稳定时，则应另选定位基准。此时必须计算和控制由此产生的基准不重合误差。基准不重合误差的计算方法可参见本节"定位误差的分析"有关工艺尺寸链的计算方法。

②尽量选用已加工表面作为定位基准，以减少定位误差，保证夹具有足够的定位精度。当不得不采用毛坯表面作定位基准时（如第一道工序），应尽量只用一次。而且应选用误差较小、较光洁、余量较小的表面或与加工面有直接关系的表面，以有利于保证

加工精度。

③应使工件安装稳定,在加工过程中因切削力或夹紧力而引起的变形最小。

④应使工件定位方便,夹紧可靠,便于操作,夹具结构简单。

工件上被选作定位基准的表面常有平面、圆柱面、圆锥面和其他成形面及其组合。

2) 定位基准的形式

①平面定位基准。在机械加工中,工件以平面作为定位基准,是生产中常见的定位方式之一。工件以平面定位,需用3个互成一定角度的支承平面作为定位基准。除某些情况(如定位基准面较小、工件刚度差、定位基准经过精加工等)采用在断续平面上定位外,一般都采用在适当分布的支承钉或支承板上定位。工件若以精基准定位,因基准面已经加工,为提高工件的刚度和稳定性,可根据定位基准面的形状误差大小和加工工艺要求,在不同程度上增大定位面的接触面积。为提高工件的定位精度,定位元件在布局上应尽量增大距离,以减小工件的转角误差。

工件以平面定位时,所用的定位元件一般称为支承件。支承件分为基本支承件和辅助支承件两类。

基本支承是用作限制工件定位的自由度、具有独立定位作用的支承。其种类、形式、特点及应用场合见表1—2。

表1—2　　　　　常见基本支承种类、形式、特点及应用场合

类别	名称	形　式	特点及应用场合
支承钉	平头支承钉		平头支承钉适用于已经加工的平面定位,能减小定位基准与支承钉间的单位接触压力,避免压坏定位面,减少支承钉磨损
	圆头支承钉		属固定支承,已标准化,适用于未经加工的粗糙平面定位,以保证接触点位置的相对稳定,但易于磨损
	网纹顶面支承钉		此类支承钉有利于增大摩擦力,但处于水平位置时容易积存切屑,影响定位精度,常用于侧面定位,稳定可靠
支承板	平面式	A型	支承板供已经加工的平面或定位基准面较大时定位用,支承板用螺钉固定于夹具体上。平面支承板不易清除切屑,适用于侧面定位
	间断式	B型	间断式支承板在平面上开有间隔通槽,便于清除切屑且稳定可靠,适用于底平面定位

续表

类别	名称	形 式	特点及应用场合
自位定位支承	A型	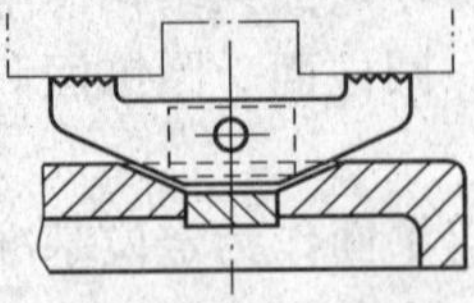	自位支承也称浮动支承，用于刚度较差、基准面的形状和位置误差较大的工件，自位支承具有两个或3个支承点，压下其中一点，其余各点上升，直至各点全部与工件基准面接触为止 A型和B型适用于毛坯平面、断续平面以及阶梯平面的定位 C型适用于有基准角度位置误差的平面定位
自位定位支承	B型	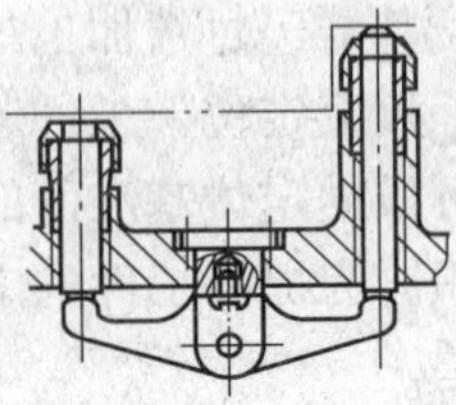	
自位定位支承	C型	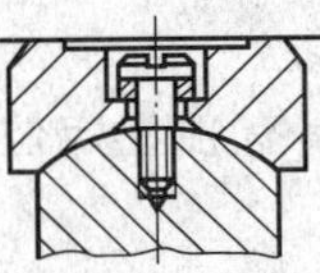	
可调支承	A型	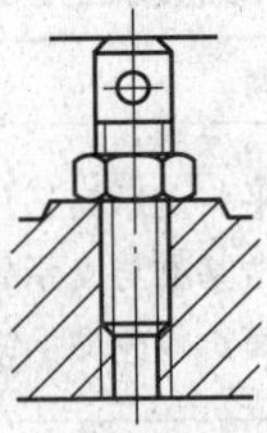	可调支承应用于工件定位面形状复杂，同一批工件中尺寸变化较大，采用同一夹具加工形状相同但尺寸大小不一的工件等 使用时，可根据毛坯尺寸情况调整支承钉，然后用螺母锁紧。其头部形状有半圆头、锥形头及网纹顶面等
可调支承	B型	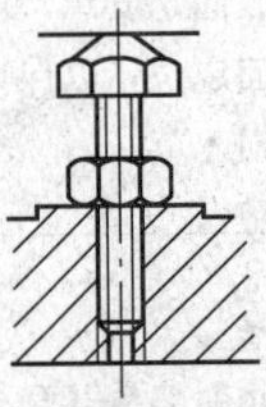	
可调支承	C型	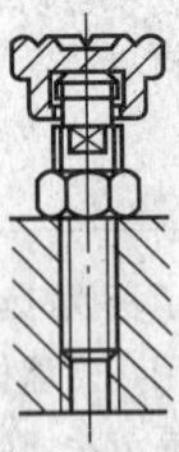	

辅助支承是为了提高工件的安装刚度和定位稳定性，防止工件在加工过程中受外力变形或移位，不具有限制工件定位自由度作用的支承。图1—24所示为常见的辅助支承。

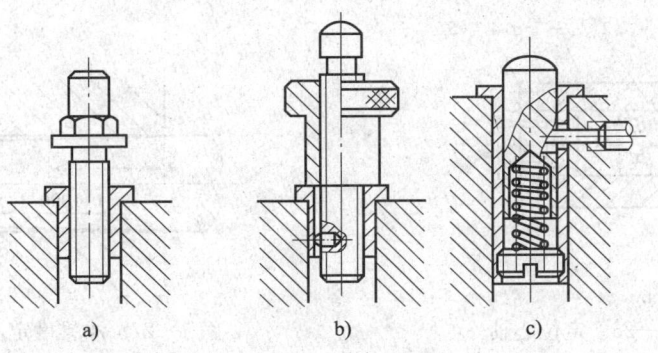

图1—24 辅助支承
a)、b) 拧出式　c) 弹簧式

②圆孔定位基准。在生产中，经常遇到以孔作为定位基准的零件，如套筒、法兰盘、杠杆、拨叉等。所采用的定位方法为在圆柱体上定位、圆锥体上定位、圆锥销上定位等。

在圆柱体上定位所用定位元件有定位销和定位心轴两类。

定位销分为固定式和可换式两种，每种又有圆柱销和削边销之分。图1—25所示为常见标准定位销的结构形式，其中图1—25a、b、c三种为固定式，直接用过盈配合装在夹具体上使用，结构简单但不便于更换；图1—25d为可换式定位销，衬套外径与夹具体为过渡配合，而其内径与定位销则为间隙配合，便于定期维修更换。

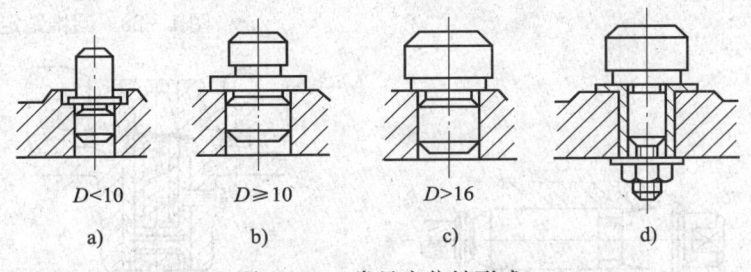

$D<10$　　$D\geqslant 10$　　$D>16$
a)　　　　b)　　　　c)　　　　d)

图1—25 常见定位销形式

套类和盘类工件在加工时，为了保证外圆和端面与内孔轴线间的位置精度，常采用定位心轴定位加工外圆和端面等。定位心轴的结构形式较多，常见形式如图1—26所示。心轴3的一端固定在夹具体1上，其配合常采用过渡配合 H7/r6 或 H7/m6（另加螺母紧固）。心轴与工件孔的配合选用 H7/h6、H7/g6 或 H7/f6。

在小锥度圆锥体上可采用小锥度心轴定位，如图1—27所示。通常锥度取 $C=1/1\,000\sim 1/5\,000$。由于锥度很小，孔与锥度心轴工作表面有较准确的接触，故定位精度较高。小锥度心轴是利用工件孔与心轴表面在锁紧力作用下产生弹性变形夹紧工件，来增大孔与心轴表面的接触长度 l_C，控制工件的转角误差。当锥度 C 值越小，接触长度 l_C 就越大，一方面可使定心精度提高，但另一方面却使工件在轴向位置变动量加大，同时使心轴增长、刚度下降。所以一般只用于工件定位孔精度不低于 IT7 的精车和磨削加工，且不能用于加工端面。

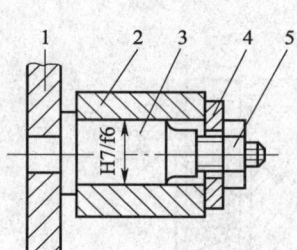
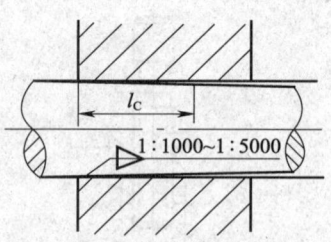

图1—26 定位心轴
1—夹具体 2—工件 3—心轴
4—垫圈 5—螺母

图1—27 小锥度定位心轴

圆锥销组合定位，是用圆锥销与工件的孔端相接触的定位方式，限制工件的 $\vec{X}$、$\vec{Y}$、$\vec{Z}$ 三个自由度，如图1—28所示，图1—28a用于粗基准，图1—28b用于精基准。

工件以单个圆锥销定位时容易产生倾斜误差，通常是以两个或两个以上表面作为定位基准，如将圆锥和圆柱组合、圆锥和平面组合、圆锥和圆锥组合的定位方法称为组合定位，如图1—29所示。

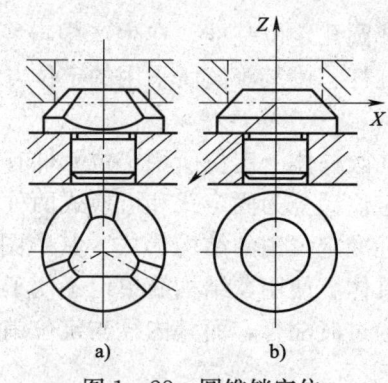

图1—28 圆锥销定位

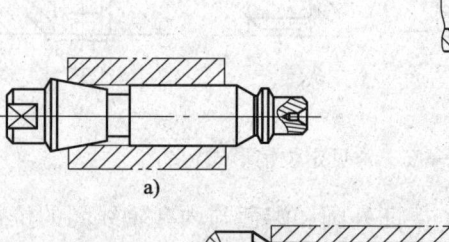

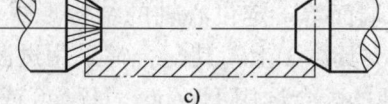

图1—29 圆锥销组合定位

③外圆柱面定位基准。在加工轴类工件时，常以工件外圆柱面作为定位基准，根据外圆表面的完整程度、加工要求和安装方式，可采用V形架、圆柱孔作为定位元件。

a. 用V形架定位。工件的定位基准不论是否经过加工，定位基准面是完整的圆柱面或圆弧面，都可用V形架定位，如图1—30所示。

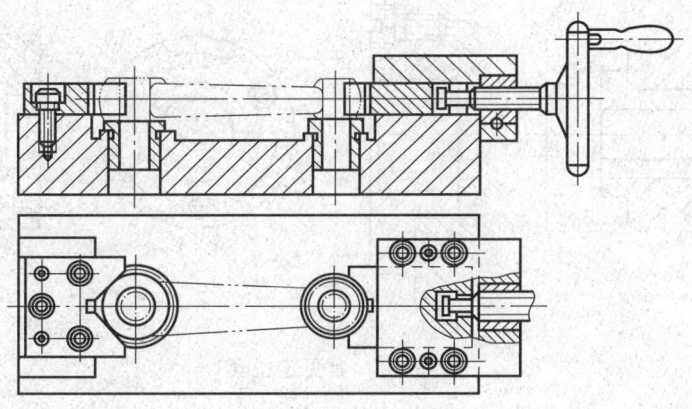

图 1—30　V 形架定位

V 形架是两个对称相交成 α 角的定位平面组成的一种定位元件，其标准夹角有 60°、90°和 120°三种。α 角太大或太小都会影响定位精度和稳定性，故常选 90°V 形架。图 1—31 为常见 V 形架结构形式，图 1—31a 用于较短的精基准定位，限制两个自由度；图 1—31b 为间断式 V 形架，用于基准面长度较大且经过加工的定位基准，限制 4 个自由度；图 1—31c 为可移组合式 V 形架，适用于基准面较长或两段基准面分布较远时；图 1—31d 为工件定位基准面直径较大时制作的大型镶装硬钢片的 V 形架；图 1—31e 则是供粗基准定位或阶梯形圆柱面定位用刀形 V 形架。

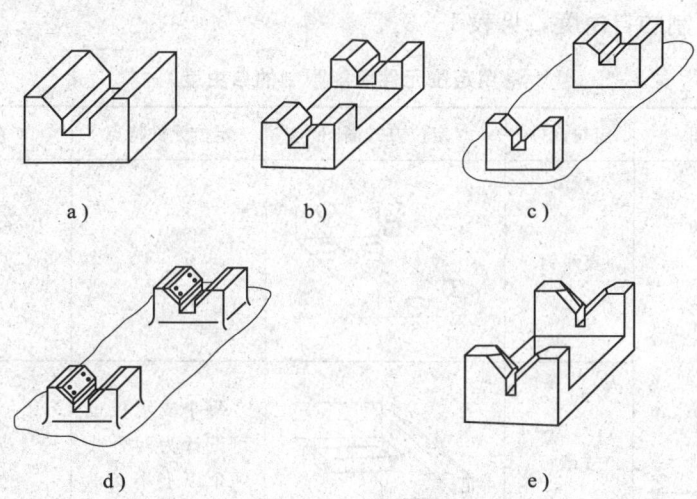

图 1—31　V 形架

b. 圆柱孔作定位元件。即用定位套形式进行精基准定位。通常以加工过的外圆柱面（精基准）在定位套、定位环等零件的内孔中定位，如图 1—32 所示。这种定位方法的定位元件结构简单，适用于精基准定位，但工件可能产生中心线在径向的位移和倾斜误差。为保证轴向定位精度，常与端面配合，并要求有良好的接触精度。

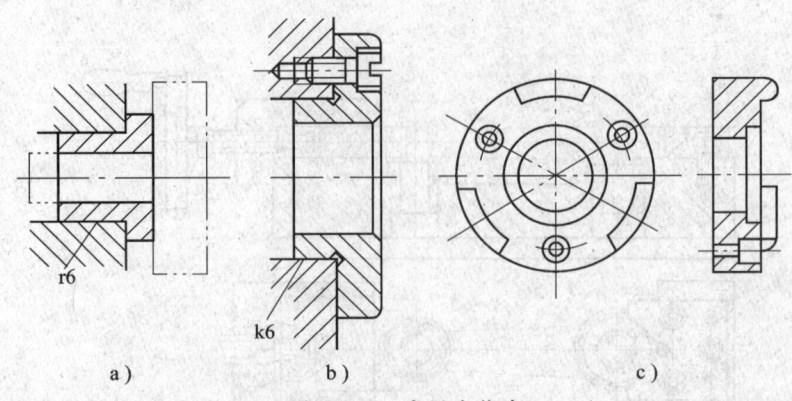

图1—32 常见定位套

c. 用半圆孔作定位。这种定位方法主要用于大型轴类工件。定位元件半圆孔形衬套如图1—33所示,上半圆孔起夹紧作用,下半圆孔起定位作用,装在夹具体上。下半圆孔的最小直径应取工件定位基准外圆的最大直径。

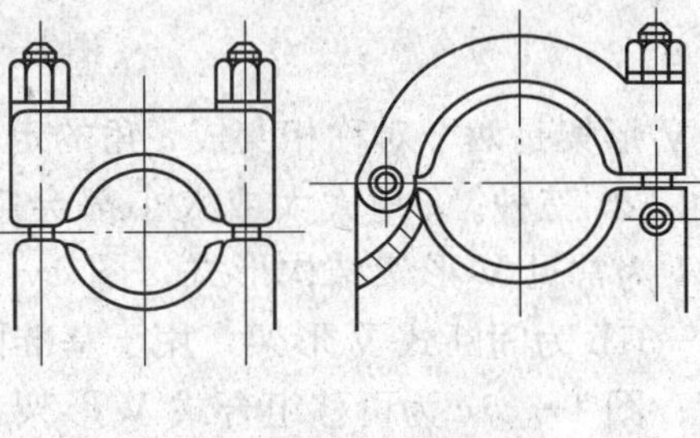

由此可见,不同的定位基准,其选用的定位元件也不同。定位元件因其结构形式不同,所能限制的自由度数目也不同。在选择定位基准时,应系统掌握常用定位元件及定位方式和所能限制的自由度,见表1—3。

图1—33 半圆孔定位装配结构形式

表1—3 常用定位元件所能限制的自由度

工件定位基准面	定位元件	定位方式简图	定位元件特点	限制的自由度
平面 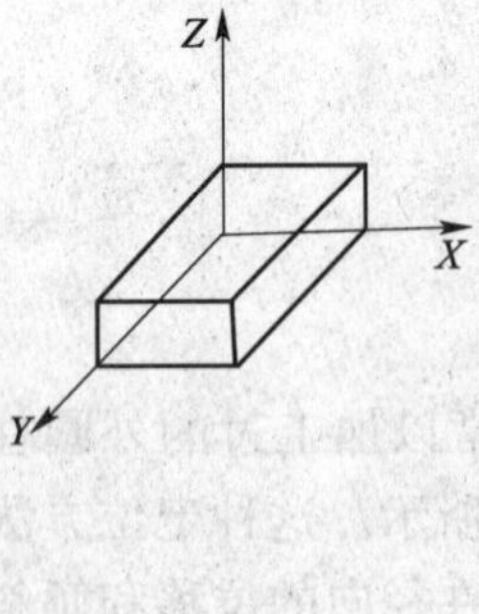	支承钉	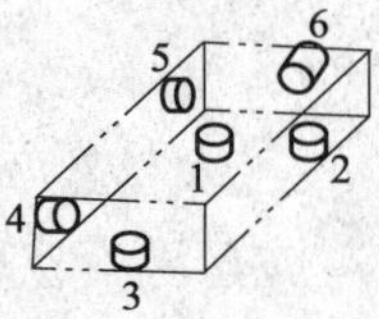		1、2、3—$\vec{Z}$、$\hat{X}$、$\hat{Y}$ 4、5—$\vec{X}$、$\hat{Z}$ 6—$\vec{Y}$
	支承板	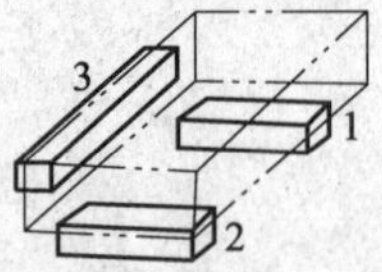	每个支承板也可设计为两个或两个以上小支承板	1、2—$\vec{Z}$、$\hat{X}$、$\hat{Y}$ 3—$\hat{X}$、$\hat{Z}$
	固定支承与浮动支承	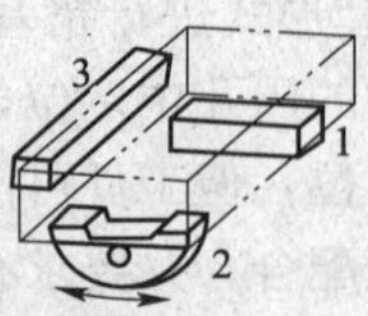	1、3—固定支承 2—浮动支承	1、2—$\vec{Z}$、$\hat{X}$、$\hat{Y}$ 3—$\vec{X}$、$\hat{Z}$

续表

工件定位基准面	定位元件	定位方式简图	定位元件特点	限制的自由度
圆孔	固定支承与辅助支承		1、2、3、4——固定支承 5——辅助支承	1、2、3——$\vec{Z}$、$\hat{X}$、$\hat{Y}$ 4——$\vec{X}$、$\vec{Z}$ 5——增加刚度，不限制自由度
	定位销（心轴）		短销（短心轴）	$\vec{X}$、$\vec{Y}$
			长销（长心轴）	$\vec{X}$、$\vec{Y}$ $\hat{X}$、$\hat{Y}$
	锥销		单锥销	$\vec{X}$、$\vec{Y}$、$\vec{Z}$
			1——固定销 2——活动销	$\vec{X}$、$\vec{Y}$、$\vec{Z}$ $\hat{X}$、$\hat{Y}$
外圆柱面	支承板或支承钉		短支承板或支承钉	$\vec{Z}$（或$\vec{X}$）
			长支承板或支承钉	$\vec{Z}$、$\hat{X}$
	V形架		窄V形架	$\vec{X}$、$\vec{Z}$

3. 定位误差的分析

在机械加工中为了保证工件的加工要求，必须确定工件与刀具间的相互位置，按照夹具定位的基本原理，提高工件的定位精度。但由于定位元件及工件的定位基准在制造时又都有误差，所以会产生定位误差。定位误差由基准不重合误差和定位基准位移误差两部分组成。

（1）定位误差的产生。使用夹具加工时，往往采用调整法加工工件，刀具的位置主要根据工件在夹具中的定位基准来调整,一旦夹具相对刀具的位置经调定后就不再变动。工件在夹具中定位时,由于工件定位所造成的加工面对其工序基准的位置误差,即工序基准沿加工要求方向上的位置移动量,称为定位误差,以 $\Delta_{定位}$ 表示。它由基准不重合误差和定位基准位移误差两个部分组成。凡属基准不重合必然产生定位误差,若属基准重合,则定位误差为零。

1) 工件以平面定位误差产生的原因

①基准不重合误差。如图 1—15 中工件的 M 面作为主要定位表面,平面 N 为导向定位表面,要求加工键槽,保证加工尺寸 $A\pm\delta_a$、$B\pm\delta_b$、$C\pm\delta_c$。由图 1—15a 可知,工件以 N 面定位时,刀具便按尺寸 $B\pm\delta_b$ 来调整,由于平面 M 是加工尺寸 $A\pm\delta_a$ 的工序基准,它与夹具底面上定位元件所构成的基准平面完全重合。按照上述方式调整好刀具后,若不考虑加工过程中其他误差因素的影响,则刀具相对于定位基准 M 面间的尺寸 $A\pm\delta_a$,相对于 N 面间的尺寸 $B\pm\delta_b$,将保持稳定不变。因此,一批工件中的每一件所得到的尺寸 A、B,理论上都应该是一致的,即无定位误差产生。如果定位基准与设计基准不重合,则形成基准不重合误差,以 $\Delta_{不重合}$ 表示。消除基准不重合误差的方法是使两基准重合。若因其他因素定位基准与设计基准不能实现重合而另选基准时,应进行必要的加工尺寸及其公差的换算。换算后所得新的加工尺寸及公差,应能满足工件加工和夹具制造两方面的要求。

②基准位移误差。由于定位基准面和定位元件的工作表面有制造误差而引起的定位基准在加工尺寸方向上的最大位置变动范围,称为基准位移误差,以 $\Delta_{位移}$ 表示。在一般情况下,用已加工的平面作定位基准时,因表面不平整所引起的基准位移误差较小,在分析计算误差时,可以不予考虑。

2) 工件以圆柱孔定位误差产生的原因

①定位基准位移误差。图 1—34a、b 所示工件以圆孔为定位基准在心轴上定位铣键槽。要求保证尺寸 $b^{+\delta_b}_{0}$ 及 $a^{0}_{-\delta_a}$;槽宽 $b^{+\delta_b}_{0}$ 由铣刀决定,尺寸 $a^{0}_{-\delta_a}$ 则由工件相对于刀具的位置决定。刀具经一次调整后,相对于心轴的位置保持不变。由于工序基准圆孔中心线和定位元件心轴不可避免地存在着制造误差,故圆孔中心线与心轴中心线不可能同轴。如图 1—34d 所示,若心轴水平安装,工件圆孔将因重力等影响单边与心轴上母线接触,尽管此时刀具位置未变,但同批工件的定位基准却在 O_1、O_2 之间变动,从而导致工序基准的位置也发生变化,使一批工件中所测得的尺寸 a 有了误差,即产生了定位基准位移误差 $\Delta_{位移}$,此处 $\Delta_{位移}=(D_{max}-d_{min})/2$。

②基准不重合误差。图 1—34e 所示工件以下母线定位对刀,保证尺寸及 $C^{0}_{-\delta_c}$。假设工件孔与心轴为无间隙配合,即定位基准没有位移(见图 1—34f),不产生基准位移误差。但由于工件外圆有制造误差,当外圆直径在 d_{min} 和 d_{max} 范围内变动时,引起加工尺寸在 C_1 和 C_2 之间变动。主要原因是此时定位基准与工序基准不重合,产生基准不重合误差 $\Delta_{不重合}$。此处:

$$\Delta_{不重合}=\frac{d_{max}-d_{min}}{2}=\delta_a/2$$

通过以上分析,产生定位误差的原因有:

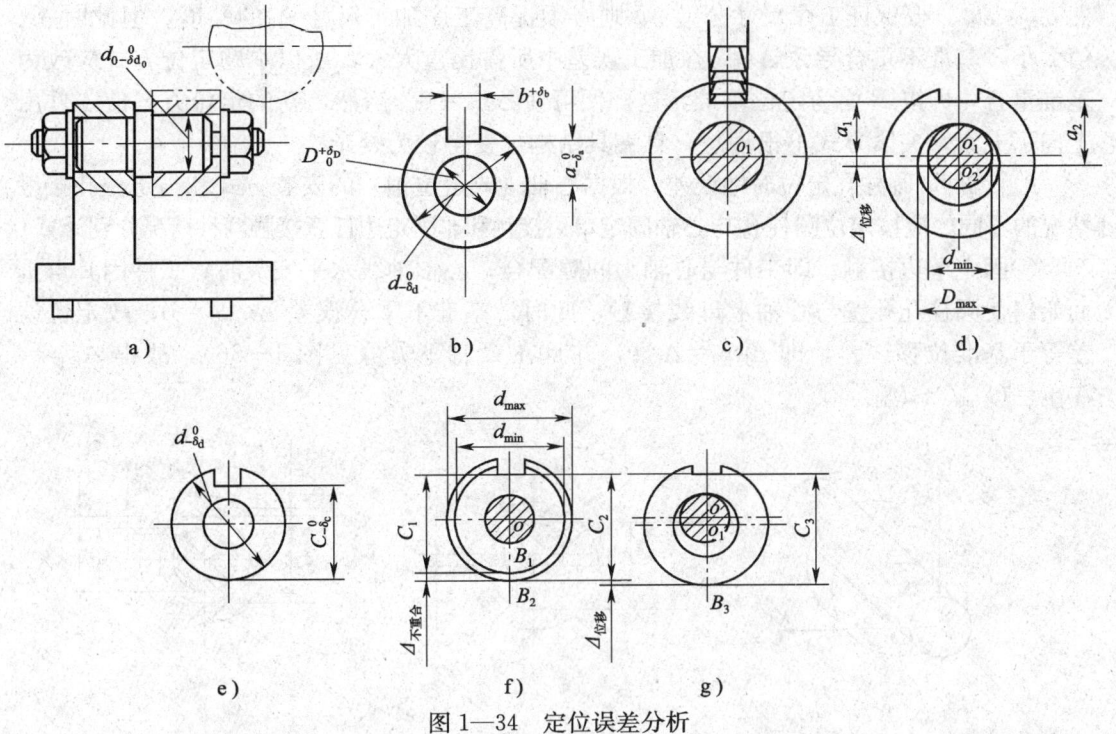

图1—34 定位误差分析

a. 定位基准与设计基准不重合,必然产生基准不重合引起的定位误差$\Delta_{不重合}$。

b. 由于定位副制造不准确,定位基准相对于夹具上定位元件的起始基准发生位移,产生定位误差$\Delta_{位移}$。

工件在夹具中的定位误差是由上述两项误差所组成,即$\Delta_{定位}=\Delta_{不重合}+\Delta_{位移}$。

（2）定位误差的计算。定位误差是使用夹具加工时的一项最主要的误差因素。定位误差的计算是夹具设计时,根据定位方式对工件定位误差进行具体分析,并计算由定位基准位移误差和基准不重合误差而综合引起的工件尺寸的误差。计算定位误差时,应先分别计算出其基准位移误差$\Delta_{位移}$和基准不重合误差$\Delta_{不重合}$,再按几何关系或尺寸链原理将它们合成,求出工序尺寸基准在加工尺寸方向上的最大变化范围。

1）工件以平面定位时的定位误差。工件以平面定位时的定位误差,主要是由基准不重合引起的。分析和计算基准不重合误差的要点,在于找出联系设计基准和定位基准间的定位尺寸,最大定位尺寸与最小定位尺寸之差,即定位尺寸的公差就是基准不重合误差。

【例1—1】图1—35所示为铣削加工定位方案,分析和计算其定位误差。

解：图1—35a所示工件以A面定位,保证尺寸$A_2{}^{+\delta_{A_2}}_{\ 0}$,尺寸$A_2$的设计基准为$B$面,则必然存在基准不重合误差。定位误差的大小由定位尺寸的公差确定。$\Delta_{不重合}=\delta_{A_1}$。由图1—35b所示尺寸链可知$A_2$为封闭环,根据解尺寸链的公式得$\delta_{A_2}=\delta_{A_1}+\delta_{A_3}$,因此$\delta_{A_3}=\delta_{A_2}-\delta_{A_1}$,显

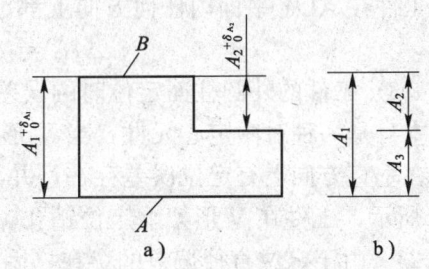

图1—35 以平面定位时的误差

然 $\delta_{A_3}<\delta_{A_2}$，要保证工序尺寸公差 δ_{A_2} 则必须提高工序加工尺寸 A_3 的精度。但此时 δ_{A_3} 值太小，基准不重合导致 $\Delta_{不重合}$ 在加工误差中所占比重太大，所以本题定位方式应改为基准重合，即以 B 面为定位基准，这样便可使 $\Delta_{定位}=0$。当然，新的定位方案使工件由上向下夹紧，夹紧方式不很理想，且夹具结构也变得较为复杂。

2) 工件以圆柱孔定位时的误差。根据心轴（或定位销）的安装方式和与定位孔接触情况的不同，应按定位圆柱孔与心轴固定单边接触和非固定边任意接触两种情况分别计算。

①固定单边接触。即工件与心轴为间隙配合，心轴轴线水平安装时，工件因其自重而始终使圆柱孔孔壁与心轴上母线接触，此时，基准不重合误差 $\Delta_{不重合}=0$，故定位误差等于基准位移误差，即 $\Delta_{定位}=\Delta_{位移}$，并且在 Z 轴下方（见图1—36），故得 $A_{定位}=A_{位移}=(D_{max}-d_{min})/2$。

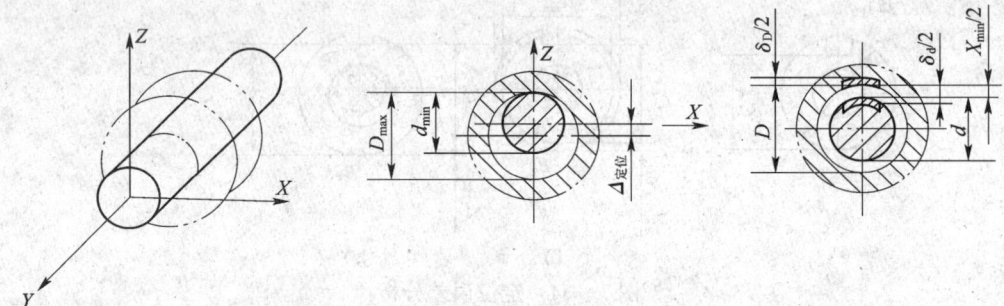

图1—36 固定单边接触时定位误差

若工件圆孔直径为 D，其公差为 δ_D，心轴外圆直径为 d，其公差为 δ_d，工件圆孔与心轴间的最小配合间隙为 X_{min}。

则 $$D_{max}=D+\delta_D=d+X_{min}+\delta_D$$
$$d_{min}=d-\delta_d$$

所以 $\Delta_{定位}=[(d+X_{min}+\delta_D)-(d-\delta_d)]/2=(\delta_D+\delta_d+X_{min})/2$

对一批工件的圆孔与心轴配合，X_{min} 始终是不变的常量，可通过调整刀具尺寸加以消除。因此，最后得出的定位误差为：

$$\Delta_{定位}=(\delta_D+\delta_d)/2$$

②非固定边任意接触。在工件与心轴为间隙配合时，心轴轴心线垂直设置，工件在水平面（XOY）内沿 X 轴和 Y 轴方向可双边移动，工件定位孔与心轴母线间的接触为任意的。如图1—37所示，工件在 X 轴和 Y 轴两方向都有可能产生双边径向定位误差，即工件在 XOY 平面内任何方向上都可能产生双边径向定位误差。

$$\Delta_{定位}=\Delta_{位移}=\delta_D+\delta_d+X_{min}$$

3) 工件的外圆柱面定位时的误差。工件以外圆柱面定位时主要采用V形架。V形架本身是一种对中定心元件，当V形架精度较高时，在水平方向上是没有定位误差的。但在垂直方向上有定位误差存在，并与工件直径和V形架夹角误差大小有关。如图1—38所示，工件在V形架上定位钻孔，工件的定位直径 d 有尺寸偏差 $-\delta_d$，V形架夹角为 2α。由于定位直径偏差的存在，因此定位基准相对于在夹具中的理想位置产生位移，其误差为 $\Delta_{位移}$。

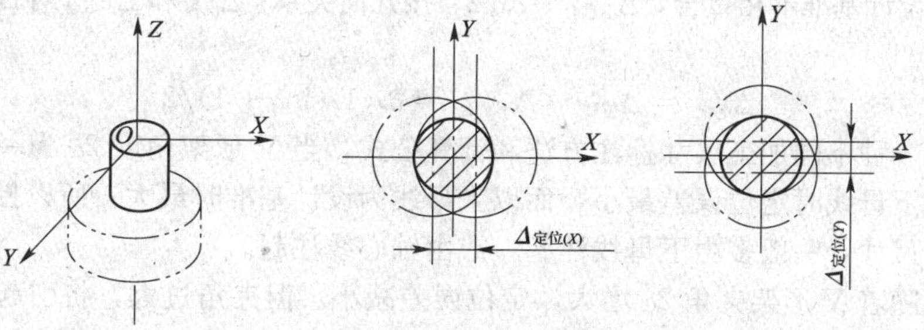

图 1—37 非固定边任意接触定位误差

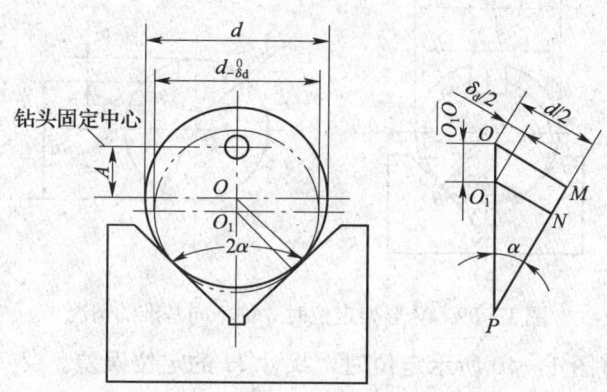

图 1—38 V形架定位时的位移误差

由图中可知：
$$\Delta_{位移}=\overline{OO_1}$$
$$\overline{OO_1}=\overline{OP}-\overline{O_1P}$$
$$\overline{OP}=\overline{OM}/\sin\alpha$$
$$\overline{O_1P}=\overline{O_1N}/\sin\alpha$$

而 $\overline{OM}=d/2, \overline{O_1N}=(d-\delta_d)/2$

故 $$\overline{OO_1}=d/(2\sin\alpha)-(d-\delta_d)/(2\sin\alpha)=\delta_d/(2\sin\alpha)$$

即 $$\Delta_{位移}=\delta_d/(2\sin\alpha)$$

由于待加工尺寸的设计基准不同，加工尺寸标注也不同，所以工件在 V 形架上定位时，定位误差的大小与工件尺寸的标注方法有关。通常有图 1—39 所示的 3 种情况。

① 以圆柱体中心线为工序基准。如图 1—39b 中所示，当加工尺寸标注为 H_A 时，设计基准为圆心 O 点，基准重合，故 $\Delta_{不重合}=0$，所以 $\Delta_{定位}=\Delta_{位移}=\delta_d/(2\sin\alpha)$。

当 $2\alpha=90°$ 时，$\Delta_{定位}=0.707\delta_d$。

② 以外圆柱体上母线为工序基准。图 1—39b 中当加工尺寸从上母线标注为 H_B 时，此时，不仅存在定位基准与设计基准不重合，而且还有定位副不准确的位移误差。所以定位误差为

$$\Delta_{定位}=\Delta_{不重合}+\Delta_{位移}=\delta_d/2+\delta_d/(2\sin\alpha)$$

即 $$\Delta_{定位}=\delta_d(1/\sin\alpha+1)/2$$

③ 以外圆柱体下母线为工序基准。图 1—39b 中当加工尺寸从下母线标注为 H_c 时，

定位基准与设计基准不相重合，$\Delta_{不重合}=\delta_d/2$。按几何关系，$\Delta_{位移}$ 和 $\Delta_{不重合}$ 对 $\Delta_{定位}$ 的综合影响为

$$\Delta_{定位} = \Delta_{位移} - \Delta_{不重合} = \delta_d(1/\sin\alpha + 1)/2$$

由上述 3 种不同加工尺寸标注方法和计算公式，当 V 形架角度 2α 为一定值时，以设计基准在下母线时定位误差最小，而以上母线为设计基准时最大。所以控制轴类零件键槽深度的尺寸，一般多由下母线注起，或由轴心线注起。

另外，随着 V 形架夹角 2α 增大，定位误差减小。但夹角过大，将引起工件定位不稳，故一般多采用 $90°$。

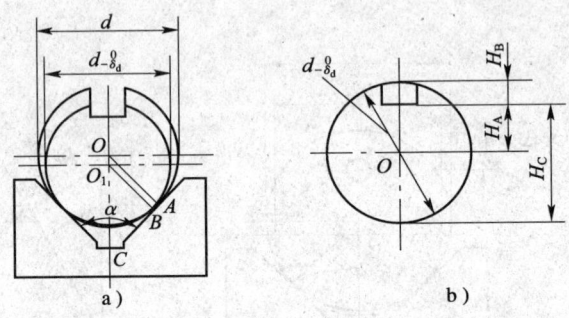

图 1—39　V 形架定位时 3 种不同基准的情况

【例 1—2】计算图 1—40 所示定位时，尺寸 H 的定位误差。

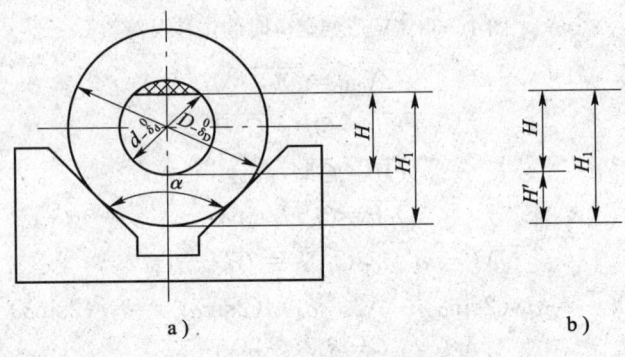

图 1—40　计算 H 的定位误差

解： 加工尺寸 H，其设计基准是直径为 $d_{-\delta_d}^{0}$ 的下母线，而定位基准则是直径为 $D_{-\delta_D}^{0}$ 的下母线，设计基准和定位基准不重合，有误差 $\Delta_{不重合}$。由图 1—40b 尺寸链图，尺寸 H 为尺寸链的封闭环，H' 公差 $T_{H'}=(\delta_D+\delta_d)/2$。尺寸 H_1 的位移误差 $\Delta_{位移}=\delta_D[1/\sin(\alpha/2)-1]/2$。

所以尺寸 H 的定位误差为

$$\begin{aligned}\Delta_{定位} &= \Delta_{位移} + \Delta_{不重合} \\ &= (\delta_D+\delta_d)/2 + \delta_D[1/\sin(\alpha/2)-1]/2 \\ &= \delta_d/2 + \delta_D/2[\sin(\alpha/2)]\end{aligned}$$

4）以一面两销定位时的误差。所谓"一面两销"定位，是指工件以一个平面和两个定位孔作为定位基准实现组合定位。工件上的两个定位孔，可以是工件结构上原有

的，也可以是因工艺上定位需要而专门加工出来的。采用这种定位方式，可使工件在加工过程中各道工序的定位基准统一，减少因定位基准多次变换而产生的定位误差，从而提高加工精度，便于优化夹具的设计与制造。

工件以一面两销定位时，所用的定位元件是：一个平面（支承板）、一个圆柱销和一个削边销。这种定位方式的定位误差有定位基准位移误差和转角误差。

①以一个平面和两个圆柱销定位。如图1—41所示，工件以一个平面和两个圆柱销定位时，两圆柱销在连心线方向上限制的自由度重复，出现过定位。当工件上第1孔装上定位销后，由于孔间距（$L+\delta_{L_D}$）和销间距（$L-\delta_{L_d}$）有误差，使第2孔将装不到第二个定位销上。解决的办法之一是减小第二个定位销的直径。

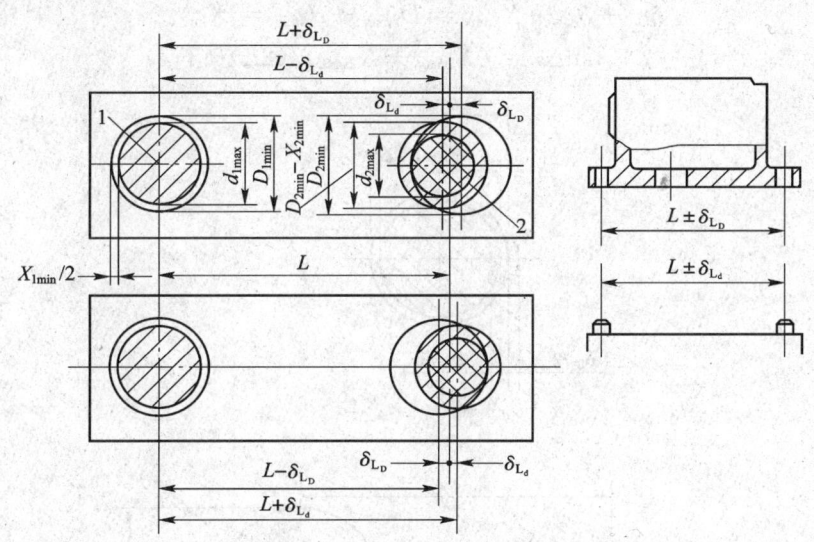

图1—41 一个平面和两个圆柱销定位分析

第一孔的装入条件是：

$$d_{1max} = D_{1min} - X_{1min}$$

第二孔的装入条件是：

$$d_{2max} = D_{2min} - 2\delta_{L_D} - 2L - 2\delta_{L_d} - X_{2min}$$

式中 d_{1max}——第1销的最大直径；

d_{2max}——第2销的最大直径；

D_{1min}——第1孔的最小直径；

D_{2min}——第2孔的最小直径；

δ_{L_D}——孔间距公差；

δ_{L_d}——销间距公差；

X_{1min}——第1孔与第1销的最小间隙；

X_{2min}——第2孔与第2销的最小间隙。

这种减小定位销直径（即增大销与孔之间配合间隙）的方法，尽管能使工件装入夹具中，但会导致工件转角误差的增大。

基准位移误差是指工件在图示平面内的位移误差,由定位孔 1 和定位销 1 之间的配合间隙来决定。与前面所述单孔定位一样,因此工件在图 1—42a 所示平面内,任意方向上的位移误差为:

$$\Delta_{位移} = \delta_{D_1} + \delta_{d_1} + X_{1min}$$

当定位孔和定位销上下错移接触时,工件两定位孔连心线($L+\delta_{L_D}$)相对夹角上两定位销中心的连心线($L-\delta_{L_D}$)发生偏转,产生的最大转角误差 $\Delta\alpha$ 如图 1—42b 所示。

$$\tan\Delta\alpha = (O_1O_1' + O_2O_2')/L$$

$$\tan\Delta\alpha = (\delta_{D_1} + \delta_{d_1} + X_{1min} + \delta_{D_2} + \delta_{d_2} + X_{2min})/(2L)$$

式中
$$\delta_{D_1} + \delta_{d_1} + X_{1min} = D_{1max} - d_{1min} = X_{1max}$$
$$\delta_{D_2} + \delta_{d_2} + X_{2min} = D_{2max} - d_{2min} = X_{2max}$$

故
$$\tan\Delta\alpha = (X_{1max} + X_{2max})/(2L)$$

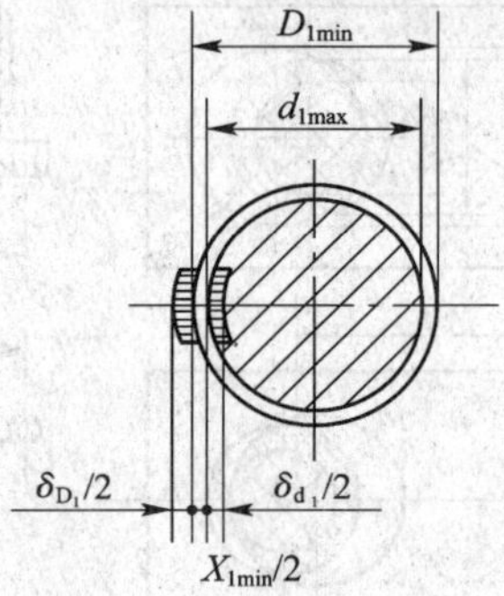

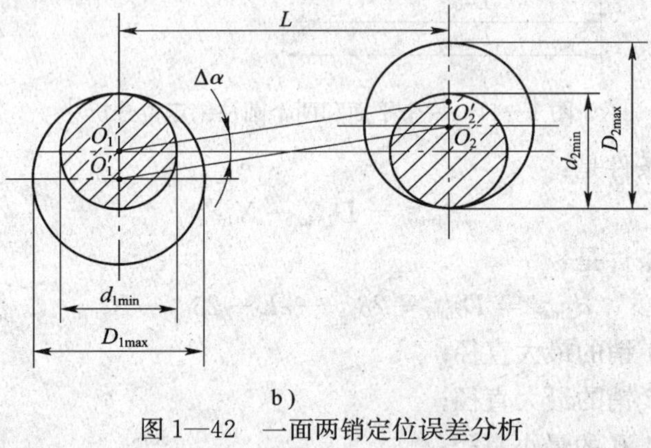

图 1—42 一面两销定位误差分析

同样,工件还可能向另一方向偏转 $\Delta\alpha$,所以在计算定位误差时应按双向转角误差 $2\Delta\alpha$ 考虑。

②以一圆柱销和一削边销及平面定位。如图 1—43 所示,在一面两销定位中,是通过直接增大销 2 与孔 2 之间的间隙量来补偿中心距偏差。而采用削边销后,工件在极端情况下也能装到定位销上,这是因为把碰到工件孔壁的部分削去,只留下用作定位的一部分圆柱面。这样在垂直于连心线的方向上,由于定位销直径并未减小,故工件的转角误差没有增大,有利于保证加工精度。在安装削边销时,应注意使其削边方向垂直于连心线。

削边销尺寸的确定如图 1—43b 所示,未削边部分的最大直径为 $d_{2max} = D_{2min} - X_{2min}$。$AB$ 和 CK 应能补偿 $\pm \delta_{L_D}$ 和 $\pm \delta_{L_d}$,得

$$AB = CK = a = \delta_{L_D} + \delta_{L_d} + X_{2min}/2 - X_{1min}/2$$

补偿值 a 对转角误差、装卸工件是否方便、削边销宽度及其使用寿命都有影响。在实际工作中,可按 $a = \delta_{L_D} + \delta_{L_d}$ 计算补偿值。必要时经过精度分析后再作调整。

在直角三角形 OAH 和 OBH 中,削边销的尺寸计算如下

$$OA^2 - AH^2 = OB^2 - BH^2$$

即

$$(D_{2min}/2)^2 - (a+b_1/2)^2 = [(D_{2min}-X_{2min})/2]^2 - (b_1/2)^2$$

$$b_1 = (2D_{2min}X_{2min} - X_{2min}^2 - 4a^2)/(4a)$$

由于 X_{2min}^2 和 $4a^2$ 两项数值都很小,可忽略不计,故得

$$b_1 = D_{2min}X_{2min}/(2a)$$

或

$$X_{2min} = 2ab_1/D_{2min}$$

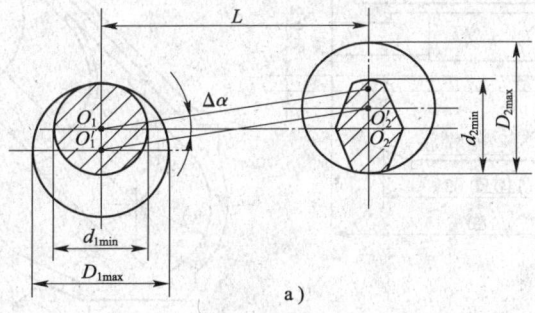

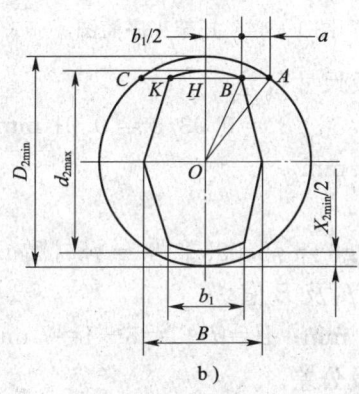

图 1—43 削边销定位

当采用修圆削边销时,以 b 替换 b_1。尺寸 b_1、b 及 B 可根据表 1—4 选取,削边销的结构尺寸可参阅国家标准有关手册。

表 1—4   削边销的尺寸   mm

d	>3~6	>6~8	>8~20	>20~25	>25~32	>32~40	>40~50	>50
B	d-0.5	d-1	d-2	d-3	d-4	d-5	d-5	—
b	1	2	3	3	3	4	5	—
b_1	2	3	4	5	5	6	8	14

注:d——削边销工作部分直径。

定位误差的计算，基准位移误差取决于圆柱销与其定位孔的配合精度及最小安装间隙。即

$$\Delta_{位移} = \delta_{D_1} + \delta_{d_1} + X_{1min}$$

转角误差为

$$\Delta\alpha = \arctan[(\delta_{D_1} + \delta_{d_1} + X_{1min} + \delta_{D_1} + \delta_{d_1} + X_{2min})/(2L)]$$

其中 $X_{2min} = 2ab_1/D_{2min}$。因此，第二种定位方法的转角误差要比第一种定位方法小。在实际生产中，一面两销通常是以一平面和一圆柱销及一削边销作为定位元件的方式应用最广。

【例1—3】如图1—44所示托架，以 A 面和 $2\times\phi 8\,\text{mm}^{+0.085}_{+0.035}$ 孔定位粗镗 $R43^{+0.5}_{0}$ mm 孔，保证加工尺寸 $5\,\text{mm}\pm 0.2\,\text{mm}$，试设计双销，并计算其定位误差。

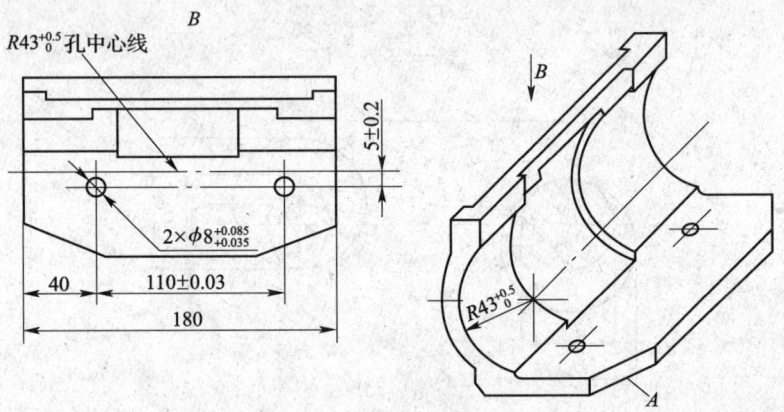

图1—44 托架工序简图

解：①确定定位销中心距及尺寸公差。

取 $\delta_{L_d} = \delta_{L_D}/3 = 0.03/3 = 0.01$ mm

故销间距为 $110\,\text{mm}\pm 0.01\,\text{mm}$。

②确定圆柱销尺寸及公差。

取 $\phi 8.035\,\text{g6} = \phi 8.035^{-0.005}_{-0.014} = \phi 8^{+0.030}_{+0.021}$ mm

③按表1—4选定削边销的 b_1 及 B 值。

取 $b_1 = 3$ mm；$B = d - 1 = 8 - 1 = 7$ mm

④确定削边销的直径尺寸及公差。

$$d_{2max} = D_{2min} - X_{2min} = D_{2min} - 2ab_1/D_{2min}$$
$$= 8.035 - 2\times(0.03 + 0.01)\times 3/8.035$$
$$= 8.005\,\text{mm}$$

公差配合取为 h6，其下偏差为 0.009 mm，故削边销直径为

$$\phi 8.005^{0}_{-0.009} = \phi 8^{+0.005}_{-0.004}\,\text{mm}$$

⑤计算定位误差。如图1—45所示，由于两孔定位有转角误差 $\Delta\alpha$，使加工尺寸产生定位误差 Δ_{D_1} 和 Δ_{D_2}，应考虑较大值对加工尺寸的影响，图中只画出了一个方向的偏转情况，向另一个方向偏转时，其值相同。

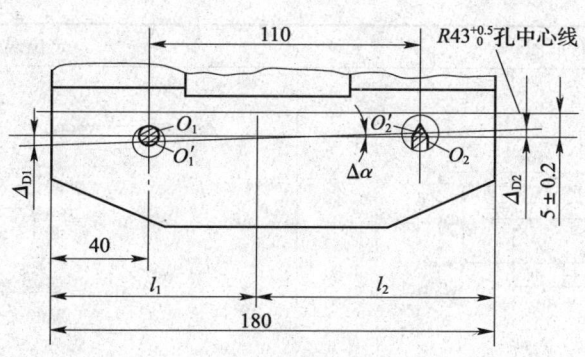

图 1—45 定位误差计算

$$\tan\Delta\alpha = \frac{X_{1\max} + X_{2\max}}{2L} = \frac{(0.085 - 0.021) + (0.085 + 0.004)}{2 \times 110} = 0.0007$$

$$l_1 = 40 + \frac{X_{1\max}}{2\tan\Delta\alpha} = 40 + \frac{LX_{1\max}}{X_{1\max} + X_{2\max}} = 40 + \frac{110 \times 0.064}{0.064 + 0.089} \approx 86 \text{ mm}$$

$$l_2 = 180 - l_1 = 180 - 86 = 94 \text{ mm}$$

式中 l_1——中心线 O_1O_2 与中心线 $O_1'O_2'$ 交点至左端面的距离；

l_2——上述交点至右端面的距离。

由于转角误差很小，不计工件左右端面旋转对定位误差的影响，得：

$$\Delta_{D_1} = 2l_1\tan\Delta\alpha = 2 \times 86 \times 0.0007 = 0.12 \text{ mm}$$

$$\Delta_{D_2} = 2l_2\tan\Delta\alpha = 2 \times 94 \times 0.0007 = 0.13 \text{ mm}$$

较大的定位误差 Δ_{D_2} 尚小于工件公差的三分之一（0.4/3=0.133），此方案可取。常用定位方法的定位误差计算公式见表 1—5。

表 1—5　　　　　　　　　　定位误差计算示例

定位简图	定位误差
	$\Delta_{D(a)} = \delta_c$；$\Delta_{D(b)} = 0$
	$\Delta_{D(a)} = 0$；$\Delta_{D(b)} = 0$；$\Delta_{D(c)} = 0$
	$\Delta_{D(a)} = \delta_k\cos\beta + \delta_N\sin\beta$

续表

定位简图	定位误差
(图)	$\Delta_{D(a)}=\dfrac{\delta_D}{2\sin\dfrac{\alpha}{2}}$；$\Delta_{D(b)}=\dfrac{\delta_D}{2}\left(\dfrac{1}{\sin\dfrac{\alpha}{2}}+1\right)$ $\Delta_{D(c)}=\dfrac{\delta_D}{2}\left(\dfrac{1}{\sin\dfrac{\alpha}{2}}-1\right)$ $\Delta_{D(f)}=\dfrac{\delta_D}{2\sin\dfrac{\alpha}{2}}+\dfrac{\delta_d}{2}+e$
(图)	$\Delta_{D(\beta)}\approx\arctan\dfrac{\delta_D\sin\beta}{2R\sin\dfrac{\alpha}{2}}$ $\Delta_{D(R)}=\dfrac{\delta_D\cos\beta}{2\sin\dfrac{\alpha}{2}}$ $\Delta_{D(f)}=\dfrac{\delta_D\cos\beta}{2\sin\dfrac{\alpha}{2}}+\dfrac{\delta_d}{2}+e$
(图)	$\Delta_{D(a)}=0$；$\Delta_{D(b)}=\dfrac{\delta_d}{2}$ $\Delta_{D(f)}=\Delta_{D(c)}=\dfrac{\delta_d}{2}+e$ $\Delta_{D(n)}=\dfrac{\delta_d}{C}$；$\Delta_{D(m)}=\dfrac{\delta_d}{2}+\delta_h$ $C=2\tan\dfrac{\alpha}{2}$
(图)	$\Delta_{D(a)}=0$；$\Delta_{D(b)}=\dfrac{\delta_d}{2}$ $\Delta_{D(f)}=\Delta_{D(c)}=\dfrac{\delta_D}{2}+e$ $\Delta_{D(n)}=0$；$\Delta_{D(m)}=\delta_h$

注：$\Delta_{定位(a)}$ 记为 $\Delta_{D(a)}$。

4. 工件的夹紧

(1) 夹紧装置的组成。夹紧装置的种类很多，但其结构均由两部分组成。

1) 动力装置——产生夹紧力。机械加工过程中，要保证工件不离开定位时占据的正确位置，就必须有足够的夹紧力来平衡切削力、惯性力、离心力及重力对工件的影响。夹紧力的来源，一是人力，二是某种动力装置。常用的动力装置有：液压装置、气压装置、电磁装置、电动装置、气—液联动装置和真空装置等。

2) 夹紧机构——传递夹紧力。要使动力装置所产生的力或人力正确地作用到工件上，需有适当的传递机构。在工件夹紧过程中起力的传递作用的机构，称为夹紧机构。

夹紧机构在传递力的过程中，能根据需要改变力的大小、方向和作用点。手动夹具的夹紧机构还应具有良好的自锁性能，以保证人力的作用停止后，仍能可靠地夹紧工件。

图1—46所示为液压夹紧的铣床夹具。其中，液压缸4、活塞5、活塞杆3等组成了液压动力装置，铰链臂2和压板1等组成了铰链压板夹紧机构。

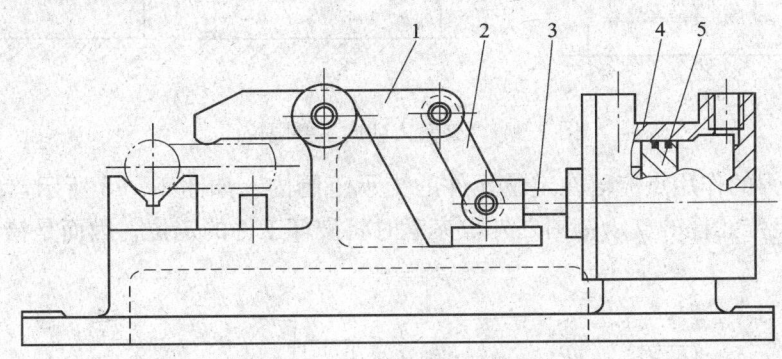

图1—46 液压夹紧的铣床夹具
1—压板 2—铰链臂 3—活塞杆 4—液压缸 5—活塞

(2) 对夹紧装置的基本要求

1) 夹紧过程中，不改变工件定位后占据的正确位置。

2) 夹紧力的大小适当，一批工件的夹紧力要稳定不变。既要保证工件在整个加工过程中的位置稳定不变，振动小，又要使工件不产生过大的夹紧变形。夹紧力稳定可减小夹紧误差。

3) 夹紧装置的复杂程度应与工件的生产纲领相适应。工件生产批量越大，越允许设计复杂、效率高的夹紧装置。

4) 工艺性和使用性好。其结构应力求简单，便于制造和维修。夹紧装置的操作应当方便、安全、省力。

(3) 夹紧力的确定。确定夹紧力的方向、作用点和大小时，要分析工件的结构特点、加工要求、切削力和其他外力作用于工件的情况，以及定位元件的结构和布置方式。

1) 夹紧力应朝向主要限位面。对工件只施加一个夹紧力，或施加几个方向相同的夹紧力时，夹紧力的方向应尽可能朝向主要限位面。

如图1—47a所示，工件被镗的孔与左端面有一定的垂直度要求，因此，工件以孔的左端面与定位元件的A面接触，限制3个自由度；以底面与B面接触，限制两个自由度；夹紧力朝向主要限位面A。这样做，有利于保证孔与左端面的垂直度要求。如果夹紧力改朝B面，则由于工件左端面与底面的夹角误差，夹紧时将破坏工件的定位，影响孔与左端面的垂直度要求。

再如图1—47b所示，夹紧力朝向主要限位面——V形架的V形面，使工件的装夹稳定可靠。如果夹紧力改朝B面，则由于工件圆柱面与端面的垂直度误差，夹紧时，工件的圆柱面可能离开V形架的V形面。这不仅破坏了定位，影响加工要求，而且加工时工件容易振动。

对工件施加几个方向不同的夹紧力时，朝向主要限位面的夹紧力应是主要夹紧力。

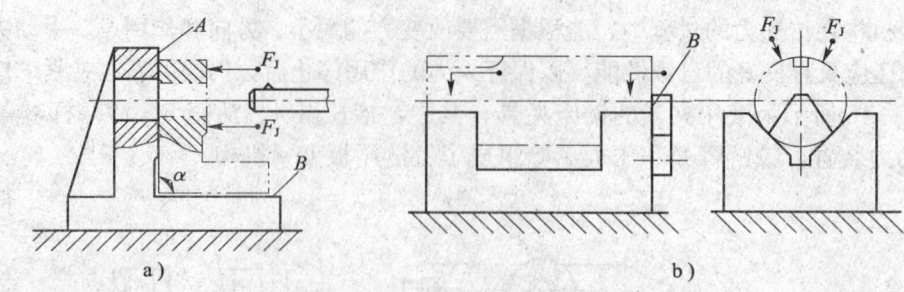

图1—47 夹紧力朝向主要限位面

2)夹紧力的作用点应落在定位元件的支承范围内。如图1—48所示，夹紧力的作用点落到了定位元件的支承范围之外，夹紧时将破坏工件的定位，因而是错误的。

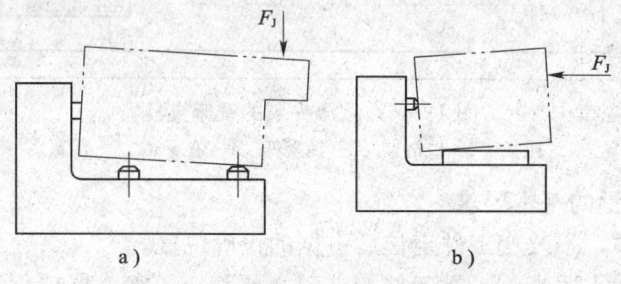

图1—48 夹紧力作用点的位置不正确

3)夹紧力的作用点应落在工件刚度较好的方向和部位。这一原则对刚度差的工件特别重要。如图1—49a所示，薄壁套的轴向刚度比径向好，用卡爪径向夹紧，工件变形大。若沿轴向施加夹紧力，变形就会小得多。夹紧如图1—49b所示薄壁箱体时，夹紧力不应作用在箱体的顶面，而应作用在刚度好的凸边上。箱体没有凸边时，可如图1—49c那样，将单点夹紧改为三点夹紧，使着力点落在刚度较好的箱壁上，降低了着力点的压强，减小了工件的夹紧变形。

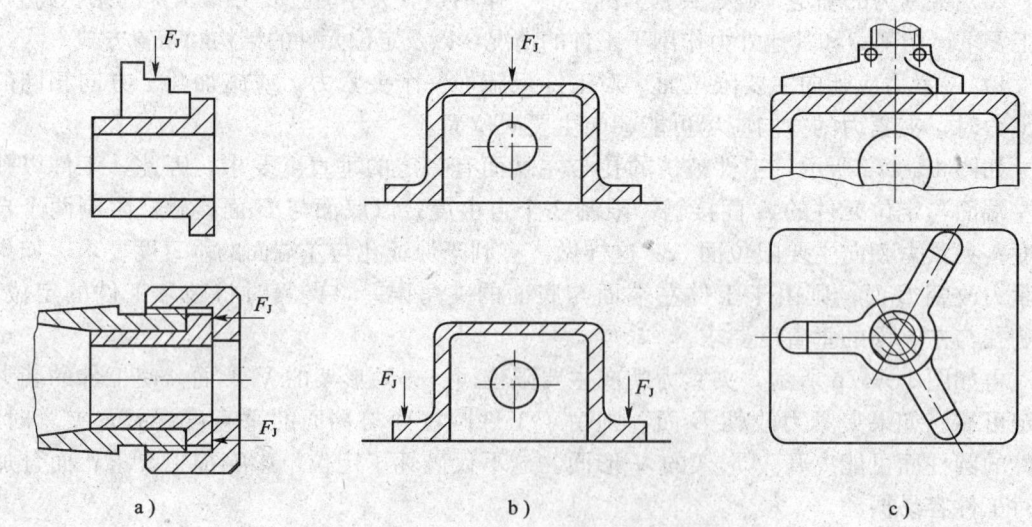

图1—49 夹紧力作用点与夹紧变形的关系

4) 夹紧力作用点应靠近工件的加工表面。如图1—50所示，在拨叉上铣槽。由于主要夹紧力的作用点距加工表面较远，故在靠近加工表面的地方设置了辅助支承，增加了夹紧力。这样，不仅提高了工件的装夹刚度，还可减少加工时工件的振动。

（4）夹紧力大小的估算。加工过程中，工件受到切削力、离心力、惯性力及重力的作用。理论上，夹紧力的作用应与上述力（矩）的作用平衡；实际上，夹紧力的大小还与工艺系统的刚度、夹紧机构的传递效率等有关。而且，切削力的大小在加工过程中是变化的，因此，夹紧力的计算是个很复杂的问题，只能进行粗略的估算。估算时应找出对夹紧最不利的瞬时状态，估算此状态下所需的夹紧力，并只考虑主要因素在力系中的影响，略去次要因素在力系中的影响。估算步骤如下：

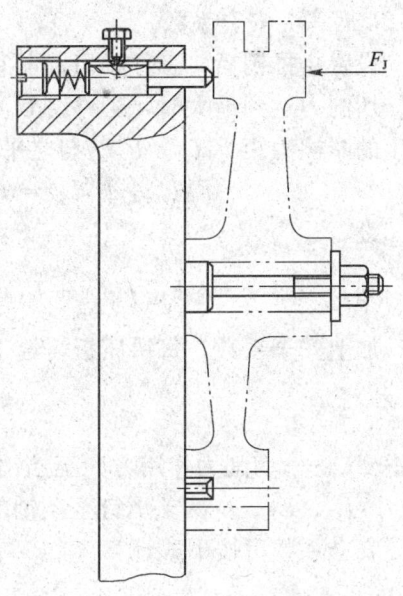

图1—50 夹紧力作用点靠近加工表面

1) 建立理论夹紧力 $F_{J理}$ 与主要最大切削力 F_p 的静平衡方程：$F_{J理}=\phi(F_p)$。
2) 实际需要的夹紧力 $F_{J理}$，应考虑安全系数（见表1—6），$F_{J理}=KF_{J理}$。
3) 校核夹紧机构产生的夹紧力 F_J 是否满足条件 $F_J > F_{J理}$。

例如，图1—51所示为铣削加工示意图，试估算所需的夹紧力。由于是小型工件，工件重力略去不计。因为压板是活动的，压板对工件的摩擦力也略去不计。

不设置止推销时，对夹紧最不利的瞬时状态是铣刀切入全深、切削力 F_p 达到最大时，工件可能沿 F_p 的方向移动，需用夹紧力 F_{J1}、F_{J2} 产生的摩擦力 F_1、F_2 与之平衡，建立静平衡方程

$$F_1 + F_2 = F_p \qquad F_{J1}f_1 + F_{J2}f_2 = F_p$$

设 $F_{J1} = F_{J2} = F_{J理}$ $\quad f_1 = f_2 = f$

则 $\quad 2fF_{J理} = F_p \qquad F_{J理} = \dfrac{F_p}{2f}$

加上安全系数，每块压板需给工件的夹紧力为

$$F_{J理} = \frac{KF_p}{2f}$$

式中　F_p——最大切削力，N；
　　　F_J——每块压板的夹紧力，N；
　　　f——工件与定位元件间的摩擦因数；

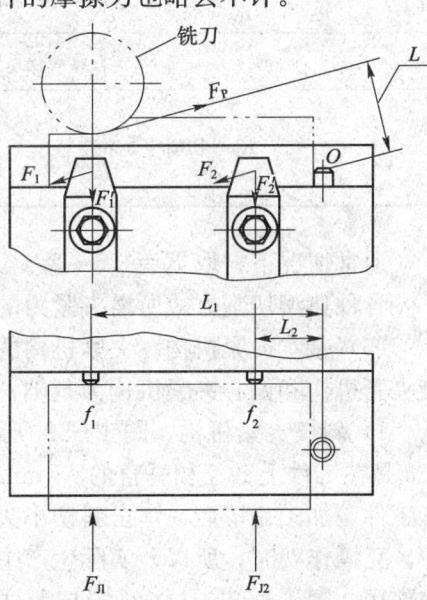

图1—51 铣削时夹紧力的估算

K——安全系数。

设置止推销后，工件不可能斜向移动了，对夹紧最不利的瞬时状态是铣刀切入全深、切削力达到最大时，工件绕 O 点转动，形成切削力矩 F_pL，需用夹紧力 F_{J1}、F_{J2}。产生的摩擦力矩 F'_1L_1、F'_2L_2 与之平衡，建立静平衡方程如下

$$F'_1L_1 + F'_2L_2 = F_pL \qquad F_{J1}f_1L_1 + F_{J2}f_2L_2 = F_pL$$

设 $\qquad F_{J1} = F_{J2} = F_{J理} \qquad f_1 = f_2 = f$

则 $\qquad F_{J理}f(L_1 + L_2) = F_pL \qquad F_{J理} = \dfrac{F_pL}{f(L_1 + L_2)}$

加上安全系数，每块压板需给工件的夹紧力是

$$F_{J需} = \frac{F_pLK}{f(L_1 + L_2)}$$

式中　L——切削力作用方向至挡销的距离；

　　　L_1、L_2——两支承钉至挡销的距离。

安全系数可按下式计算

$$K = K_0K_1K_2K_3$$

各种因素的安全系数见表1—6。

表1—6　　　　　各种因素的安全系数

考虑因素		系数值
K_0—基本安全系数（考虑工件材质、余量是否均匀）		1.2～1.5
K_1—加工性质系数	粗加工	1.2
	精加工	1.0
K_2—刀具转化系数		1.1～1.3
K_3—切削特点系数	连续切削	1.0
	断续切削	1.2

通常情况下，取 $K=1.5～2.5$。当夹紧力与切削力方向相反时，取 $K=2.5～3$。

各种典型切削方式所需夹紧力的静平衡方程式可参看有关的夹具手册。

(5) 基本夹紧机构。夹紧机构的种类虽然很多，但其结构大都以斜楔夹紧机构、螺旋夹紧机构和偏心夹紧机构为基础，这3种夹紧机构合称为基本夹紧机构。

1) 斜楔夹紧机构。图1—52所示为几种用斜楔夹紧机构夹紧工件的实例。图1—52a 是在工件上钻互相垂直的 $\phi 8$ mm、$\phi 5$ mm 两组孔。工件装入后，锤击斜楔大头，夹紧工件。加工完毕后，锤击斜楔小头，松开工件。由于用斜楔直接夹紧工件的夹紧力较小，且操作费时，所以，实际生产中应用不多，多数情况下是将斜楔与其他机构联合起来使用。图1—52b 是将斜楔与滑柱合成一种夹紧机构，一般用气压或液压驱动。图1—52c 是由端面斜楔与压板组合而成的夹紧机构。

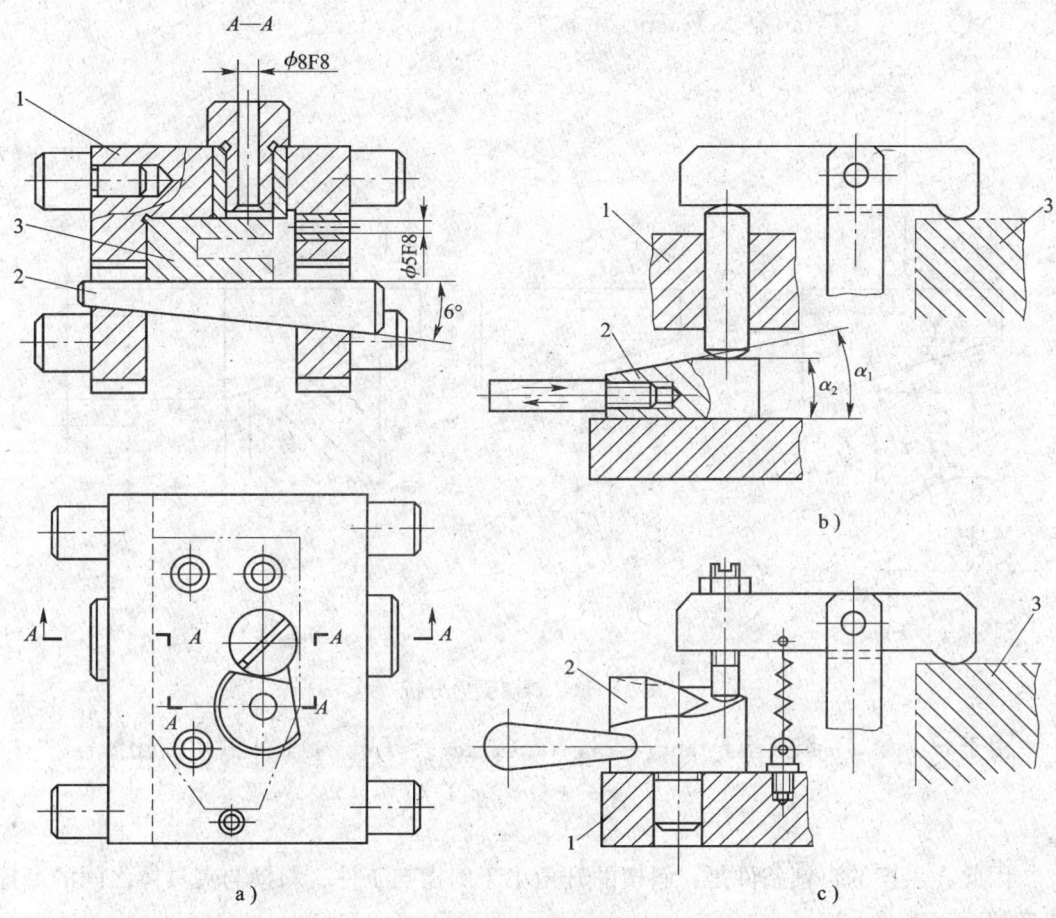

图 1—52 斜楔夹紧机构
1—夹具体 2—斜楔 3—工件

①斜楔的夹紧力。图 1—53a 是在外力 F_Q 作用下斜楔的受力情况。建立静平衡方程式

$$F_1 + F_{Rx} = F_Q$$

而

$$F_1 = F_J \tan\varphi_1 \qquad F_{Rx} = F_J \tan(\alpha + \varphi_2)$$

所以

$$F_J = \frac{F_Q}{\tan\varphi_1 + \tan(\alpha + \varphi_2)} \tag{1—1}$$

式中 F_J——斜楔对工件的夹紧力，N；

α——斜楔升角，(°)；

F_Q——加在斜楔上的作用力，N；

φ_1——斜楔与工件间的摩擦角，(°)；

φ_2——斜楔与夹具体间的摩擦角，(°)。

②斜楔自锁条件。图 1—53b 是作用力 F_Q 撤去后斜楔的受力情况。从图中可以看出，要自锁，必须满足下式

$$F_1 > F_{Rx}$$

因 $F_1 = F_J\tan\varphi_1$ $F_{Rx} = F_J\tan(\alpha-\varphi_2)$

代入上式 $F_J\tan\varphi_1 > F_J\tan(\alpha-\varphi_2)$ $\tan\varphi_1 > \tan(\alpha-\varphi_2)$

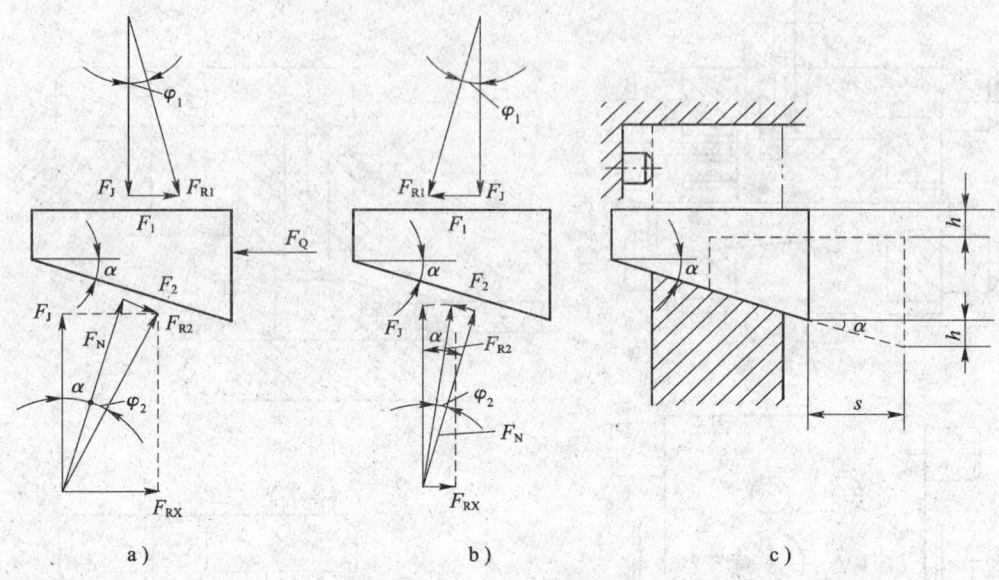

图1—53 斜楔受力分析

由于 φ_1、φ_2、α 都很小，$\tan\varphi_1 \approx \varphi_1$，$\tan(\alpha-\varphi_2) \approx (\alpha-\varphi_2)$，上式可简化为

$$\varphi_1 > (\alpha-\varphi_2)$$

或

$$\alpha < \varphi_1 + \varphi_2 \tag{1—2}$$

因此，斜楔的自锁条件是：斜楔的升角小于斜楔与工件、斜楔与夹具体之间的摩擦角之和。

为保证自锁可靠，手动夹紧机构一般取 $\alpha = 6°\sim 8°$。用气压或液压装置驱动的斜楔不需要自锁，可取 $\alpha = 15°\sim 30°$。

③斜楔的扩力比与夹紧行程。夹紧力与作用力之比称为扩力比（$i = \dfrac{F_J}{F_Q}$）或增力系数。i 的大小表示夹紧机构在传递力的过程中扩大（或缩小）作用力的倍数。

由式（1—1）可知，斜楔的扩力比为

$$i = \frac{F_J}{F_Q} = \frac{1}{\tan\varphi_1 + \tan(\alpha+\varphi_2)} \tag{1—3}$$

如取 $\varphi_1 = \varphi_2 = 6°$，$\alpha = 10°$ 代入式（1—4），得 $i = 2.6$。可见，在作用力 F_Q 不很大的情况下，斜楔的夹紧力是不大的。

在图 1—53c 中，h 是斜楔的夹紧行程，s 是斜楔夹紧工件过程中移动的距离。

$$h = s\tan\alpha$$

由于 s 受到斜楔长度的限制，要增大夹紧行程，就得增大斜角 α，而斜角太大，便不能自锁。当要求机构既能自锁，又有较大的夹紧行程时，可采用双斜面斜楔。如图 1—52b 所示，斜楔上大斜角的一段使滑柱迅速上升，小斜角的一段确保自锁。

2) 螺旋夹紧机构。由螺钉、螺母、垫圈、压板等元件组成的夹紧机构，称为螺旋夹紧机构。图1—54所示为应用这种机构夹紧工件的实例。

螺旋夹紧机构不仅结构简单、容易制造，而且，由于缠绕在螺钉表面的螺旋线很长，升角又小，所以螺旋夹紧机构的自锁性能好，夹紧力和夹紧行程都较大，是手动夹紧中用得最多的一种夹紧机构。

① 单个螺旋夹紧机构。图1—54a、b所示是直接用螺钉或螺母夹紧工件的机构，称为单个螺旋夹紧机构。

在图1—54a中，螺钉头直接与工件表面接触，螺钉转动时可能损伤工件表面或带动工件旋转。克服这一缺点的办法是在螺钉头部装上图1—55所示的摆动压块。当摆动压块与工件接触后，由于压块与工件间的摩擦力矩大于压块与螺钉间的摩擦力矩，压块不会随螺钉一起转动。如图1—55a、b（GB/T 2172—1991）所示，A型的端面是光滑的，用于夹紧已加工表面；B型的端面有齿纹，用于夹紧毛坯面。当要求螺钉只移动不转动时，可采用图1—55c（GB/T 2173—1991）所示结构。

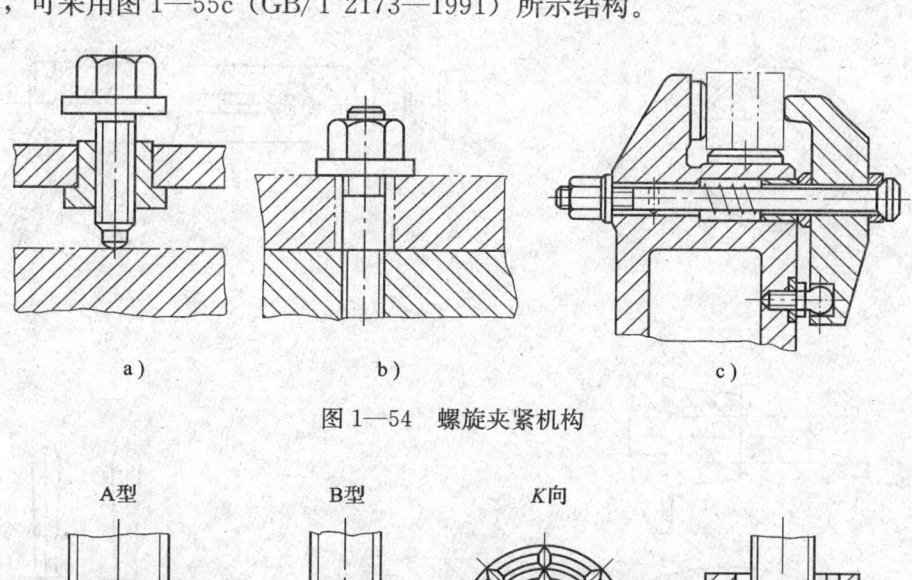

图1—54 螺旋夹紧机构

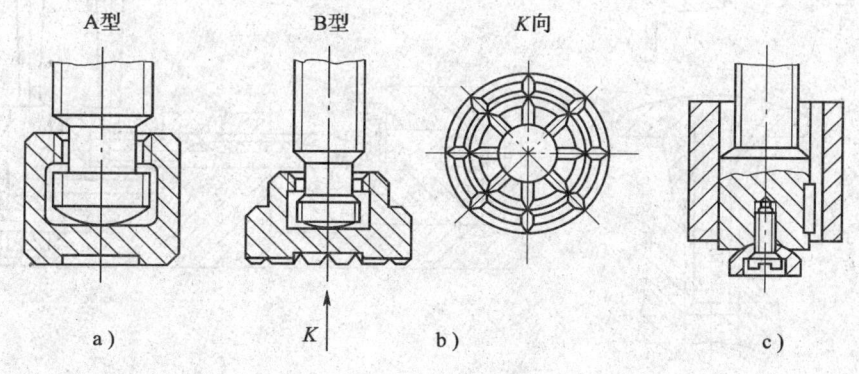

图1—55 摆动压块

夹紧动作慢、工件装卸费时，是单个螺旋夹紧机构的另一个缺点。如图1—54b所示，装卸工件时，要将螺母拧上拧下，费时费力。克服这一缺点的办法很多，图1—56是常见的几种。

图1—56a所示使用了开口垫圈。图1—56b所示采用了快卸螺母。图1—56c

中,夹紧轴1上的直槽连着螺旋槽,先推动手柄2,使摆动压块迅速靠近工件,继而转动手柄,夹紧工件并自锁。图1—56d中的手柄4带动螺母旋转时,因手柄5的限制,螺母不能右移,致使螺杆带着摆动压块3往左移动,从而夹紧工件。松夹时,只要反转手柄4,稍微松开后,即可转动手柄5,为手柄4的快速右移让出了空间。

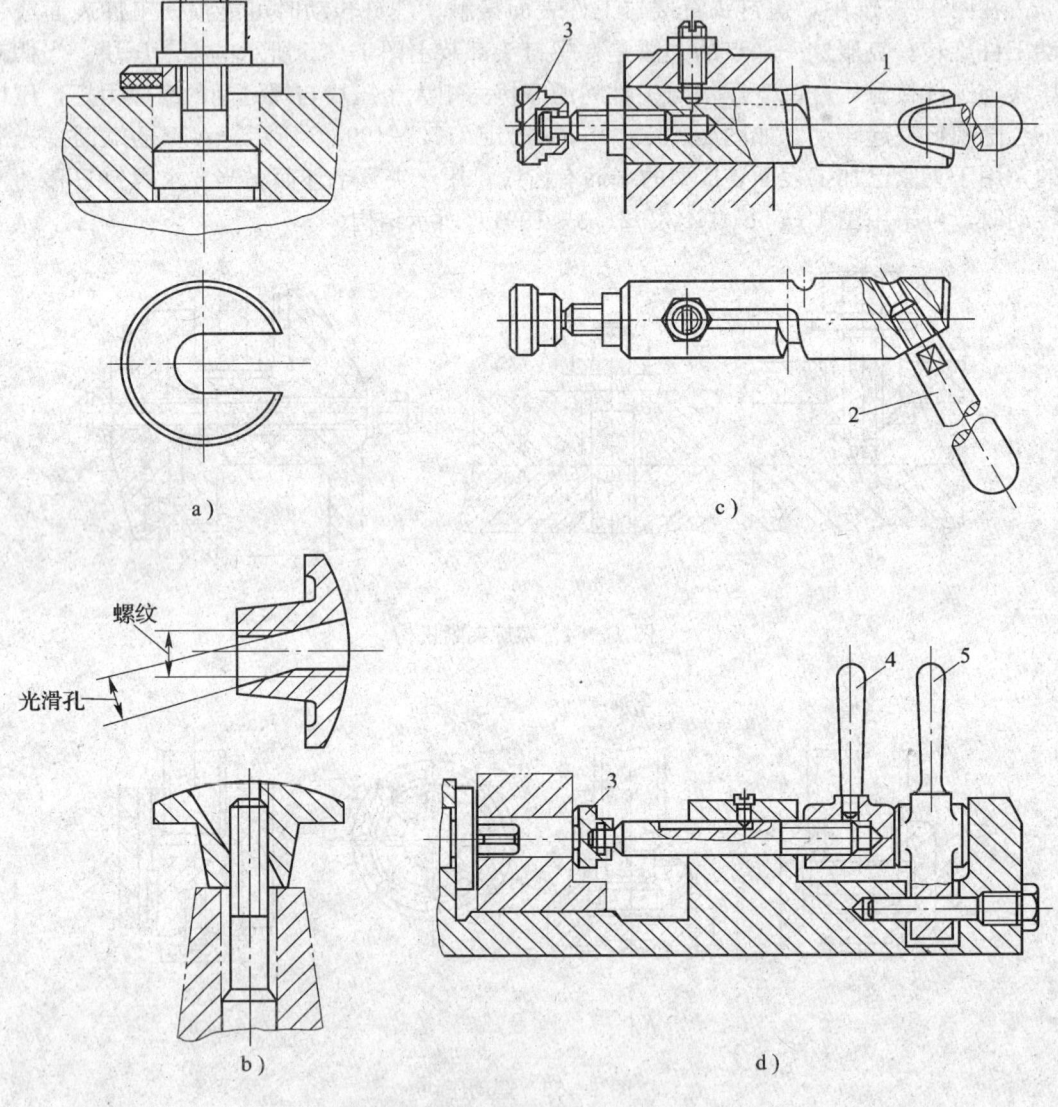

图1—56 快速螺旋压紧机构
1—夹紧轴 2、4、5—手柄 3—摆动压块

由于螺旋可以看做是绕在圆柱体上的斜楔,因此,螺钉(或螺母)夹紧力的计算与斜楔相似。图1—57所示为夹紧状态下螺杆的受力情况。图中,F_2为工件对螺杆的摩

擦力,分布在整个接触面上,计算时可视为集中在半径为 r' 的圆周上。r' 称为当量摩擦半径,它与接触形式有关(见表 1—7)。F_1 为螺孔对螺杆的摩擦力,也分布在整个接触面上,计算时可视为集中在螺纹中径 d_0 处。根据力矩平衡条件

$$F_Q L = F_2 r' + F_{Rx} \frac{d_0}{2}$$

得

$$F_J = \frac{F_Q L}{\frac{d_0}{2}\tan(\alpha+\varphi_1) + r'\tan\varphi_2}$$

(1—4)

式中 F_J——夹紧力,N;
　　F_Q——作用力,N;
　　L——作用力臂,mm;
　　d_0——螺纹中径,mm;
　　α——螺纹升角,(°);
　　φ_1——螺纹处摩擦角,(°);
　　φ_2——螺杆端部与工件间的摩擦角,(°);
　　r'——螺杆端部与工件间的当量摩擦半径,mm。

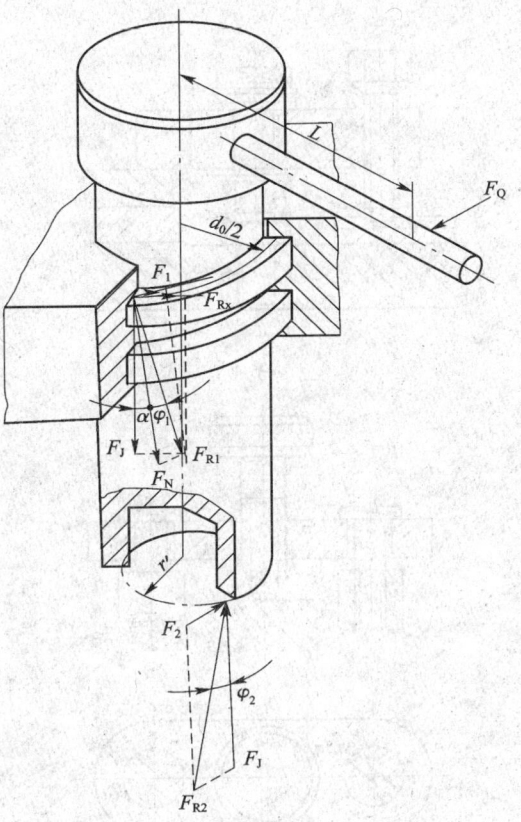

图 1—57 螺杆受力分析

表 1—7　　　　　　　　　螺杆端部的当量摩擦半径

形式	Ⅰ 点接触	Ⅱ 平面接触	Ⅲ 圆周线接触	Ⅳ 圆环面接触
简图				
r'	0	$\frac{1}{3}d_0$	$R\cot\frac{\beta_1}{2}$	$\frac{1}{3}\frac{D^3-D_0^3}{D^2-D_0^2}$

②螺旋压板机构。夹紧机构中,结构形式变化最多的是螺旋压板机构。如图 1—58 所示为螺旋压板机构的 4 种典型结构。图 1—58a、b 所示为移动压板,图 1—58c、d 所示为回转压板。

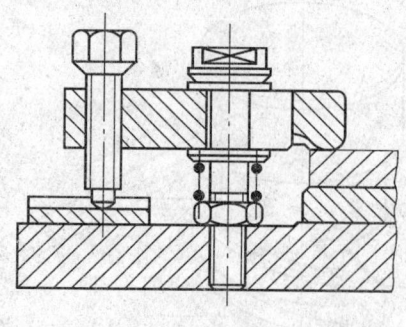
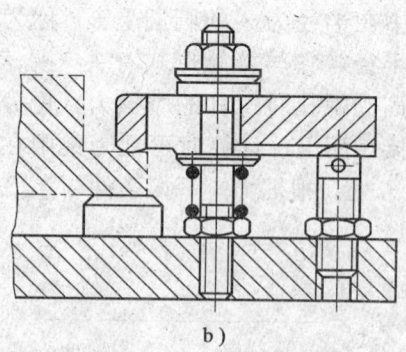
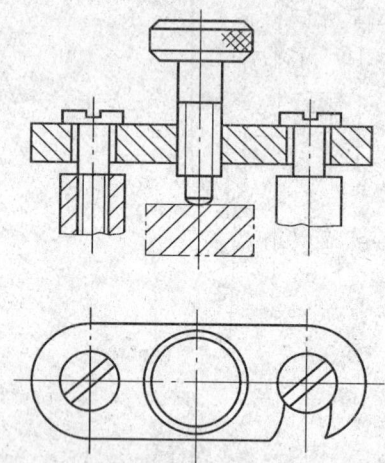
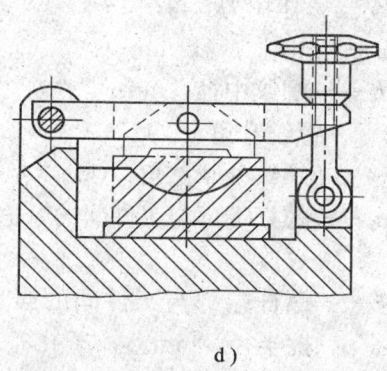

图 1—58 螺旋压板机构

图 1—59 所示为螺旋钩形压板机构。其特点是结构紧凑，使用方便。当钩形压板妨碍工件装卸时，可采用图 1—60 所示的自动回转钩形压板，它避免了用手转动钩形压板的麻烦。

钩形压板回转时的行程和升程可按下面的公式计算

$$s = \frac{\pi d \varphi}{360} \quad (1-5)$$

$$h = \frac{s}{\tan\beta} = \frac{\pi d \varphi}{360 \tan\beta} \quad (1-6)$$

或 $h = Kd \quad K = \frac{\pi \varphi}{360 \tan\beta}$

式中 s——压板回转时沿圆柱转过的弧长（行程），mm；
  h——压板回转时的升程，mm；
  φ——压板的回转角度，(°)；
  β——压板螺旋槽的螺旋角，一般取 $\beta=30°\sim 40°$；

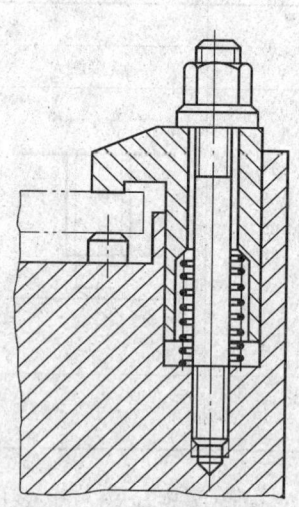

图 1—59 螺旋钩形压板

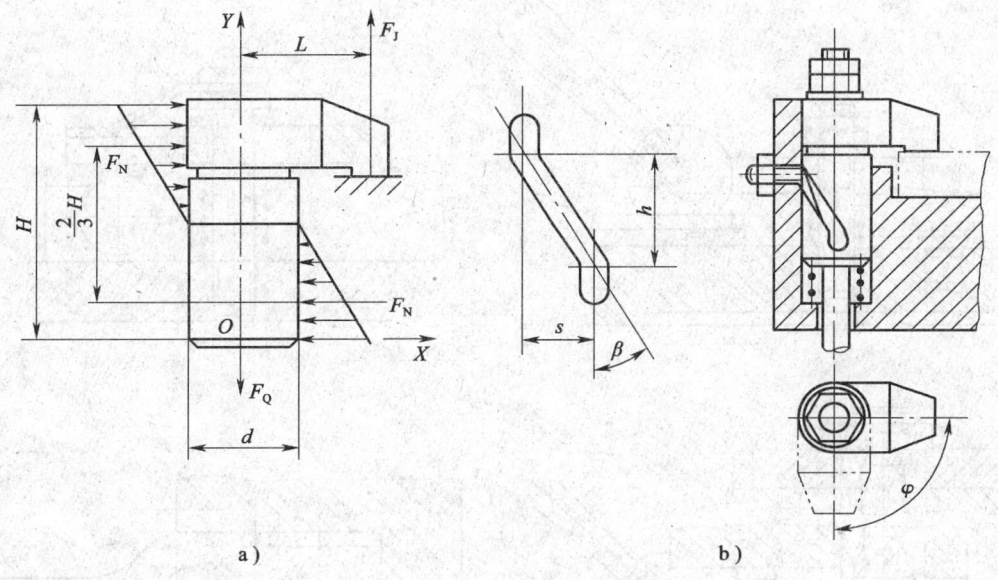

图 1—60 自动回转钩形压板

d——压板导向圆柱的直径；

K——压板升程系数（见表 1—8）。

表 1—8　　　　　自动回转钩形压板的升程系数

螺旋角 β	升程系数 K			
	回转角 φ			
	30°	45°	60°	90°
30°	0.45	0.68	0.91	1.36
35°	0.73	0.56	0.75	1.12
40°	0.31	0.47	0.62	0.94

螺旋钩形压板所产生的夹紧力计算公式如下：

$$F_\mathrm{J} = \frac{F_\mathrm{Q}}{1+\dfrac{3Lf}{H}} \tag{1-7}$$

式中　F_Q——作用力，N；

　　　H——钩形压板的高度，mm；

　　　L——压板轴线至夹紧点的距离，mm；

　　　f——摩擦因数，一般取 $f=0.1\sim0.15$。

3) 偏心夹紧机构。用偏心件直接或间接夹紧工件的机构，称为偏心夹紧机构。常用的偏心件是圆偏心轮和偏心轴，图 1—61 所示为偏心夹紧机构的应用实例。图 1—61a、b 用的是圆偏心轮，图 1—61c 用的是偏心轴，图 1—61d 用的是偏心叉。

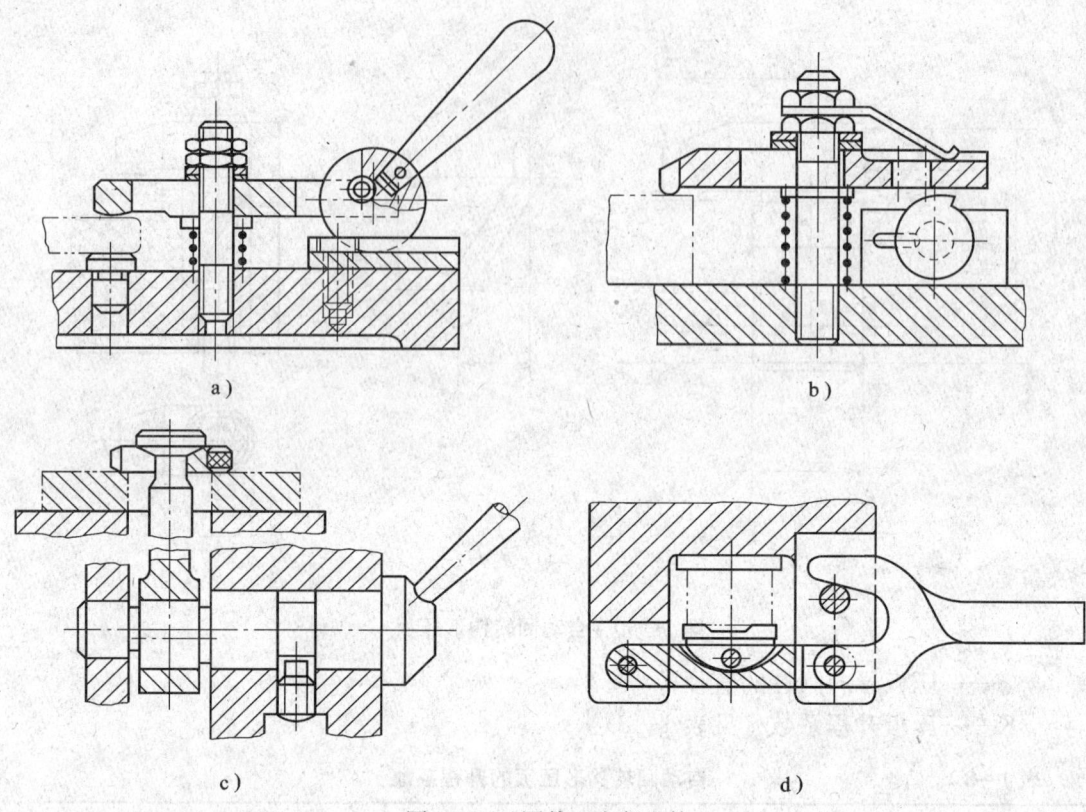

图 1—61 圆偏心夹紧机构

偏心夹紧机构操作方便、夹紧迅速，缺点是夹紧力和夹紧行程都较小，一般用于切削力不大、振动小、夹压面公差小的加工中。

①圆偏心轮的工作原理。图 1—62 是圆偏心轮直接夹紧工件的原理图。图中，O_1 是圆偏心轮的几何中心，R 是它的几何半径。O_2 是偏心轮的回转中心，O_1O_2 是偏心距。

若以 O_2 为圆心，r 为半径画圆（虚线圆），便把偏心轮分成了 3 个部分。其中，虚线部分为"基圆盘"，半径 $r=R-e$；另两部分是两个相同的弧形楔。当偏心轮绕回转中心 O_2 顺时针方向转动时，相当于一个弧形楔逐渐楔入"基圆盘"与工件之间，从而夹紧工件。

②圆偏心轮的夹紧行程及工作段。如图 1—63a 所示，当圆偏心轮绕回转中心 O_2 转动时，设轮周上任意点 x 的回转角为 θ_x，即工件夹压表面法线与 O_1O_2 连线间的夹角；回转半径为 r_x。以 θ_x、r_x 为坐标轴建立直角坐标系，再将轮周上各点的回转角与回转半径一一对应地记入此坐标系中，便得到了圆偏心轮上弧形楔的展开图，如图 1—63b 所示。

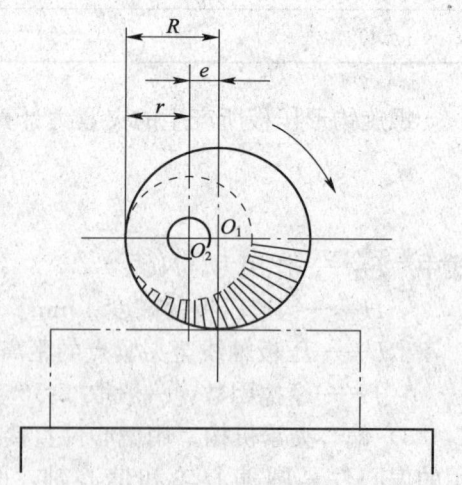

图 1—62 圆偏心轮的工作原理

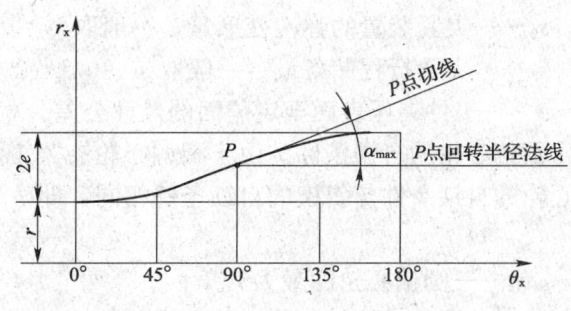

a)   b)

图 1—63 圆偏心轮的回转角 θ_x、升角 α_x 及弧形楔展开图

图 1—63 表明，当圆偏心轮从 0°回转到 180°时，其夹紧行程为 $2e$。图 1—63 还表明，轮周上各点的升角 α_x 是不等的，$\theta_x=90°$ 时的升角 α_p 最大（α_{max}）。升角 α_x 为工件夹压表面的法线与回转半径的夹角。在三角形 $\triangle O_2 Mx$ 中

$$\tan\alpha_x = \frac{O_2 M}{Mx}$$

$$O_2 M = e\sin\theta_x, \quad Mx = H = \frac{D}{2} - e\cos\theta_x \tag{1—8}$$

式中　H——夹紧高度。

所以

$$\tan\alpha_x = \frac{e\sin\theta_x}{\frac{D}{2} - e\cos\theta_x} \tag{1—9}$$

当 $\theta_x=0°$、180°时，$\sin\theta_x=0$，$\alpha_x=\alpha_{min}=0$；当 $\theta_x=90°$ 时，$\cos\theta_x=0$，$\sin\theta_x=1$，$\alpha_x=\alpha_p=\alpha_{max}=\arctan\frac{2e}{D}$；即

$$\tan\alpha_{max} = \frac{2e}{D} \tag{1—10}$$

圆偏心轮的工作转角一般小于 90°，因为转角太大，不仅操作费时，也不安全。工作转角范围内的那段轮周称为圆偏心轮的工作段。常用的工作段是 $\theta_x=45°\sim135°$ 或 $\theta_x=90°\sim180°$。在 $\theta_x=45°\sim135°$ 范围内，升角大，升角变化小，夹紧力较小而稳定，并且夹紧行程大（$h\approx 1.4e$）；在 $\theta_x=90°\sim180°$ 范围内，升角由大到小，夹紧力逐渐增大，但夹紧行程较小（$h=e$）。

③圆偏心轮偏心量 e 的确定。如图 1—63 所示，设圆偏心轮工作段 $\overset{\frown}{AB}$，根据式 (1—8) 在 A 点的夹紧高度 $H_A=\frac{D}{2}-e\cos\theta_A$，在 B 点的夹紧高度 $H_B=\frac{D}{2}-e\cos\theta_B$，夹紧行程 $h_{AB}=H_B-H_A=e(\cos\theta_A-\cos\theta_B)$，所以

$$e = \frac{h_{AB}}{\cos\theta_A - \cos\theta_B}$$

式中，夹紧行程为

$$h_{AB} = s_1 + s_2 + s_3 + \delta$$

式中 s_1——装卸工件所需的间隙，一般取 $s_1 \geqslant 0.3$ mm；
s_2——夹紧装置的弹性变形量，一般取 $s_2 = 0.05 \sim 0.15$ mm；
s_3——夹紧行程储备量，一般取 $s_3 = 0.1 \sim 0.3$ mm；
δ——工件夹压表面至定位面的尺寸公差。

④圆偏心轮的自锁条件。由于圆偏心轮夹紧工件的实质是弧形楔夹紧工件，因此，圆偏心轮的自锁条件与斜楔的自锁条件相同，即

$$\alpha_{max} \leqslant \varphi_1 - \varphi_2$$

式中 α_{max}——圆偏心轮的最大升角；
φ_1——圆偏心轮与工件间的摩擦角；
φ_2——圆偏心轮与回转销之间的摩擦角。

由于回转销的直径较小，圆偏心轮与回转销之间的摩擦力矩不大，为使自锁可靠，将其忽略不计，上式便简化为

$$\alpha_{max} \leqslant \varphi_1$$

或

$$\tan\alpha_{max} \leqslant \tan\varphi_1$$

因 $\tan\varphi_1 = f$，代入上式

$$\tan\alpha_{max} \leqslant f$$

而根据式（1—10）

$$\tan\alpha_{max} = \frac{2e}{D}$$

所以，圆偏心轮的自锁条件是

$$\frac{2e}{D} \leqslant f$$

当 $f = 0.1$ 时，$\frac{D}{e} \geqslant 20$；当 $f = 0.15$ 时，$\frac{D}{e} \geqslant 14$。

⑤圆偏心轮的夹紧力。由于圆偏心轮周上各点的升角不同，因此，各点的夹紧力也不相等。图 1—64 所示为任意点 x 夹紧工件时圆偏心轮的受力情况。

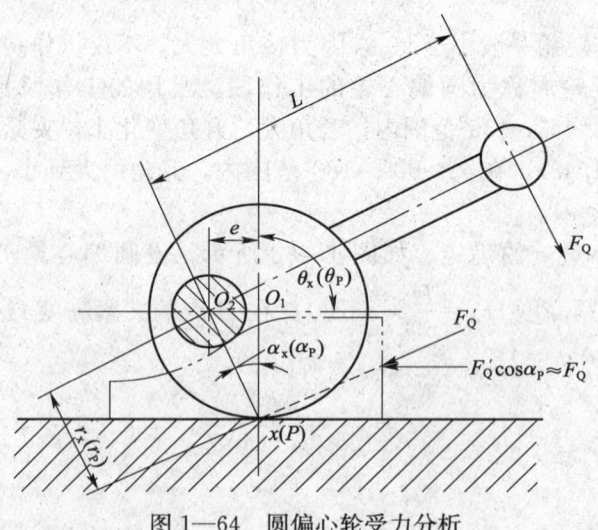

图 1—64 圆偏心轮受力分析

设作用力为 F_Q，F_Q 的作用点至回转中心 O_2 的距离为 L，回转半径为 r_x，偏心距 $e=O_1O_2$。圆偏心轮夹紧工件时，受到的力矩为 F_QL，可把圆偏心轮看成是作用在工件与转轴之间的弧形楔。可将力矩 F_QL 转化为力矩 $F'_Q r_x$，$F'_Q r_x = F_Q L$，所以 $F'_Q = \dfrac{F_Q L}{r_x}$。弧形楔上的作用力 $F'_Q \cos\alpha_p \approx F'_Q$，因此，与斜楔夹紧力公式相似，夹紧力

$$F_J = \frac{F_Q L}{r_x [\tan\varphi_1 + \tan(\alpha_x + \varphi_2)]}$$

当 $\theta_p = 90°$ 时，$r_p = \dfrac{R}{\cos\alpha_p}$，代入得

$$F_J = \frac{F_Q L \cos\alpha_p}{R[\tan\varphi_1 + \tan(\alpha_p + \varphi_2)]}$$

一般情况下，回转角 $\theta_p = 90°$ 时，$\alpha_p = \alpha_{max}$，F_J 最小。只要计算出此时的夹紧力，若能满足要求，则偏心轮上其他各点的夹紧力都能满足要求。

第二节 编制装配工艺

→ 掌握装配工艺规程的编制原则、方法、步骤及工艺分析
→ 熟悉装配中的技能技巧和保证装配精度的方法
→ 了解近几年来机械制造业中已广泛应用的新技术、新工艺、新设备、新材料

一、编制 M7120A 型平面磨床磨头的装配工艺

1. 磨头的结构

图 1—65 所示为 M7120A 型平面磨床的磨头结构图。它主要由两部分组成，磨头体壳和磨头主轴、轴瓦。体壳的前部有一长圆孔，内装两套 3 块短轴瓦式轴承，由两个

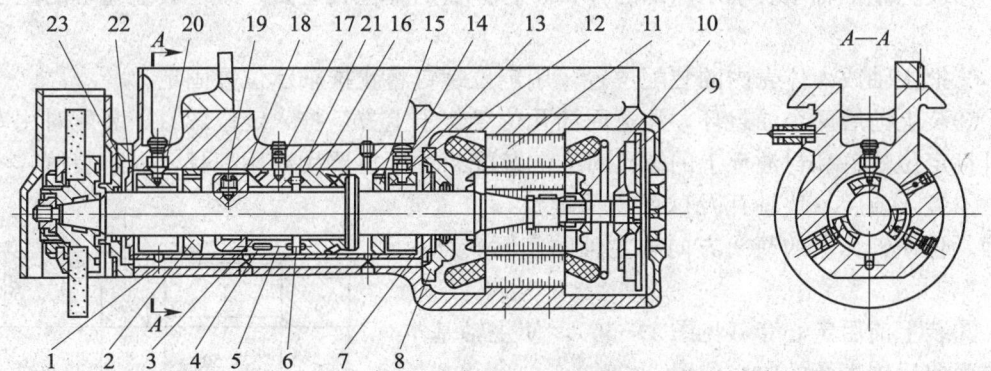

图 1—65 M7120A 型平面磨床磨头结构图

1—体壳 2、15—封油环 3—球面止推轴承 4、21—圆柱销 5—球面环 6—弹簧 7、22—端盖
8—后法兰盖 9—风叶 10—螺母 11—定子 12—球面支承螺钉 13—压紧螺母 14—后轴瓦
16—右球面环 17、19—定位螺钉 18—平衡环 20—前轴瓦 23—法兰盖

单独封闭油室隔开,以及控制轴向窜动的两套球面止推轴承,主轴尾部装有电动机转子,电动机定子固定在体壳上。主轴各部件的作用如下:

(1) 油封装置 2、15 主要起封油作用,前后各一套,与两端盖组成封闭的油腔,提供轴承润滑。

(2) 平衡环 18 控制轴向窜动并起平衡作用。

(3) 球面止推轴承 3、圆柱销 4、球面环 5 共同控制轴向窜动,靠轴承 3 的端面产生的油膜来润滑,左右各一套。弹簧 6 及圆柱销 21 起自动补偿止推轴承的轴向磨损及定位作用,同时还具有缓冲轴向冲击的作用。

(4) 螺钉 12、螺母 13 起调整轴承间隙的作用,调整好后拧紧。

(5) 定位螺钉 17 在磨头装配完毕,用以支承球面环,以防止轴向移动。

(6) 支承螺钉对封油装置 2、15 起固定作用,以防主轴启动时造成漏油。

2. 磨头的装配工艺

(1) 装配前的准备工作

1) 清洁工作,包括对各零部件的清洁、清理,特别是主轴轴颈、轴瓦、封油环、止推轴承、体壳孔等重要零部件的清洁。可用汽油(如 200 号工业汽油等)、煤油或轻柴油清洗,再用压缩空气吹干净。

2) 对主轴进行动平衡测试,要求动平衡精度不低于 Ⅱ 级。

3) 按图样要求对主轴、轴瓦、轴承精度等进行复检。

(2) 磨头的装配

1) 装配技术要求

① 主轴的轴向窜动 ≤ 0.005 mm。

② 主轴的径向圆跳动 ≤ 0.005 mm。

③ 主轴与轴瓦的冷态间隙:前轴承为 0.008~0.01 mm,后轴承为 0.01~0.012 mm。

④ 低速运转 2 h 后,再高速运转 2 h 的温升 ≤ 20℃。

2) 装配工艺过程

① 装上止推轴承及轴承内部的弹簧,各弹簧的弹性长短要一致;装上左端的定位螺钉。

② 把主轴放入体壳内的装配位置,用定位螺钉将止推轴承位置固定。

③ 装上前后两个油封环,注意回油孔位置位于上方,拧入定位螺钉,装配时用专用工具将定位螺钉和封油环上的螺孔对准,装配封油环也要用专用工具,以防装偏。

④ 装入前后 6 块轴瓦及球面支承螺钉,位置要正确,且使轴瓦上的箭头方向与主轴的实际转向一致。

⑤ 装上前后定心套(见图 1—66),使主轴基本上位于前后体壳孔的中心位置。

⑥ 用十字扳手(见图 1—67)、螺钉旋具、活动扳手调整主轴、轴瓦之间的间隙至要求(即前轴承为 0.008~0.01 mm,后轴承为 0.01~0.012 mm)。

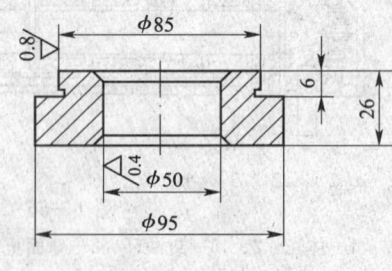

图 1—66 定心套

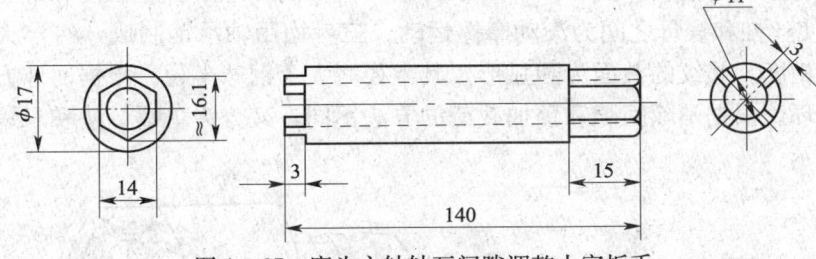

图 1—67 磨头主轴轴瓦间隙调整十字扳手

⑦用铜棒以适当的力量在轴承承载方向敲击主轴,重新测量间隙(见图 1—68),若不符合要求,应重新调整。调整完毕,卸下前后定心套。

⑧装上前后法兰,用塞尺检验圆周各处间隙应均匀,装上其他零件及润滑油管等。

⑨磨头的试运转及精度测量。试运转,先低速运转 2 h,后高速运转 2 h,检查温升(不得超过 20℃),并检查主轴精度,如图 1—69 所示。

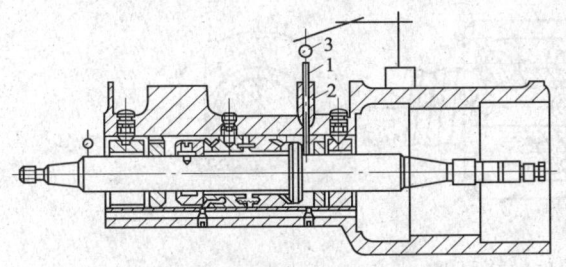

图 1—68 主轴轴瓦间隙测量示意图
1—量棒 2—测量套 3—千分表

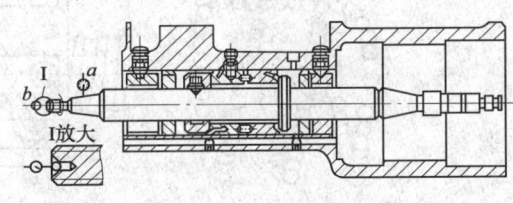

图 1—69 主轴装配精度测量示意图

3. 磨头的装配及试运转注意事项

(1) 主轴与轴瓦的接触面积须在装配前检查。

(2) 用手转动主轴时,旋向要与实际旋转方向一致,不能反向,避免损伤轴瓦。

(3) 磨头装配好后,对主轴各工作精度、轴承与轴瓦间隙要再次测量,合格后方可试运转。

(4) 磨头运转期间,人不能离开设备,尤其是运转开始后的前 20 min 内,更要密切注意磨头的动态。一旦发现有异常(如温升过快、有异常响声、漏油等)应立即停车。

(5) 磨头试运转后,对主轴的各项精度要重新测量。

(6) 磨头装配好后,要妥善放置,避免振动、受热、受潮及灰尘进入。

二、与装配钳工相关的新知识

1. 滚珠丝杠传动

滚珠丝杠传动是数控机床伺服驱动的重要部件之一。它的优点是摩擦因数小、传动精度高,传动效率达 85%~98%。立式升降运动则必须有制动装置。其动、静摩擦因数之差甚小,有利于防止爬行和提高进给系统的灵敏度;采用消除反向间隙并预紧措施,有助于提高定位精度和刚度。一般情况下,滚珠丝杠可以直接从专门生产厂家订购,无须自行设计制造。

(1) 滚珠丝杠的结构。图1—70所示为滚珠丝杠的原理图。丝杠1和螺母3之间填入钢珠2，使丝杠和螺母之间为滚动摩擦运动。三者均用轴承钢制成，经淬火、磨削达到足够高的精度。螺纹的截面为圆弧形，其半径略大于钢球半径。根据回珠方式分为内循环和外循环。根据消除间隙和预加载荷的方法不同，又分为单螺母法和双螺母法，如图1—71所示。

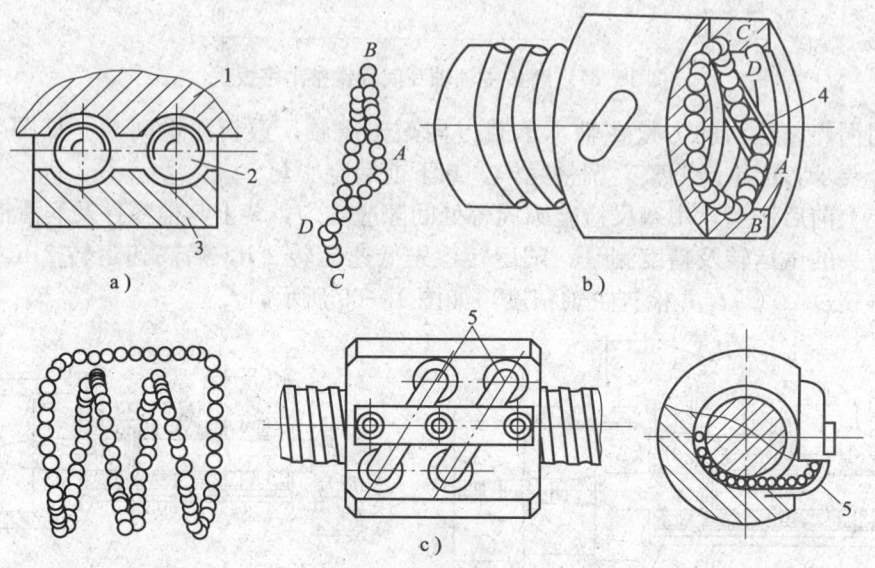

图1—70 滚珠丝杠原理
1—丝杠 2—钢珠 3—螺母 4—内回珠器 5—外回珠器

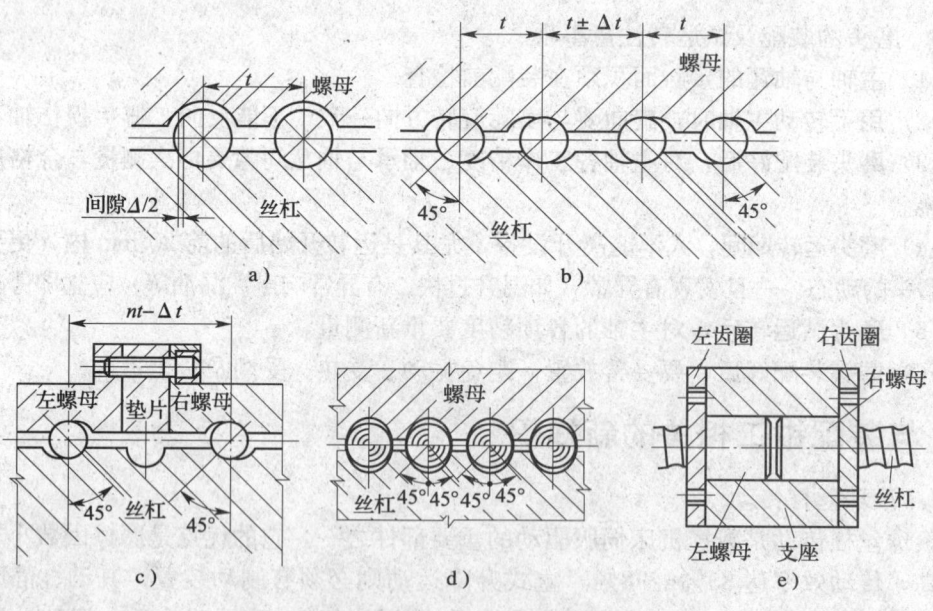

图1—71 预加负载方式
a) 单螺母无预紧 b) 单螺母变位异程预紧 c) 双螺母垫片预紧
d) 单螺母加大钢球径向预紧 e) 齿差可调预紧

(2) 滚珠丝杠副的参数。如图1—72所示，滚珠丝杠副的参数有：

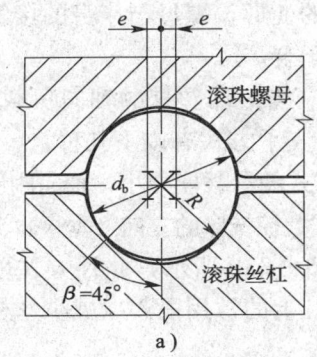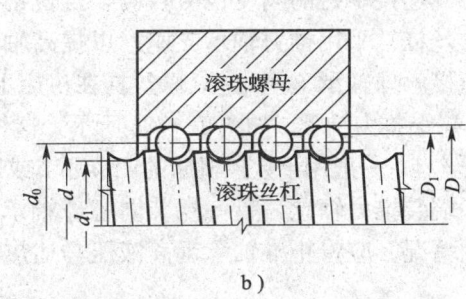

图1—72 滚珠丝杠副的基本参数
a) 滚珠丝杠副轴向剖面图 b) 滚珠丝杠副法向剖面图

1) 公称直径d_0。滚珠与螺纹滚道在理论接触角状态时包络滚珠球心的圆柱直径，它是滚珠丝杠副的特征尺寸。公称直径d_0越大，承载能力和刚度越大，推荐滚珠丝杠副的公称直径d_0应大于丝杠工作长度的1/30。数控机床常用的进给丝杠，公称直径d_0为$\phi 30 \sim 80$ mm。

2) 导程L。丝杠相对螺母旋转任意弧度时，螺母上基准点的轴向位移。

3) 基本导程L_0。丝杠相对于螺母旋转2π时，螺母上的基准点轴向位移。基本导程L_0按承载能力选取，选取后应验算步距，以满足单位进给脉冲的步距要求，还要验算螺旋升角以满足效率要求。

4) 接触角β。在螺纹滚道法向剖面内滚珠球心与滚道接触点的连线和螺纹轴线的垂直线间的夹角，理想接触角β等于45°。

5) 滚珠直径d_b。滚珠直径d_b应根据轴承厂提供的尺寸选用。滚珠直径d_b大，则承载能力也大，但在导程已确定的情况下，滚珠的直径d_b受到丝杠相邻两螺纹间过渡部分最小宽度的限制，在一般情况下，滚珠直径$d_b \approx 0.6L_0$，但这样算出的d_b值要按滚珠直径标准尺寸系列圆整。

6) 滚珠的工作圈数i。试验结果已表明，在每一个循环回路中，各圈滚珠所受的轴向负载是不均匀的，第一圈滚珠承受总负载的50%左右，第二圈约承受30%，第三圈约为20%。因此滚珠丝杠副中的每个循环回路的滚珠工作圈数取为$i=2.5 \sim 3.5$圈，工作圈数大于3.5无实际意义。

7) 滚珠的总数N。一般N不超过150个，若设计计算时超过规定的最大值，则因流通不畅容易产生堵塞现象。若出现此种情况可从单回路式改为双回路式或加大滚珠丝杠的名义直径d_0或加大滚珠直径d_b来解决。反之，若工作滚珠的总数N太少，将使得每个滚珠的负载加大，引起过大的弹性变形。

8) 其他参数。除了上述参数外，滚珠丝杠副还有丝杠螺纹大径d、丝杠螺纹小径d_1、螺纹全长L、螺母螺纹大径D、螺母螺纹小径D_1、滚道圆弧偏心距e、滚道圆弧半径R等参数。

(3) 滚珠丝杠副的支承和制动方式

1) 支承方式。螺母座、丝杠的轴承及其支架等刚度不足将严重地影响滚珠丝杠副的传动刚度。因此螺母座应有加强肋，以减少受力后的变形，螺母与床身的接触面积宜大一些，其连接螺钉的刚度也应较高，定位销要紧密配合。

滚珠丝杠常采用推力轴承支座，以提高轴向刚度（当滚珠丝杠的轴向负载很小时，也可用角接触球轴承支座）。滚珠丝杠在机床上的安装支承方式有以下几种：

①一端装推力轴承。如图1—73a所示，这种安装方式的承载能力小，轴向刚度低，只适用于短丝杠，一般用于数控机床的调节环节或升降台式数控铣床的立向（垂直）坐标中。

②一端装推力轴承，另一端装向心球轴承。如图1—73b所示，此种方式可用于丝杠较长的情况。应将止推轴承远离液压马达热源及丝杠上的常用段，以减少丝杠热变形的影响。

③两端装推力轴承。如图1—73c所示，把推力轴承装在滚珠丝杠的两端，并施加预紧拉力，这样有助于提高刚度。但这种安装方式对丝杠的热变形较为敏感，轴承的寿命较两端装推力轴承及向心球轴承方式低。

④两端装推力轴承及向心球轴承。如图1—73d所示，为使丝杠具有最大的刚度，它的两端采用双重支承，即推力轴承加向心球轴承，并施加预紧拉力。这种结构方式不能精确地预先测定预紧力，预紧力的大小是由丝杠的温度变形转化而产生的，但设计时要求提高推力轴承的承载能力和支架刚度。

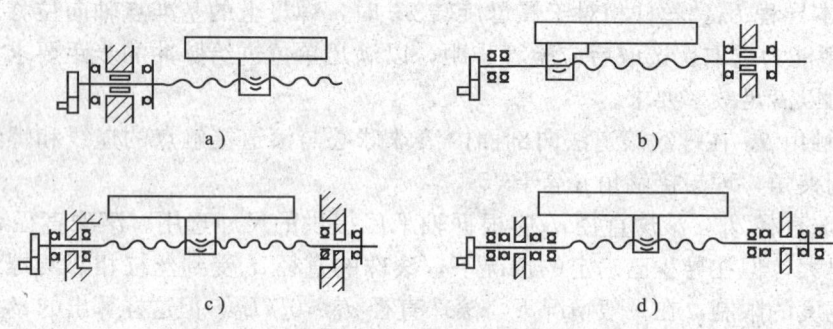

图1—73 滚珠丝杠在机床上的支承方式
a) 一端装止推轴承 b) 一端装止推轴承，另一端装向心球轴承
c) 两端装止推轴承 d) 两端装止推轴承及向心球轴承

2) 制动方式。由于滚珠丝杠副的传动效率高，无自锁作用（特别是滚珠丝杠处于垂直传动时），为防止因自重下降，故必须装有制动装置。

图1—74所示为数控卧式镗床主轴箱进给丝杠制动装置示意图。机床工作时，电磁铁通电，使摩擦离合器脱开。运动由步进电动机经减速齿轮传给丝杠，使主轴箱上下移动。当加工完毕，或中间停车时，步进电动机和电磁铁同时断电，借压力弹簧作用合上摩擦离合器，使丝杠不能转动，主轴箱便不会下落。

其他制动方式有：
①用具有刹车作用的制动电动机。
②在传动链中配置逆转效率低的高减速比系统，如齿轮、蜗杆减速器等。此法是靠摩擦损失达到制动目的，故不经济。

③采用超越离合器。

（4）滚珠丝杠副消除间隙和预加载荷。滚珠丝杠的传动不允许存在轴向间隙，不仅因为它会造成反向冲击，更主要是产生定位误差，影响机床的精度稳定性。为了提高进给系统的刚度，使滚珠丝杠在过盈条件下工作更为有利，即进行预加载荷或称为预紧。

消除间隙和预紧的方法有多种。机床上常用双螺母法预加载荷，如图1—75所示。图1—75a所示为把左、右螺母往两头撑开；图1—75b所示为向中间挤紧。这时接触角为45°，左、右螺母接触方向相反，预加载荷力为F，左、右螺母装在一个共同的螺母体内，螺母作为整体与丝杠间处于无间隙或过盈状态以提高接触刚度。

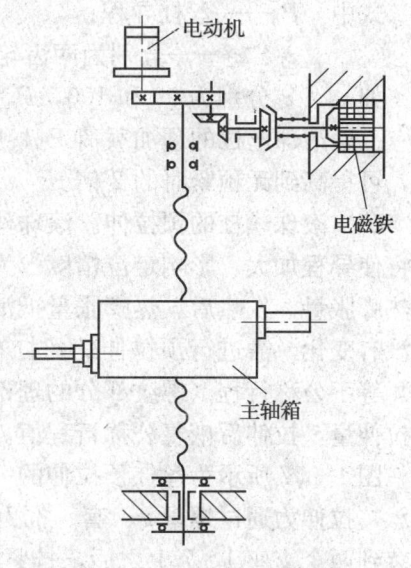

图1—74 丝杠制动装置图

另外，还常用垫片和齿差式消除间隙和预加载荷，如图1—76所示。图1—76a、c中，垫片比两螺母端面间的距离厚δ，把左、右螺母向外撑开。图1—76b为垫片略薄，靠螺钉拧紧，把左、右螺母压紧。图1—71e为齿差式，左、右螺母体上的外齿轮齿数相差1，与支座上的内齿轮相啮合。两个螺母同向转一个齿，则两螺母的轴向位移S_0为

$$S_0 = \frac{P_n}{z_1 z_2}$$

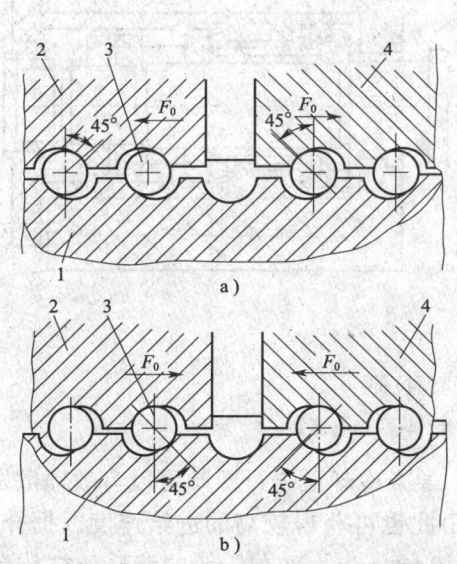

图1—75 滚珠丝杠副的消除间隙和预加载荷
1—丝杠 2—左螺母 3—钢珠 4—右螺母

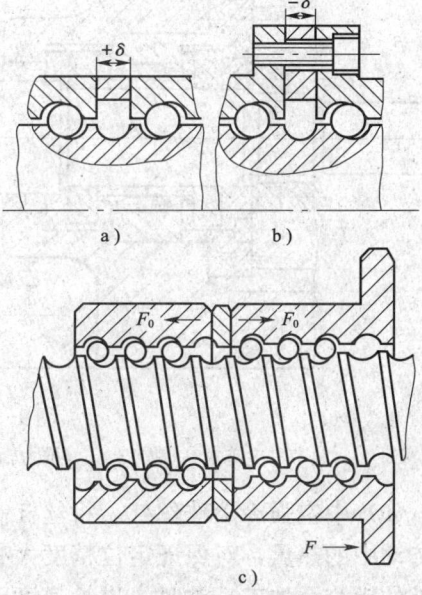

图1—76 消除间隙和预加载荷的方法

式中　P_n——丝杠导程；

　　　z_1、z_2——分别为两齿轮齿数。

如 z_1、z_2 分别为 99 和 100，$P_n = 10$ mm，则 $S_0 \approx 0.001$ mm。

一般滚珠丝杠的预加载荷 F_0，应不低于丝杠最大轴向载荷 F 的 1/3，预紧后的刚度，可提高到无预紧时的 2 倍。

(5) 滚珠丝杠的预拉伸。滚珠丝杠在工作时会发热，其温度高于床身。丝杠的热膨胀将使导程加大，影响定位精度。为了补偿热膨胀，可将丝杠预拉伸。预拉伸量应略大于热膨胀量。发热后，热膨胀量抵消了部分预拉伸量，使丝杠内的拉应力下降，但长度却没有变化。需进行预拉伸的丝杠在制造时应使其目标行程（螺纹部分在常温下的长度）等于公称行程（螺纹部分的理论长度，等于公称导程乘以丝杠上的螺纹圈数）减去预拉伸量，拉伸后恢复公称行程值。减去的量称为"行程补偿值"。

图 1—77 所示为丝杠预拉伸的一种结构图。丝杠两端由推力轴承和滚针轴承 3、6 支承，拉伸力通过螺母 8、套、推力轴承 6、调整套 5、调整套 4 作用到支座上，当丝杠装到两个支座 1、7 上之后，拧紧螺母 8 使轴承 3 靠在丝杠的台肩上，再压紧压盖 9，使套 4 两端顶紧在支座 7 和调整套 5 上，用螺钉和销子将支座 1、7 定位在床身上，然后卸下支座 1、7，取出调整套 4，换上加厚的调整套。加厚量等于预拉伸量，再照样装好，固定在床身上。

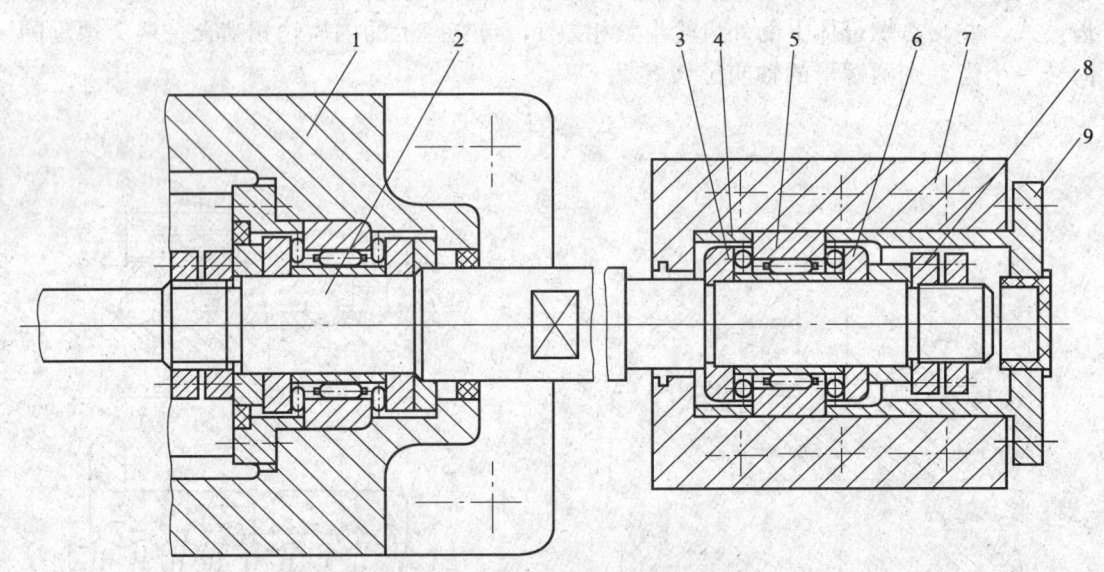

图 1—77　丝杠的预拉伸

1、7—支座　2—轴　3、6—推力轴承和滚针轴承　4、5—调整套　8—螺母　9—压盖

(6) 中空强冷滚珠丝杠。将丝杠制成空心，通入冷却液强行冷却可以有效地散发丝杠传动中的热量，对保证定位精度大有益处，由此也可获得较高的进给速度。据介绍，国外的铝合金加工端铣时，进给速度已经达到 70 m/min，这在一般的滚珠丝杠传动是难以实现的。图 1—78 所示为带中空强冷的滚珠丝杠传动图。为了减少滚珠丝杠受热变形，在支承法兰处通入恒温油循环冷却以保持在恒温状态下工作。

2. 静压丝杠螺母副传动

(1) 工作原理和特点

1) 工作原理。静压丝杠螺母副传动是在丝杠和螺母的螺旋面之间通入压力油,使其间保持一定厚度、一定刚度的压力油膜,因而丝杠和螺母之间为纯液体摩擦的传动副。如图1—79所示,油腔在螺旋面的两侧,而且互不相通,压力油经节流器进入油腔,并从螺纹根部与端部流出。设供油压力为 p_H,经节流器后压力为 p_1(即油腔压力)。当无外载时,螺纹两侧间隙 $h_1=h_2$,从两侧油腔流出的流量相等,两侧油腔中的压力也相等,即 $p_1=p_2$。这时,丝杠螺纹处于螺母螺纹的中间平衡状态的位置。

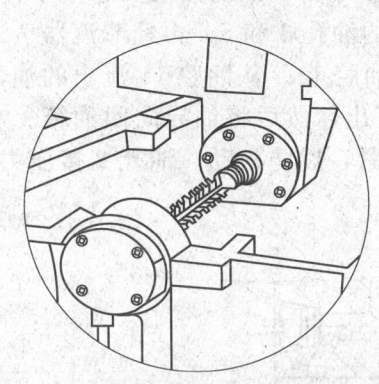

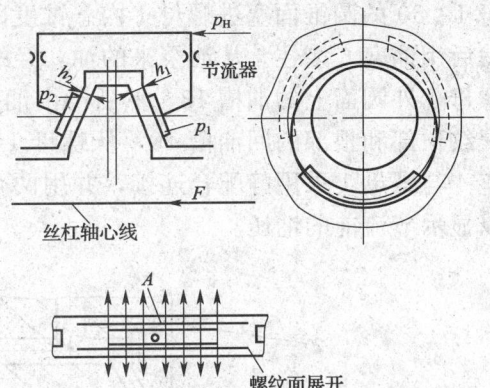

图1—78 带中空强冷的滚珠丝杠传动图　　图1—79 静压丝杠螺母副工作原理

当丝杠或螺母受到轴向力 F 作用后,受压一侧的间隙减小,由于节流器的作用,油腔压力 p_2 增大,相反的一侧间隙增大,而压力 p_1 减小。因而形成油膜压力差 $\Delta p = p_2 - p_1$,以平衡轴向力 F。平衡条件近似地表示为:

$$F = (p_2 - p_1)AnZ$$

式中　A——单个油腔在丝杠轴线垂直面内的有效承载面积;
　　　n——每扣螺纹单侧油腔数;
　　　Z——螺母的有效螺纹数。

油膜压力差力图平衡轴向力,使间隙差减小并保持不变,这种调节作用总是自动进行的。

2) 特点

①摩擦因数很小,仅为0.0005,比滚珠丝杠(摩擦因数为0.002~0.005)的摩擦损失还小,启动力矩很小,传动灵敏,避免了爬行。

②油膜层可以吸振,提高了运动的平稳性,由于油液不断流动,有利于散热和减少热变形,提高了机床的加工精度和减小了表面粗糙度值。

③油膜层具有一定刚度,大大减小了反向间隙,同时油膜层介于螺母与丝杠之间,对丝杠的误差有"均化"作用,即丝杠的传动误差比丝杠本身的制造误差还小。

④承载能力与供油压力成正比,与转速无关。

⑤当丝杠转动时通过油膜推动螺母直线移动。反之,螺母转动也可使丝杠直线移动。

静压丝杠螺母副要有一套供油系统，而且对油的清洁度要求较高，如果在运行中供油突然中断，将造成不良后果。

(2) 结构。静压丝杠螺母副结构设计主要是螺母部分的结构设计，油腔节流器一般在螺母上，而丝杠的结构与一般滑动丝杠基本相同。静压丝杠螺母副的设计原则是：保证设计要求刚度的条件下，使结构尽量简单，制造、安装和维修尽量方便。

图1—80所示为YK53型和YK5332型数控非圆齿轮插齿机上的静压丝杠螺母副。节流器7装在螺母1的两侧端面上。螺母全长有效螺纹上的所有同侧、同方位上的油腔共用一个节流器。若螺纹一侧上有3个油腔，则共需6个节流器。节流器靠本身1:50的圆锥面塞进螺母1内。锥度的配合要紧密贴合，以防渗油和影响节流比，然后用油塞6堵住。从油泵来的油，经螺母座4上的油孔3和5，再经节流器7进入螺母1外圆面上的油槽13，然后经由油孔12进入油腔11。从油腔11流出的油，经螺纹顶部和根部的回油槽10，从螺母1的两端面流出，然后将油导向回油箱。螺母座4与螺母1采用静配合连接，并用两个螺钉9固紧，以防松动。油孔2接压力表，以显示节流前的油压。

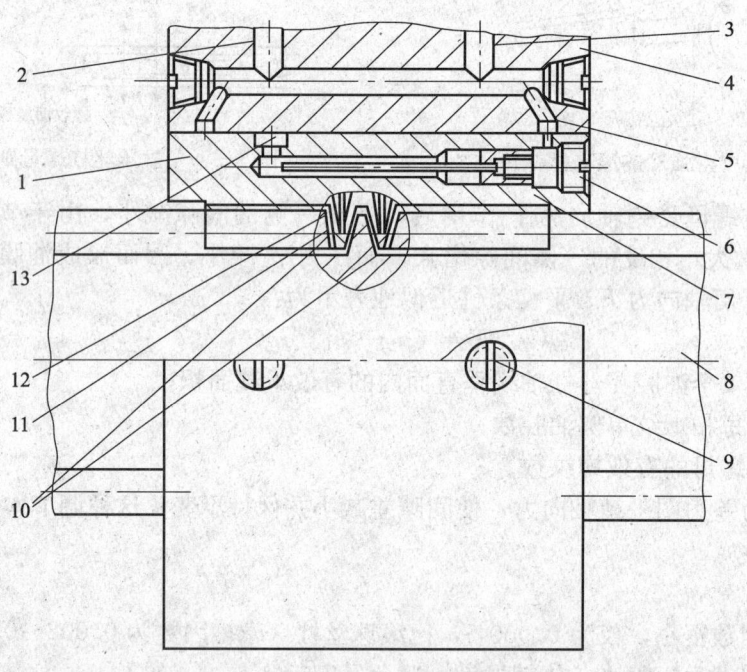

图1—80 静压丝杠螺母副装配图
1—螺母 2—接压力表油孔 3、5、12—进油孔 4—螺母座 6—油塞
7—节流器 8—丝杠 9—螺钉 10—回油槽 11—油腔 13—进油槽

(3) 类型

1) 按油腔开在螺纹面上的形式和节流控制方式的不同，目前机床上采用的静压丝杠副可分为以下3种：

①集中阻尼节流。在螺纹面中径上开一条连通的螺旋沟槽油腔，每一侧油腔只用1

个节流器控制,结构示意如图 1—81 所示。这种形式的静压丝杠基本上不能承受径向载荷和颠覆力矩。

② 分散阻尼节流。在螺纹面每侧中径上开 3～4 个油腔,每个油腔用 1 个节流器控制,其结构示意如图 1—82 所示。这种形式的静压丝杠具有一定的径向承载能力和抗颠覆力矩能力,但节流器的数目较多,结构较复杂,制造和安装困难。

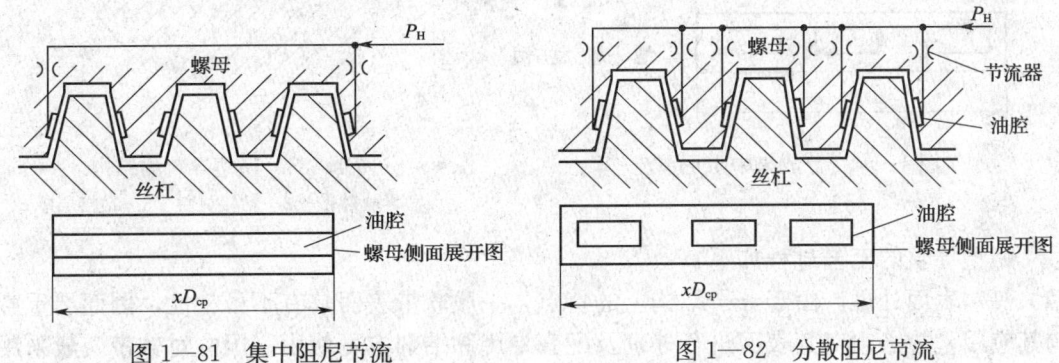

图 1—81　集中阻尼节流　　　　图 1—82　分散阻尼节流

③ 分散集中阻尼节流。在螺纹面每侧中径上开 3～4 个油腔。将分布于同侧、同方位上的油腔用 1 个节流器控制,其结构如图 1—83 所示。这种节流形式的静压丝杠具有一定的径向承载能力和抗颠覆力矩能力,节流器的数量较少(一般 6～8 个节流器),制造和安装较方便,使用可靠。

2) 按节流形式不同,目前机床上采用的静压丝杠螺母副又可分以下两种:

① 固定节流。常采用毛细管节流器,结构简单、调试方便、使用可靠、性能稳定,节流器制造也较简单,主要用于中、小型机床,目前国内应用较多。但此种节流方式对油液的清洁程度要求较高,当油温超过 40℃ 以上时,油膜刚度有下降的趋势。

② 可变节流。常采用薄膜双面反馈式,油膜刚度较高,对油液的清洁程度要求较低,适用于大型重载机床。由于薄膜的制造精度不易保证,调整费事,往往影响使用,目前国内应用尚少。

3. 贴塑导轨的应用

随着机床向着高精度、数控化、自动化方向的发展,国内外开发了低摩擦因数、高耐磨和无爬行的导轨材料。贴塑导轨是一种金属对塑料的摩擦形式,属滑动摩擦导轨,它是在动导轨的摩擦表面上贴上一层由塑料等其他化学材料组成的塑料薄膜软带,以提高导轨的耐磨性,降低摩擦因数。支承导轨则是采用淬火钢导轨。贴塑导轨的优点是:摩擦因数低,在 0.03～0.05 范围内,动静摩擦因数接近,不易产生爬行现象;接合面抗咬合磨损能力强,减振性好;耐磨性高,与铸铁—铸铁摩擦副比可提高 1～2 倍;化学稳定性好(耐水、耐油);可加工性能好、工艺简单、成本低;当有硬粒落入导轨面上也可挤入塑料内部,避免了磨损和撕伤导轨。

塑料薄膜是以聚四氟乙烯为基体,并与青铜料、铅粉等填料经混合、模压、烧结等工艺,最终形成一定规格的软带,在数控机床滑动导轨副中得到广泛应用,如图 1—84 所示。为提高低速性能、减少爬行、提高导轨寿命,在动导轨上都贴有塑料带。数控机床很少用不贴塑的摩擦滑动导轨。

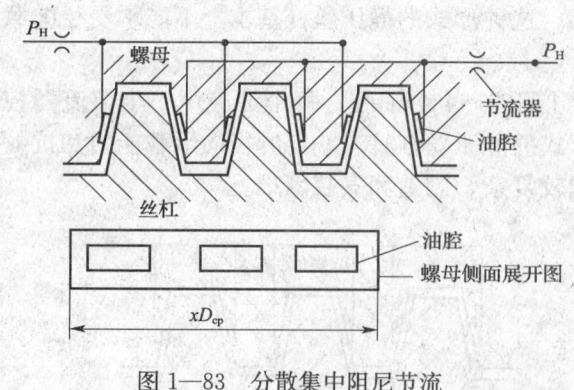
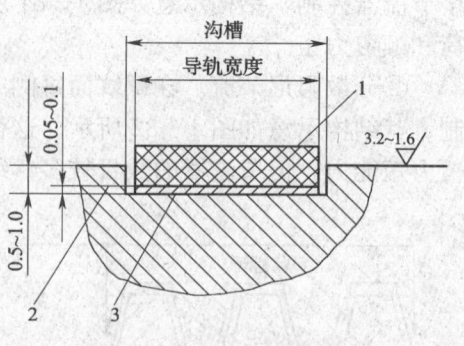

图1—83 分散集中阻尼节流　　　　图1—84 贴塑导轨的结构
　　　　　　　　　　　　　　　　1—导轨软带　2—粘接材料　3—粘接层厚

贴塑导轨的工艺过程如下：

（1）表面处理。由于分子结构上的特点，一般软带表面具有不可粘性，因而严重影响其应用，故必须对其表面进行处理及配套专用黏结剂方可使用。国内对软带一般采用钠—萘表面处理。

（2）黏结剂的选用。黏结剂是一种以双组分 A 型环氧树脂为主剂，异氰酸酯为固化剂，并用液体橡胶为增韧剂的双组分室温固化的黏结剂。

（3）粘接工艺。塑料软带通常情况下粘接于机床的动导轨即工作台或溜板上，使它与支承导轨即床身导轨（铸铁或钢）的表面配合运动，如图1—85所示。

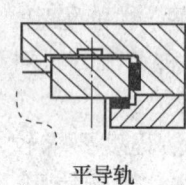 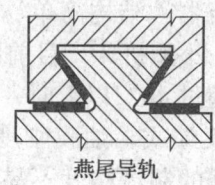 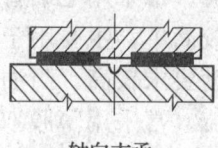 

平导轨　　　V形导轨　　　燕尾导轨　　　轴向支承　　　轴支承

图1—85 软带应用部位

粘接时，选用清洗剂（如丙酮、三氯乙烯和全氯乙烯）彻底清洗被粘贴导轨面（切不可使用汽油或酒精，因此它们会在被清洗表面残留一层薄膜，影响粘接效果），清洗后用白色的干净擦布反复擦拭，直至擦不出任何污迹为止。将塑料软带的粘贴面（黑褐色表面）用清洗剂擦拭干净，然后将配套的黏结剂均匀地涂敷在软带和导轨粘接面上。为了保证粘接的可靠性，被贴导轨面应纵向涂抹黏结剂，而塑料软带的粘接面则横向涂抹。粘贴时，从一端向另一端缓慢挤压，以便挤出气泡，粘贴后在导轨面上应施加一定压力，加以固化。为了保证黏结剂充分扩散和硬化，一般在室温下固化时间不少于 24 h。通常情况下，黏结剂用量约 500 g/m²，粘接层厚度约 0.1 mm，接触压力为 0.05～0.1 MPa，如图1—86所示。

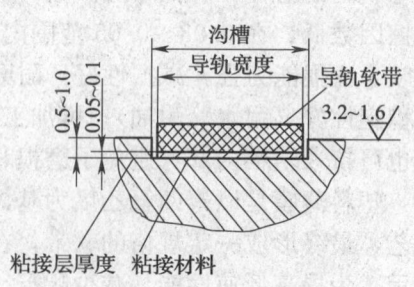

图1—86 贴塑导轨粘接

(4) 制作油槽。在软带上开油槽，油槽的形状因要求而异，如图1—87所示。V形油槽应为倒角状，底部内角为圆角，避免产生局部的应力集中。进油孔应位于油槽的中央，其直径应略大于油槽的宽度。

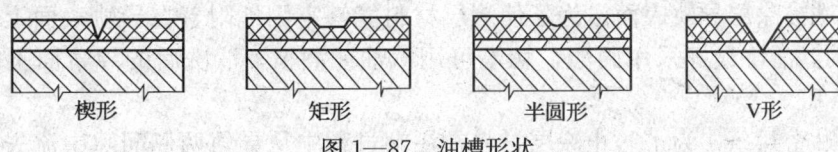

图1—87 油槽形状

(5) 精加工。对于贴塑导轨均需要进行精加工，通常采用手工刮研方法。刮研的目的在于：改善接触情况，工作台或溜板导轨面与相配的床身导轨面配刮要求8～10点/(25 mm×25 mm)，导轨中间部分接触较轻一些；改善润滑性能，由于贴塑导轨表面经过刮研后，其表面所形成的低凹部分容易储存润滑油，移动部件在运动中则形成一层油膜，因而有效地改善了导轨润滑性能。

(6) 贴塑导轨的维修。由于软带的硬度低于金属，故磨损往往发生在软带上，维修时只需要更换软带。软带有各种厚度，可根据需要选取。

4. 注塑导轨的应用

注塑用涂层材料是由以环氧树脂为基材的添加某些填料的糊状混合物和环氧树脂液态状固化剂组成。这种材料固化后具有摩擦因数低、耐磨性能高、收缩率小、成形性好、与金属附着力强、有足够的硬度和强度、施工工艺简单、维修方便等优点，因此在国内外的各类机床，特别是数控机床上得到了广泛的应用。

(1) 预加工。涂层材料应注射在机床导轨副的短导轨面上，而对其相配的导轨面（支承导轨面）则需要用周边导轨磨削工艺方法加工，表面粗糙度R_a值不大于0.8 μm。为了保证涂层材料能和不同金属材料的导轨（如铸铁、钢等）牢固地结合在一起，就需要对其进行预加工，不同导轨的加工形式如图1—88所示。

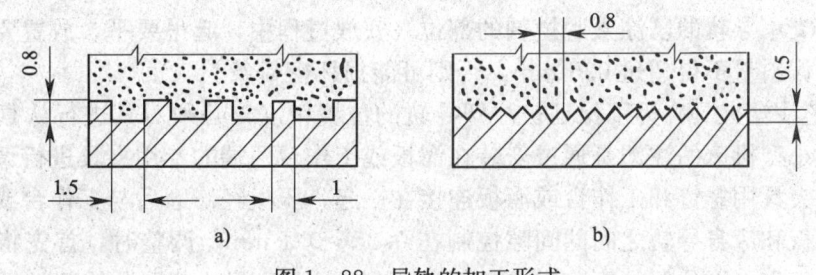

图1—88 导轨的加工形式
a) 用梳刀刨 b) 用尖刀刨

1) 用梳刀刨。梳刀适用于基体材料是灰铸铁、球墨铸铁、钢等。

2) 用60°尖刀刨。尖刀适用于灰铸铁材料。

3) 用端面铣。用盘铣刀进行端面铣削，对钢或铜均适用，但铣削后需进行喷砂处理。刀具一般采用60°三角不重磨刀片，背吃刀量$a_p=0.3～0.4$ mm，进给量$f=3～35$ mm/r。

(2) 注塑工艺过程。注塑导轨工艺过程如下：

1) 用脱模剂涂敷支承导轨面。首先将支承导轨面用丙酮清洗干净，去除油污和脏物。然后用毛刷将脱模剂均匀地涂敷在上面，约待10 min吹干，干燥后的脱模剂呈乳白色。用一块软质擦布在干燥的脱模剂表面轻轻擦拭，直至表面不再有强光闪烁为止。

2) 清洗被涂层导轨表面。为了使涂层材料能够牢固地附着在导轨表面上，清洗是十分重要的。清洗最好采用丙酮，切不可用汽油或酒精。清洗后的导轨面不能用手触摸，以防弄脏。

3) 粘贴密封条。为了防止涂层材料在注塑过程中从导轨两侧间隙中流失，同时保证注塑导轨具有一定厚度，导轨的两侧需要加工成支承边形式（见图1—89a），或者采用橡胶密封条用502胶粘贴（见图1—89b），两种边缘密封方式根据具体结构需要而异。采用支承边密封方式的优点是注塑时调整精度方便，缺点是涂层导轨面高出支承边的高度尺寸受到限制，一般只有0.05～0.10 mm，因为高度尺寸过大，涂层材料就会从导轨边缘流失。采用橡胶密封条密封方式的最大优点是，可保证较厚的涂层厚度，在同样条件下其磨损期限较长，缺点是注塑时调整比较困难。

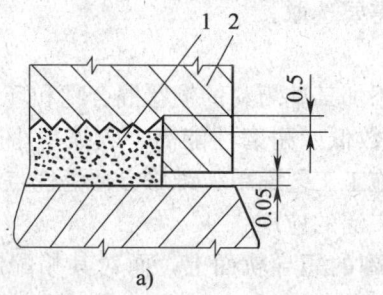 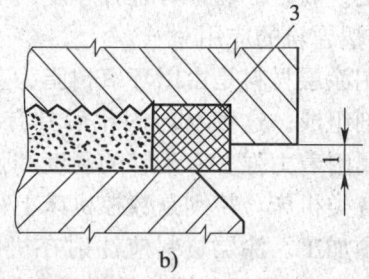

图1—89 密封方式截面
1—涂层 2—支承边 3—橡皮条

4) 翻转被注塑导轨安放在支承导轨上。橡胶密封条粘贴好之后，将工作台或溜板翻转安放在支承导轨的已涂敷脱模剂的部位。安放过程中，起吊要平，放置要轻，不得偏斜，最大偏斜量不得超过0.5 mm，否则可能损坏密封条。

5) 调整注塑夹具。为了保证被注塑导轨的位置精度，必须对其进行认真的精度调整。对于中小型机床的注塑是通过安装在溜板或工作台两端的专用夹具进行调整的（见图1—90），夹具用螺钉和工作台或溜板连接在一起，压板经修磨后与工作台或溜板用螺钉紧固，压板和床身导轨之间的间隙控制在0.05～0.1 mm。调整时，首先将置于注塑夹具上的垂直和水平位置的百分表调整至"0"位，然后通过夹具上的调整螺钉调整被注塑导轨的抬起量（涂层导轨厚度一般为0.06 mm），两只百分表的偏摆数值应一致，最终将锁紧螺母时，切不可用力过大，以免使那些较长的导轨弯曲变形，以致在注塑结束，松开调整螺钉时，导轨又恢复到原来形态造成涂层厚度不均的现象。

6) 搅拌注塑材料。注塑材料在注塑前需要仔细搅拌，通常情况下，固化剂是按照注塑材料的不同包装质量按比例匹配好，搅拌时只需将固化剂直接混合，用一根塑料棒在包装盒中一起搅拌即可。另一种比较好的方法是用一个夹紧在台式钻床的搅拌器（见图1—91），以200～300 r/min的转速搅拌，搅拌的时间为2 min。搅拌时间过长，会使

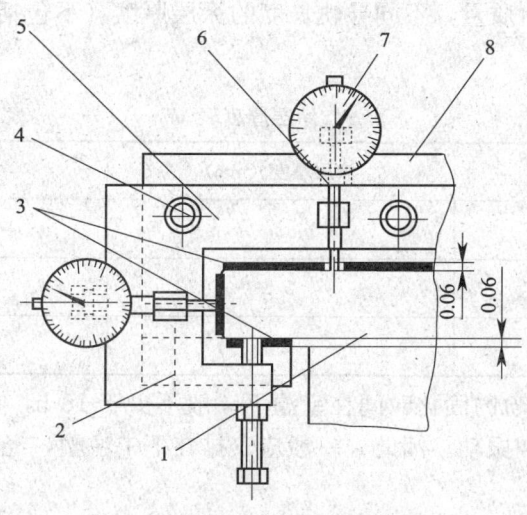

图1—90 溜板注塑调整示意图

1—导轨 2—压板 3—密封条 4—螺钉 5—注塑夹具 6—调整螺钉 7—百分表 8—溜板

涂层材料温度升高而影响其性能。另外，搅拌时要注意的是容器底部的注塑材料一定要和固化剂搅拌均匀，否则注塑后部分材料就不能完全固化，致使注塑导轨出现部分部位达不到最佳力学性能。

7）注塑。注入涂层材料是通过专用压注器进行的，如图1—92所示。首先，将后

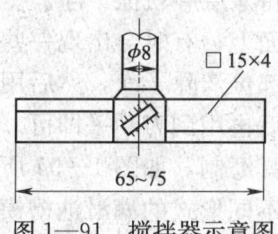

图1—91 搅拌器示意图

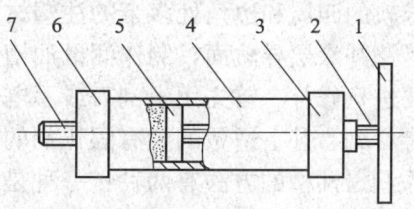

图1—92 压注器

1—手把 2—丝杠 3—后盖 4—储料筒
5—活塞 6—前盖 7—接头

盖旋下，丝杠、手把和活塞也同时取下，将已搅拌好的材料倒入储料筒中（见图1—93），材料的残存气体在倒入过程中会自动排出，当材料灌满后，压下活塞，旋紧后盖，开始注塑。将压注器接头旋入注塑螺孔中，转动手把，涂层材料就会缓慢地流向导轨间，此时应注意观察注塑夹具上的百分表，每只百分表的偏摆量不得大于0.01 mm。如果偏摆量数值过大，应立即调整注塑压力，即减缓压注器手把的手旋速度。当涂层材料整齐地从被注塑导轨缝隙整个宽度处溢出时，表明导轨间已注满涂层材料。此时，立即用早已准备好的金属板堵住导轨面间的隙缝，整个注塑过程结束。

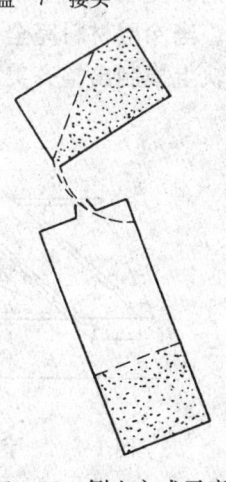

图1—93 倒入方式示意图

为了保证注塑导轨质量，不同导轨长度的涂层厚度（不包括齿槽）可按表1—9选择。

表1—9　　　　　　　　　　　　涂层厚度表

导轨长度（mm）	涂层厚度（mm）	备　　注
400以下	2	
400～1 200	2.5	
1 200以上	2.5	增加一个出气口

8）固化。涂层导轨的固化时间在室温下一般不少于16 h，在这段时间里，涂层导轨不允许有任何受压和振动。因此，一般应安排在下午注塑，经过一夜时间的固化，次日便可拆除涂层导轨。

9）清理注塑器具。注塑结束后，所有器具（含注塑夹具、压注器等）上黏结的涂层材料应立即用丙酮清洗干净。

10）分离被涂层导轨。先松开所有的紧固螺钉和调整螺钉，拆下注塑夹具，然后用一小型千斤顶或用一根撬杠，在被注塑导轨的适当位置上微微撬动，直至听到分离的声音，即可用吊车吊离。

11）清除橡胶密封条。清理被涂层导轨，将其所有橡胶密封条彻底清除，用刮刀清除注塑导轨的四周和边角处多余的注塑材料，最终用丙酮将涂层导轨擦干净。

12）修补涂层导轨面，制作润滑油槽。涂层后的导轨面上，有时会出现一些小的气孔，需要进行修补。首先用小刮刀或手电钻将出现气孔的部位清除干净，然后用丙酮擦洗，略等片刻，补上适量的含有固化剂的涂层材料，固化后再用刮刀刮平即可。

制作润滑油槽的方法有两种：一种是通过高速手磨工具磨制，如图1—94所示；另一种是模制润滑油槽。首先用硬纸板根据设计需要裁剪成不同形式的润滑油槽模板，一般厚度为2～3 mm，如图1—95所示。注塑前，将成形模板用502胶水粘贴在已涂敷过脱模剂的支承导轨上，再将被涂层导轨翻转，按照已画好的位置安放在支承导轨上进行注塑。当涂层材料完全固化后，分离开导轨，将纸质油槽模板彻底清除干净，即会在涂层导轨上模制出整齐美观的润滑油槽。

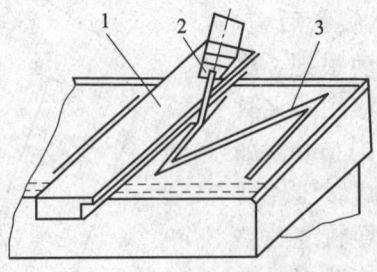
图1—94　手磨工具磨制油槽
1—直尺　2—手动磨具　3—油槽

图1—95　纸质油槽模板

13) 手工刮研涂层导轨。刮研的目的主要是为了改善接触性能，经过手工刮研，导轨面的刀痕所形成的凹下部分可储存润滑油，并在运动中形成油膜，从而改善导轨润滑性能。

（3）涂层导轨副的维修。在涂层导轨副中，由于硬度的提高，表面粗糙度值很小，使得导轨副中涂层导轨磨损量很小，其精度寿命可保持三班运行在 10 年以上。在设备大修中，如果发现导轨副中涂层导轨已有严重磨损现象，即支承导轨面已有严重磨痕，涂层导轨两侧支承边已与塑料导轨面呈一平面，就必须重新修磨支承导轨和重新注塑涂层。方法如下：

1) 修磨支承导轨。按照出厂装配要求对支承导轨进行周边导轨磨削，对于普通机床导轨直线度允差为 0.01 mm/1 000 mm，对于高精度数控机床导轨直线度允差为 0.005 mm/1 000 mm，表面粗糙度 R_a 值为 0.4 μm。

2) 涂层导轨的重新注塑。首先用錾子清除已磨损的涂层导轨，根据导轨基体原槽面的损坏情况，必要时需重新加工齿槽和支承边。齿槽面加工时应尽量粗糙些（R_a 6.3～12.5 μm），以增加对涂层材料的附着力。另一种方法是对已清除了塑料的导轨基体进行喷砂处理，砂粒直径为 0.25～0.5 mm，同样可达到较好的效果。在上述工作完成后，按注塑工艺重新注塑。

单元考核要点

行为领域	鉴定范围	鉴定点	重要程度
理论知识鉴定考核要点	读图知识	CK3263B 型数控车床传动系统图	★★
		M1432A 型万能外圆磨床的液压系统图	★★
		气压传动	★★★
	绘图知识	复杂零件的测绘	★★
	机床夹具设计基础	工件的定位	★★★
		定位误差的分析	★★
		装配尺寸链的计算	★★★
		工件的夹紧	★★
	编制装配工艺	编制 M7120A 型平面磨床磨头的装配工艺	★★
	与装配钳工相关的新知识	滚珠丝杠传动	★★★
		静压丝杠螺母副传动	★★
		贴塑导轨的应用	★★★
		注塑导轨的应用	★★

单元测试题

一、填空题（请将正确的答案填在横线空白处）

1. CK3263B 型数控车床的传动系统中，主电动机 M_1 为_____电动机，额定功率为_____。

2. 用合理分布的 6 个支承点分别限制工件的_____自由度，使工件在夹具中的位置完全确定的定位方法，称为"六点定位原理"。

3. 工件的 6 个自由度全部被夹具的 6 个支承点限制，而在夹具中占有完全确定的唯一位置，这种定位称为_____定位。

4. 工件实际定位所限制的自由度数目_____按其加工要求所必须限制的自由度数目，称为欠定位。

5. 夹具上重复限制工件的一个或几个自由度的定位称为_____。

6. 工件上被选作定位基准的表面常有_____、_____、_____和其他成形面及其组合。

7. 定位基准的选择原则之一就是尽量使工件的_____与_____重合。

8. 定位误差主要是由_____误差和_____误差两部分组成。

9. 所谓"一面两销"定位，是指工件以_____和_____作为定位基准实现组合定位。

10. 夹紧机构的种类虽然很多，但其结构大都以_____夹紧机构、_____夹紧机构和_____夹紧机构为基础。

11. 滚珠丝杠传动的优点是_____、_____，传动效率达 85%～98%。立式升降运动则必须有制动装置。其动、静摩擦因数之差非常小。

12. 静压丝杠螺母副传动是在丝杠和螺母的螺旋面之间通入压力油，使其保持_____、一定刚度的_____油膜，因而丝杠和螺母之间为纯液体摩擦的传动副。

13. 贴塑导轨使用的塑料薄膜是以_____为基体，并与青铜料、铅粉等填料经混合、模压、烧结等工艺，最终形成一定规格的软带。

14. 贴塑导轨粘贴后在导轨面上应施加一定压力，加以固化。一般在室温下固化时间_____。

15. 注塑导轨所用涂层材料是由以_____为基材的添加某些填料经固化而成。

二、单项选择题（下列每题的选项中，只有 1 个是正确的，请将其代号填在横线空白处）

1. 限制工件自由度数少于 6 个仍可满足加工要求的定位称为_____。
   A. 完全定位 B. 不完全定位 C. 过定位 D. 欠定位

2. 外圆柱工件在套筒孔中定位，当工件定位基准和定位较长时，可限制_____自由度。
   A. 两个移动 B. 两个转动
   C. 两个移动和两个转动 D. 一个移动和一个转动

3. 用一个大平面对工件的平面进行定位时，它可限制工件的_____个自由度。
   A. 2　　　　　B. 3　　　　　C. 4　　　　　D. 5
4. 用短圆柱心轴来作工件上圆柱孔的定位元件时，它可以限制工件的_____个自由度。
   A. 2　　　　　B. 3　　　　　C. 4　　　　　D. 5
5. 既能起定位作用，又能起定位刚性作用的支承是_____。
   A. 辅助支承　　B. 基本支承　　C. 可调支承　　D. 刚性支承
6. 工件在高低不平的表面上进行定位时，应该用_____个定位支承点支撑。
   A. 2　　　　　B. 3　　　　　C. 4　　　　　D. 5
7. 利用工件已精加工且面积较大的平面定位时，应选作的基本支承是_____。
   A. 支承钉　　　B. 支承板　　　C. 自位支承　　D. 可调支承
8. 对工件上两个平行圆柱孔定位时，为了防止产生过定位，常用的定位方式是_____。
   A. 用两个圆柱销　　　　　　　B. 用两个圆锥销
   C. 用一个短圆柱销和一个短削边销　　D. 用一个短圆柱销和一个短圆锥销
9. 为了提高工件的安装刚度，增加定位时的稳定性，可采用_____。
   A. 支承板　　　B. 支承钉　　　C. 辅助支承　　D. 弹簧支承
10. 选择定位基准时，应尽量与工件的_____一致。
    A. 工艺基准　　B. 测量基准　　C. 起始基准　　D. 设计基准
11. 基准不重合误差也就是_____。
    A. 加工尺寸公差　　　　　　　B. 联系尺寸公差
    C. 定位尺寸公差　　　　　　　D. 定形尺寸公差
12. 工件以外圆柱为基准，定位元件是V形架时，则当设计基准是外圆_____时定位误差最小。
    A. 上母线　　　B. 下母线　　　C. 中心线　　　D. 无法确定
13. 计算定位误差时，设计基准与定位基准之间的尺寸，称之为_____。
    A. 定位尺寸　　B. 计算尺寸　　C. 联系尺寸　　D. 定形尺寸
14. 工件以圆孔定位，定位元件为心轴时，若心轴水平放置，则工件与定位元件接触情况为_____。
    A. 双边接触　　　　　　　　　B. 单边接触
    C. 单边和双边均可能接触　　　D. 任意方向接触
15. 工件以外圆定位，放在V形架中，则此时工件在_____无定位误差。
    A. 水平方向　　B. 垂直方向　　C. 加工方向　　D. 任意方向
16. 夹紧机构的种类虽然很多，但其结构大都以_____夹紧机构、螺旋夹紧机构和偏心夹紧机构为基础，这3种夹紧机构合称为基本夹紧机构。
    A. 斜楔式　　　B. 气动式　　　C. 回转式　　　D. 电动式
17. 气动基本回路中的缓冲回路适用于活塞_____大的场合。
    A. 尺寸　　　　B. 惯性力　　　C. 速度　　　　D. 质量

18. 设计钻床夹具时，夹具公差可取相应加工工件公差的_____。
    A. 1/2~1/3   B. 1/2~1/5   C. ±0.10   D. ±0.01
19. 贴塑导轨的塑料软带粘接前应先用清洗剂彻底清洗被粘贴导轨面，切不可使用_____。
    A. 全氯乙烯   B. 三氯乙烯   C. 丙酮   D. 汽油和酒精
20. 贴塑导轨的优点是：_____、接合面抗咬合磨损能力强、减振性好、耐磨性高、可加工性能好、工艺简单、成本低。
    A. 摩擦因数低   B. 摩擦因数高
    C. 动、静摩擦因数差异大   D. 动摩擦因数高

三、判断题（下列判断正确的请打"√"，错误的打"×"）
1. 注塑导轨副，对其相配的导轨面需要用导轨磨削的工艺方法加工。（ ）
2. 涂层导轨表面通常采用汽油清洗。（ ）
3. 手工刮削注塑导轨的目的，主要是为了改善润滑性能和接触精度。（ ）
4. 一个物体在空间不加任何约束、限制的话，它有6个自由度。（ ）
5. 用六个适当分布的定位支承点，限制工件的6个自由度，即称为"六点定位原理"。（ ）
6. 工件定位的实质是确定工件上定位基准的位置。（ ）
7. 工件在夹具中定位时，限制自由度超过六点的定位称为欠定位。（ ）
8. 采用不完全定位的方法可简化夹具。（ ）
9. 在夹具中用一个平面对工件的平面进行定位时，它可限制工件的3个自由度。（ ）
10. 具有独立的定位作用、能限制工件的自由度的支承，称为辅助支承。（ ）
11. 工件在夹具中定位以后，在加工过程中始终保持准确位置，应由定位元件来实现。（ ）
12. 零件加工时应限制的自由度取决于加工要求，定位支承点的布置取决于零件形状。（ ）
13. 如果用6个支承点来限制工件的6个自由度，当支承点的布局不合理时，会产生既是过定位又是欠定位的情况。（ ）
14. 基本支承是用来加强工件的安装刚度，不起限制工件自由度的作用。（ ）
15. 长圆锥心轴可限制长圆锥孔工件3个自由度。（ ）
16. 工件以圆柱孔定位时，常用V形架和定位套筒作为定位元件来定位。（ ）
17. 当工件以外圆柱为基准在V形架中定位时，则当设计基准是外圆上母线时定位误差最小。（ ）
18. 选择定位基准时主要应从定位误差小和有利于夹具结构简化两方面考虑。（ ）
19. 由于滚动丝杠副的传动效率高，无自锁作用，在处于垂直传动时必须装有制动装置。（ ）

四、简答题

1. 滚珠丝杠副的预拉伸作用是什么？
2. 什么叫工件的"六点定位原理"？为什么说夹紧不等于定位？
3. 定位基准的选择应注意哪些基本点？
4. 对机床夹具中的夹紧装置有哪些基本要求？

五、计算题

如图 1—96 所示，$D=\phi 50_{-0.062}^{0}$ mm，试求两种定位方案中，a、b 两加工尺寸的定位误差（V 形架角度 $\alpha=90°$）。

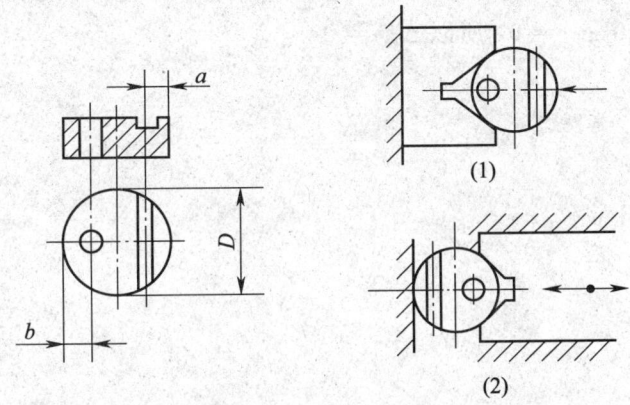

图 1—96　计算题图

单元测试题答案

一、填空题

1. 直流　37 kW　2. 6个　3. 完全　4. 少于　5. 过定位　6. 平面 圆柱面　圆锥面　7. 定位基准　设计基准　8. 基准不重合　定位基准位移 9. 一个平面　两个定位孔　10. 斜楔　螺旋　偏心　11. 摩擦因数小　传动精度高　12. 一定厚度　压力　13. 聚四氟乙烯　14. 不少于 24 h　15. 环氧树脂

二、单项选择题

1. B　2. C　3. B　4. A　5. C　6. B　7. B　8. C　9. C 10. D　11. B　12. B　13. C　14. B　15. A　16. A　17. B 18. B　19. D　20. A

三、判断题

1. ×　2. ×　3. √　4. √　5. √　6. √　7. ×　8. √ 9. √　10. ×　11. ×　12. √　13. √　14. ×　15. √　16. × 17. ×　18. √　19. √

四、简答题（略）

五、计算题

解：第一种定位方案：

a 尺寸：$\Delta_{dw} = \Delta_{db} + \Delta_{jb} = \dfrac{\Delta K}{2\sin\dfrac{\alpha}{2}} + \dfrac{\Delta K}{2} = \dfrac{0.062}{2\sin 45°} + \dfrac{0.062}{2} = 0.074\ 8\ \text{mm}$

b 尺寸：$\Delta_{dw} = \Delta_{db} - \Delta_{jb} = \dfrac{\Delta K}{2\sin\dfrac{\alpha}{2}} - \dfrac{\Delta K}{2} = \dfrac{0.062}{2\sin 45°} - \dfrac{0.062}{2} = 0.012\ 8\ \text{mm}$

第二种定位方案：

a 尺寸：$\Delta_{db} = 0, \Delta_{jb} = \Delta K = 0.062\ \text{mm}$，所以 $\Delta_{dw} = \Delta_{jb} = 0.062\ \text{mm}$

b 尺寸：$\Delta_{db} = 0, \Delta_{jb} = 0$，所以 $\Delta_{dw} = 0$

第 2 单元

加工与装配

- 第一节　刮削与研磨 /77
- 第二节　装配与调整 /83

本 单元主要叙述的是特殊导轨的刮削和特殊型面的研磨，以及精密复杂和大型设备及数控机床的主要部件装配调整，所述内容是钳工在实际生产中必须掌握和了解的理论知识。内容上以实际经验为基础，对于钳工在设备的装配和调整中能起到一个良好的借鉴作用。

第一节 刮削与研磨

→ 能够进行精密机床特殊导轨的刮研及检验,并达到技术要求
→ 能够进行V形面、球面等的研磨,并达到技术要求

一、刮削

1. V形导轨与平面导轨副的刮削

V形导轨与平面导轨的组合如图2—1所示,是机床导轨中应用较广泛的一种。刮削时除了用与它本身相配的工作台来配磨显点外,还可用如图2—2所示的两种不同的型面平板来配磨显点。如用图2—2a所示的型面平板,则V形导轨的A、B面和平面导轨可同时显点。如果用图2—2b所示的型面平板,则先刮削V形导轨,然后再以V形导轨为基准来刮削平面导轨(以下即根据图2—2a所示的型面平板来进行叙述)。但不管采取哪种形式配磨显点,其刮削方法和测量手段都基本一样。

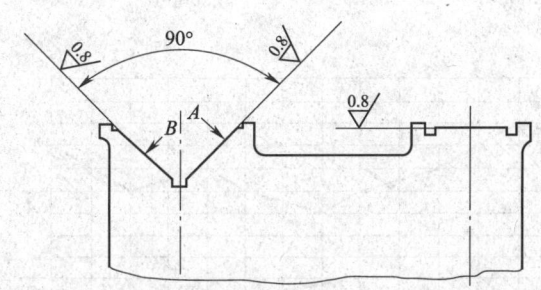

图2—1 V形、平面导轨副

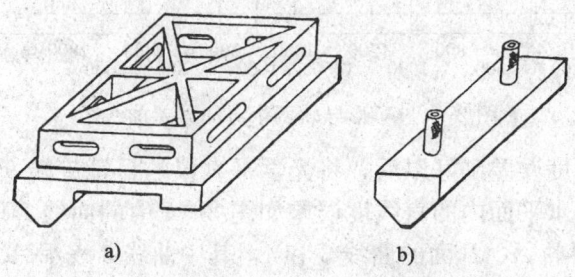

图2—2 常用的型面平板图
a) 刮削V形与平面组合导轨用的平面　b) 刮削单条V形导轨用的平板

如图 2—3 可见，V 形导轨存在着垂直面内和水平面内两种不同的误差。因此，V 形导轨的综合误差较为复杂，刮削时不能见点就刮，必须判断出 V 形导轨哪段该重刮，哪段该轻刮。首先可通过光学平直仪来测量出 V 形导轨在垂直面内的直线度，设测得垂直面内的直线度误差如图 2—4 中的曲线 1 所示，刮削时应根据曲线 2 将垂直面内的直线度误差刮至理想直线 $A—A$。分析曲线 1 可知，导轨 0～1 000 mm 段要重刮（包括 A、B 两面），2 000 mm 段应轻刮，2 400～2 800 mm 段则由轻到重，直至符合 $A—A$ 理想直线为止。

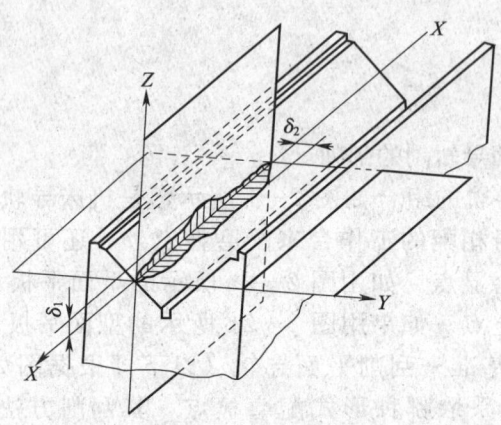

图 2—3　V 形导轨在垂直面内和水平面内直线度误差图

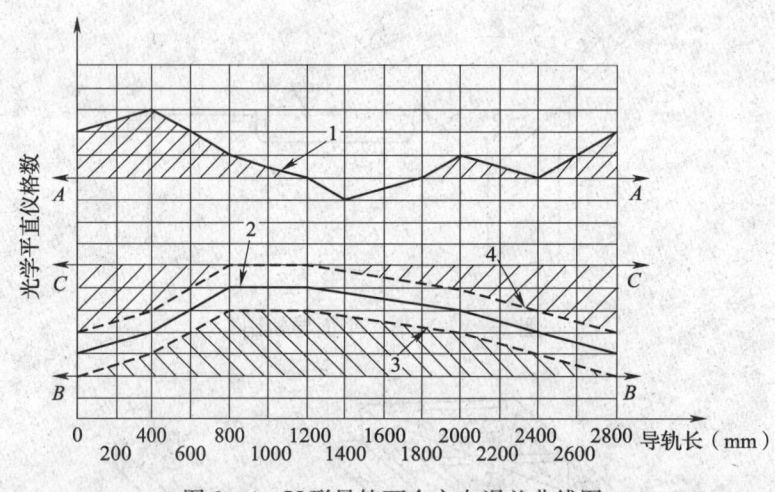

图 2—4　V 形导轨两个方向误差曲线图

垂直面内的直线度误差刮好以后，将光学平直仪的目镜旋转 90°，即可测量水平面内的直线度。设测得水平面内的直线度误差如图 2—4 中的曲线 2 所示。根据曲线 2 可以相应地绘出 V 形导轨 A、B 面的曲线 3 和 4，其中曲线 3 表示 A 面的弯曲，曲线 4 表示 B 面的弯曲，从曲线 3、4 即可确定导轨的 A、B 面，哪一段该重刮，哪一段该轻刮或者不刮。设 $B—B$ 为 A 面的理想直线，则 A 面为中间凸，这一部位需重刮，两端可以不刮。设 $C—C$ 为 B 面的理想直线，则 B 面的两端要重刮，中间可轻刮或不刮。经过这样的分段刮削后，水平面内的直线度可以达到要求，即消除了 A、B 两面的弯曲。但是有可能又影响到垂直面内的直线度。所以要使 V 形导轨同时达到两个方向的直线度要求，必须按照上述方法进行多次的测量和刮削。

V 形导轨刮好以后（不允许调整底下的垫铁），以 V 形导轨为基准来刮削平面导轨，可按图 2—5 所示的方法来进行测量，图中水平仪 1 测量 V 形导轨对平面导轨的平行度，水平仪 2 测量平面导轨本身的直线度。根据测得各段的误差读数，分别进行刮削，直至符合要求为止。

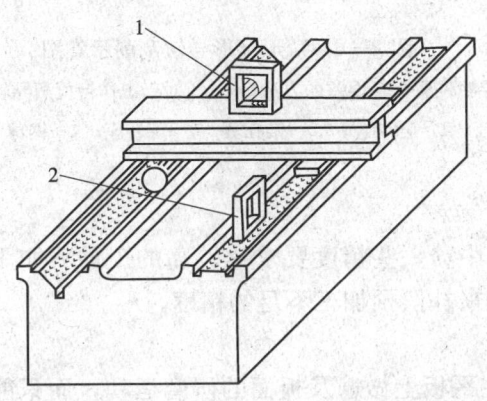

图 2—5　测量平面导轨与 V 形导轨两个方向误差曲线图
1—水平仪 1　2—水平仪 2

2. 环形导轨的刮削

环形导轨用于立式车床或立式磨床，它的截面有平面和 V 形面等。

环形导轨的刮削，可用与它配合的工作台导轨来进行配磨显点。刮削时要注意导轨的位置精度。如刮削图 2—6 所示的立式车床底座与工作台配合的 V 形环形导轨时，若仅使它们之间的显点符合要求还是不够的，仍有可能出现导轨的环形中心对底座主轴孔中心或对工作台中心的不同心现象，以及导轨对底座主轴孔轴线或对工作台中心轴线的不垂直现象，因此在刮削中，对于底座尚需按图 2—6a 所示的方法来检测导轨位置的综合误差。

在主轴孔内装入和它精密配合的锥孔套及检棒，百分表紧固在检棒上，表的触头依次指在导轨的两个面上，慢慢地转动检棒，便可测出导轨位置综合误差的读数。

对于工作台则可按图 2—6b 所示的方法来检测导轨位置的综合误差，在工作台的中心孔内装入和它精密配合的检棒，检棒的顶端放上钢球及旋转座，百分表触头则依次指在导轨的两个面上，慢慢地转动表座，便可测出导轨位置综合误差的读数。

在刮削中，要根据百分表所测得的读数来修正导轨的误差位置，才能使配合的环形导轨同时达到显点和垂直位置的要求。

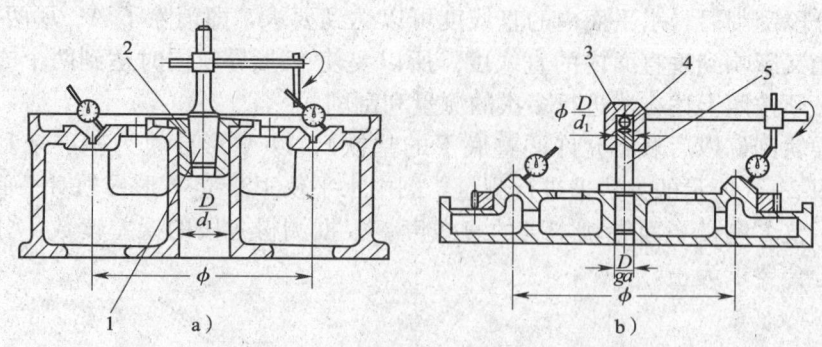

图 2—6 V形环形导轨刮削示意图
a) 对于底座检测导轨位置综合误差的方法 b) 对于工作台检测导轨位置综合误差的方法
1、5—检棒 2—锥孔套 3—旋转座 4—钢球

二、研磨

在量具和仪器生产中，一些精度要求比较高的工件，如V形槽导轨、测量头和钢球等，大都要通过研磨来补偿预加工不足的精度。

1. V形槽的研磨

研磨V形槽不能在平板上做遍及板面的研磨运动，而只能使用专用研具沿V形槽做直线往复的研磨运动。

研磨V形槽工件时，经常使用整体式的V形槽研具，如图2—7所示，也可将平板侧面倒成锐角作为研具。研具的长度约大于工件长度的1/3～1/2，宽度约比V形槽宽度大1/4，厚度是V形槽深度的2～3倍，以保持足够的强度和便于操作。

(1) 研磨方法。研磨时，根据工件的几何形状和技术要求，首先将V形槽的一个侧平面研磨平直，作为测量基准。研磨V形槽的方法有以下几种。

1) 用整体式研具研磨V形槽。图2—7所示为整体式研具研磨V形槽的方法。研磨时，将工件两侧垫上毛毡、皮革或软钳口，夹持在台虎钳或平口钳上，根据以侧平面为基准所测得的偏差，有侧重地使用工作压力，一个槽面一个槽面地进行。研磨V形槽平面时，因为研具不容易掌握平稳，往往出现凸起，这种问题可以通过以下几种方法来进行消除。

①有意识地将研具的中间部位略微研凸一些，或者在研具中间部位涂敷研磨剂，并短距离地移动，以增加对工件凸起部位的研磨次数。

②研具移动的距离基本一致，借以保持研具损耗均衡，从而使被研磨面得到一致的研磨。

③随着研具位置的移动，双手所施的工作压力应始终均衡地作用在V形槽被研磨的平面上。如果是修理或单件生产，也可采用图2—8所示的方法。

2) 用专用研具研磨V形槽。如果工件有两个V形槽在同一中心线上，而且要求互相平行并与基面等高，则可用如图2—9所示的专用研具来进行研磨。这种方法容易掌握，即把两块与V形槽角度相等的研具装在平板上，调整好所需要的距离和高度误差，

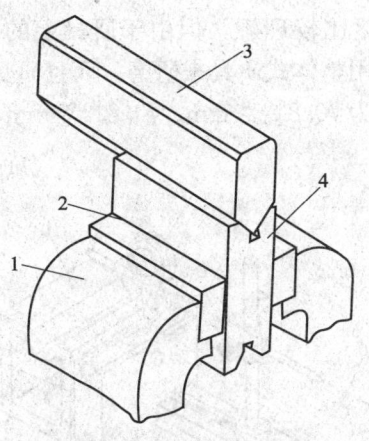

图 2—7 用整体式研具研磨 V 形槽工件
1—台虎钳 2—皮革或毛毡 3—研具 4—工件

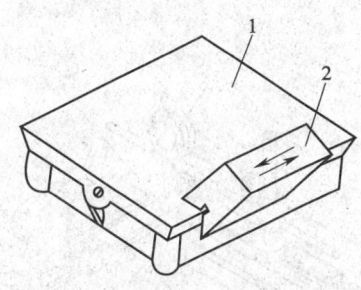

图 2—8 用平板侧面研磨 V 形槽工件
1—平板 2—工件

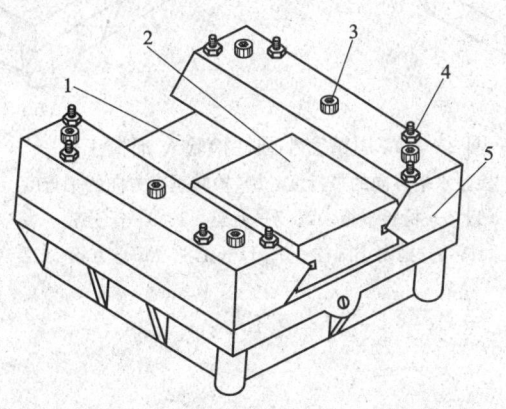

图 2—9 用专用研具研磨 V 形槽工件
1—平板 2—工件 3—紧固螺钉 4—调整螺钉 5—专用研具

而后拧紧螺钉，即可进行研磨。研磨时，同样以侧平面为基准所测得的偏差为依据，施加工作压力，做直线往复的研磨运动。这种方法用于成批生产 V 形槽角度相近的工件较为合适。

(2) 质量检验。在研磨加工过程中要注意经常检验，随时掌握研磨误差和余量，否则有可能使工件产生难以修复的缺陷，造成废品。检验 V 形槽工件，一般是先用双斜面平尺检验 V 形槽各槽面的平直度，符合要求后，再用精密小圆柱搁在 V 形槽内滚动和做几次轴向往复推移，使之接触良好，然后进行测量。测量方法如图 2—10a、b 所示。当检验水平方向的平行度时，把精度较高的小圆柱和 V 形槽工件捏持在一起，移动表座在小圆柱的母线上进行测量，千分表的读数差即为 V 形槽的平行度误差。

2. 圆弧面的研磨

如图 2—11 所示的带球体工件，球体中心垂直于柄部中心线 $\pm 10°$，其圆度为 0.005 mm，球体直径为 0.8 mm$\pm$0.008 mm，表面粗糙度 R_a 值为 0.8 μm。

因工件经过淬火热处理，柄部直径又小，脆性极大，稍不注意就有断裂的危险。所以宜用图 2—12 所示的方法来研磨。

这种工件如能采用可调式研具来研磨，当然比较理想，但由于研具上的孔径要小，制作供调整用的弹性槽比较困难，因此一般多采用整体式研具来研磨。而且研具应按照粗研、半精研和精研所需要的孔径分别配备，大致为 $\phi 0.8^{+0.04}_{+0.02}$ mm、$\phi 0.8^{+0.02}_{+0.01}$ mm 等。

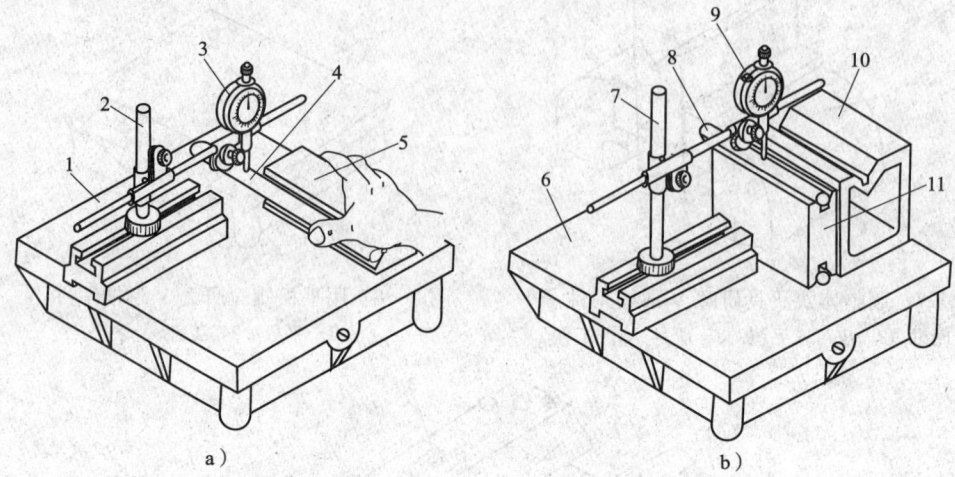

图 2—10　用精密小圆柱检验 V 形槽工件
a) 检验水平方向的平行度　b) 检验垂直方向的平行度
1、6—检验平板　2、7—表架　3、9—千分表
4、8—精密小圆柱　5、11—工件　10—方箱

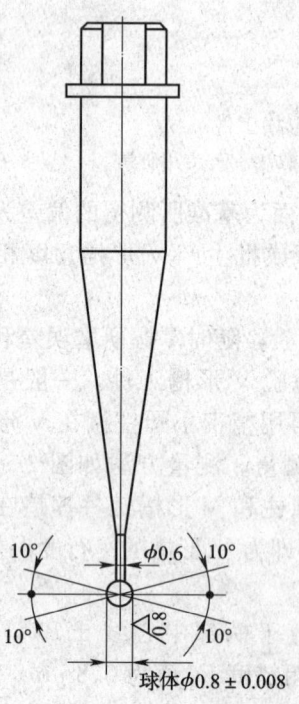

图 2—11　带球体工件

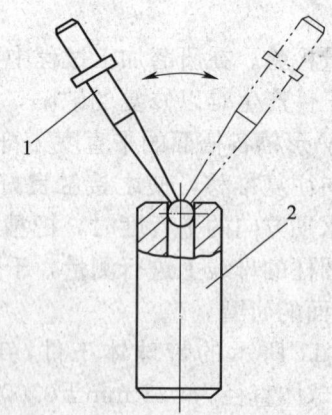

图 2—12　带球体工件的研磨
1—工件　2—研具

研磨前，先用薄而软的材料包裹φ0.6 mm柄部，以防止研磨时被擦伤。

研磨时，在研具孔内涂上研磨剂，手持工件（或研具）做弧线摆动，同时不断地改变研磨角度，使研磨的纹路交叉，以提高研磨质量。

由于工件的精度要求高，且无补偿的条件，因此，当工件研磨至上偏差要求时，即应仔细检验，避免研小尺寸而造成废品。

3. 钢球的研磨

在一般情况下，对钢球只做提高几何精度的研磨，因此，以下仅介绍一些简易的方法。

如图2—13所示，在平板（800 mm×300 mm）板面上车削数圈等深的V形或弧形沟槽。研磨钢球时，将有沟槽的平板平稳地放置在钳工台上，然后把研磨剂和钢球放入平板的沟槽内，上面覆一块无沟槽的平板，推动无沟槽平板，做平面往复旋转运动来进行研磨。

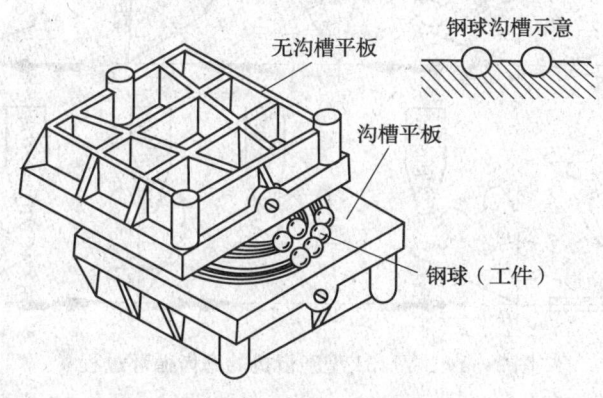

图2—13 钢球体的研磨

在同一批钢球中，其直径不可能完全一致，在放入沟槽前，必须用精确量具按大小进行分选。而后将直径较大的和较小的钢球间隔开来，放入沟槽中，大钢球要放得对称，使两块平板在研磨中保持平行，应先均衡地研磨大钢球，待大钢球接近或等于小钢球直径时，全部钢球即能得到均衡一致的研磨。

第二节 装配与调整

→ 能够进行复杂和高精度机床设备的装配及调整
→ 能够进行大型设备的装配和调整，并达到技术要求
→ 能够进行数控机床的装配和安装调试

一、齿轮磨床的装配

齿轮磨床是齿轮精加工机床，又称磨齿机。下面以Y7131型磨齿机为例，对其部

分部件装配工艺进行分析。

1. 机床的特点、磨齿过程及传动系统

Y7131型磨齿机采用锥面砂轮来磨齿。它的主要特点是：展成运动不是用钢带滚圆盘形成的，分度运动也不用分度盘，而是利用机床本身的传动链和一套交换齿轮来实现。因此，它的通用性强，加工方便。但加工精度等级在同类型机床中较低，在良好的条件下，可以达到5级精度。

Y7131型磨齿机的磨齿循环过程如图2—14所示。磨齿时，每磨一个齿槽两侧面的齿形，工件来回循环一次，在每一个单向行程中，砂轮是单面磨削，所以磨齿效率较低。

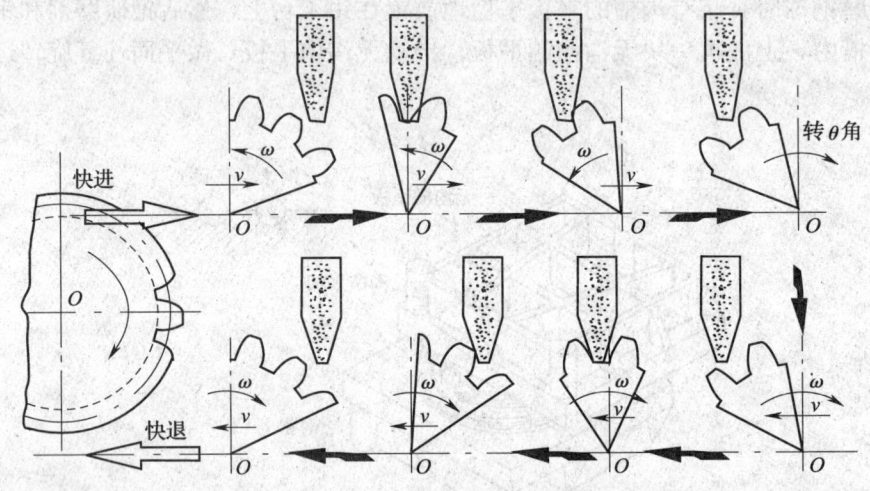

图2—14 Y7131型磨齿机的磨齿循环过程

2. 工作台环形圆导轨1、2的刮研

如图2—15所示，先以精度较好的上导轨作基础，将着色剂涂在下导轨上，然后上、下导轨连续回转对研。这样下导轨显示出的不均匀的接触区域及硬点即为刮削的部位。由于两锥面的刮削量不等（如锥面1刮去0.01 mm，锥面2就必须刮去0.027 mm），因此，在刮削时必须控制刮削量直至导轨的两个锥面在圆周上均匀接触

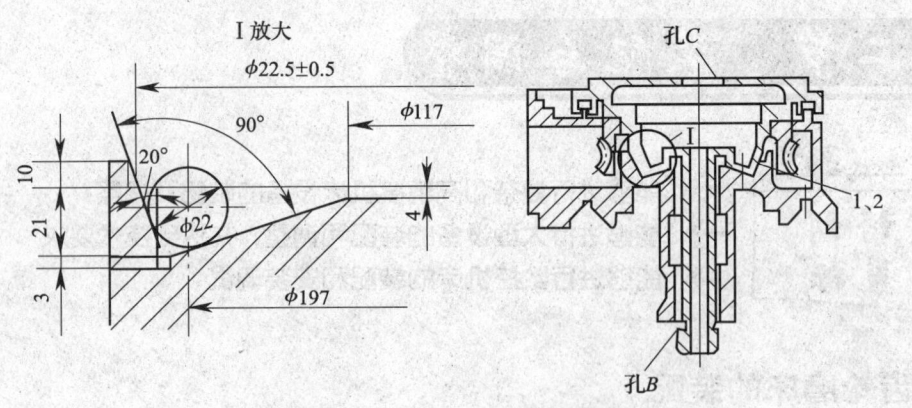

图2—15 工作台环形圆导轨的刮研

（贴合状态最好）。再以相同方法，以下导轨作基准来刮上导轨，刮研控制量应少些。如此在上下反复精刮几次后，就能达到很高的圆度要求（环形圆导轨的圆度误差主要反映在工件的齿距累积误差上）。

在达到圆度要求后，将上下导轨清洗擦净。然后将氧化铬抛光剂均匀地涂在上导轨，转动工作台对上下导轨进行抛光以降低其表面粗糙度值。抛光后应仔细清洗，并涂上润滑油，工作台用手指拨动能徐徐转动即可。

3. 分度定位装置行星机构的装配

分度定位装置如图2—16所示。行星齿轮机构（见图2—17）中差动齿轮对工件的齿形及相邻齿距误差影响较大，因此差动齿轮的精度应不低于6级，且应采用误差相消法来提高装配精度。分别检查差动齿轮1、2及3、4的节圆直径径向圆跳动及其最大值的方向并做好记号，将齿轮1与2的最大径向圆跳动方向调整至同一相位，齿轮3、4也如此，然后将齿轮1与2装上紧固螺钉及定位销。将成对的差动齿轮副1、2和3、4相对于齿轮5、6啮合，使差动齿轮1、2的径向最大圆跳动处的相位与齿轮3、4之间相位差180°。在对称的两对差动齿轮装好以后，以双手通过花键轴使齿轮5、6获得相反方向的转矩。这时，如果两对差动齿轮不能同时与齿轮5及齿轮6相啮合，则会使差动齿轮3、4之间产生相对转动。拆下齿轮3、4，在已经扭转一定角度的情况下钻铰、钻攻销孔及螺孔，装好定位销及紧固螺钉。检查齿轮5的节圆直径径向圆跳动及其花键轴花键部分的径向圆跳动，也以相位差180°的方法进行装配。检查体壳的$\phi 120$ mm 外圆（见图2—18）的径向圆跳动与齿轮7的节圆直径径向圆跳动，也用误差相消法装配。

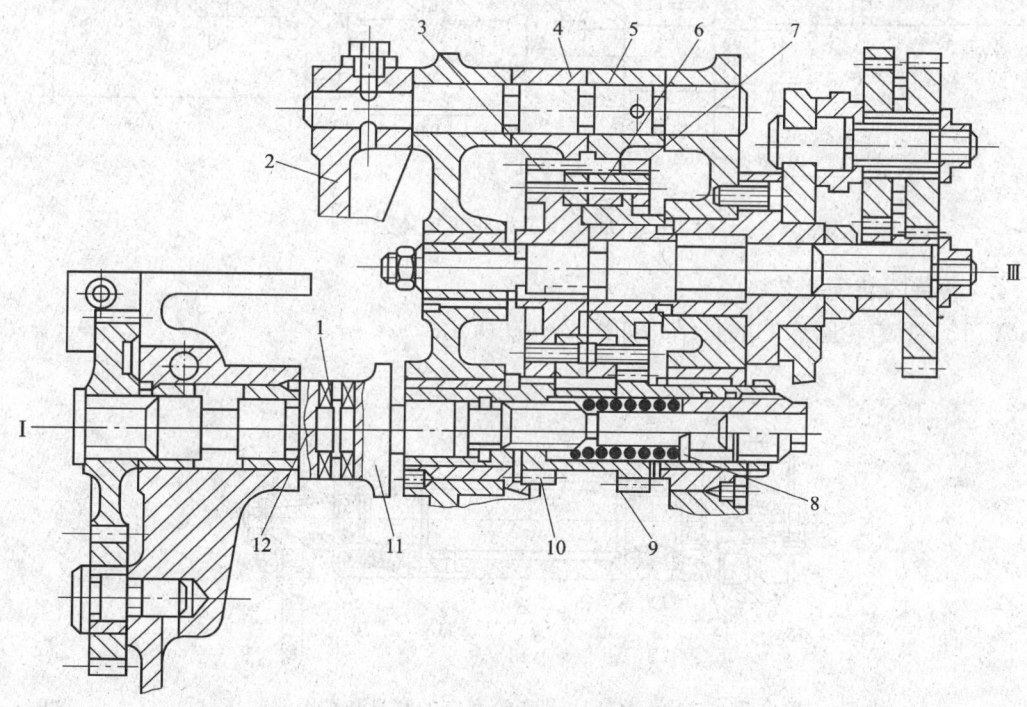

图2—16 分度定位装置

1—滚轮 2—拉杆 3—齿轮5 4—长爪 5—短爪 6—定位盘a 7—齿轮6
8—弹簧2 9—齿轮4 10—齿轮3 11—离合器b 12—离合器a

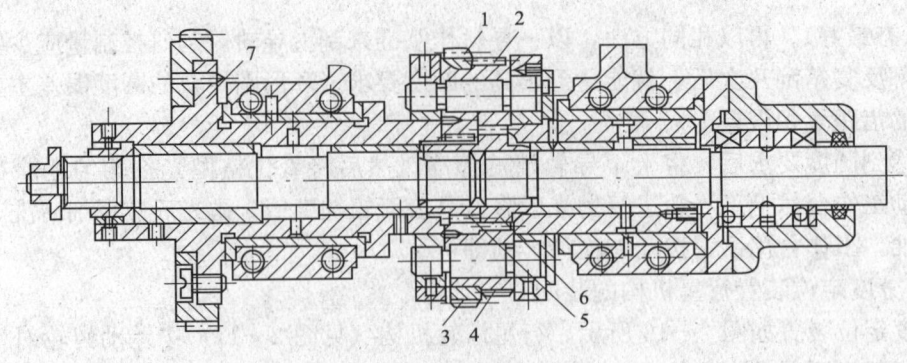

图 2—17 行星齿轮机构

1、2、3、4—差动齿轮 5、6—齿轮 7—连接盘

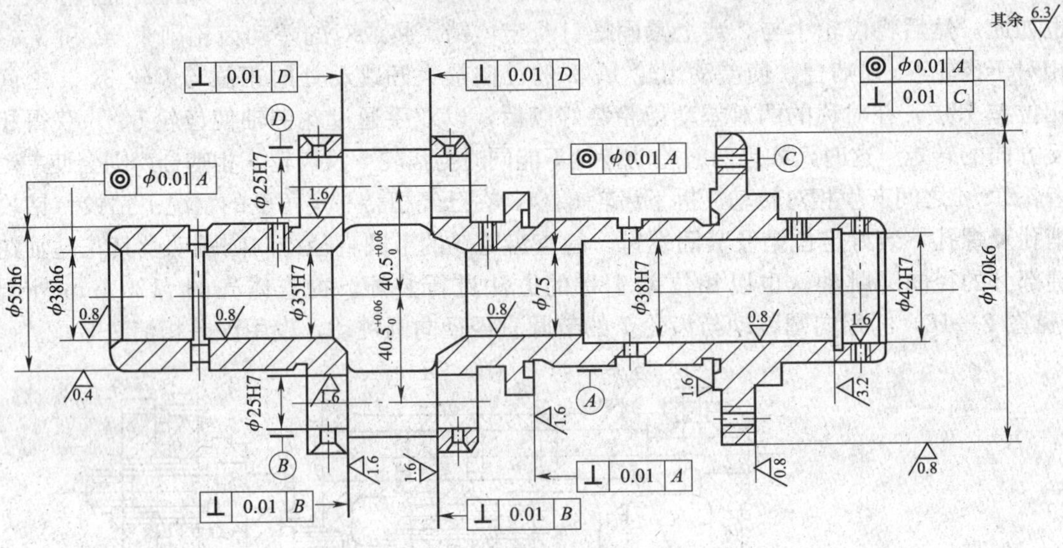

图 2—18 行星齿轮机构体壳

4. 磨具的装配工艺

Y7131 型齿轮磨床的磨具结构如图 2—19 所示。

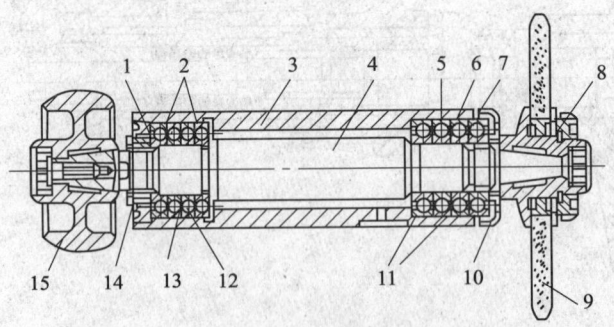

图 2—19 Y7131 型齿轮磨床的磨具装配图

1—后外圈螺母 2—后滚动轴承 3—套筒 4—主轴 5、13—外隔圈 6、12—内隔圈 7—前内环螺母
8—砂轮夹板 9—砂轮 10—螺纹盖 11—前滚动轴承 14—后内环螺母 15—带轮

(1) 轴承的选择和预加载荷的调整。轴承选用 D 级 36207 角接触推力球轴承，按要求选出两只 1 组，共 3 组，并编好组号。检查每只轴承内圈和外圈的径向圆跳动最高点，做好记号。将轴承按组分别进行预加载荷的调整。轴承预加载荷的方法如下：

1) 在外隔圈间隔 120°的 3 个方向分别钻 3 个 $\phi 4$ mm 孔，将轴承按背靠背方向安装，中间垫好内、外隔圈，下部放一内隔圈，上部压大约 150 N 的压重。

2) 用 $\phi 1.5$ mm 左右的钢丝顺次通过各 $\phi 4$ mm 小孔触动内隔圈，检查内、外隔圈在两轴承端面间的阻力，凭手感判断内、外隔圈的阻力应相似，如图 2—20 所示。否则，要加以调整，即将阻力大的一只隔圈用研磨方法加以修正。

(2) 磨具的装配与调整。以误差相消法来减少或抵消轴承圈偏心对主轴回转精度的影响。

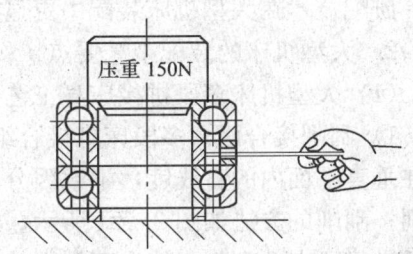

图 2—20 轴承的预加载荷

1) 将所有轴承内环的径向圆跳动最高点与主轴装砂轮端的轴颈径向圆跳动的最低点处在同一直线方向上对准。同时，所有轴承外环的径向圆跳动最高点也应在套筒孔内对准成一直线。

2) 主轴、套筒以及轴承等零件仔细清洗后，按上述误差相消法的安装方向装入主轴，用汽油仔细清洗，在轴承内涂以润滑脂（以锂基润滑脂或 3 号白色特种润滑脂为好），推入套筒，再装后一组轴承及螺母等零件。

3) 装好后分别测量前后两锥部的径向圆跳动。研磨螺纹端盖，使主轴装配精度达到以下要求：装砂轮端的主轴锥面径向圆跳动小于 0.003 mm；主轴的轴向窜动小于 0.002 mm。总装后，用手旋转主轴时应感觉均匀无阻滞。空运转试验要求 2 h 轴承温升不应超过 15℃，且不应有不正常噪声。

二、大型设备的装配

1. 大型机床结构特点和主要性能要点

大型机床按其导轨主运动，即工件的运动方式不同，可分为：

(1) 直线运动导轨副的机床（如龙门刨床、龙门铣床、卧式车床等）。此类机床的床身多为多段拼装连接而成，且导轨副一般为 V 形，特点是导轨长，面积大，安装精度要求高，刚度差，热变形大，是装配中要把握的关键部件之一。

(2) 回转运动导轨副机床（如立式车床和滚齿机等）。此类机床的床身具有环形导轨的形式或装有滑动轴承的环形平面——V 形导轨。这类机床的主运动（即工作台的回转）精度，取决于定心主轴轴承的配合精度、环形导轨体的几何精度以及回转轴线与环形导轨的相关精度。

(3) 移置式运动的机床（如落地镗床、坐标镗床、钻床等）。此类机床在加工过程中，工件一般不做相对的主进给运动（对刀具而言），进给主要由刀具系统的运动实现，但是要求工件有很高的位置定位精度。其结构较为复杂，各部件的动、静刚度均直接影响被加工工件的精度。

机械制造业中大型机床一般是小批量生产的。这类设备的制造工艺技术复杂，特别是大型机床导轨的加工，由于缺乏规格更大的工作母机加工或因工装、装夹、刀具等多种原因，大多数采用人工刮研的工艺方法。在刮研过程中，因需多次合研配刮导轨副，所以要进行频繁的拆装、反吊、校验找正工作，因而消耗了大量的装配辅助时间。因此，研配技术在大型机床装配中更显重要。

2. 大型机床的装配工艺要点

(1) 大型机床多段拼接床身工艺要点

1) 刮削接合面。多段床身接合组成的床身整体，为保证连接后的床身整体导轨全长在垂直平面内的直线度，不致因分段装配产生过大的累积误差，应对接合面进行修整刮削。刮削的方法如图 2—21 所示。将床身的接合面 6 用枕木 4 适当垫高，将平板 5 吊起后进行研点并刮削。接合面刮削端垫高的目的是使接合面略有倾斜，研点时可减小对平板施加的推力，同时也使刮削比较方便。

刮削精度要求：对导轨面 1、2、3 垂直度为 0.03 mm/1 000 mm，接触点为 4 点/(25 mm×25 mm)。

在刮削另一段床身的接合面时，其垂直度误差方向应相反，以使这两段导轨彼此连接后，导轨的直线性趋向一致。图 2—22 所示为刮削后垂直度的检查方法。

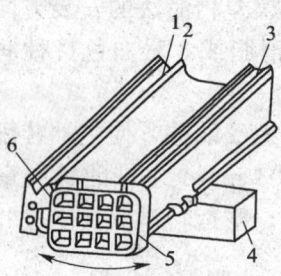

图 2—21 接合面的刮削
1、2、3—导轨面 4—枕木
5—平板 6—床身接合面

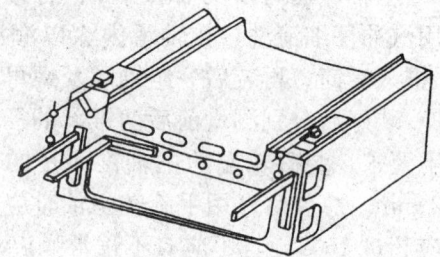

图 2—22 接合面与导轨垂直度的检查

2) 床身的拼接。床身各段刮削完毕进行拼接时，由于吊装后接合面处总会有较大的缝隙，此时不允许直接用螺钉强行拉拢并紧固，以免因床身局部受力过大而变形或损坏。应在床身的另一端，用千斤顶等工具使其逐渐推动拼合，然后再用螺钉紧固。连接时要检查相连床身导轨的一致性，检查方法如图 2—23 所示。用千分表对导轨面上的接头进行找正，保证接头处的平滑过渡。导轨拼接并用螺钉紧固后，接合面处一般用 0.04 mm 厚度的塞尺检查不允许通过。最后铰定位销孔，配装定位销。

3) 刮削 V 形导轨面。刮削前先要自由调平床身的安装水平到最小误差。在自由状态下，对床身进行粗刮和半精刮，然后均匀紧固地脚螺钉，并保持半精刮后的精度不变，再精刮床身至规定要求。由于使用的 V 形研具不是很长，在刮削过程中应注意随时控制 V 形导轨的扭曲。

4) 刮削平导轨。用较长的平尺进行研点，刮削时既要保证直线度的要求，还应控制平面的扭曲（由于平面较宽，容易产生扭曲）。

平导轨刮削的精度要求：在垂直平面内的直线度为 0.02 mm/1 000 mm，单面导轨扭曲度为 0.02 mm/1 000 mm，接触点为 6 点/(25 mm×25 mm)。平导轨对 V 形导轨平行度的检查方法如图 2—24 所示。

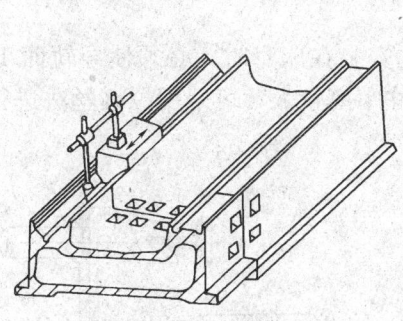
图 2—23 导轨接头处的检查

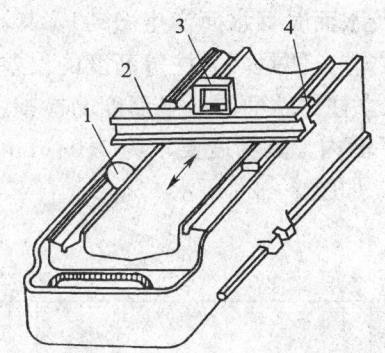
图 2—24 平导轨对 V 形导轨平行度的检查
1—检棒　2—平行平尺　3—框式水平仪
4—检验平尺

5）刮削床身导轨的注意事项。大型机床床身导轨的刮削、调整工序和刮研工序是同时进行的。由于床身是由多段拼接而成，导轨长、结构刚度低、变形情况复杂，只能边刮边调，以确保安装精度。紧固床身时，应该均匀地从床身中间段延伸至两端，顺序进行。床身紧固后，导轨的误差曲线形状，必须与自由调平时保持一致，即在允差范围内。不允许因装配调整过程而引起的床身变形产生新的误差。因此，在部装和总装中要进行多项反复的调整，对所获得的导轨精度误差曲线进行分析，排除装配误差，以达到机床装配技术要求中的各项精度指标。

(2) 大型机床立柱的安装工艺要点

1）双立柱顶面等高度的检查。例如龙门刨床、龙门立式车床等双立柱安装时，左、右立柱顶面的等高度要求为 0.1 mm。由于尺寸较大，一般测量方法难以实施，测量可采用如图 2—25 所示的方法进行。

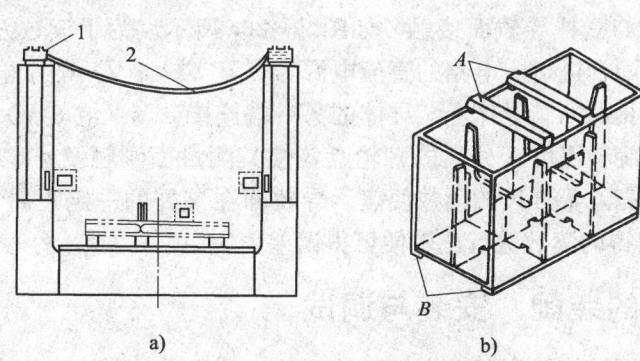
图 2—25 双立柱顶面等高的检查
1—水箱　2—软管

先按图 2—25b 所示制作两只等高水箱，A、B 两面的平面度要求为 0.01 mm，两只水箱的等高度为 0.03 mm。将两只等高水箱分别置于两立柱顶面，箱内盛适量的水，用软管 2 将两水箱连通。这样，两水箱的水位便保持同一高度，如图 2—25a 所示。然后将深度千分尺的工作面靠在水箱顶部的 A 面上，逐渐旋转千分尺测量杆，当测量杆端面刚触及水面时（水面产生微动），其读数便是 A 面至水面的距离。左、右立柱上测得的读数之差，便是两立柱等高度的误差。

2) 双立柱导轨面同一平面度的检查。左、右立柱安装在床身时，必须使导轨面 1、2 在同一平面内，其精度要求为 0.04 mm。由于两立柱距离较大，可采用拉钢丝法进行测量检查，如图 2—26 所示。

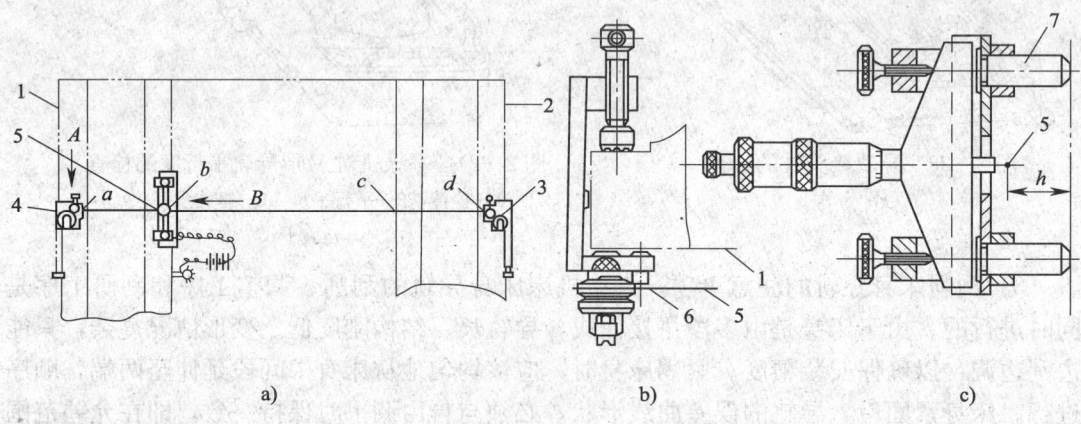

图 2—26 双立柱导轨面同一平面度的检查
1、2—导轨面　3、4—左、右钢丝架　5—钢丝　6—小轴　7—胶木杆

将左、右钢丝架 3、4 分别装夹在左、右立柱的同一高度（近似等高即可），用砝码或重物将 $\phi 0.3$ mm 的钢丝 5 拉直，并使钢丝刚好接触小轴 6 的端面，以保证钢丝两端与立柱导轨面 1、2 等距，如图 2—26b 所示。

用测量装置分别在 a、b、c、d 四处进行测量，根据测得的 4 个读数便可得知两立柱导轨面的同一平面度的误差。测量装置可用深度千分尺（连同附件），利用上面的两根等长的胶木杆 7 与立柱导轨面接触，如图 2—26c 所示。为了读数方便，测量时可利用一低压直流电路配合进行。电路的直流电源为 3 V（或 6 V）的干电池，导线的一端接在与深度千分尺相通的某导体上，导体的另一端连接 3 V（或 6 V）的小灯泡而触及立柱面。测量时，旋转深度千分尺的棘轮盘，使其测量面刚触及 $\phi 0.3$ mm 钢丝时，电路接通，小灯泡发亮。千分尺的读数便表示导轨面在该处的一定距离（不必换算）。将 a、b、c、d 四处测得的读数进行比较便可得误差值。

三、数控机床的装配、安装与调试

数控机床是采用计算机利用数字进行控制的高效能自动化加工机床。在数控机床上加工零件时，需先编写零件加工程序单，将零件的加工程序（用数字代码来描述被加工零件的工艺过程、零件尺寸和工艺参数）输入计算机，经计算机的处理与计算，发出指令，控制机床运动，自动将零件加工出来。零件的粗加工和精加工往往在同一台机床上，一次装夹自动完成整个切削加工过程。进给量的变化是靠伺服电动机和本身变速来实现的。所以，数控机床是一种灵活性极强、高效能的全自动化加工机床，是今后机床控制的发展方向。

1. 数控机床的装配

数控机床机械部分的装配与常规机床有许多共同点。由于大量采用电气控制，箱体结构简单，齿轮、轴承和轴类零件数量大为减少，甚至不用齿轮，而是由电动机直接带动主轴或进给滚珠丝杠，机械结构大为简化。下面仅就数控机床进给驱动系统中常用的无间隙传动装置和元件的装配作简要的说明。

(1) 滚珠丝杠副的装配。滚珠丝杠副与滑动丝杠副比较，摩擦损失小、效率高、寿命长、精度高、使用温度低、启动转矩和运动转矩相近，可以减小电动机启动力矩及运动的颤动。因此，目前普遍用于数控机床及其他精密机床的传动机构中。滚珠丝杠副的结构形式很多，主要区别在于螺纹滚道型面形状和循环方向以及消除轴向间隙的调整预紧方法三方面。

1) 型面形状。常见的螺纹滚道型面形状有单圆弧和双圆弧两种，如图2—27所示。

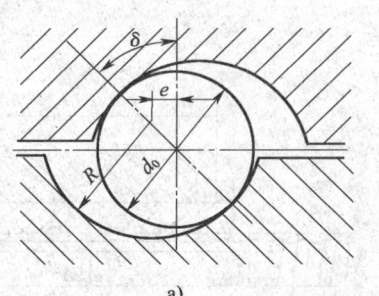 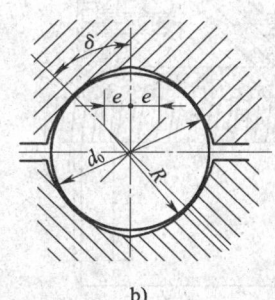

a) b)

图2—27 滚道型面形状
a) 单圆弧 b) 双圆弧

2) 滚珠循环方式。按滚珠在整个循环过程中与丝杠表面接触情况，滚珠的循环方式可分为外循环和内循环。

3) 消除轴向间隙和调整预紧的方法。其原理同普通丝杠螺母传动。但滚珠螺旋传动精度更高，要求用微调来达到准确的间隙或过盈。常用的调整预紧方法有下列几种：

①垫片调隙式（见图2—28）。调整垫片的厚度Δ，可使螺母产生轴向移动，以达到轴向间隙的消除和预紧目的。这种方法的优点是结构简单、可靠性高、刚度好。缺点是精确调整比较困难。

②螺纹调隙式（见图2—29）。旋转两个圆螺母2就可调整轴向间隙和预紧。这种方法的优点是结构简单、工作可靠、调整方便。缺点是不很精确。

③齿差调隙式（见图2—30）。螺母分别与内齿轮（它们是两个相差一齿的内齿轮）相连，将两个螺母相对螺母座同方向转动一定的齿数，然后把内齿轮复位固定。此时，两个螺母之间产生相应的轴向位移，因而可达到调整的目的。这种方法的特点是调整精

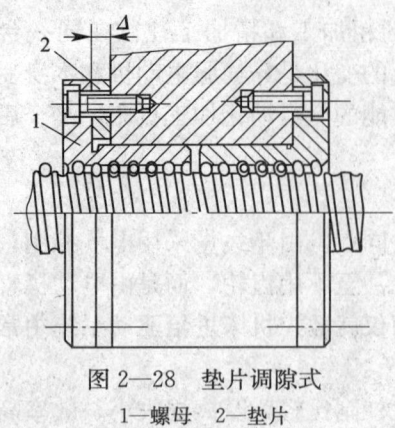

图 2—28 垫片调隙式
1—螺母 2—垫片

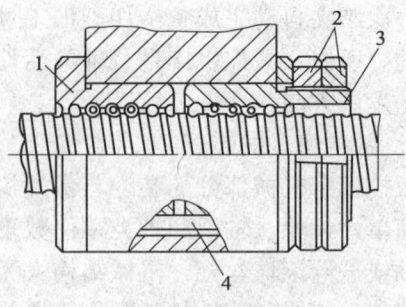

图 2—29 螺纹调隙式
1、3—螺母 2—圆螺母 4—键

度很高，但结构复杂，加工工艺性和装配性能较差。

④辅助套筒调整方法。采用辅助套筒调整时，先将螺母退到丝杠右端辅助套筒上，将两个螺母沿轴向拉出，同向转过数齿后，推入螺母座。使内外齿轮啮合，将螺母和螺母座一起旋回丝杠螺纹滚道中，如图 2—31 所示。若仍有间隙，须重新调整，直至合适为止。

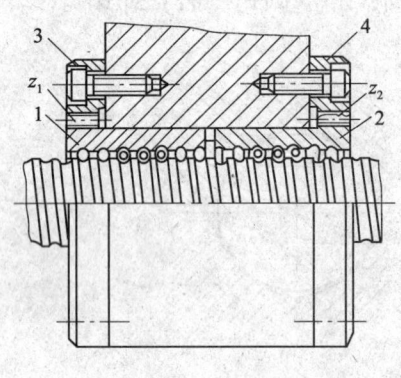

图 2—30 齿差调隙式
1、2—螺母 3、4—内齿轮

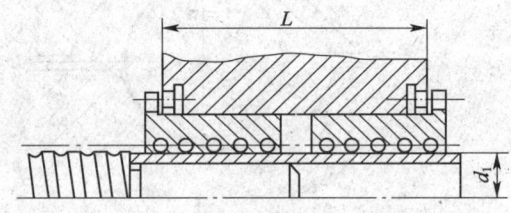

图 2—31 采用辅助套筒调整

(2) 齿轮副的装配。为了保证传动精度，数控机床上使用的齿轮精度等级都较普通机床高，传动结构要能达到无间隙传动。齿轮与轴的键连接也应是过盈配合。下面介绍几种常用的消除传动间隙的结构。图 2—32a 所示为直齿正齿轮传动，利用双片齿轮在圆周方向加弹簧力，使之相互错开以消除间隙，但因弹簧力限制，一般只适用于传递小转矩的场合。图 2—32b 所示为斜齿双片齿轮传动，图中左半齿轮和花键轴固定，右半片斜齿在弹簧力作用下可沿轴向移动，以消除齿隙，这种结构最为常用。图 2—32c 所示为移动轴距消除齿隙的方法。此外，还有利用偏心消除齿隙的方法。圆锥齿轮也可按同样原理消除齿隙，如图 2—33 所示。图 2—34 所示为齿轮、齿条消除传动间隙的例子，图中齿条 7 与齿轮 1、6 同时啮合，由预紧装置 4 在齿轮 3 上加预载，使齿轮 2、5 及其同轴固定的齿轮 1、6 分别按图示箭头方向转动，从而使齿轮 1、6 与齿条左右齿面张紧。伺服电动机可直接与齿轮 3 连接。

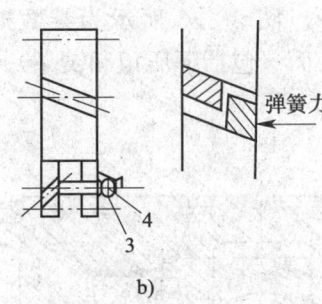
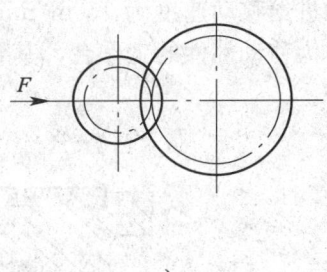

图 2—32 有预紧力的齿轮传动装置
1、2—齿轮 3—弹簧 4—花键轴

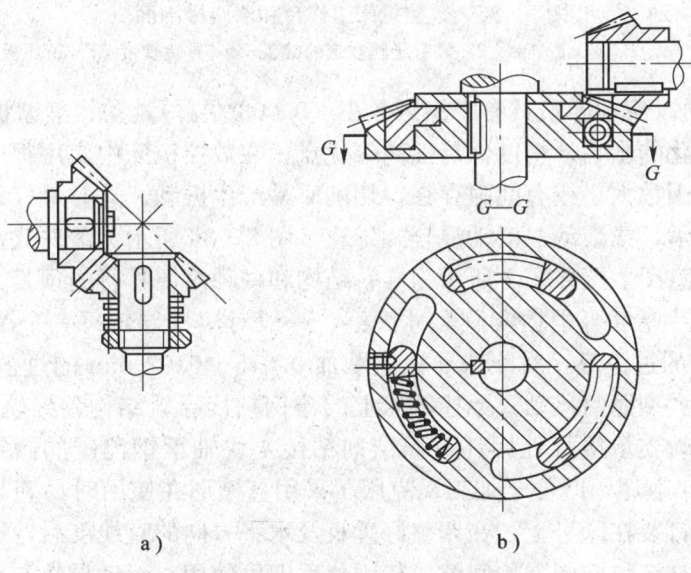

图 2—33 圆锥齿轮消除间隙结构
a) 轴向弹簧调隙法 b) 周向弹簧调隙法

（3）低摩擦因数的导轨。机床导轨是机床基本结构要素之一。机床的加工精度和使用寿命很大程度上决定于机床导轨的质量，对数控机床导轨则有更高要求：高速进给时不振动，低速进给时不"爬行"，有高的灵敏度，能在重负载下长期连续工作，耐磨性要高，精度保持性要好等。现代数控机床使用的导轨，从类型来说虽仍是滑动导轨、滚动导轨和静压导轨 3 种，但在材料和结构上产生了"质"的变化，已不同于普通机床的导轨。

1）聚四氟乙烯导轨软带。采用聚四氟乙烯导轨软带粘贴机床导轨面，具有摩擦特性、

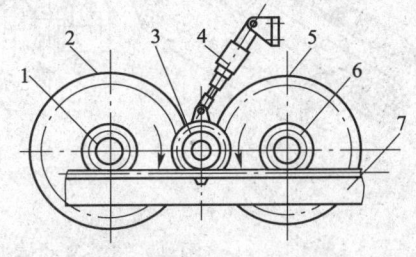

图 2—34 齿轮、齿条传动的齿隙消除法
1、2、3、5、6—齿轮 4—预紧装置 7—齿条

耐磨性、减振性、工艺性都较好的特点，它广泛应用于中、小型数控机床的运动导轨。常用的进给移动速度为 15 m/min 以下。图 2—35 所示为某数控机床工作台的横剖面图，作为移动部件的工作台，其导轨各面（包括下压板和镶条）都粘贴有聚四氟乙烯导轨软带。

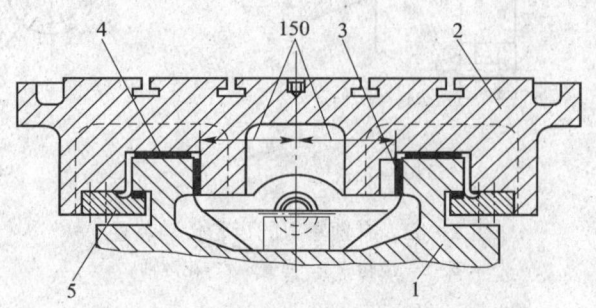

图 2—35　数控机床工作台和滑座横剖面
1—床身　2—工作台　3—贴有导轨软带的镶条　4—导轨软带　5—下压板

2）滚动导轨。滚动导轨具有摩擦因数小（0.003 左右），动、静摩擦差小，且几乎不受滑动速度变化的影响，精度保持性高等优点，在数控机床中应用很广。但在控制系统中若导轨摩擦因数太小或有间隙存在，切削时易产生振动。这时最好采用成对配置有预紧力的滚动支承，或滚动—滑动混合式导轨。图 2—36 所示为滚珠式及滚柱式的滚动导轨支承结构示意图。图 2—37 所示为导轨结构和一种简便易行的预紧方法。图 2—37a 中的预紧调整垫片厚度可根据实测尺寸配磨，一般对滚柱导轨每一个滚柱导轨支承加 0.02～0.03 mm 的过盈量，对滚珠导轨支承加 0.015～0.02 mm 的过盈量。图 2—37b 所示是一种用于大型龙门移动式数控铣床上的镶钢粘接导轨结构，导轨基体用 45 钢制成，在与滚动导轨支承接触处用环氧黏结剂粘接 4 块轴承钢淬硬的镶钢片 A、B、C、D。这种钢片有小燕尾，既便于加工又克服了采用直槽形在使用时易翘起的缺点。整个导轨加工后用螺钉装在床身上，在调整好垂直及水平方向的直线度后，用有填充剂的环氧树脂填满导轨与定位键周围的间隙，待固化后即可使用。滚动导轨制造较容易，并能获得很高的直线性精度，特别适用于大型高精度数控机床。

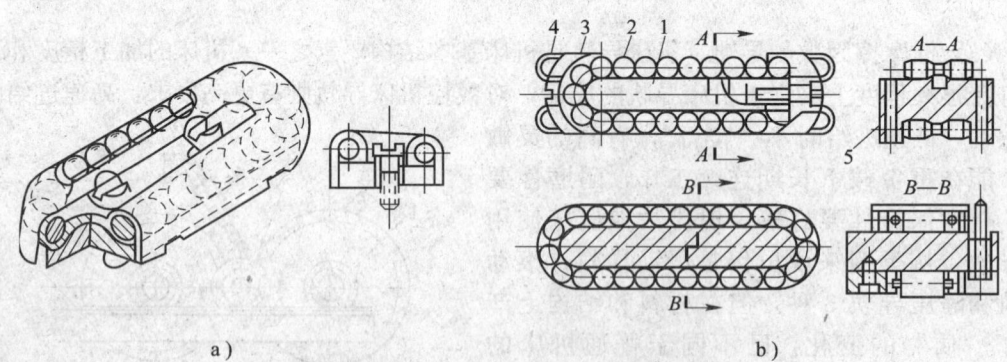

图 2—36　滚动体循环式滚动导轨（滚动导轨支承）
a）滚珠式　b）滚柱式
1—支承体　2—滚柱　3—返回滚道　4—防护板　5—保持架

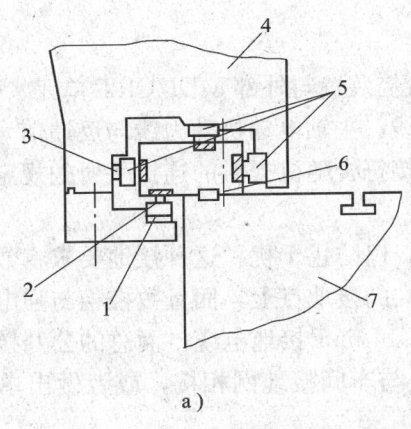 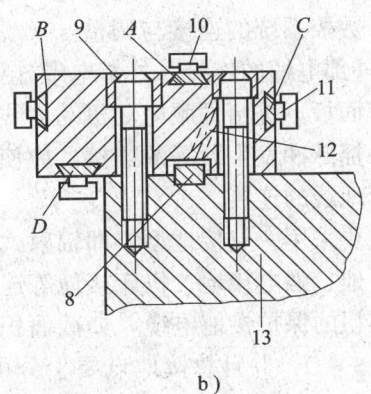

图 2—37 镶钢粘接导轨结构及应用
a) 用垫片法预紧导轨支承 b) 矩形镶钢粘接接长导轨
1、3—预紧调整垫片 2—滚珠导轨支承 4—立柱 5—滚柱导轨支承 6—镶钢片粘接导轨 7、13—床身
8—定位键 9—环氧胶 10—滚柱导轨支承 11—镶钢片 12—灌胶孔

2. 数控机床的安装与调试

数控机床的安装调试是指机床交给用户后安装到工作场地，直到正常工作这一阶段的工作。对于小型数控机床，这项工作比较简单，而大中型数控机床由于机床厂发货时已将机床解体成几个部分，到用户后要进行重新组装和重新调试，工作较为复杂。

（1）机床初就位。用户在机床到达之前应按机床厂提供的机床基础图做好机床的基础，在要安装地脚螺栓的部位做好预留孔。机床拆箱后，先找到随机的文件资料，找出机床的装箱单，按照装箱单清点各包装箱内零部件、电缆、资料等是否齐全。然后，按机床说明书的要求把组成机床的各大部件分别在地基上就位。就位时，垫铁、调整垫板和地脚螺栓等也相应对号入座。

（2）机床连接。机床各部件组装前，首先去除安装连接面、导轨和各运动面的防锈涂料，做好各部件的外表清洁工作。

然后按装配图把机床各部件组装成整机，如将立柱、数控柜、电气箱装在床身上，刀库、机械手等装在立柱上，在床身上安装接长床身等。组装时要使用原来的定位销、定位块等定位元件，使安装位置恢复到机床拆卸前的状态，以利于下一步的调整。

部件组装完成后，进行电缆、油管和气管的连接，根据机床说明书中的电气连接图、液压及气动管路连接图，一一对号入座，将各种电线、管路连接好。连接时要特别注意清洁工作和可靠的接触与密封，并要随时检查零部件有无松动与损坏。电缆插上后，一定要拧紧紧固螺钉，保证接触可靠。在油管与气管的连接中要特别防止异物从接口进入管路，造成整个液压或气动系统故障。管路连接时，每个接头都要拧紧，否则试车时，尤其是在大的分油器上如果有一根管子渗漏油，往往需要拆下一批管子，返工的工作量很大。电缆和油管连接完毕后，要做好各管线的就位固定以及防护罩壳的安装，要保证整齐的外观。

（3）数控系统的连接与调整

1）外部电缆的连接。外部电缆连接是指数控装置与外部 MDI/CRT 单元、强电柜、机床操作面板，进给伺服电动机动力线与反馈线，主轴电动机动力线与反馈信号线的连接以及手摇脉冲发生器等的连接。应使这些连接符合随机提供的连接手册的规定。最后还应进行地线的连接。

地线要采用一点接地型，即辐射式接地法，以防止干扰。这种接地要求将数控柜中的信号接地、强电接地、机床接地等连接到公共的接地点上，而且数控柜与强电柜之间应有足够粗的保护接地电缆，如截面积为 5.5～14 mm^2 接地电缆。而总的公共接地电阻要小于 4～7 Ω，并且总接地点要十分可靠，应与车间接地网相接，或者做出单独接地装置。

2）数控系统电源线的连接。应在切断数控柜电源开关的情况下连接数控柜电源变压器一次侧的输入电缆。要检查电源变压器与伺服变压器的绕组抽头连接是否正确。尤其是进口的数控设备与数控机床更要注意这一点，因为他们的电源电压等级与我们不一样，在厂家调整时，没有恢复成所需要电压。

3）设定确认。数控系统内的印制电路板上有许多短路棒来短路的设定点，这项设定已由机床制造厂完成设定，用户只需确认与记录一下。但对于单个购入的数控装置，用户则必须根据需要自行设定。因为数控装置出厂时，是按标准方式设定的，不一定适合于具体用户要求。设定确认的内容随数控系统而定，一般有以下 3 个方面：

①确认控制部分印制电路板上的设定。主要确认主板、ROM 板、连接单元、附加轴控制板以及旋转变压器或感应同步器控制板上的设定。这些设定与机床返回基准点的方法、速度反馈的检测元件、检测调节及分度精度调节等有关。

②确认速度控制单元印制电路板上的设定。在直流速度控制单元和交流速度控制单元上都有许多的设定点，用于选择检测元件的种类、回路增益以及各种报警等。

③确认主轴控制单元印制电路板上的设定。无论是直流还是交流主轴控制单元上，均有一些用以选择主轴电动机电流极限和主轴转数的设定点。但数字式交流主轴控制单元上已用数字设定代替短路棒的设定，故只能在通电时才能进行设定与确认。

4）输入电源电压、频率及相序的确认

①检查确认变压器的容量是否满足控制单元和伺服系统的电能消耗。

②检查电源电压波动范围是否在数控系统允许的范围内。日本的数控系统一般允许电压额定值在 85%～110% 范围内波动，而欧美的一些数控系统要求较高一些，否则要外加交流稳压器。

③对于采用晶闸管控制元件的速度控制单元和主轴控制单元的供电电源，一定要检查相序。在相序不正确情况下，接通电源可能使速度控制单元的输入熔丝烧断，这是由于误导通造成的大电流引起的。

相序检查方法有两种：一种用相序表测量，当相序接法正确时（即与表上的端子标记的相序相同时），相序表按顺时针方向旋转。另一种方法可用示波器测量两相之间的波形，确定各相序。

5) 确认直流电源单元电压输出对地是否短路。各种数控系统内部都有直流稳压电源单元，为系统提供+5 V、±15 V、+24 V等直流电压。因此，在系统通电前，应检查这些电源的负载是否对地有短路现象，可用万能表来确认。

6) 接通数控柜电源。在接通电源之前，为了确保安全，可先将电动机动力线断开。这样，在系统工作时不会引起机床运动。但是，应根据维修说明书的介绍，对速度控制单元做一些必要的设定，不致因断开电机动力线而造成报警。

接通电源之后，首先应该检查数控柜内各风扇是否旋转，以此也确认电源是否接通。

检查各印制电路板上的电压是否正常，各种直流电压是否在允许的范围内波动，一般来说，对+5 V电源的电压要求较高，波动范围在±5%范围内，因为它是供给逻辑电路的。

7) 确认数控系统中各种参数的设定。设定系统参数（包括PC参数）的目的，就是当数控装置与机床相连接时，能使机床具有最佳的工作性能。即使是同一种数控系统，其参数设定也随机而异。随机附带的参数表是机床的重要技术资料，应妥善保管，不得遗失，否则将给机床的维修和恢复性能带来困难。

显示参数的方法随各类数控机床而异，大多数厂家产品可通过按压MDI/CRT单元上的"PARAM"（参数）键来显示已存入系统存储器的参数。显示的参数内容应与机床安装调试完成后的参数表一致。

如果所用的进给和主轴控制是数字式的，那么它的参数设定也是用数字设定参数，而不用短路棒。此时，须根据随机所带的说明书，一一予以确认。

8) 纸带阅读机光电放大器的调整。通常，纸带阅读机出厂前已做了调整，用户不必重新调整。但一旦发现读带信息出错，则需要对放大器输出波形进行检查调整。目前，市场上能见到的纸带阅读机品种较多，其调整方法也稍有差异，一般可按下述步骤进行。

① 准备一条长40 m的测试纸带，即一条有全孔和无孔交错排列的黑色纸带，而不是彩色的，以使波形调整得更准确。将该纸带两端连接，形成环形纸带。

② 把环形测试纸带装入纸带阅读机，将开关设置为手动方式，纸带将会连续走带。

③ 用示波器测量光电放大器印制电路板上的同步孔（纸带中间的一排小孔），检测同步孔端子的波形，并调整同步孔电位器（用RV1或SP表示），使波形ON和OFF时间之比成为6:4。

④ 然后用示波器测量放大器上8个信号孔的检测端子（CH1~CH8）上的波形，并找出其中导通时间最短（即高电平宽度最窄）的波形，且与同步孔进行比较。调整电位器RV2使这两者波形符合要求。至此可以确认为纸带阅读机调整完毕。

9) 确认数控系统与机床侧的接口。现代的数控系统一般都具有自诊断功能，荧光屏CRT画面上可以显示出数控系统与机床接口以及数控系统内部的状态。在带有可编程控制器（PLC）时，可以反映出从NC到PC，从PC到MT（机床）以及MT到PC，从PC到NC的各种信号状态。至于各个信号的含义及相互逻辑关系，随每个PLC的梯形图（即顺序程序）而异。用户可以根据机床厂家提供的梯形图说明书（内含诊断地址表），通过自诊断画面确认数控系统与机床之间的接口信号状态是否正确。

完成上述步骤，可以认为数控系统已经调整完毕，具备了与机床连机通电试车的条件。此时，可以切断数控系统电源，连接电动机的动力线，恢复报警的设定。

（4）通电试车。按机床说明书要求，给机床加润滑油；加满润滑油油箱，润滑点灌注规定的油液和油脂，清洗液压油箱及过滤器，灌入规定标号的液压油。液压油事先要经过过滤，接通外界输入的气源。

机床通电操作可以是一次各部件全面供电，或各部件分别供电，然后再做总供电试验。分别供电比较安全，但时间长。通电后，首先观察有无报警故障，然后用手动方式陆续启动各部件。要检查安全装置是否起作用，能否正常工作，能否达到额定的工作指标。例如启动液压系统时，先判断液压泵电动机转动方向是否正确，液压泵工作后液压管路中是否形成油压，各液压元件是否正常工作，有无异常噪声，各接头有无渗漏，液压系统的冷却装置能否正常工作等。总之，应根据机床说明书资料粗略检查机床主要部件的功能是否正常、齐全，使机床各环节都能操作起来。

然后，调整机床的床身水平，粗调机床的主要几何精度，再调整重新组装的主要运动部件与主机的相对位置，如机械手、刀库与主机换刀位置的调整与校正，APC托盘站与机床工作台交换位置的找正等。这些工作完成后，就可以用快干水泥灌注主机和各附件的地脚螺栓，把各预留孔灌平，等水泥完全凝固以后，就可以进行下一步工作。

在数控系统与机床连机通电试车时，虽然数控系统已经确认，工作正常无任何报警，但为了预防万一，应在接通电源的同时，做好按压急停按钮的准备，以备随时切断电源。例如，伺服系统电动机的反馈信号线接反了或断线，均会出现机床"飞车"现象，这时就需要立即切断电源，检查接线是否正确。在正常情况下，电动机首次通电的瞬时，可能会有微小的转动，但系统的自动漂移补偿动能使电动机轴立即返回。此后，即使电动机再次通电断开，电动机轴也不会转动。可以通过多次通断电源或按急停按钮的操作，来观察电动机是否会转动，从而也确认系统是否有自动漂移补偿功能。

在检查机床各轴的运动情况时，应用手动连续进给移动各轴，通过CRT或DPL（数字显示器）的显示值检查机床部件移动方向是否正确。如果方向相反，则应将电动机动力线及检测信号线反接。然后检查各轴移动距离是否与移动指令相符。如不符，应检查有关指令、反馈参数以及位置环增益等参数设定是否正确。

随后，再用手轮进给，以低速移动各轴，并使它们碰到超程限位开关，用以检查超程限位是否有效，数控系统是否在超程时发出报警。

最后，还应进行一次返回基准点动作。机床基准点是以后机床进行加工的程序基准位置。因此，必须检查有无返回基准点功能，以及每次返回基准点的位置是否完全一致。

(5) 机床精度和功能的测试。在已经固化的地基上用地脚螺栓和垫铁精调机床主床身的水平，找正水平后，移动床身上的各运动部件（立柱、溜板和工作台等），观察各坐标全行程内机床水平的变化情况，并相应地调整机床几何精度，使之在允许范围之内。使用的检测工具有精密水平仪、标准方尺、平尺、平行光管等。在调整时，主要以调整垫铁为主，必要时可稍微改变导轨上的镶条和预紧滚轮等。一般来说，只要机床质量稳定，通过上述调整可将机床调整到出厂时的精度。

让机床自动运动到刀具交换位置（可用 G28 Y0 Z0 或 G30 Y0 Z0 等程序），用手动方式调整装刀机械手和卸刀机械手相对主轴的位置。在调整中采用一个校对心轴进行检测，有误差时可调整机械手的行程，移动机械手支座和刀库位置等，必要时还可以修改换刀位置点的设定（改变数控系统内的参数设定）。调整完毕后，紧固各调整螺钉及刀库地脚螺钉，然后装上几把接近规定允许重量的刀柄，进行多次从刀库到主轴的往复自动交换，要求动作准确无误，不撞击，不掉刀。

带 APC 交换工作台的机床要把工作台运动到交换位置，调整托盘站与交换台面的相对位置，达到工作台自动变换时动作平稳、可靠、正确。然后在工作台面上装上 70%～80% 的允许负载，进行多次自动交换动作，达到正确无误后，紧固各有关螺钉。

仔细检查数控系统和 PLC 装置中参数设定值是否符合随机资料中规定数据，然后试验各主要操作动作、安全措施、常用指令执行情况等。例如，各种运行方式（手动、点动、MDI、自动方式等）、主轴挂挡指令、各级转速指令等是否正确无误。

检查辅助功能及附件的工作情况，例如机床的照明灯、切削防护罩和各种护板是否完整；向切削液箱中加满切削液，试验喷管是否能正常喷出切削液；在用切削防护罩的情况下切削液是否外漏；排屑器能否正常工作；机床主轴的恒温油箱能否起作用等。

(6) 试运行。数控机床安装完毕后，要求整机在带一定负载条件下，经过一段较长的时间的自动运行，较全面地检查机床功能及工作可靠性。运行时间尚无统一规定，一般采用每天运行 8 h 连续运行 2～3 天或 24 h 连续运行 1～2 天。这个过程称做安装后的试运行。试运行中采用的程序叫做考机程序，可以直接采用机床厂调试时用的考机程序或自行编制一个程序。考机程序应包括：主要数控系统的功能使用，自动更换、取用刀库中 2/3 的刀具，主轴的最高、最低及常用的转速，快速和常用的进给速度，工作台面的自动交换，主机 M 指令的使用等。试运行时，机床刀库上应插满刀柄，取用刀柄重量应接近规定重量，交换工作台面上也应加上负载。在试运行时间内，除操作失误引起的故障以外，不允许机床有故障出现，否则表明机床安装调试存在问题。

对于机电一体化设计的小型机床，它的整体刚度很好，对地基没有什么特殊要求，而且机床到安装地之后，也不必再去组装或进行任何的连接，一般来说，只要接通电源，调整好床身的水平后，就可以投入使用。

单元考核要点

考核类别	考核范围	考核点	重要程度
理论知识鉴定考核要点	刮削	V形导轨与平面导轨副的刮削	★★★
		环形导轨的刮削	★★
	研磨	V形槽的研磨	★★
		圆弧面的研磨	★★★
		钢球的研磨	★★★
	装配与调整	机床的特点、磨齿过程及传动系统	★★★
		分度定位装置行星机构的装配	★★
		磨具的装配工艺	★★★
		大型机床结构特点和主要性能要点	★★★
		大型机床的装配工艺要点	★★★
		滚珠丝杠副的装配工艺	★★
		齿轮副的装配工艺	★★★
		低摩擦因数的导轨工艺	★★
操作技能鉴定考核要点	刮削	掌握特殊导轨的刮削方法	★★
	研磨	掌握特殊型面的研磨方法	★★
	装配与调整	掌握大型设备及数控设备的典型部件的装配工艺和数控机床的安装调试方法	★★★

单元测试题

一、填空题（请将正确的答案填在横线空白处）

1. V形导轨与_____的组合，是机床导轨中应用较广泛的一种。
2. 环形导轨用于立式车床或立式磨床，它的截面有_____和_____等。
3. 环形导轨的刮削，可用与它配合的_____来进行配磨显点。
4. 一些精度要求比较高的工件，如V形槽导轨、测量头和钢球等，大都要通过_____来补偿预加工不足的精度。
5. 在一般情况下，对钢球只做提高_____的研磨。

6. 齿轮磨床是齿轮精加工机床，又称_____。
7. Y7131型磨齿机是采用_____砂轮来磨齿的。
8. 磨具的装配与调整以_____来减少或抵消轴承圈偏心对主轴回转精度的影响。
9. 数控机床是采用计算机利用数字进行控制的高效能_____加工机床。
10. 为了保证传动精度，数控机床上使用的齿轮精度等级都较普通机床高，传动结构要能达到_____传动。

二、单项选择题（下列每题的选项中，只有1个是正确的，请将其代号填在横线空白处）

1. V形导轨的直线度存在着垂直面内和水平面内_____种不同的误差。
   A. 2   B. 3   C. 4   D. 5
2. 滚珠丝杠副与滑动丝杠副比较，摩擦损失小、效率高、寿命长、精度高、使用_____低、启动转矩和运动转矩相近，可以减小电动机启动力矩及运动的颤动。
   A. 次数   B. 转速   C. 寿命   D. 温度
3. 螺纹调隙式是通过旋转_____，就可调整轴向间隙和预紧。
   A. 丝杠   B. 螺母   C. 丝杠和螺母   D. 丝杠或螺母
4. 研磨V形槽平面时，因为研具不容易掌握平稳，往往出现_____。
   A. 凹陷   B. 波纹   C. 凸起   D. 倾斜
5. 数控机床安装完毕后，要求整机在带_____条件下，经过一段较长的时间的自动运行，较全面检查机床功能及工作可靠性。
   A. 一定负载   B. 空载荷
   C. 大载荷   D. 小载荷

三、判断题（下列判断正确的请打"√"，错误的打"×"）

1. 刮削V形导轨时，无须判断出导轨哪段该重刮，哪段该轻刮，见点就刮。（　　）
2. 刮削环形导轨时，要根据百分表所测得的读数来修正导轨的误差位置，才能使配合的环形导轨同时达到显点和垂直位置的要求。（　　）
3. 研磨V形槽必须在平板上做遍及板面的研磨运动。（　　）
4. 在同一批钢球中，其直径不可能完全一致，在放入沟槽研磨前，必须用精确量具按大小进行分选。（　　）
5. Y7131型磨齿机磨齿时，每磨一个齿槽两侧面的齿形，工件来回循环两次，在每一个单向行程中，砂轮是单面磨削的，所以磨齿效率较低。（　　）

四、简答题

1. 刮削环形导轨时的注意事项有哪些？
2. 简述V形槽研磨的方法。
3. 简述齿轮磨床磨具的装配与调整中，以误差相消法来减少或抵消轴承圈偏心对主轴回转精度的影响的方法。
4. 简述大型机床多段拼接床身工艺要点。
5. 滚珠螺旋传动常用的调整预紧方法有几种？

五、技能题

【题目】分度装置制件

1. 制件毛坯图样（见图2—38、图2—39）

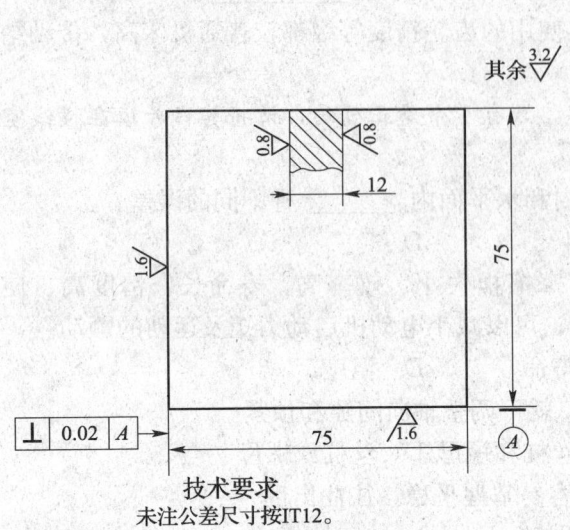
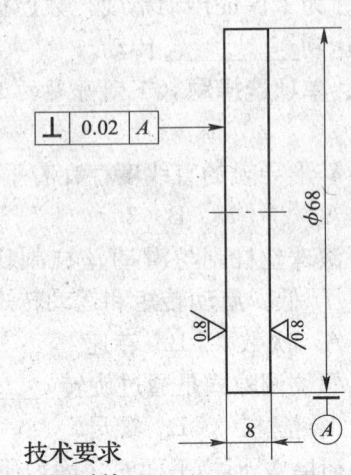

图2—38 分度装置制件毛坯图1　　　　图2—39 分度装置制件毛坯图2

技术要求：未注公差尺寸按IT12。

2. 工、量、刃具清单

序号	名　称	规　格	数量	序号	名　称	规　格	数量
1	游标高度尺	0～300（0.02）mm	1	17	表面粗糙度比较样板		一套
2	游标卡尺	0～150（0.02）mm	1	18	检验心轴	ϕ8h7×60 mm	4
3	千分尺	0～25（0.01）mm	1	19	板锉	250 mm（1号纹）	1
4	千分尺	25～50（0.01）mm	1	20	中板锉	200 mm（2号纹）	1
5	千分尺	50～75（0.01）mm	1	21	中三角锉	150 mm（2号纹）	1
6	万能角度尺	0°～320°（2′）	1	22	细板锉	150 mm（3号纹）	1
7	平板	1级	1	23	整形锉		一套
8	正弦规	100 mm×80 mm	1	24	手锯		1
9	量块	38块	1套	25	划线工具		1套
10	百分表	0～10（0.01）mm	1	26	钻头	ϕ4 mm、ϕ5 mm、ϕ7 mm、ϕ7.8 mm	各1
11	杠杆百分表	0～0.8（0.01）mm	1	27	铰刀	ϕ8H7	1
12	表架		1	28	铰杠	280 mm	1
13	宽座90°角尺	100 mm×63 mm（1级）	1	29	等高V形架		2
14	刀口90°角尺	63 mm×63 mm（1级）	1	30	分度头	FW125	1
15	刀口尺	75 mm	1	31	油石		若干
16	塞尺	0.02～0.5 mm	1				

3. 制件图样（见图2—40至图2—42）

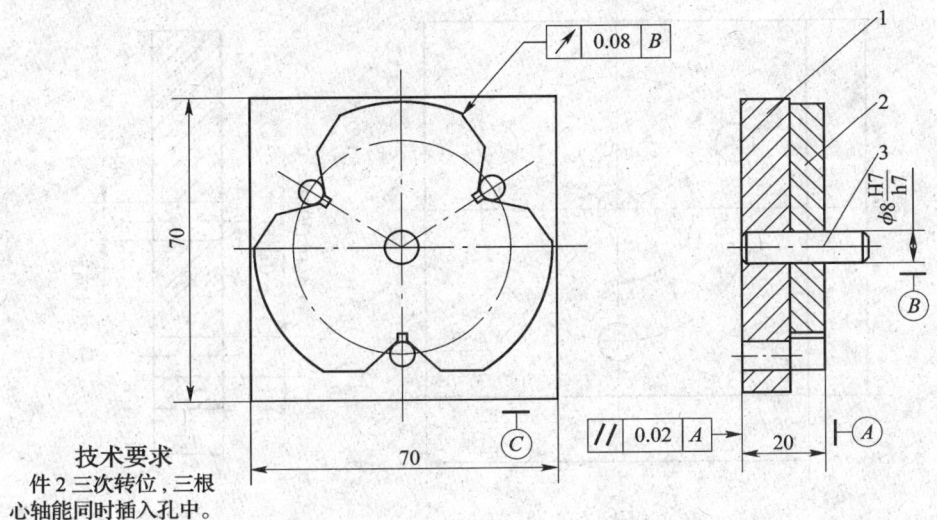

图 2—40 分度装置制件装配图

技术要求
件2三次转位，三根心轴能同时插入孔中。

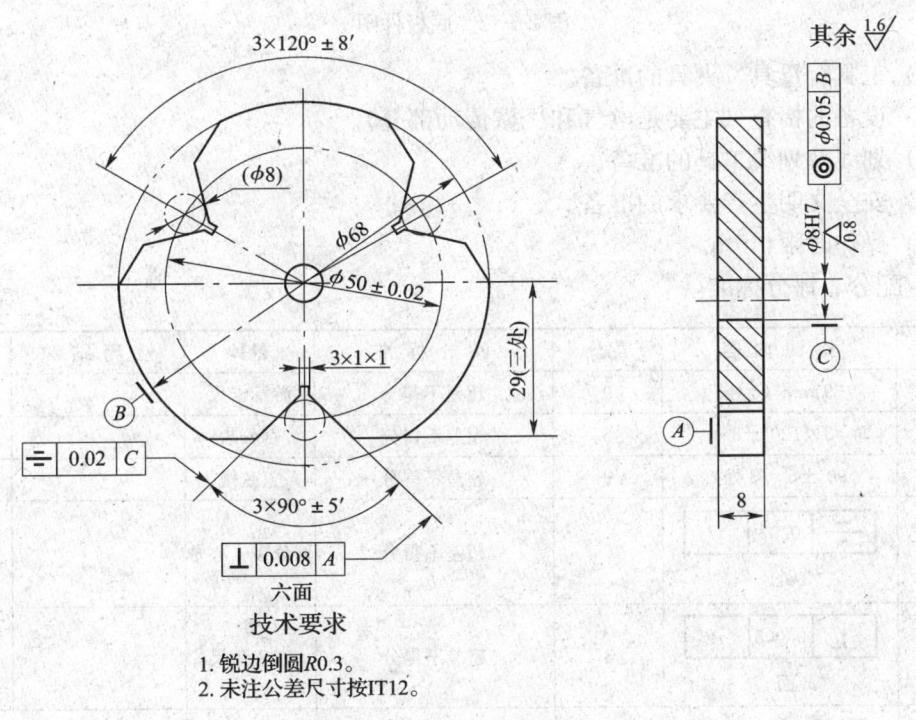

图 2—41 分度盘件图

技术要求
1. 锐边倒圆R0.3。
2. 未注公差尺寸按IT12。

4. 操作要求
(1) 熟悉考件图样。
(2) 检查毛坯是否与考件符合。

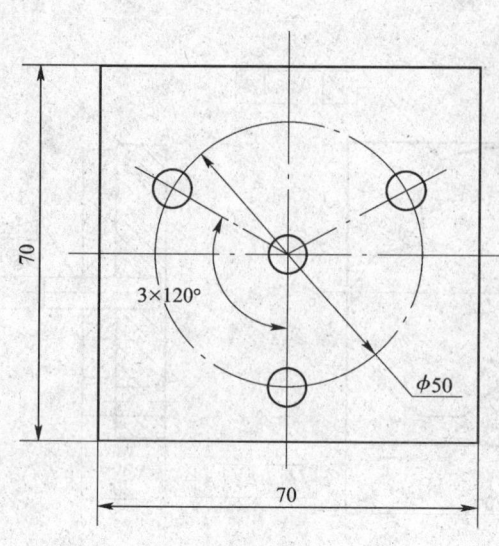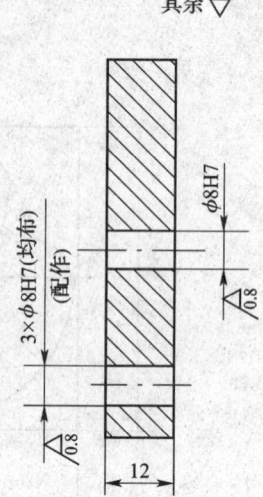

技术要求

1. 锐边倒圆R0.3，孔口倒角C0.5。
2. 未注公差尺寸按IT12。

图 2—42　底板件图

(3) 工具、量具、夹具的准备。
(4) 设备的检查（主要是电气和机械传动部分）。
(5) 划线及划线工具的准备。
(6) 安全文明生产要求的准备。
(7) 操作时限：6 h。

5. 配分、评分标准

序号	检测内容	配分	评分标准	量具	检测结果	扣分
1	29 mm（3处）	9	超差不得分	游标卡尺		
2	3×120°±8′	6	超差不得分	百分表		
3	90°±5′（3处）	9	超差不得分	正弦规		
4	= | 0.02 | C 3处	6	超差不得分	百分表、心轴		
5	⊥ | 0.008 | A 6面	3	超差不得分	宽座角尺		
6	ϕ50 mm±0.02 mm	6	超差不得分	千分尺、心轴		
7	ϕ8H7（4处）	8	超差不得分	心轴		
8	◎ | ϕ0.05 | B 35 mm（2处）	3 4	超差不得分	百分表、心轴 游标卡尺		

续表

序号	检测内容	配分	评分标准	量具	检测结果	扣分
9	∥ 0.02 A	2	超差不得分	百分表		
10	↗ 0.08 B	2	超差不得分	百分表		
11	组合配合（旋转）	24	超差不得分	心轴、杠杆表		
12	$R_a 1.6 \mu m$（9处）	9		目测		
13	$R_a 0.8 \mu m$（2处）	2		目测		
14	安全文明生产	7	设备、工量具使用及操作中的安全要领、工作服的穿戴等	考场记录		

单元测试题答案

一、填空题

1. 平面导轨　2. 平面　V形面　3. 工作台导轨　4. 研磨　5. 几何精度　6. 磨齿机　7. 锥面　8. 误差相消法　9. 自动化　10. 无间隙

二、单项选择题

1. A　2. D　3. B　4. C　5. A

三、判断题

1. ×　2. √　3. ×　4. √　5. ×

四、简答题（略）

五、技能题（略）

第3单元

装配质量检验

- 第一节 高精度测量仪器及其应用 /109
- 第二节 机械振动和零部件的平衡 /127
- 第三节 齿轮磨床空运转试验中的常见故障及排除 /147
- 第四节 坐标镗床加工试件产生不合格项的原因及排除方法 /151

高精度测量仪器的应用，为解决复杂、精密装配中出现的质量问题提供了准确的客观依据和重要的分析手段。本单元讲述的基本几何精度检验及误差评定方法，是进行复杂装配与试验时必要的技术技能。

当然，机器性能和试件的不合格问题，有时也不单纯为几何精度误差所致，如材料、温度、运动介质、积累误差、设计缺陷等，也是导致产品质量下降的因素。需要综合分析，逐一判断和排除，最终找出其原因。

振动与平衡在机械行业的高速、高精度机器装配中尤为重要，某种程度上是产品内在质量的象征，因此，了解振动特性，掌握振动的测量和平衡方法对于解决生产质量问题有着极其重要的作用。本单元还列举了一些精密设备装配试车中常见故障及排除实例，意在使读者通过学习掌握分析装配质量的方法。

随着科学技术的发展，检验手段将会越来越趋向于过程控制以及用微型计算机编程的自动化检测。

第一节 高精度测量仪器及其应用

→ 能够使用电子水平仪、合像水平仪、光学准直仪、激光干涉仪、三坐标测量机进行机械装配维修中基本几何精度的测量

→ 掌握机械加工精度与误差的概念,了解影响加工精度的主要误差因素及其表现形式,能够进行加工误差的分析,了解提高加工精度的主要途径

一、常用精密测量仪器及其应用

1. 电子水平仪

(1) 用途。电子水平仪是将微小的角位移转变为电信号,经放大后由指示仪表读数的一种角度计量仪器。主要用于测量被测面对水平面的倾斜角及制件表面的直线度、平面度,机床导轨的直线度、扭曲度,也可用于检测、调整各种设备的水平安装位置。

(2) 结构。图3—1所示为JDZ-B型指针式电子水平仪。它的分度值有3挡:0.005 mm/1 000 mm、0.01 mm/1 000 mm和0.02 mm/1 000 mm。

指针式电子水平仪主要由用作工作测量面的铸铁底座、电极水准泡式传感器和指示电表三部分构成。

电极水准泡式传感器是由一种直径为14 mm、长度为90 mm左右的玻璃管内壁,压贴4片相互对称的铂电极,并用铂丝引出而制成的。玻璃管内壁经研磨、内灌导电液体且有一定长度的气泡,经烧结而成。

电极水准泡内的4片铂电极为两个活动桥臂、两个固定桥臂,而桥臂组成一个差动交流电桥。其工作原理是:当电极水准泡内的气泡在中间位置时,两对电极间阻抗相等,这时电桥平衡,输出信号近似为零。当气泡向任何一方移动时,电极水准泡阻抗增大或减小,故电桥不平衡,于是有信号输出。

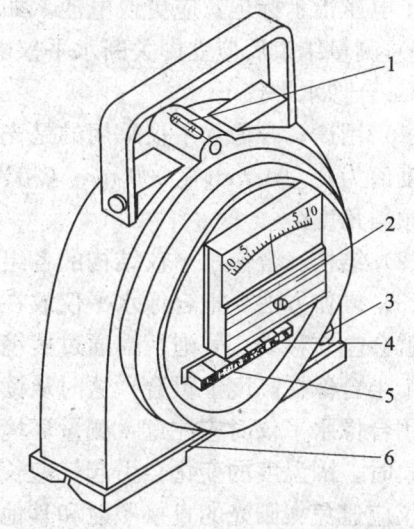

图3—1 JDZ-B型指针式电子水平仪
1—副水准泡 2—电表 3—调零口 4—电源开关
5—分度值选择按钮 6—底座

电子水平仪信号传递如下:

传感器 $\begin{Bmatrix}振荡器\\放大器\end{Bmatrix}$ 相敏检波器→电表

其中振荡器供给传感器工作用的交流信号。传感器是电子水平仪的敏感元件，放大器是将传感器输出的信号放大。相敏检波器是将放大后的信号相敏整流，电表用于读数。

(3) 操作方法

1) 电子水平仪使用时，应先将工作底面上的防锈油擦净，在规定的工作环境中放3 h（不必通电），用后仍涂上防锈油。

2) 测量时将电子水平仪工作面放在已擦净的被测工作面上。根据需要选择分度值挡，然后按下分度值开关和电源开关的"开"键，这时电表应指示出被测工作面的倾斜度。

3) 如测量V形工作面放在其内圆柱面上测量时，需将副水准泡的气泡停在中间位置后，方能在电表上读数。

4) 如发现电子水平仪零点位置不正而需调整时，可将电子水平仪放在水平工作面上（取下调零的孔塞），当电表指示稳定后进行第一次读数。然后将电子水平仪调转180°仍放在原位进行第二次读数。这时可用螺钉旋具来调整偏心调节器，使电表指示在二次读数差的一半，这样反复调整几次，使两次读数的代数和为零。这时则认为零点位置已调整完毕。

5) 电池电压校验方法，是拨动校对开关后观察电表指针是否小于电压指示标记，如小于电压指示标记，应更换电池。如长期不用水平仪，则应将电池取出。

6) 测量结束后应立即关断水平仪电源。

2. 合像水平仪

(1) 用途。合像水平仪采用的是光学系统，从而提高了读数精度。合像水平仪的最小分度值为 0.01 mm/1 000 mm（相当于2″），观察方便，读数准确，适于测量各种微小的倾斜角度。

(2) 结构。合像水平仪结构的各组成部分如图3—2所示。

(3) 操作方法。把合像水平仪放在工件的被测位置上，转动测微螺杆，水准器内的气泡就会左右移动。气泡两端通过棱镜反射到圆形窗口内的两半合像。转动测微螺杆，使两个半合像在高度上重合，这时从读数窗内读取测量值。

用合像水平仪时应注意：测量环境温度变化在测量过程中不宜过大，特别是在测量长导轨时，因温度的变化会引起气泡长度的变化，从而影响测量精度。所以在测量时，水平仪应避免太阳光的直接照射和其他热源的影响。另外，测量时应准确迅速，尽量缩短测量时间。

3. 光学准直仪

(1) 用途。光学准直仪是精密的小角度测量仪器。它主要用于小角度的精密测量，如机床导轨直线度误差的测量、工作台面的平面度误差的测量、多面体的检定，在精密测量和仪器检定中还可作非接触定位。因此，光学准直仪是现场经常使用的仪器之一。

光学准直仪的分度值分为 0.2″、1″、0.005 mm/m、0.025 mm/m。它们的示值误差分别见表3—1和表3—2。

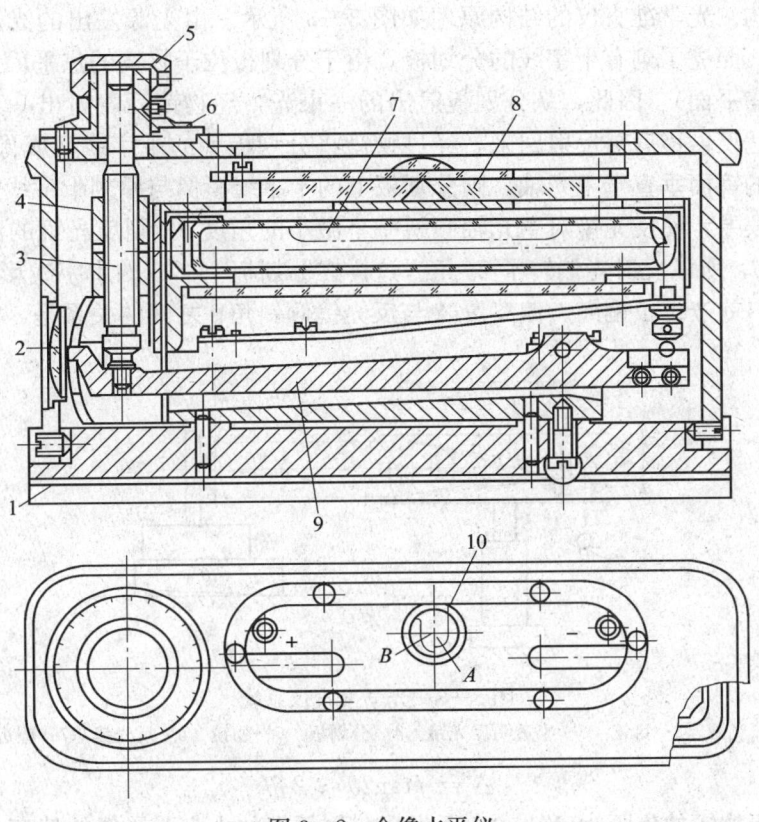

图 3—2 合像水平仪

1—座体 2—横刻度窗 3—测微螺杆 4—螺母 5—调节手柄 6—刻度盘
7—水准器 8—棱镜 9—杠杆架 10—观察窗

表 3—1　　　　分度值为 0.2″和 1″光学准直仪的示值误差

分度值 i (″)		示值误差 (″)	
		任意 1′范围内	10′范围内
0.2	目视	0.5	2
0.2	光电	0.5	2
1	目视	1	2

表 3—2　　　分度值为 0.005 mm/m 和 0.002 5 mm/m 光学准直仪的示值误差

分度值（mm/m）	示值误差（分度）	
	任意 100 分度范围内	1 000 分度范围内
0.005	1.5	5
	任意 100 分度范围内	600 分度范围内
0.002 5	1.5	4

(2) 结构。光学准直仪的结构原理如图 3—3 所示。由光源发出的光,经半透明玻璃板的反射,照亮了刻有十字线的分划板。由于分划板位于物镜的焦平面上(同时也是目镜物体的焦平面),因此,从分划板射出的一束光,经物镜后发射出一束平行光。这束平行光到达反射镜后被反射回来,经过物镜将分划板上的十字线又成像在分划板上。如果反光镜的镜面垂直于主光轴,则分划板上的十字线影像与原刻十字线完全重合。若被测直线有误差,使反光镜对主光轴倾斜一个微小的角度 θ,则反光镜的法线也同时偏转一个角度 θ,所以反射光偏转了 2θ 角。这样在分划板上形成的十字线影像 b,对原有的十字刻线口就产生了偏离。偏离量 Δ 与反光镜倾斜角 θ 之间的关系是

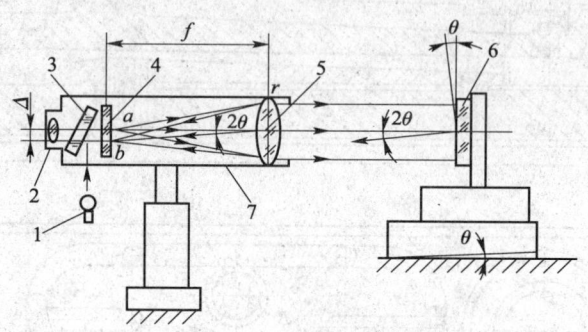

图 3—3 光学准直仪系统
1—光源 2—目镜 3—半透明反光镜 4—分划板 5—物镜 6—反光镜 7—望远镜

$$\Delta = f\tan 2\theta \approx 2f\theta$$

因此,当物镜的焦距为已知时,可根据分划板上的十字线影像的偏离量 Δ,计算出测微目镜读数鼓轮应表示反射镜的倾斜角度值 θ。

(3) 使用方法

1) 根据被测工件的长度选择合适的桥板,将反光镜牢固地放在桥板上,并放在被测工件的一端。

2) 在被测工件的另一端安放一个调整支架,上面安放光学准直仪。

3) 接上电源,调整支架的位置,使光学准直仪的主光轴对准反射镜,观察目镜,使十字线影像出现在视场的中心附近。

4) 再将反光镜(和桥板)移至被测工件的另一端,观察十字线影像是否在视场内,必要时需重新调整。

5) 按"节距法"进行直线度误差的测量。

测微读数目镜座有两个相互垂直的位置,分别测量垂直方向和水平方向的直线度误差,使用时应注意。

光学准直仪是精密的光学仪器,不用时应放在干燥、温度适当、温差小的地方。反光镜和外露镜面要用镜头纸或麂皮擦拭,切忌用手触摸或用棉纱擦拭。

4. 激光干涉仪

(1) 用途。由于激光具有良好的方向性、单色性和能量集中、相干性强等优点,因而用激光作光源,以激光稳定的波长作基准,利用光波干涉计数原理对大尺寸进行精密测量,已经得到了广泛的应用。

(2) 结构

1) 单频激光干涉仪。单频激光干涉仪的测量原理为干涉计数法,即将同一激光器发出的激光光波经分光镜分成两束频率相同的参考光波和测量光波,这两束相干光波分别被固定的参考镜和同一工作台上的测量镜反射,两束光波在分光面重新会合而产生干涉,测量镜随工作台每移动一个半波长,干涉场的信号变化一个周期,相应的被测长度,对应于一定的信号变化次数,通过光电转换和电路处理,求得相应被测长度值。因此,被测长度 L 是以干涉条纹的数目 K 来计量的,即:$L=K\lambda/2$,这是光波干涉测长的基本公式。此公式可以用光波的多普勒效应来解释。

当光波接收装置相对光源做相对运动时,单位时间内接收装置所接收的光波数(即频率 f)与光源实际发出的光波数量(即频率 f_0)随着光源与光波接收装置之间相对速度 v 的不同而改变,这种现象称为光波的多普勒效应。多普勒效应是声、光、电中普遍存在的现象。

设光源固定不动,接收装置以速度 v 趋向于光源,即接收装置迎着光波的传播方向移动,则相当于光波以 $(c+v)$ 的速度射向接收装置,c 为光波的传播速度。因此,单位时间内到达接收装置的光波数(即频率 f)为

$$f = (c+v)/\lambda = (c+v)/(cT)$$

因为 $\quad f_0 = 1/T$

则 $\quad f = f_0(1+v/c) \quad (3-1)$

式(3—1)说明,接收装置接收到的光波频率等于光源发出的光波频率的 $(1+v/c)$ 倍。当接收装置以目标的速度远离光源时,运动速度 v 规定为负值,式(3—1)仍然成立。

如图3—4所示,激光束被分光镜分成两路后,一路从固定不动的参考镜返回,另一路从可动的测量镜返回。当测量镜以速度 v 移动时(不一定是恒速),光波接收装置收到由测量镜返回的光束,由于多普勒效应,其光波频率将发生变化,即

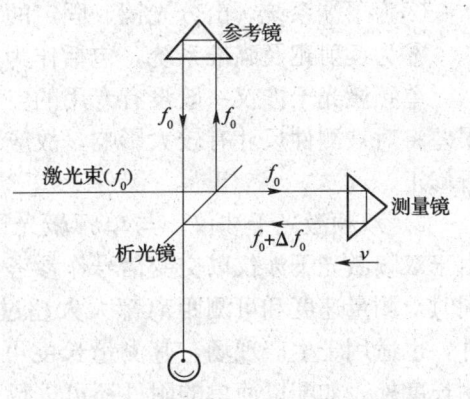

图3—4 激光干涉仪工作原理图

$$f = f_0 + \Delta f = f_0(1+2v/c)$$

所以 $\quad \Delta f = f - f_0 = (2v/c)f_0 \quad (3-2)$

因为激光波长 $\lambda = c/f$,代入式(3—2)得

$$\Delta f = 2v/\lambda \quad (3-3)$$

频率为 f_0 的参考信号与频率为 $(f_0+\Delta f)$ 的测量信号叠加后,发生"拍"的现象(即光波干涉),Δf 就是它的拍频(即单位时间内的干涉次数)。当测量镜静止不动时,拍频为零,干涉场上光强无变化;反之则有亮暗的起伏。设在时间 t 内干涉场上发光强度亮暗变化的次数为 K,则

在时间 t 内,测量镜移动的距离,即被测长度 L,有

$$L = K\lambda/2 \quad (3-4)$$

为了减少激光光源的热辐射、振动等有害因素对其他部分的影响和满足大尺寸测量的需要，仪器设计采用分开式结构，做成以下几个分开的独立部件，如图3—5所示。

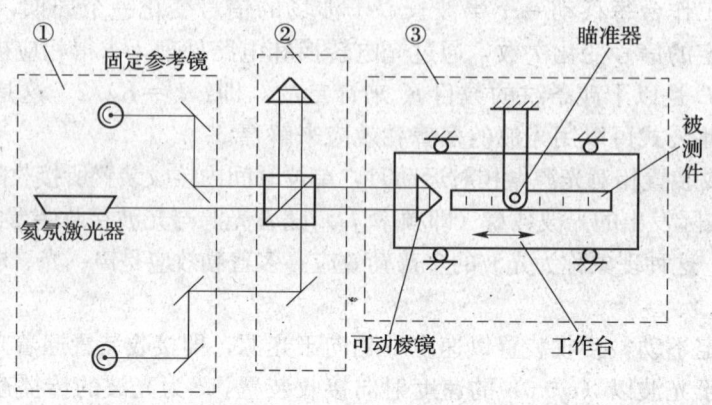

图3—5 单频激光干涉仪的光学系统

①为激光发射和信号接收转换部分，由激光器、光电转换和光路转折元件组成。它除了作干涉光源之外，还对干涉信号进行接收和转换，然后以电信号输出。

②为干涉系统，由分光镜、固定的直角参考棱镜和光路转折元件组成。

③为反射靶及瞄准系统，包括作为反射靶的可动棱镜、工作台的瞄准装置等。

单频激光干涉仪一般没有专用的空气折射率测量装置，由于在大尺寸测量时，温度误差将对被测件尺寸有较大影响，故应对测量环境有一定要求，必要时应对上述影响进行修正。

2) 双频激光干涉仪。与单频激光干涉仪相比，双频激光干涉仪具有更多的优点。由于双频激光干涉仪以交变信号作参考信号，能避免零点漂移，有较强的抗干扰能力，同时，测量速度和可测距离都大大超过单频激光干涉仪。因此，它不仅用于实验室条件，也适用于生产现场，其测量长度可大于60 m。此外，它的使用范围也很广泛，除测长度外，如配以简单的附件还可进行直线度、小角度、平面度误差的测量，以及用来检定三坐标测量机3个运动方向的垂直度误差等，为大型机床、精密机械、船舶和飞机制造等提供了一种大尺寸测量的好方法。

双频激光干涉仪工作原理如下：双频激光干涉仪是将同一激光器发出的光波分成频率不同的两束光波产生干涉而进行测量的，如图3—6所示。

双频激光器1是在小功率全内腔的氦—氖气体激光管上，加上0.03/(300 Gs)的轴向磁场，由于磁场的作用，能发出一束含有两个不同频率的左、右旋圆偏振光，这两部分谱线（f_1、f_2）分布在氖原子谱线f_0的两边，并且对称，如图3—7所示。这种现象称为塞曼效应。此时有$f_2 - f_0 = f_0 - f_1 = 550$ MHz，即$f_1 - f_2 = 1100$ MHz。这样大的频率差是不能形成光波干涉的，但又由于频率牵引效应，能使此两谱线的频率向中心频率f_0靠拢，使f_1、f_2不能偏离中心频率f_0太大。故实际的$f_1 - f_2$约为1.5 MHz。

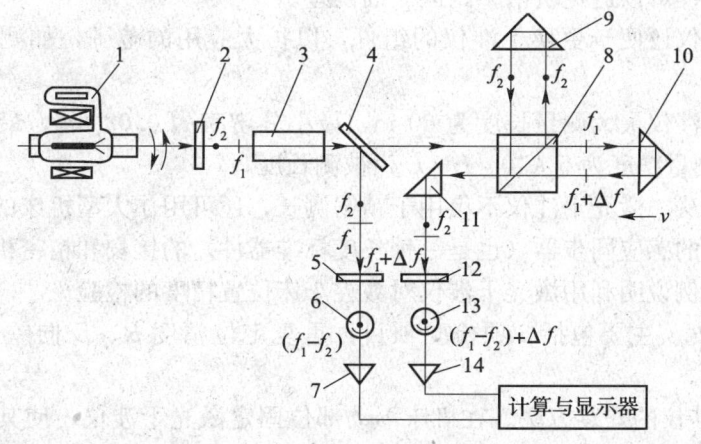

图 3—6 双频激光干涉仪的光学系统
1—双频氦氖激光器 2—波片 3—光束扩展器 4—析光镜 5、12—检偏器 6、13—光电管
7、14—前置放大器 8—偏振析光棱镜 9—参考镜 10—测量镜 11—反射棱镜

双频激光束通过 λ/4 波片 2 后成为两束互相垂直的线偏振光（设 f_1 平行于纸面，f_2 垂直于纸面），经光束扩展器 3 扩束后，双频激光束被析光镜 4 分为两部分：一小部分作为参考光束反射到 45°放置的检偏器 5，根据马吕斯定律，这两个互相垂直的线偏振光在 45°方向上的投影，形成新的线偏振光并产生"拍"。这个"拍"的频率就等于激光器所发出的两个光谱的差值，即 $f_1-f_2=1.5\,\text{MHz}$。该

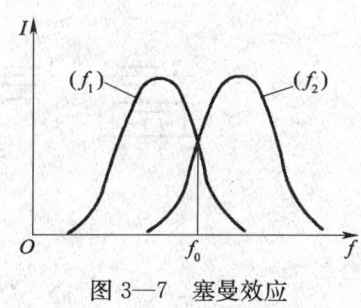

图 3—7 塞曼效应

信号由光电管 6 接收，进入前置放大器 7，最后被送至计算机。另一部分（大部分）透过析光镜 4 沿原方向射向偏振析光棱镜 8，互相垂直的线偏振光 f_1 和 f_2 被 8 分成 f_2 反射至参考镜 9，f_1 透过 8 到测量镜 10。这时，如果测量棱镜以速度 v 运动，则根据多普勒效应，返回光束的频率便有了变化，即变成 $(f_1+\Delta f)$。该光束返回后重新通过偏振析光棱镜 8 并与 f_2 的返回光束会合，然后被直角棱镜 11 反射到 45°放置的检偏器 12 上产生"拍"。拍频信号由光电管 13 接收，再进入前置放大器 14，最后也被送至计算机。

计算机对两路信号进行比较，计算出它们之间的差值 $\pm\Delta f$（即多普勒效应），于是便可按照式（3—4）求得被测长度 L 值。

在双频激光干涉仪测长中，"双频"起了调制作用。它在被测物体相对于干涉仪静止时，仍然保持一个 1.5 MHz 的交流信号，被测物体的运动只是使这个信号的频率增加或减少，因而前置放大器可采用较高倍数的交流放大器，避免了直流放大器的零点漂移问题。这就是双频激光干涉仪抗干扰能力较强的原因。

另外，同单频激光干涉仪一样，双频激光干涉仪也做成 3 个分开的独立部件，使干涉仪部件远离电源和热源，适当地靠近测量起始点的位置，使干涉仪的二臂在零位时光

程接近相等，这样可以避免所谓"闲区"的误差。

遥置式干涉仪还便于更换干涉仪的组件，以扩大应用的范围，如测角度和直线度等。

双频激光干涉仪最大测量长度为 60 m，最小分辨率为 0.08 μm，最大位移速度为 300 mm/s，其测量精度为 $5\times10^{-7}L$（L 为被测长度）。

(3) 使用方法。激光干涉仪不仅用于精密测长，还可用作大型机床的精密定位，以及大型数控机床的感应同步器（也是一种长度标准器件）的接长和精密机床位置精度的检验等。下面举例说明利用激光干涉仪对数控车床位置精度的检验。

1) 位置精度。主要包括 3 项检验项目：重复定位精度 R、反向差值 B 和定位精度 A。

2) 激光干涉仪的安装方法。在机床不动部位固定激光干涉仪，使其光束通过主平面，且平行于回转刀架的运动方向。在回转刀架上固定反射镜，调整反射镜，使激光干涉仪能接收到反射镜反射光束。如图 3—8 所示，图 a、b 分别为 Z 轴及 X 轴位置精度的检验。

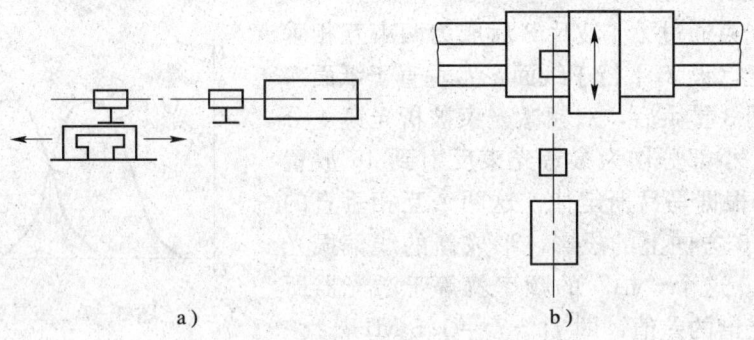

图 3—8　数控车床位置精度的检验

3) 检验方法。在工作行程内选取 10 个目标位置。按数控程序，分别对每个目标位置从正、负两个方向趋近，以线性循环方式连续检测 5 次，测出每个位置偏差，即实际位置与目标位置之差值。

4) 计算方法。按国标规定的方法，计算出正、负方向的平位位置偏差（$\bar{X}_j\uparrow$、$\bar{X}_j\downarrow$）和标准偏差（$S_j\uparrow$、$S_j\downarrow$）。

重复定位精度 R 以 $6S_j\uparrow$、$6S_j\downarrow$ 中的最大值计，即 $R=6S_{j\max}$。

反向差值 B 以（$\bar{X}_j\uparrow-\bar{X}_j\downarrow$）中的最大绝对值计，即 $B=|B_j|_{\max}$。

定位精度 A 以（$\bar{X}_j\uparrow+3S_j\uparrow$）、（$\bar{X}_j\downarrow+3S_j\downarrow$）中的最大值与（$\bar{X}_j\uparrow-3S_j$）、（$\bar{X}_j\downarrow-3S_j\downarrow$）中的最小值之差值计，即 $A=(\bar{X}_j+3S_j)_{\max}-(\bar{X}_j-3S_j)_{\min}$。

5. 三坐标测量机

(1) 用途。三坐标测量机是一种高效率的精密测量仪器。它广泛地用于机械和仪器制造、电子工业、汽车和航空工业中，用作零件和部件的几何尺寸和相互位置的测量。例如箱体、导轨、涡轮、泵的叶片、多边形体、缸体、齿轮、凸轮和飞机形体等空间型面的测量。除此之外，它还可用于划线、定中心孔、钻孔、铣削模型和样板、刻制光栅及纹线尺、光刻集成线路板等，并可对连续曲面进行扫描。由于它的测量范围大、精度高、效率快、性能好，已成为一类大型精密仪器，具有"测量中心"之称号。

(2) 基本原理。测长机在一个坐标方向上测量工件的长度，实际上是单坐标测量机。万能工具显微镜具有 X 与 Y 两个坐标移动的工作台，用以测量平面上各点的坐标位置，可称为二坐标测量机。而三坐标测量机具有空间 3 个相互垂直的 X、Y、Z 运动导轨，可测出空间范围内各测点的坐标位置。因此，三坐标测量从理论上讲，可对空间任意处的点、线、面及其相互位置实现测量。三坐标测量的基本原理是：将被测物体放入三坐标测量机的测量空间内，可获得被测几何形面上各测点的几何坐标尺寸，根据这些点的空间坐标值，经过数学运算（通常由计算机完成）求出待测的几何尺寸和相互位置尺寸。

很明显，任何复杂的几何表面和几何形状，只要三坐标测量机的测头能够测到，就能够借助于计算机的数据处理，测出它们的几何尺寸间相互位置关系。这种测量方法具有极大的万能性。

三坐标测量机一般都带有数据处理或自动控制用计算机及其软件系统、打印机和绘图仪等外部输出设备。三坐标测量机的主体由以下部分组成：底座、测量工作台、立柱、X 及 Y 向支承梁和导轨、Z 轴部件及测量系统。测头通过 3 个坐标轴在 3 个空间方向自由移动，通过测量系统可以测出测点在 X、Y、Z 三个方向上的精确坐标。

(3) 机械结构及测量系统

1) 结构形式。三坐标测量机的 3 个轴互成直角配置。3 个坐标轴的相互配置位置（即总体布局形式）对测量机的精度及对测量工件的适用性关系很大，目前常用的总体结构形式有以下几种：

①立轴式。类似于万能工具显微镜的结构。测量范围较小，但测量精度较高，如图 3—9a 所示。

②卧轴式。适用于测量与工作台面相垂直的工件端面上的检测项目，操作方便。这种结构适宜于中型精密测量机，如图 3—9b 所示。

③悬臂式。这种结构工作面开阔，工件可以从 3 个方向不受限制地装卸、测量，有利于操作，如图 3—9c 所示。缺点在于单点支承刚度不好，易于变形，且变形量随测量轴线在 Y 轴上的位置而变化。因此，此种结构在设计中应考虑对悬臂的下垂和弯曲进行补偿。

④桥式。这种结构刚度好，3 个坐标测量范围较大时也可以保证测量精度，因而适宜做大型测量机的结构，如图 3—9d 所示。这种结构的缺点是桥框立柱限制了工件的装卸，并给测量操作带来不便。

⑤龙门式。龙门式可以分为龙门移动式和龙门固定式两种，优缺点同桥式相似，如图 3—9e 所示。龙门固定式不适宜测量重型工件，否则工作台运动惯性太大，不易克服，因此只能作为中型测量机的结构。

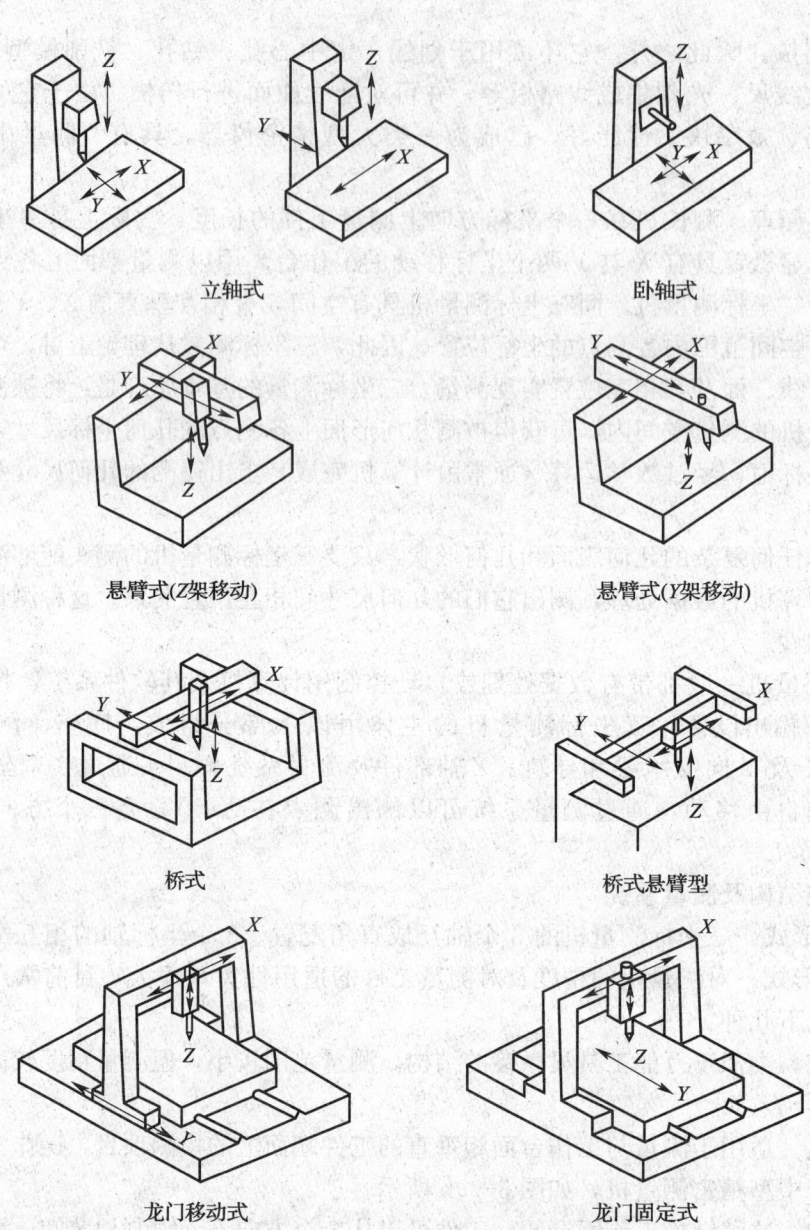

图 3—9 三坐标测量机的结构形式

三坐标测量机的测量精度除了受其结构形式的影响以外,更重要的还要看各坐标轴的相互配置位置是否符合阿贝原则。根据阿贝原则要求,各坐标轴及其标准器应在一条直线上,或尽可能地贴近。因此,设计时应在全面考虑技术、经济各项指标的前提下尽量满足这一原则或采取相应的补偿措施。

2) 工作台。三坐标测量机一般采用铸铁或铸钢工作台,由于花岗岩硬度高、耐磨损,经天然时效多年而久不变形,并且造价低廉、易于加工,所以近年来常采用坚实的花岗岩代替金属做成固定的工作台。有些三坐标测量机装有可升降的工作台,以扩大 Z 轴的测量范围,或是为了在阿贝误差最小的平面内测量。还有些三坐标测量机备有旋转工作台，使其增加了一个坐标，提高了测量的万能性，可以测量偏心轮、凸轮、螺纹和齿轮的精度等。

3）导向装置——导轨。三坐标测量机的导轨对测量精度有着直接的影响，同时，由于三坐标测量机无法根本消除阿贝误差，因而导轨的直线性要求较高，一般为 $2''\sim 4''$。三坐标测量机常采用以下几种结构的导向装置：

①滑动导轨。这种传统的结构精度高、承载能力强，但是摩擦力较大、磨损快、维修费用高，因而采用这种导轨的三坐标测量机日渐减少。

②滚动导轨。滚动导轨可以保证精度高、摩擦磨损小、承载能力高，同时维修也方便。目前多数测量机采用此结构。

③空气静压导轨。又称气浮导轨、气垫导轨。空气静压导轨制造简单、精度高，实际上无摩擦、无磨损，承载能力高、工作平稳、维修费用低。空气静压导轨的进气压力为 $0.3\sim 0.6$ MPa，要求有稳压装置，压缩空气的消耗量约为 $6\ m^3/min$。空气静压导轨是大中型测量机导轨的发展方向。

4）三坐标测量头。测量头是三坐标测量机中直接实现对工件进行测量的重要部件，它直接影响三坐标测量机测量的精度、操作的自动化程度和检测效率。

三坐标测量头可视为一种传感器，只是结构、种类、功能较一般传感器复杂得多，但其原理仍与传感器相同。按其结构原理可分为机械式、光学式和电气式3种。按测量方法可分为接触式和非接触式两种。接触式测量头可分为硬测头与软测头两类。硬测头多为机械测头，测量力会引起测头和被测件的变形，降低瞄准精度。而软测头的测端和被测件接触后，测端可做偏移，传感器输出模拟位移量的信号。因此它不但可用于瞄准，还可用于测微。非接触式测量头主要为光学点位测量头，一般借助于光学系统构成，可以直接采用万能工具显微镜的瞄准测量显微镜，也可以设计成专用显微镜。

由于测量的自动化要求，新型测量头主要采用电磁、电触、电感、光电、压力以及激光原理。

（4）三坐标测量机的精度。由于测量机的精度比较高，特别是涉及空间3个坐标的点位测量，精度分析比较复杂，因此关于测量机的精度至今没有统一、合理的评定标准和检定规程。表3—3仅给出某些型号三坐标测量机的单轴精度。

表3—3 某些型号三坐标测量机的单轴精度

类型	制造厂家	型号	测量范围(mm)	测量系统	分辨率(μm)	每个轴的测量误差(μm)
精密型	Moore	M—48Z	X：120 Y：600 Z：250+升程127	轴上装有螺旋传感器	0.1	所有轴最大误差2.3
	Moore	M—188Z	X：280 Y：460 Z：460+升程127	轴上装有螺旋传感器	0.1	所有轴最大误差0.9

续表

类型	制造厂家	型号	测量范围(mm)	测量系统	分辨率(μm)	每个轴的测量误差(μm)
精密型	CarlZeiss	UMM—500	X：500 Y：200 Z：300	光增量反射光	0.5 0.2	对每个坐标点 $\mu=\pm\left(0.8+\dfrac{L}{250}\right)$ $\mu=\pm\left(0.5+\dfrac{L}{700}\right)$
精密型	SIP	SIP422M	X：400 Y：200 Z：200	螺旋线测微计	0.1	X：±0.4 Y：±0.4 Z：±0.45
精密型	Leitz	Leitz—UPM—30"自动化"型	X：200 Y：100 Z：200	光增量反射光	0.5	各轴1~2
生产型	DEA	Sigma	X：1 800 Y：1 000 Z：1 000	光增量反射光	2	X：±15 Y：±10 Z：±7.5
生产型	DEA	Gamma	X：1 000 Y：800 Z：500	光增量反射光	1	X：±7.5 Y：±7.5 Z：±5
生产型	Ferranti	Saturn	X：2 000 Y：1 250 Z：1 000	光增量反射光	2	各轴±25
生产型	Olivetti	Maxi500H	X：900 Y：1 400 Z：600	感应同步器	2	各轴±8

(5) 三坐标测量机的应用。三坐标测量机的应用相当广泛，各种三坐标测量机的用途不尽相同，随其设计的不同而功能各异。总的来说，三坐标测量机具有以下功能：

1) 坐标系变换

①被测件的3个坐标不需要与测量机的X、Y、Z三个方向的坐标重合。如图3—10所示，被测件在测量前可以任意放置在工作台上，不需调整找正，即可测量。通过测量及数据处理可以找到参考基准，根据新基准转换坐标，并计算出测量结果。这一切都通过计算机处理，速度很快，与测量前人工调整被测件位置的操作相比，既方便又省时间。

②根据被测工件的需要，将直角坐标转换为极坐标。

2) 确定被测件的形状、位置、中心和尺寸。如图3—11所示列出了这方面的一些常用示例。

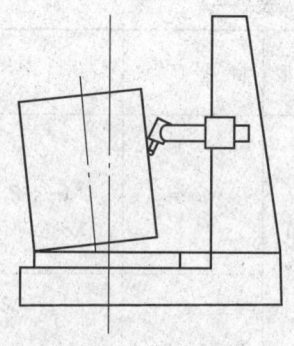

图3—10 坐标系变换

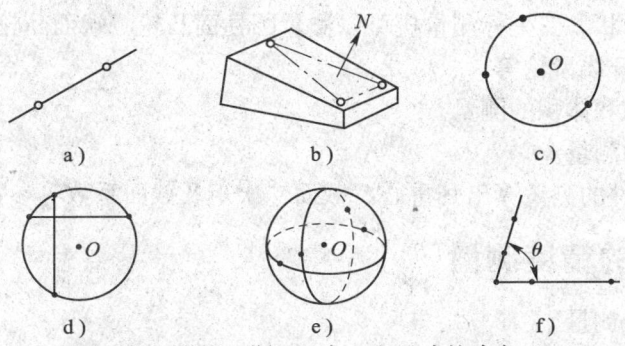

图 3—11 形状、位置、中心和尺寸的确定（一）
a）两点确定一条直线　b）三点确定一个平面　c）三点确定一个圆，并找到圆心坐标
d）四点确定一个圆　e）四点确定球面及中心坐标　f）四点确定两条交线及交角和交点

3）测量形位误差。如圆度、母线直线度、平行度、垂直度、同轴度、平面度及轮廓度等形位误差的测量，如图 3—12 所示。

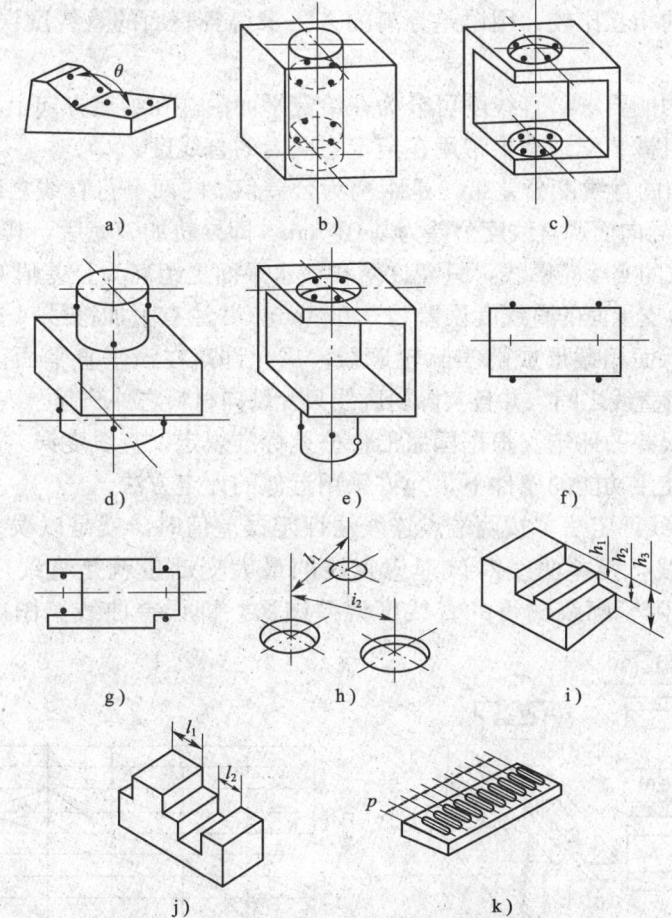

图 3—12 形状、位置、中心和尺寸的确定（二）
a）六点确定两面角及交线　b）深孔的中心线　c）两同心孔的中心线　d）两同心轴的中心线
e）同心轴与孔的中心线　f）两平行表面的中心线　g）对称中心线或中心平面
h）孔（或轴）的中心距　i）阶梯高差　j）凸台宽、槽宽　k）间距尺寸

4) 测量复杂形状。三坐标测量机可以测量圆柱面凸轮、端面凸轮、凸轮轴、螺纹、丝杠、齿轮及非渐开线齿轮等。

5) 周长、面积和体积的测量。

6) 特殊参数的测量。

可根据对被测件的测量算出其重心、截面二次矩及截面系数等参数。

二、机械装配的精度测量

1. 直线度误差测量

(1) 直线度误差测量方法。直线度误差测量是形状误差测量中最基本的测量项目，也是平面度误差测量的基础。

直线度误差的测量方法主要分为两大类：一类是直接测量法，即将被测物体与选定的不同形式的测量基准进行比较，直接测出其直线度误差，如实物基准法、重力水平基准法、光线基准法等；另一类是间接测量法，即不用预先选定的基准，而是通过两个或两个以上被测件的相互比较，用误差分离的方法求得各表面的直线度误差，如跨距法、互比法等。

根据零件的功能要求，直线度可分为在给定平面内、在给定方向上和在任意方向上的 3 种情况。在机械装配维修中常用在给定平面内的直线度。

在给定平面内的直线度公差带，是距离为公差值 t 的两平行直线之间的区域。如图 3—13 所示导轨的导向面，直线度公差为 0.01 mm，即导轨加工完后，其任一水平面与导轨导向面相截形成的实际轮廓线，只允许落在该水平面上距离为公差值 0.01 mm 的两平行直线之间；导轨支承面的直线度误差为 0.02 mm，并注有附加符号（+），即指任意垂直平面与导轨支承面相截形成的实际轮廓线，只允许落在该垂直平面上距离为公差值 0.02 mm 的两平行直线之间，并且实际轮廓线只允许向材料之外凸起。

(2) 直线度误差的评定。根据国家形位公差标准规定，直线度误差应按最小条件评定。在满足零件使用功能的条件下，允许采用近似的评定方法。

1) 两端点连线评定法。按两端点连线法评定误差值时，就是以误差曲线的两端点连线作为理想直线，误差曲线对该理想直线的最大变动量就是直线度误差值。如图 3—14 所示为对实际轮廓线测得的直线度误差图像，即误差曲线。图中的 OA 连线即

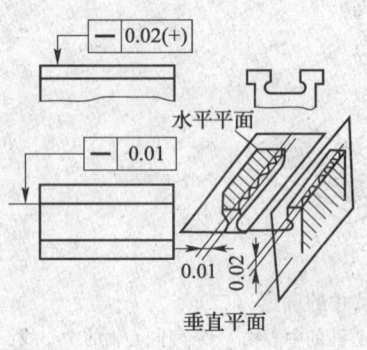

图 3—13 直线度公差带

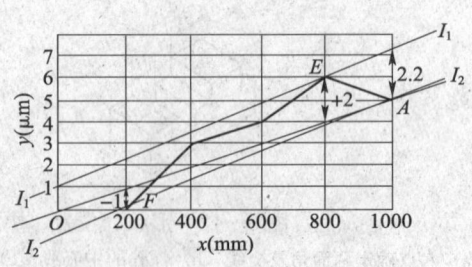

图 3—14 误差曲线

作为理想直线,最大正偏差在 E 点,为 $+2~\mu m$,最大负偏差在 F 点,为 $-1~\mu m$,因而被测实际轮廓的直线度误差值为 $3~\mu m$。

2)最小条件评定法。采用最小条件评定直线度误差时,包容实际线的上、下两平行线应符合"相间原则"。即两平行包容线与实际线应成高、低、高或低、高、低相间的三点接触,此时两平行包容线间沿纵坐标方向的距离即为被测线的直线度误差值。如图3—14中最小包容区域的宽度为 $2.2~\mu m$,即为被测实际轮廓的直线度误差。

以上两种直线度的评定方法,均可采用作图法或计算法求得。从上述两种直线度误差值的评定方法来看,前者比较简便,虽然评定的误差值大于后者,但如果该值符合图样要求,则实际使用效果更好,所以在生产中广泛采用。

(3)直线度误差测量实例。在给定平面内的直线度误差测量,广泛采用间接测量法(跨距法)。它是将被测平面分成若干段,然后测量各段对理想水平面的倾斜角度值,并通过绘制误差曲线或计算来确定平面的直线度误差。测量仪器有水平仪、合像水平仪、光学平直仪等。

用合像水平仪或光学平直仪测量直线度误差时,在合像水平仪或光学平直仪1的反射镜2下应放一只底座3,如图3—15所示,从而保证被测表面能在规定的分段长度上测量。测量时,水平仪或反射镜随同底座从一端到另一端应逐段依次测量,取得各段测量仪的示值

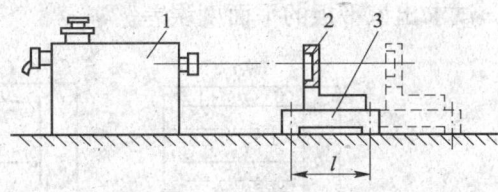

图3—15 测量仪的安装
1—光学平直仪 2—反射镜 3—底座

读数。同时应综合考虑选择测量底座两支承面的中心距大小及每段之间的联系,否则就不能正确测量出误差。另外,若测量分段太多,则会引起计量累积误差。

2. 平面度误差测量

同直线度误差的测量一样,平面度误差的测量方法也主要分为两大类:一类是直接测量法,该方法主要适用于对较小平面的测量,即用足够精度的实际平面(如平晶工作面、标准平板等)为基准,用干涉法、斑点法或平板测微法直接测得各点对基准平面的坐标值;另一类是间接测量法,该方法主要适用于较大尺寸平面的测量,常用水平仪或光学准直仪等仪器进行测量。这种方法的特点是用测量直线度误差的方法实现平面度误差的测量。首先在被测表面上选测若干个截面上的直线度误差,然后将各截面上相应点的测量值换算为相对两端点连线的偏差值,这样就把平面度误差的测量转化为对直线度误差的测量。

根据公差标准的定义,平面度误差是指被测实际表面相对理想表面的变动量。理想表面的确定原则应使实际表面对理想表面的最大变动量为最小。与直线度误差的测量一样,在不影响使用性能的情况下,允许用近似的方法进行评定。

在机械装配或维修中广泛采用间接测量法测量平面度误差,因此,本节着重介绍平面度误差的间接测量法。由上面的介绍可知,采用间接测量法需对被测平面的很多截面进行测量,而这些单一截面各点偏差值的基准线不是统一的,因此,尚需将各截面相应

点的偏差值，通过某些相关点换算为相对某统一基准的偏差值，这就是误差联系法。测量截面的选择常见的有水平面法和对角线法。采用不同的测量布线方式，数据处理的方法也不相同。

(1) 水平面法。该方法只适用于水平仪测量的情况，即它的基准平面是建立在通过被测表面上的某给定点，并且与水平面平行的几何平面，然后测出各点相对于此基准平面的高度，则可得到平面度误差的原始数据。

测量时，先用水平仪将被测表面大致调成水平，然后按照选定的测量布线进行测量，根据被测线长度选择适当跨距的桥板，将水平仪放在桥板上，依次对截面各段进行测量并读数。必须注意在整个测量过程中应保持被测表面的原始位置不变动，否则会直接影响测量结果的准确性。测量时选择不同的起始点和不同的测量线，其数据处理的方法也不同。

【例 3—1】有一块 400 mm×400 mm 的平板，选用刻度值为 0.01 mm/1 000 mm 的合像水平仪及长度 $L = 200$ mm 的桥板进行测量。测点布置如图 3—16 所示。a_1 为起始点，选择 a_1 点与水平面重合。若测得相邻两点的高度差的读数（格）如图 3—16a 所示，试求出该平板的平面度误差。

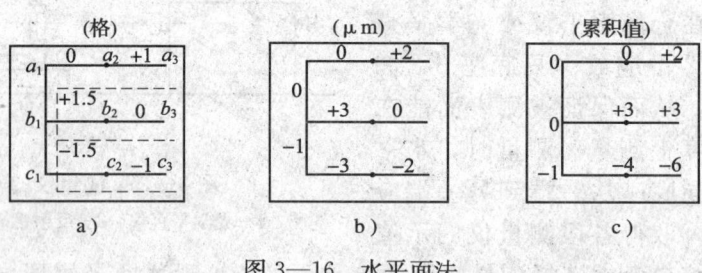

图 3—16 水平面法

解：1) 将图 3—16a 中格的读数换算成线值，计算方法如下：线值 = 格值 × (0.01/1 000) × 200 (mm)，图 3—16b 为计算结果。

2) 从 a_1 点起始至任意点计算累积值，如图 3—16c 所示。

3) 根据图 3—16c 计算平面度误差。

$$\Delta = (+3) - (-6) = 9 \ \mu m$$

由上例可看出，采用水平面法，其原始数据的计算比较简单，即用累积的计算方法。测量时应采用同一桥板，测量仪器放置的方向应特别注意。其次计算 c_3 点的高度所用的项数较多，因而有较大的测量方法误差。若改变起始点位置，例如以 b_2 点为起始点，则可找到使多项数为最小的"最佳测量方案"。

(2) 对角线法。对角线法的过渡基准是通过被测表面的一条对角线，且平行于被测表面的另一条对角线的平面。测量时首先按米字形布线方式，测出各截面相对于端点连线的偏差，通过其中某些点的联系，然后再经数据处理，换算为对过渡基准平面的统一坐标值，最后进一步换算为符合选定的评定条件的数据，求得平面度误差。该方法可用水平仪或光学准直仪进行测量。

对角线法由于布线的原因，当被测表面为长方形时，需要 3 个不同长度的桥板，而被测表面为正方形时只需要两种长度的桥板即可。

3. 垂直度误差测量

（1）垂直度误差的测量方法。垂直度误差的测量基本上可分为三大类：平面间垂直度误差测量、平面和轴心线间垂直度误差测量、轴心线间（包括平面内或空间内轴心线）垂直度误差测量。

小型工件垂直度误差的测量通常采用光隙法、测微仪法和方箱法等。对于大型工件（如机床导轨）垂直度误差的测量，需采用光学准直仪法。图3—17所示为光学准直仪法测量导轨间垂直度误差，先测出 A 面的直线度误差，再利用五角棱镜3和反射镜4测出 B 面的直线度误差，经过数据处理就可求出相互间的垂直度误差。

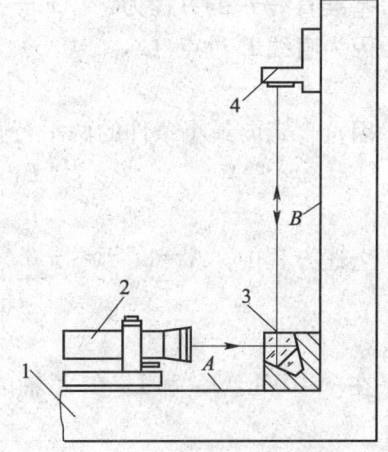

图3—17 光学准直仪法测量
导轨间垂直度误差
1—被测工件 2—光学准直仪 3—五角棱镜
4—发射镜（或光电接收靶）

（2）垂直度误差的计算方法

1）直线对直线的垂直度误差。用下面的例题加以说明。

【例3—2】测得基准表面各点相对于测量基准的量值为：

测点 x_i	0	1	2	3	4	5
测值 y_i（μm）	0	+0.5	−0.5	+1	+0.5	0

测得被测表面各点相对于测量基准的量值为：

测点 x_i	0	1	2	3	4	5
测值 y_i（μm）	0	+2	+1	+3	+2	+3

解：首先根据对基准表面的测量值，按比例作图（即作基准表面误差曲线），如图3—18a所示，不难看出过点2和点5的直线 L 即是符合最小条件的基准直线，再画出被测表面的误差曲线（见图3—18b），然后用垂直于直线 L 的两条平行直线包容误差曲线，两平行线 L_1 和 L_2 在 X 轴上截距差即为所求的**垂直度误差值**。

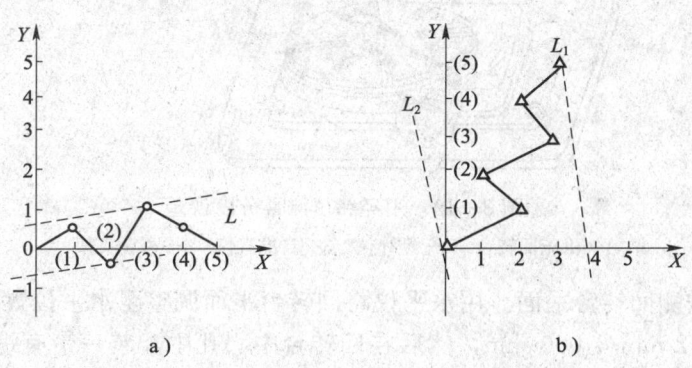

图3—18 基准表面和被测表面误差曲线

基准直线 L 的方程为：$Ax+By+C=0$

因为直线 L 过点 $(2,-0.5)$ 和点 $(5,0)$，所以得到直线 L 的方程为：
$$x-6y-5=0$$

因符合定向最小条件的两平行直线 L_1 和 L_2 垂直于基准直线 L，故有一般方程为
$$L_1: Bx-Ay+C_1=0$$
$$L_2: Bx-Ay+C_2=0$$

上述方程中，$A=1$，$B=-6$，又因为 L_1 过点 $(3,5)$，L_2 过点 $(0,0)$，所以
$$L_1: 6x+y-23=0$$
$$L_2: 6x+y=0$$

在 $y=0$ 处，L_1 和 L_2 在 X 轴的截距分别为 $23/6$ 和 0，所以垂直度误差为
$$f=23/6-0=3.83\ \mu m$$

2) 平面对平面的垂直度误差。设基准平面的方程为：$A_1x+B_1y+C_1z+D_1=0$。垂直于基准平面的包容平面方程则可写成
$$A_2x+B_2y+C_2z+D_2=0$$
并且
$$A_1A_2+B_1B_2+C_1C_2=0$$

根据点面距离公式可求得垂直度误差为
$$f=\left|\frac{A_2x_i+B_2y_i+C_2z_i+D_2}{\sqrt{A_2^2+B_2^2+C_2^2}}\right|$$

式中点 (x_i, y_i, z_i) 为通过另一个包容平面上的一点。

在实际生产中，完全按最小条件并用解析法计算比较麻烦，一般可通过图解法求解。解析法计算可通过计算机完成。

4. 分度误差测量

分度误差可以通过经纬仪进行测量，图 3—19 所示为用经纬仪测量机床回转台的分度误差。其基本步骤和方法如下。

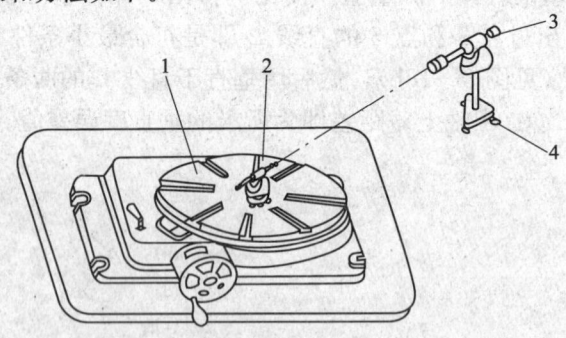

图 3—19 用经纬仪测量分度误差
1—机床回转台 2—经纬仪 3—自准直仪 4—可调支架

(1) 调整被测回转台平面。用水平仪将回转台平面调整至水平位置，要求其水平误差不应超过 $0.02\ mm/1\ 000\ mm$，然后在回转台中心孔中配装一带有螺纹的专用心轴，并将经纬仪同轴作固定连接。

(2) 调平经纬仪。转动经纬仪 2 的照准部，使长方形水准器与任意两个螺钉脚的连线平行，调整螺钉脚，使气泡居中。将经纬仪转动 90°，调整第三个螺钉脚，也使气泡居中。这样反复调整直至经纬仪转动到任意位置，其水准气泡的偏离值不超过 1/2 格数。

(3) 调整望远镜管使其处于水平位置。方法是：转动换向手轮，使目镜中显示垂直刻度盘影像；调整测微手轮，使微分尺读数在零分零秒；调节望远镜微动手轮，使垂直刻度盘中 90°与 270°刻线对准；最后将望远镜锁紧。

(4) 调整被测回转台的刻度盘，使其游标对准零位，同时使微分刻度值及游标盘精确地对准零位。

(5) 调整光学准直仪。光学准直仪用可调支架放置在离经纬仪约 3 m 处，以经纬仪为基准，调整望远镜调焦手轮，使目标影像清晰，无视差存在。调整光学准直仪使其光轴与经纬仪望远镜管光轴同轴，并使光学准直仪的十字线与望远镜分划板的十字线对准。

(6) 测量数据。先记录经纬仪水平度盘的读数，然后将被测的回转台按分度刻度转过一个规定的测量角度，随即将经纬仪反向转过一个同等角度（此值作为标准量），并用微动手轮调节，使光学准直仪的十字线重新对准望远镜的十字线，记录一次读数，重复操作，在整个圆周上依次测量。

(7) 数据处理。将各分度误差列表记录，取以正测和反测中相应各分度点的读数平均值，并从每个平均值中减去起始读数的平均值，即为各分度刻度的误差值，其中最大正、负值之差值即为最大分度误差值。

第二节 机械振动和零部件的平衡

→ 了解机械振动的基本性质和有关标准
→ 掌握一般轴承、轴振动的测量分析方法
→ 熟悉平衡工艺，了解常见平衡机的使用方法

一、机械振动

1. 振动的基本特性

旋转机械的种类繁多，如发电机、汽轮机、离心式压缩机、水泵、通风机以及电动机等。这类机械的主要功能都是由旋转动作完成的，只要转子一开始转动，就不可避免地要产生振动。机械产生振动后，会造成一定的危害，它使机械工作性能降低或使机械根本无法工作；它使某些零部件因受附加的动载荷而加速磨损、疲劳，甚至破裂而影响寿命或造成事故；振动还将产生噪声而危害人身健康。但是，只要振动不过量，是完全允许的。当机械出现一些不正常的振动或振动量过大时，其动态性能劣化，已不符合技术要求，就必须采取措施予以排除，以保证机械的安全运行。

旋转机械的主要部件是转子。其结构形式虽然有多种多样，但对一些简单的旋转机械来说，为分析计算上的方便起见，一般都将转子的力学模型简化为一圆盘装在一无偏重的弹性转轴上，转轴两端由不变形（即刚性的）的轴承及轴承座支撑，该模型称为刚性支承转子。对它进行分析计算所得到的概念和结论能明确、形象地说明旋转机械振动的基本特性。

（1）转子涡动。一般情况下，旋转机械的转子轴心线是水平的，转子的两个支承点在同一水平线上。设转子上的圆盘位于转子两支点的中央，当转子静止时，由于圆盘的重量使转子轴弯曲变形产生静挠度，即静变形。此时，由于静变形较小，对转子运动的影响不显著，可以忽略不计，即圆盘的几何中心 O' 与轴线 AB 上 O 点重合，如图3—20所示。在转子开始转动后，由于离心惯性力的作用，转子产生动挠度。此时转子有两种运动：一种是转子的自身转动，即圆盘绕其轴线 $AO'B$ 的转动；另一种是弓形转动，即弯曲的轴心线 $AO'B$ 与轴承连线 AOB 组成的平面绕 AB 轴线的转动。

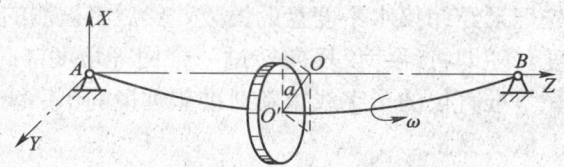

图3—20 单圆盘转子

（2）转子的临界转速。在某些旋转机械的启动或停机过程中，当经过某一转速附近时，会出现剧烈振动。这个转速在数值上非常接近于转子横向自由振动的固有频率，这一与转子固有频率相对应的转速，称为转子的临界转速。但是，临界转速的值并不等于转子的固有频率，而且在临界转速时发生的剧烈振动与共振是不同的物理现象。转子的质量越大、刚度越小时，其临界转速越低，反之则越高。

因为转子有一阶、二阶等一系列固有频率，所以转子在旋转时就可能遇到一阶、二阶等多个临界转速。其中一阶临界转速是最低的一个，在旋转机械中遇到的机会较多，而二阶及更高阶数的临界转速，只有在少数情况下才会遇到。

如果机器的工作转速小于一阶临界转速，则转轴称为刚性轴；如果工作转速高于一阶临界转速，则转轴称为柔性轴。具有柔性轴的旋转机器运转时较为平稳，但在启动过程中，要经过临界转速。如果缓慢启动，经过临界转速时，也会发生剧烈的振动。

使转子产生干扰力的因素，最基本的就是由于不平衡而引起的离心力。离心力的作用频率（为每转一次）就等于转子的转速频率，因此，旋转机械的工作转速不应等于或接近于临界转速，否则将使转子产生剧烈振动而可能带来严重后果。

对于柔性轴，一般都应要求做到
$$1.4n_1 < n < 0.7n_2$$

对于刚性轴，也要求做到
$$n < (0.55 \sim 0.8)n_1$$

式中　　n——工作转速，r/min；

　　　　n_1——一阶临界转速，r/min；

　　　　n_2——二阶临界转速，r/min。

(3) 影响转子临界转速的因素

1) 陀螺力矩对转子临界转速的影响。当圆盘不装在两支承的中心而偏于一边时，转轴变形后，圆盘的轴线与两支点 A 和 B 连线有夹角 ϕ，如图 3—21 所示。

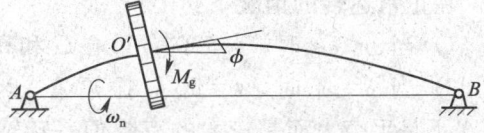

图 3—21　陀螺力矩的影响

当转轴有自然振动时，由于转子的进动，圆盘对质心 O' 的动量矩将不断改变方向。惯性力矩方向与平面 $O'AB$ 垂直，这一惯性力矩称为陀螺力矩或回转力矩。这一力矩与 ϕ 成正比，相当于弹性力矩。在转子正进动（$0<\phi<\pi/2$）的情况下，它使转轴的变形减小，因而提高了转轴的弹性刚度，即提高了转子的临界角速度。在转子反进动（$\pi/2<\phi<\pi$）的情况下，这力矩使转轴的变形增大，从而降低了转轴的刚度，即降低了转子的临界角速度。故陀螺力矩对转子临界转速的影响是：正进动时，它提高了临界转速；反进动时，它降低了临界转速。

2) 弹性支承对转子临界转速的影响。只有在支架即轴承架完全不变形的条件下，支点才能在转子运动时保持不动。实际上，支架并不是绝对刚性不变形的，因而考虑支架的弹性变形时，这支架就相当于弹簧与弹性转轴相串联。支架与弹性转轴串联后，其总的刚度要低于转轴本身的弹性刚度。因此，弹性支承可使转子的转动角速度或临界转速降低；减小支承刚度可以使临界角速度显著降低。另外，转子在油膜刚度、基础刚度等改变时，其临界转速数值也要有一定的变化。

(4) 转子重心的相位和振动波德图。转子在振动时有一定的相位特性。如果圆盘的重心 G 与转轴中心 O' 不重合，e 为圆盘的偏心距，即 $O'G=e$，如图 3—22 所示。ω_L 为临界角速度，当圆盘以角速度 ω 转动，转子旋转时因离心力作用使转子产生动挠度和振动，在转子的圆周方向上任何一点，都可测得其最大的振动值 A，其方向即为动挠度的方向，此测点位置称为高点 h（见图 3—22 中 h 点）。

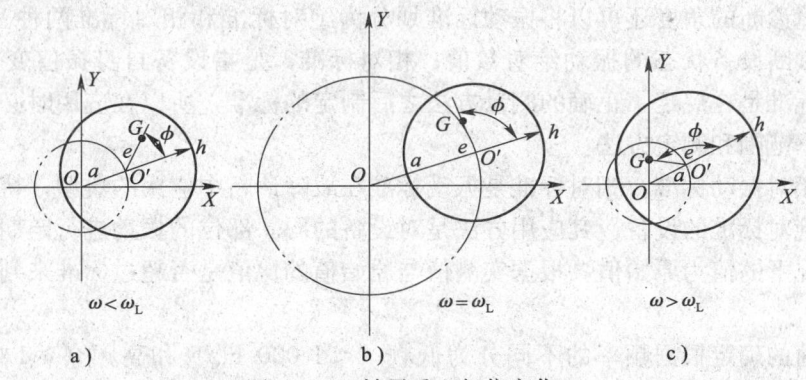

a)　　　　　　　b)　　　　　　　c)

图 3—22　转子重心相位变化

在转子转动时，只有当转速很低，振动的高点位置才与重心同相位；但当转速升高到一定数值时，振动的高点总要滞后于重心某一相位 ϕ（由于惯性的影响），如图 3—22

所示。即当转子的重心转到某一角度时，在该角度位置并不能及时出现振动高点，而要当重心转过一个相位角 ϕ 后才能出现。转子的转速越高，高点滞后于重心的相位角 ϕ 也越大。

在正常运转的情况下：

1) 当 $\omega < \omega_L$ 时，$\phi < 90°$，重心 G 和高点 h 在同一侧，如图 3—22a 所示。

2) 当 $\omega = \omega_L$ 时，$\phi = 90°$，振幅 $A \to \infty$，是共振情况，实际上由于存在有阻尼，振幅 A 不是无穷大而是较大的有限值，转轴的振动仍然非常剧烈，以致有可能断裂，如图 3—22b 所示。

3) 当 $\omega > \omega_L$ 时，$\phi > 90°$，重心 G 处于转子动挠度方向的对面，重心 G 所产生离心力已有一部分分力能起抑制振动的作用，这就是为什么在临界转速以后，转子的振幅反而会逐步减小的原因。这种作用被称为转子的"自定心作用"或称"自动对心"。

当 $\omega \gg \omega_L$ 时，$\phi \approx 180°$，$OO' \approx -O'G$，圆盘的重心 G 近似地落在固定点 O，振动很小，转动反而比较平稳。

根据以上振动的各种特性及其规律，可以画出振幅—转速特性图和相位—转速特性图，将此两图对应地画在一起，叫做波德图，它是表示转子振动基本特性的典型曲线图（见图 3—23）。

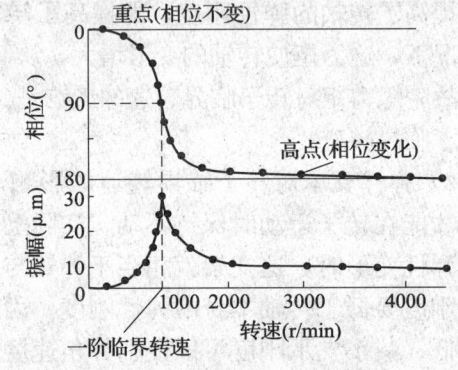

图 3—23 振动波德图

2. 旋转机械振动标准

振动标准从使用者的角度可分为两类，即运行管理标准和制造厂出厂标准。两者的内容和规格不同，通常后者比前者严格；两者的目的也不一样，前者用于评定设备的健康状况（即对设备进行分级）、对设备的故障进行诊断、确定设备的维修计划等，而后者是用来控制设备的质量、性能以及可靠性等。本书介绍前一类振动标准。

从故障诊断的角度还可以将振动标准划分为绝对标准和相对标准两种。绝对标准，是指用以判断设备状态的振动绝对数值；相对标准，是指设备自身振值变化率的允许值。绝对标准是在规定了正确的测量方法之后制定的标准，所以在应用时必须注意标准适用的频率范围和测定方法。

（1）相对振动标准。相对标准是振动标准在故障诊断中应用的典型，特别适用于尚无适用的绝对标准的设备。其应用方法是对设备的同一部位的振动进行定期检测，以设备正常情况下的值为原始值，根据实测值与原始值的比值是否超过标准来判断设备的状态。

标准值的确定根据频率的不同分为低频（<1 000 Hz）和高频（>1 000 Hz）两段，低频段的依据主要是经验值和人的感觉，而高频段主要是考虑了零件结构的疲劳强度。典型的相对标准有日本工业界广泛采用的相对标准，见表 3—4。

表 3—4　　　　　　　　　　　　日本工业界推荐相对标准

	低频（<1 000 Hz）	高频（>1 000 Hz）
注意区	1.5～2 倍	3 倍
异常区	4 倍	6 倍

（2）绝对振动标准。评定旋转机械振动优劣的标准经历了轴承振动振幅、转轴振动振幅以及轴承振动烈度的发展过程。过去大多用轴承振动振幅值作为制定标准的基础，它的缺点是不能反映转轴的振动状态，且未考虑不同轴承以及同一轴承不同方向上振动的不等效性、对环境危害的不等效性以及不同频率振动分量的不等效性。随着测量技术的发展，以转轴振动振幅为基础的振动标准和以轴承振动烈度为基础的振动标准得到广泛应用。

1）旋转机械振动通用标准。表 3—5 给出了 ISO 3945—1985《转速范围为 10～200 r/s 的大型旋转机械的机械振动——振动烈度的现场测量与评价》。本标准适用于功率大于 300 kW，转速为 10～100 r/s 的大型原动机和其他有旋转质量的大型机器的振动烈度评定。振动烈度就是振动速度的有效值。当轴心轨迹为圆周状态时的振动速度，就等于圆周半径与角速度的乘积，即

$$v = r\omega$$

式中　v——振动速度，mm/s；
　　　r——圆周半径，即振动位移的单幅值，mm；
　　　ω——旋转时轴心的角速度，$\omega = 2\pi f = 2\pi n/60 = \pi n/30$，1/s。

表 3—5　　ISO 3945—1985 机械振动——振动烈度的现场测量与评价标准
（转速范围为 10～200 r/s 的大型旋转机械）

振动烈度		支承类别	
v_{rms} (mm/s)	v_{rms} (in/s)	刚性支承	挠性支承
0.46	0.018	良好	良好
0.71	0.028		
1.12	0.044		
1.8	0.071		
2.8	0.11	满意	
4.6	0.18		满意
7.1	0.28	不满意	
11.2	0.44		不满意
18.0	0.71		
28.0	1.10	不合格	
71.0	2.80		不合格

振动时由于轴心轨迹呈圆周状态，其振动的波形为正弦波，因此振动速度有效值应为

$$v_{rms} = v/\sqrt{2}$$

式中　v_{rms}——振动速度有效值即振动烈度，mm/s。

由此可得出，振动烈度与振动位移双幅值之间的关系为

$$v_{\mathrm{rms}} = v/\sqrt{2} = r\omega/\sqrt{2} = A\omega/(2\sqrt{2})$$

式中　A——振动双幅值，mm。

用振动烈度来评定机械振动水平时，与机械的旋转速度无关，因为振动烈度与转速（或角速度 ω）已有一定的关系，因此振动烈度能反映出振动的能量，这种标准比较合理。

该标准规定在轴承外壳上 3 个正交方向上测量振动烈度，并根据机器的支承特性将机器进行分类。所谓刚性支承是指机械的主激励频率低于支承系统一阶固有频率的支承；反之，则是柔性支承。支承系统固有频率可经实验测得，而机械的主激励频率，一般为其转速频率。如一台旋转机械工作转速为 6 000 r/min，则主激励频率为 6 000/60＝100 Hz。

表 3—6 为 ISO 2372—1974《转速为 10～200 r/s 机器的机械振动——规定评价标准的基础》。该标准将机器分为第一类小型机器（功率 15 kW 以下的电动机）、第二类中型机器（15～75 kW 电动机和 300 kW 以下机器）、第三类大型机器（300 kW 以上的硬底座机器）和第四类大型机器（300 kW 以上的软底座机器）。表中分为 4 个品质段：

表 3—6　　ISO 2372—1974 振动标准

振动烈度的范围		判定每种机器质量的实例			
范围	在该范围极限上的速度有效值（mm/s）	第一类	第二类	第三类	第四类
0.28	0.28				
0.45	0.45	A	A	A	A
0.71	0.71				
1.12	1.12	B			
1.8	1.8		B		
2.8	2.8	C		B	
4.5	4.5		C		B
7.1	7.1			C	
11.2	11.2	D	D		C
18	18			D	
28	28				D
45	45				
71					

品质段 A 为机械运行良好；

品质段 B 为机械运行满意；

品质段 C 为机械运行不满意，已有一定的故障，应予检查和修复；

品质段 D 为机械运行不合格，应立即停止运行。

2) 旋转机械特定机种专用标准。旋转机械特定机种主要指离心鼓风机、压缩机、蒸汽涡轮机、燃气涡轮机、汽轮发电机组、水轮机和水轮发电机组以及电动机和泵等。国际标准化组织（ISO）、国际电工委员会（IEC）、各主要工业国家及我国的国家标准化组织、商业组织、技术学会等制定了很多专用振动标准。其中，电动机和泵的振动标准是以振动烈度表示的，其余特定机种的振动标准，大多以轴承、转轴振动位移双幅值表示。用振动位移值来评定机械振动水平时，是按照转速的高低来规定允许的振幅大小。转速低，允许的振幅大；转速高，允许的振幅小。这是因为当振幅同样时，对于高速的旋转机械将会带来较大的危害。

3. 振动的测量

(1) 旋转机械产生振动的原因。旋转机械，只要转子一开始转动，由于不平衡，就不可避免地要产生振动。机械产生振动后，会使其工作性能降低或者根本无法工作；会使某些零部件因受附加的动载荷而加速磨损、疲劳，甚至破裂而影响机械的寿命或造成事故；振动还将产生噪声。但是，只要振动不超过一定量，还是允许存在的。只有机械产生不正常振动或振动量过大时，才要求采取措施予以排除，以保证机械的安全运行。

旋转机械产生不正常振动或振动量过大的原因很多，现列举出几种主要原因：

1) 转子的不平衡量过大。
2) 联轴器的加工误差过大或联轴器与轴的装配质量较差，造成联轴器偏心或端面摆动过大。
3) 轴系对中不良。
4) 转子上的零件松动。
5) 转子—轴承系统的失稳（如采用滑动轴承有时产生油膜振荡）。
6) 转子有缺陷（如转子的轴颈不圆、叶片断落、转子上有裂纹等）。
7) 转子与静止部分发生摩擦或碰撞。
8) 机械的安装基础松动或机械本身刚度太差。
9) 机械上有关部分的热胀余地不足，使轴和轴承产生变形或弯曲。

(2) 振动的测量。测量旋转机械的振动需要使用振动测量仪器。

测量振动，一般都在轴承上选择合适的测量点测得轴承的振动值，也可以直接测量轴振动。有时为了分析振动的产生原因，往往在机座或者基础上测量其振动值。

1) 测量轴承振动。测量轴承振动常用的是一种磁电式速度传感器，其结构示意图如图3—24所示。其工作原理如下：钢制圆柱形壳体1中有和壳体相连的高磁能永久磁铁5，磁铁中间有小孔，小孔中间有心轴6，心轴两端分别以圆形薄膜弹簧片3、8支承在壳体中，且两端分别连有工作线圈4和阻尼环7。测量时，传感器接触或固定于被测的轴承上，振动通过顶杆9传到外壳。由于支承弹簧片很软，其固有频率很低。当振动频率高于支承弹簧片的固有频率一定范围后，由线圈、阻尼环和心轴组成的可动部分基本保持静止不动。这样，线圈就与外壳产生相对运动，使线圈切割磁力线而产生感应电压。感应电压的大小与线圈切割磁力线的速度成正比。通过引出线将感应电压引出，输送到测振仪的电路中去，经过电子放大器将记号放大，通过测振仪的指针或荧光屏显示出来，有条件的则通过记录设备把信号记录下来。

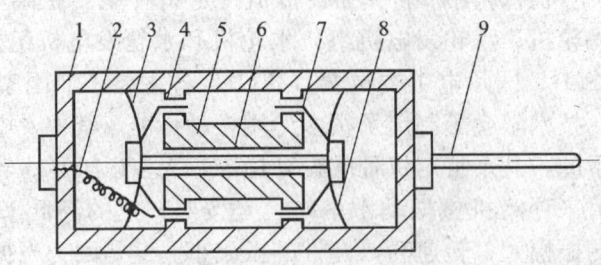

图 3—24 磁电传感器示意图
1—圆柱形壳体 2—引导线 3、8—薄膜弹簧片 4—工作线圈
5—永久磁铁 6—心轴 7—阻尼环 9—顶杆

用磁电式传感器在轴承上测量振动时,测点位置必须正确选择,一般应选择反映振动最为直接和灵敏的位置。例如,测量轴承垂直方向的振动值,应选择轴承宽度中央的正上方为测量点;测量轴承水平方向的振动值时,应选择轴承宽度中央的中分面处为测量点位置;测量轴承轴向振动值时,应选择轴承轴心线附近的端面处为测点位置,如图 3—25 所示。

2) 测量轴振动。测量轴振动的方法是使用位移传感器,如图 3—26 所示为目前使用的涡流式位移传感器。用它来测量轴振动时,传感器端部与轴之间要保持一定的间隙,所以也称为非接触式位移传感器。图 3—26b 所示为它的工作原理图。

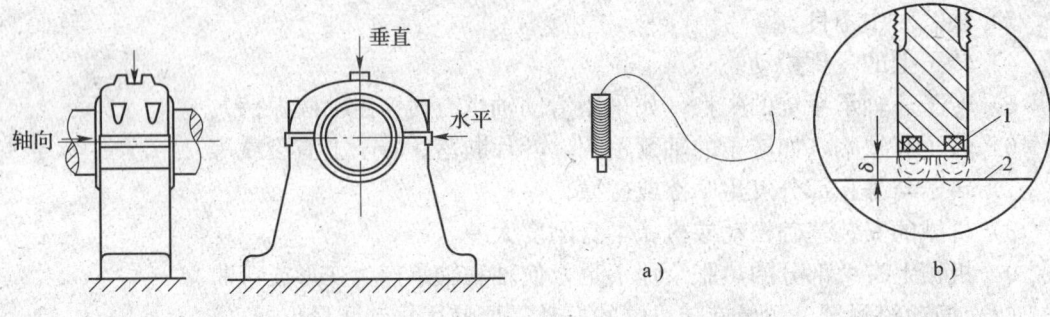

图 3—25 轴承上测量点位置

图 3—26 涡流式位移传感器
1—电感线圈 2—轴表面

涡流式位移传感器的工作原理如下:传感器端部是个电感线圈 1,当线圈 1 通入高频电流后,线圈产生磁场,并使附近的轴表面 2 感应出涡电流。此涡流的产生,使线圈的电感值发生变化,结果使线路的输出电压改变。当被测轴的尺寸、材料确定后,输出电压的变化仅随传感器与轴之间的距离 δ 而定。而轴的振动使 δ 改变,因此测得电压值就可以测得振动的位移值。

涡流式位移传感器电感线圈的高频电流由振动仪供给,它的输出信号必须输入振动仪,振动仪指示出振动位移值。

如图 3—27 所示为涡流式位移传感器测量轴振动和轴向位移时的安装形式。传感器与轴表面间的距离通常为 1~1.5 mm,太大超出了传感器的测量范围,太小则容易损坏传感器的端部。

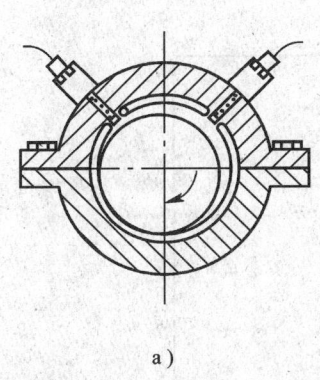 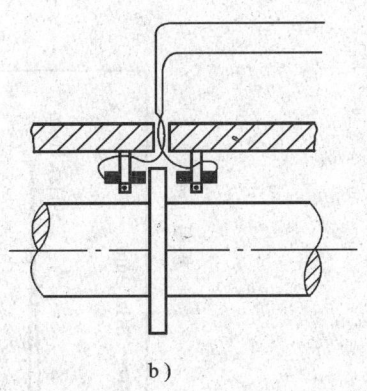

图 3—27 位移传感器的安装形式
a) 测轴振动　b) 测轴向位移

位移传感器都是安装在轴承壳上的，由于轴承本身工作时也有振动，所以测得的轴振动是相对于轴承的振动，而不是相对于大地的振动。

应用位移传感器测量轴振动时，对轴的被测表面处的要求是：有较高的几何精度、较小的表面粗糙度值和均匀的金相组织。否则会引起测量中的机械、电气误差，影响测量结果的准确性。

3）频谱分析的概念。在振动测量中，当测得的振动值超过规定的允许值时，就要寻找振动大的原因，即找出振源，以求达到排除或减小振动的目的。在通常情况下，旋转机械的振动主要是由于转子的质量不平衡引起的，不平衡离心力激起转子振动的频率等于转子转速的频率。例如，工作转速为 1 500 r/min 的机械，其转子的振动频率便是 25 Hz。但是，在实际运行时，转子将会受到各种不同频率的激振力影响，转子的振动频率受到多方面影响，致使转子的振动频率成分比较复杂。

引起转子振动频率成分复杂的因素很多，例如：转子上轴颈不圆（呈椭圆形），则当在轴承油膜上转动时，将产生每转两次的峰值。此时，转子必然要有两倍于转速频率的振动成分出现。当转子用联轴器连接时，如果两轴对中不良，则转子旋转时也将因附加的激振力而使转子产生一倍频或二倍频振动。转子上叶轮的叶片，在工作时受气体或液体的脉冲作用力，将使转子产生与叶片数相同倍数的转速频率的振动成分。当滑动轴承发生油膜振荡时，转子将产生明显的以一阶临界转速频率为主的振动等。

各种不同频率的振动成分综合反映到转子上，使转子振动性质复杂，在这种状态下测得的振动值，称为通频振动值或全频振动值。振动标准所规定的都是指通频振动值，一般传感器和测振仪即能测得。

要想把通频振动中各种不同的振动频率一一区分开来，可使用频率分析仪，只要将轴承和轴的振动信号输入到频率分析仪中，振动的频谱就能在仪器的荧光屏上显示出来。各种频率成分及其对应峰值都同时表达清楚，如图 3—28 所示。这种图称为振动频谱图。在振动频谱图上，可以清楚地看到振幅最大的振动频率，以及有哪些不正常的振动频率，通过分析可以对产生振动故障的原因做出判断。

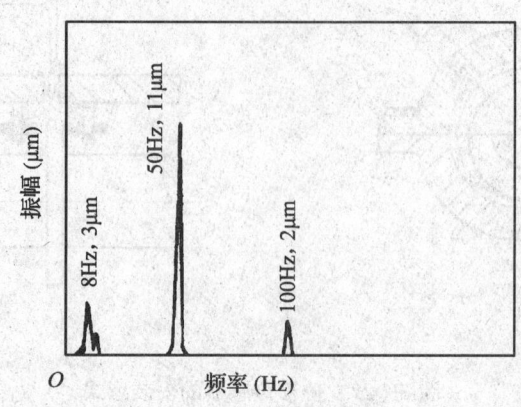

图 3—28 振动频谱图

如图 3—28 所示为一台转速为 3 000 r/min 的电动机振动频率图，图中可见，振幅最大的振动频率为 50 Hz，等于转子转速频率，其双振幅为 11 μm，尚有二倍频振动，频率为 100 Hz，双振幅为 2 μm，还有 8 Hz 的低频振动，一般是由基础等引起的振动。其双振幅为 3 μm。

4）油膜振荡

①油膜振荡的产生过程及危害。油膜振荡发生的过程如下：当转子达到某一转速时，振动出现为转速频率的 0.35～0.49 倍的频率成分。继续升速，这一频率成分仍旧保持这一比例范围。这种比转速频率低的振动，称为半速涡动，振幅不大。但对挠性转子，当转速高于一阶临界转速两倍之后，半速涡动的频率与一阶临界转速频率重合，发生共振，振动幅度剧烈增加，这就是油膜振荡。油膜振荡使转子轴承系统产生失稳现象，失稳时，转子的轴心轨迹呈不稳定状态，转子出现异常振动频率成分。严重失稳时，可能造成毁机事故。

油膜振荡一旦发生，应立即降低转速，才能使振幅减小和油膜振荡消失，而绝不能用继续升速冲越临界转速的方法来消除油膜振荡。

综上所述，刚性转子和工作转速低于一阶临界转速两倍的挠性转子，只可能产生半速涡动，只有当工作转速高于一阶临界转速两倍的挠性转子，才有可能产生油膜振荡。

②油膜振荡的频谱图。如图 3—29 所示为某压缩机转子升速到 4 360 r/min 时，开始出现半速涡动的频谱图。此时半速涡动的频率为 36 Hz，而转速频率为 72.67 Hz，半速涡动的频率是转速频率的 0.49 倍。继续升速，半速涡动并不消失。当转速升到 7 180 r/min 时，半速涡动的频率与转子的一阶临界转速频率重合，即为 47 Hz，此时振动明显加剧，再继续升速，振动频率仍为原来数值，可见发生了油膜振荡，如图 3—30 所示。

③轴承工作的稳定性。半速涡动和油膜振荡的发生，都是由于滑动轴承的工作稳定性差造成的。决定滑动轴承稳定性好坏的根本原因是轴在轴承中偏心距的大小，同时与轴的转速、轴的载荷、润滑油的黏度等因素有关。

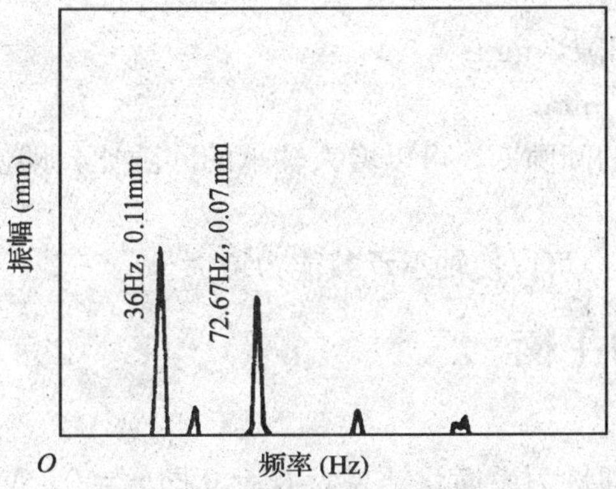

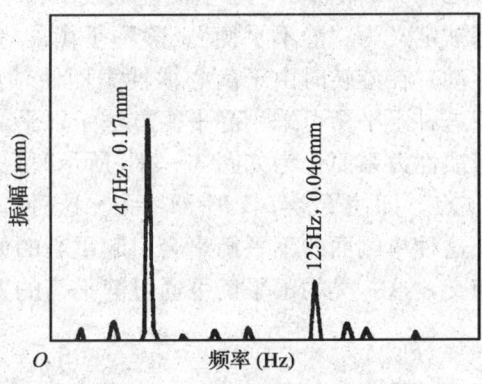

图 3—29 半速涡动时的频谱图

图 3—30 油膜振荡时的频谱图

研究表明，高速重载的轴不易发生油膜振荡，而高速轻载的轴则易发生油膜振荡。但当轴的转速达到或超过2倍于一阶临界转速时，将发生大振幅的共振涡动振荡，此时即使降低转速也不消失，直到转速小于一阶临界转速2倍后，共振才消失。

增大轴承的稳定性可采取以下措施：

a. 增大轴承比压。轴承比压计算公式为：

$$p = \frac{W}{LD}$$

式中　p——轴承比压，MPa；
　　　W——轴承所受转子的载荷，N；
　　　L——轴承宽度，mm；
　　　D——轴承直径，mm。

从式中可以看到轴承直径受条件制约，难以改变，可采取外部加压来增大比压，也可以减少轴承宽度 L 来增大比压。

b. 增大轴承间隙比，轴承间隙比 Ψ 计算式为：

$$\Psi = \frac{C}{D}$$

式中　Ψ——轴承间隙比；
　　　C——轴承直径间隙，mm；
　　　D——轴承直径，mm。

适当增大轴承与轴的间隙 C，可以增大轴承的间隙比，即使轴心位置沉得低些，也能增加轴承的稳定性。

c. 提高润滑油温度，可以使轴承承载能力增大。

二、旋转零部件的平衡

1. 不平衡的种类

（1）静不平衡。当惯性力系简化结果为 $R_o \neq 0$ 即 $r_c \neq 0$，$M_o=0$ 即 $J_{Jz}=J_{xz}=0$ [J_{Jz} 为刚性回转体对 X 轴的离心惯性积（$kg \cdot m^2$），J_{xz} 为刚性回转体对 Y 轴的离心惯性积（$kg \cdot m^2$）] 时，出现如图 3—31a 状态，中心主惯性轴线平行地偏离了轴线。按 ISO 国际标准，这种不平衡状态被定义为"静不平衡"。静不平衡的零部件只有当它的重心在铅垂线下方时才能静止不动，在旋转时由于离心惯性力而使轴产生向偏重方向的弯曲，并使机器发生振动。对于这种不平衡可采用静平衡方法予以平衡。

（2）准静不平衡。当惯性力系简化为如图 3—31b 所示时，即 $R_o \neq 0$、$r_c \neq 0$、$M_o \neq 0$ 但 $R_o \perp M_o$，总能找到 o' 点，即使 $R_o \neq 0$，但 $M_o=0$。这种和静不平衡情况相像的不平衡，称为准静不平衡。这种单侧面的不平衡量会引起重心的偏移和中心主惯性轴线的倾斜，从而使它与轴线相交，这一类的不平衡可通过静平衡的方法予以平衡。

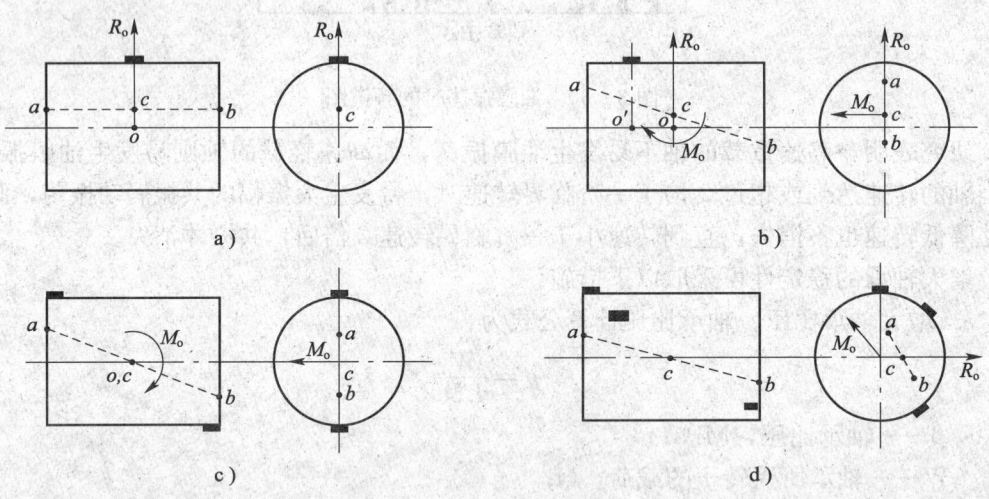

图 3—31　不平衡示意图
a) 静不平衡示意图　b) 准静不平衡示意图　c) 偶不平衡示意图　d) 动不平衡示意图

（3）偶不平衡。当惯性力系简化为 $R_o=0$ 即 $r_c=0$，$M_o \neq 0$ 即 $J_{xz} \neq 0$、$J_{yz} \neq 0$，出现如图 3—31c 状态。两个平衡量会使中心主惯性轴线相对于轴线发生倾斜，且在重心上与轴线相交。它与准静不平衡相反，中心主惯性轴并不发生偏移。这种不平衡状态称为偶不平衡。一般情况下，偶不平衡的干扰要比静不平衡的干扰小。这种不平衡的零部件在任何位置都可以静止不动，但在旋转时将由于轴向位置上有偏重而产生力偶矩，会使机器发生振动。这一类的不平衡可通过动平衡的方法进行平衡。

（4）动不平衡。当惯性力系简化为 $R_o\neq 0$ 即 $r_c\neq 0$，$M_o\neq 0$ 即 $J_{xz}\neq 0$、$J_{yz}\neq 0$，出现如图 3—31d 状态。这种既有静不平衡，又有偶不平衡的不平衡称为动不平衡。动不平衡是指静不平衡加偶不平衡。此时，中心主惯性轴线相对于轴线倾斜，但不相交。这一类的不平衡可通过动平衡的方法进行平衡。

2. 平衡的方法

对旋转零件或部件做消除不平衡的工作，叫做平衡。要使一个不平衡的回转体成为平衡的回转体，就需要重新调整其质量的分布，以使其旋转轴线与中心主惯性轴线相重合，这就是平衡的实质。必须使回转体的轴线与中心主惯性轴线重合，以求围绕其轴线旋转的物体的离心惯性尽可能小。为此必须借助质量校正使中心惯性轴线与轴线重合，或在某些特殊情况下直接在中心主惯性轴线的位置上构成轴线。在加工支承轴颈以前，必须先测出中心主惯性轴线的位置，并用中心钻将此位置固定下来。这种办法称为定中心平衡（质量定心）。

平衡分为静平衡和动平衡两种。静平衡是使回转轴线通过回转体的重心，消除由于质量偏心引起的离心惯性力；而动平衡除了要求达到力的平衡外，还要求校正由于力偶的作用而使主惯性轴绕回转轴线产生的倾斜。

对于刚性回转体，当转速 $n<1\ 800$ r/min 和长径比 $L/D<0.5$，或者转速 $n<900$ r/min 时，只需要作静平衡；而当转速 $n>900$ r/min 和长径比 $L/D>0.5$，或者转速 $n\geqslant 1\ 800$ r/min 时，则必须进行动平衡。对于柔性回转体，必须要进行动平衡。

（1）平衡工艺

1）校正面。平衡一般在垂直于旋转轴线，且被称为校正面的平面上进行。刚性回转体的静平衡，一般只需要一个校正面即可。此校正面应为重心 G 所在的平面或离其很近。反之，则应选择两个校正面。对于刚性回转体的动平衡必须要两个校正平面才行。对于柔性回转体的动平衡，一般应根据其工作转速超过其临界转速的阶数，选择 3 个以上的校正面。校正面的位置，一般由回转体的结构决定，对柔性回转体等来说，还应考虑要平衡的那一阶不平衡量的分布，兼顾其他几阶不平衡量的分布而决定。

2）校正方法。不论是刚性回转体，还是柔性回转体，不论是静平衡，还是动平衡，校正方法均可划分为加重、去重和调整校正质量 3 类方法。

①加重。加重就是在已知该校正面上折算的不平衡量 U 的大小及方向后，有意在 U 的负方向上给回转体附加上一部分质量 m，并使质量 U 到旋转轴线的距离 r 与质量 m 的乘积等于 $|U|$，即 $mr=|U|$，显然，该校正面上的不平衡被消除了。加重可采用补焊、喷镀、胶接、铆接和螺纹连接等多种工艺方法加配质量。加重中，若附加质量体积较大，应准确计算出其质心的位置，并按此位置计算距离 r。

②去重。去重就是在已知该校正面上折算的不平衡量 U 的大小及方向后，有意在 U 的正方向上从回转体上去除一部分质量 m，当 $mr=|U|$ 时，去除的质量 m 产生的不平衡量就是 U，因而该校正面上的不平衡也被消除了。去重可采用钻、磨、铣、錾及激光打孔等多种工艺方法去除质量。

③调整校正质量。调整校正质量则是预先设计出各种结构如平衡槽、偏心块、可调整径向位置的带固定螺纹的质量小块等，通过调整各种结构中的校正质量块的数量、径向位置或角度分布，达到抵消不平衡量 U 的目的。

不论是哪一种校正方法，要求加上或去掉或进行调整的不平衡量的大小和方向应该准确。有些工艺过程需进行一定的数学计算，才能精确地控制调整量。

④极坐标校正与分量校正。在回转体的校正面上任一角度位置，均可去重或加重，则可采用极坐标校正法（见图3—32a）。曲轴、叶轮等类回转体，由于结构上的原因，不平衡量的校正位置被限定在特定的角度范围内，就应采用60°、90°、120°或校正面的几何形状所允许的任意角度的二分量校正法（见图3—32b、c、d），各分量的大小可按三角函数关系简单算出。

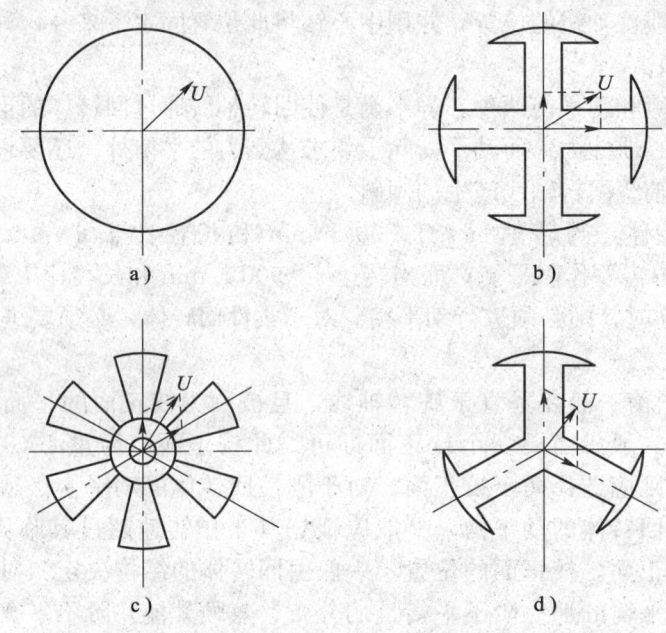

图3—32 极坐标校正与分量校正示意图
a）极坐标校正 b）90°分量校正 c）60°分量校正
d）120°分量校正

（2）刚性回转体的静平衡。刚性回转体的静平衡首先需确定静不平衡量的大小及方向。检查静不平衡的设备，主要有静平衡架、平衡心轴和静平衡试验机（与动平衡机类似，事实上动平衡机也能用于检查静不平衡）。静平衡架是工程中常用的设备。图3—33所示为几种常用的静平衡架结构简图，其中图3—33a平行导轨式静平衡架应用最广。导轨截面有刀口形、圆形、菱形等多种形式。平行导轨须具有光滑和坚硬的工作表面，以减小摩擦阻力，提高平衡精度。若回转体无轴颈待装配时，可使用平衡心轴。平衡心轴的径向圆跳动应小于 0.005~0.02 mm，外圆加工精度不低于 IT6 级。静平衡架支承面与轴颈或平衡心轴均应淬硬至 50~60HRC，最好镀硬铬，并磨光。

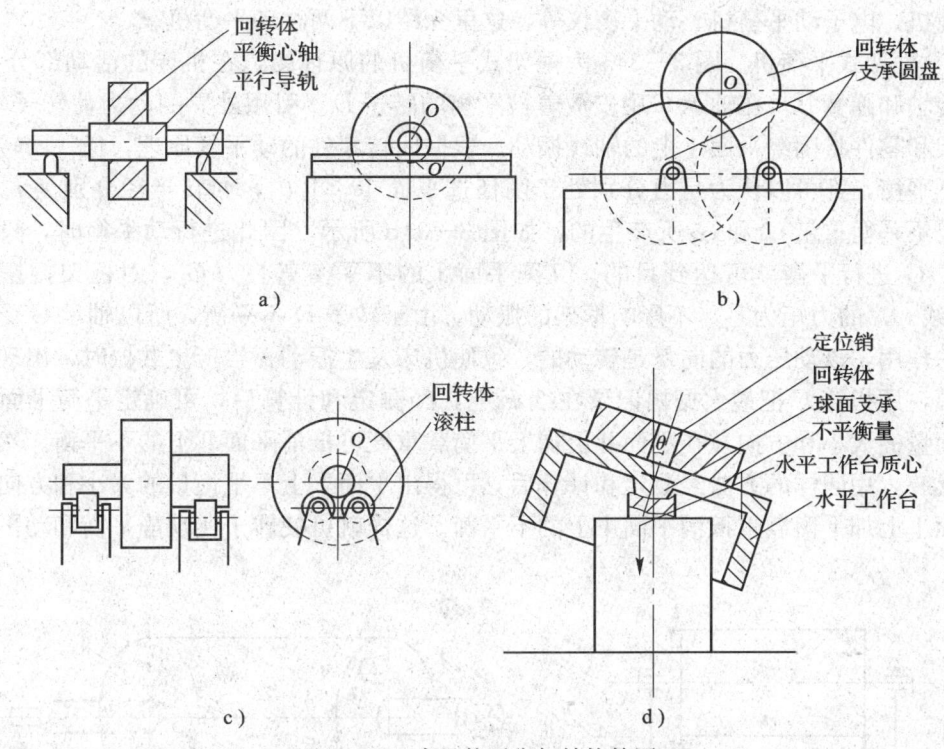

图 3—33 常见静平衡架结构简图
a) 平行导轨式静平衡架　b) 圆盘式静平衡架　c) 滚柱式静平衡架　d) 球面支承式静平衡架

利用静平衡架确定静不平衡量的方向很简单，让回转体在静平衡架上来回摆动，静止时，若无滚动摩擦的影响，重心一定位于通过轴心的垂线下方，即不平衡的正方向为垂直向下。若须考虑滚动摩擦的影响时，可反复多做几次，做出标记，取停下次数最多的方向为静不平衡方向。

静不平衡量大小的确定，一般采用时间平衡法。具体方法此处不做介绍。

确定了静不平衡量的大小及方向后，可采取加重、去重或调整校正质量等多种方法进行校正，然后应检验其是否达到所需要的平衡精度等级。

有些回转体，工作过程中不平衡状态会发生变化，致使静平衡好的回转体使用一段时间后又不平衡了。如砂轮，随着砂轮的磨损、切削液吸附的差异，都会使砂轮在短期内出现不平衡，而经常性的停机做平衡检修，也是很麻烦的。为此，国内外出现了多种结构的自动平衡装置，这些装置由于结构不同，有些尚需手动进行平衡，但不需要拆除回转体系统及不需要繁复地去重或加重，有些则全自动化。这类装置只能作单面静平衡。

（3）刚性回转体的动平衡。动平衡的方法有两种：平衡机法和现场平衡法。

1）平衡机法。平衡机法的优点是：可以高效地、精确地平衡转子；且适用于平衡失衡较大的，不能在运行转速下平衡的回转体，不能在现场校正的回转体，不能在现场进行无损检测的回转体，以及大修中由于其他原因已经吊出机器的转子。

平衡机法是在动平衡机上进行。动平衡机有框架式平衡机、弹性支梁平衡机、摆动式平衡机、电子动平衡机、动平衡仪等，这里介绍以下两种动平衡机。

2) 框架式平衡机。图 3—34a 为框架式平衡机的原理图，在机床的活动部分 A 带有回转轴和弹簧 B，在轴承 C 中安放着被平衡的转子 D。引用外界的动力使转子转动，则框架和零件将围绕平面 I 上的轴线振动。根据回转零件的动平衡原理，任一回转零件的动不平衡，都可以认为是由分别处于两任选平面 I、II 内，回转半径分别为 r_1 和 r_2 的两个不平衡重量 G_1 和 G_2 所产生的，如图 3—34b 所示。因此进行动平衡时，只需针对 G_1、G_2 进行平衡就可达到目的。又因平面 I 的不平衡离心力 G_1，对框架振摆轴线（即轴线 O）的力矩为零，不影响框架的振动。由于转子 D 不平衡，所以轴承 C 受到动压力的作用，该动压力的向量是转动的，致使机床发生振动。当产生共振时，出现最大的振幅，用指针 E 把最大振幅记录在纸 F 上，经测定和计算后，可确定平衡平面 II 的不平衡量的大小和方向。在平面 II 上加上平衡载重便可抵消平面 II 上的不平衡。然后将零件反装，用同样的方法经测定和计算后，可得出平面 I 上不平衡量的大小和方向。再在平面 I 上加平衡载重抵消平面 I 上的不平衡。这样就可使转子实现静平衡和动平衡。

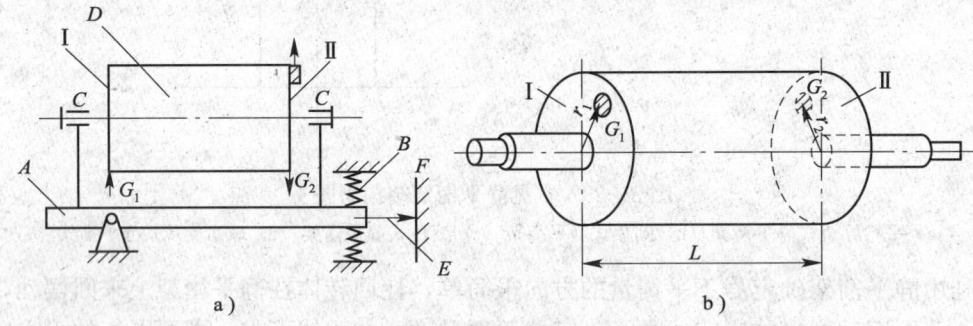

图 3—34 框架式平衡机原理

3) 电子动平衡机。图 3—35 所示为电子动平衡机的原理图，被测零件 1 由两个 V 形架支承，零件上的轴肩靠在 V 形架的端面上，防止零件轴向窜动。被测零件由丝织带在共同振动的条件下直接带动旋转。平衡机的左右两轴承弹性支架 2，由于动不平衡

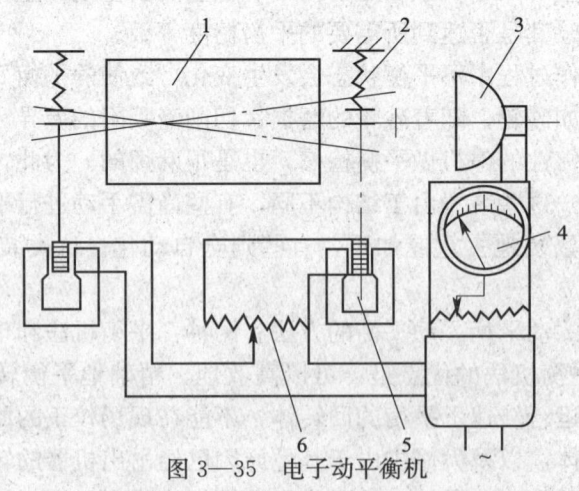

图 3—35 电子动平衡机
1—零件　2—弹性支架　3—闪光灯　4—仪器　5—线圈　6—开关

引起的力矩而造成水平方向来回摆动。固定在支架上的钢丝及与钢丝另一端相连的线圈 5 也同样来回摆动，使线圈在磁场内切割磁力线而产生脉冲电压，经放大后，一方面在仪器 4 上指示出不平衡量的大小，另一方面使闪光灯 3 同步发出闪光，在被测的旋转体上显示出重心偏移的位置。预先在被测零件圆周上写出若干等分的数字，如不平衡量在 "9" 位置，则闪光灯经常照住这个 "9" 字。平衡机与左右摇架相连接的两个电路，可以按需要用左右开关 6 分别接通，每个电路上指出的不平衡量不受另一个平面上不平衡量的影响。通过电子动平衡机的试验，可测得不平衡量的大小和位置，然后用加重法或去重法使零件得到平衡。

（4）现场平衡法。在现场平衡中，需要直接测出转子的振动情况作为平衡操作的原始依据。如果转子是装在滚动轴承中，则可以在机壳上测量振动，测出的振幅与转子失衡的大小有直接的关系。对于装在滑动轴承中的转子，则需要采取不同的测量技术。由于转子与轴承间有油膜存在，转子在油膜间隙内回旋有一定的自由度，最好采用非接触的位移传感器来直接测量转子运动的轴心轨迹。

图 3—36 所示为现场平衡的原理图，传感器安装在轴承的支座上，由于支座在水平方向的刚度较差，因此，测量的是水平方向的振动。如果垂直方向的刚度也较差，则还需测量垂直方向的振动。此外，转轴 1 上还需旋入一个止头螺钉，当轴转动携带止头螺钉通过涡流传感器 2 时产生一个电压脉冲，借此脉冲便可用作相位的参考标记。为了便于确定安装配重的角位置，涡流传感器与另外两个加速度传感器 3、4 最好安置在同一平面内。

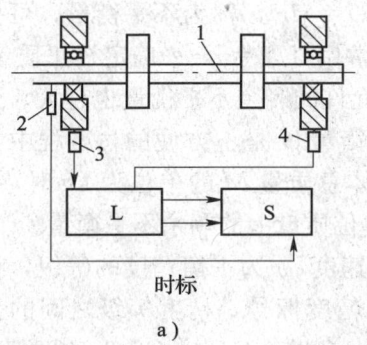
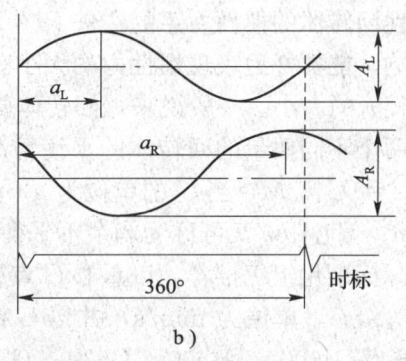

图 3—36　现场平衡原理
a）现场装置　b）振动记录
1—转轴　2—涡流传感器　3、4—加速度传感器　L——通带滤波器　S——存储示波器
A_L——左侧测出的振幅　A_R——右侧测出的振幅

为了消除现场中来自其他机器的振动干扰和机器本身失衡以外其他因素的干扰，装有通带滤波器。将滤波器的通带调节到机组的回转频率上，可提高振幅和相角的测量精确度。

整个现场平衡过程可分为如下 3 个步骤：
1）测出转子在原始失衡状态下左右侧面上各自的振幅和相角。
2）在左侧面上加一个试验配置，重新测出两侧面上各自的振幅和相角。
3）取下左侧面上所加的试验配重，在右侧面上加一试验配重，再测出两侧面上各自新的振幅和相角。

经过适当运算，即可确定左右两个侧面上应施加的配重的正确位置和大小。

(5) 柔性回转体的动平衡。对于一些工作速度较高但通常较固定的回转体，为了减轻转轴质量，常使其工作转速高于其第一阶或第二阶及更高阶临界转速，例如汽轮机转子、高速离心泵、某些发电机转子等。还有一些由于结构尺寸的限制，如细长的传动轴、内圆磨头，也只在临界转速以上工作。这些均属于柔性回转体。

柔性回转体的平衡与刚性回转体的平衡有很大差异，主要在于柔性回转体的平衡只能在有限个校正面上进行，在某一转速下求得平衡的回转体，在另一转速下又会呈现不平衡，如果处理不当，甚至原来平衡时所加（减）的校正量，还会加剧另一转速下的不平衡状态。因此，对柔性回转体校正面和校正方法的选择、动平衡精度评定等，都与刚性回转体不同。

由于柔性回转体的不平衡振动响应，不仅与不平衡量的大小及相位有关，还与回转体本身的参数、支承条件和转速等有密切的关系，加上校正面设置的可能性与理论分析的出入等，使柔性回转体的动平衡成了一件很费时而又不易得到满意效果的工序。目前，关于柔性回转体最理想的平衡方法仍一直在研究及探索中。最常用及最基本的方法为振型平衡法及影响系数法。但这两种动平衡方法均不同程度地存在着费时费事的缺点，对于某些结构简单的柔性回转体，特别是只需两个校正面就行的柔性回转体，可考虑使用动平衡机等其他方法进行平衡。

3. 平衡精度

刚性回转体的惯性力系的主矢 $R_0 = M\omega^2 r_c$，令 $U = Mr_c$，称为不平衡量，可排除转速的影响，能更好地表现惯性力的大小。工程中也常用 $|U| = mr$ 来确定校正质量 m 及校正半径 r 的大小。一般说来，回转体质量越大，允许的剩余不平衡量也越大。为了方便比较两个不同质量的回转体的平衡情况，用不平衡量 U 是不方便的，工程中常采用偏心距 $e = |U|/M$，当 U 的单位为 $g \cdot mm$，回转体总质量 M 的单位为 kg 时，e 的单位为 μm。偏心距 e 又可称为剩余不平衡率，即每单位质量上的剩余不平衡量。

国际标准化组织推荐，以重心 G 点旋转时的线速度 $e\omega$ 为平衡精度的等级，记为平衡精度等级 G，单位为 mm/s，并以 G 的大小作为精度标号，精度等级之间的公比为 2.5，分为 G4000、G1600、G630、G250、G100、G40、G16、G6.3、G2.5、G1、G0.4 共十一级。

平衡精度等级 G 与偏心距 e 之间的关系为

$$G = e\omega/1\,000$$

图 3—37 所示为式 $G = e\omega/1\,000$ 在双对数坐标下的图解表示，从图中已知 G、e 或 ω 中的两个参数，很容易查出第三个参数来。

在确定某一回转体的精度级 G 时，不仅要考虑技术上的先进性，而且还必须注意其经济上的合理性，不应盲目追求高精度等级。工程中可根据不同类型的工作机械、使用场合、转速高低、用户意见等来确定。表 3—7 可供选择平衡精度等级时参考。

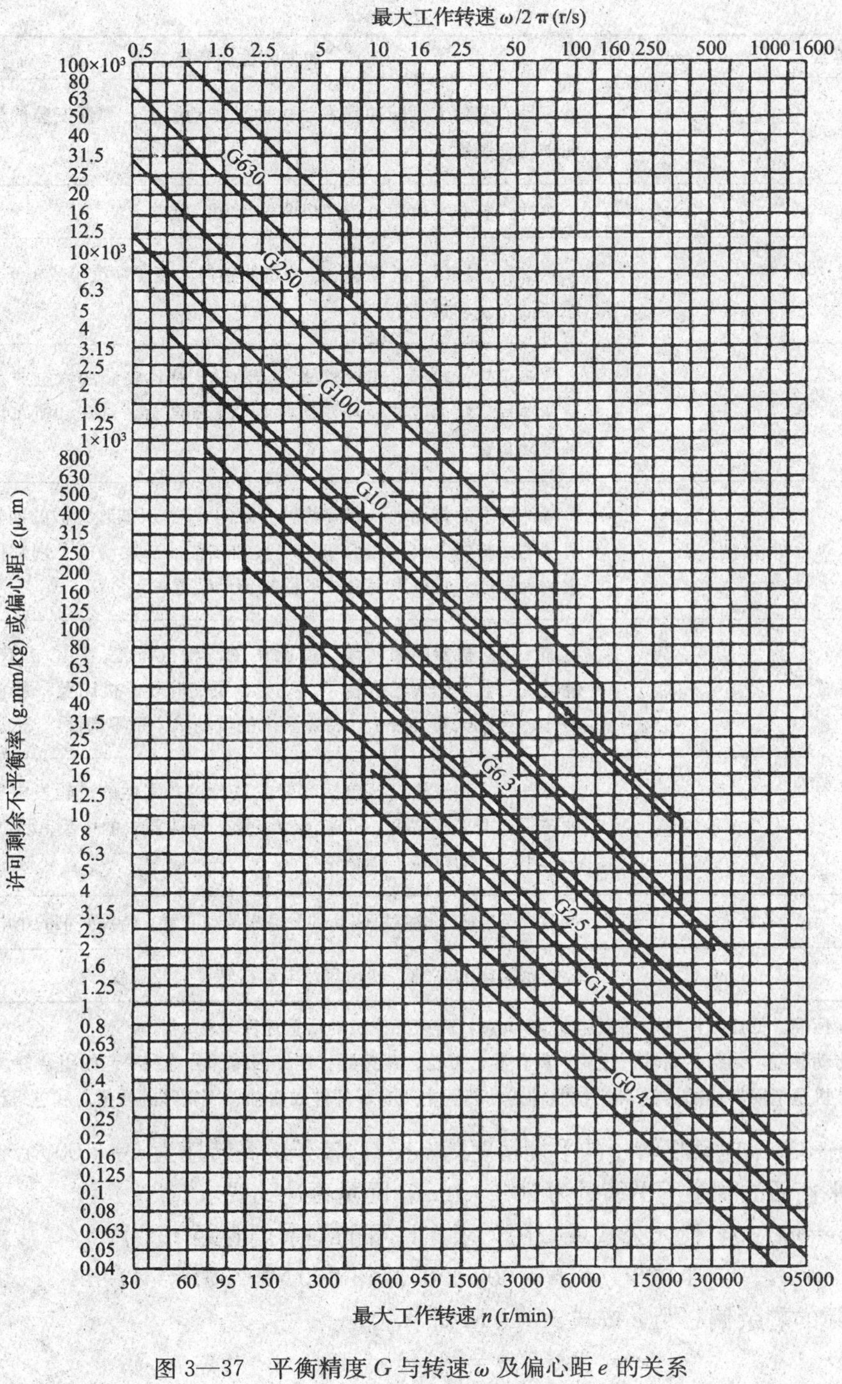

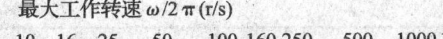

图3—37 平衡精度 G 与转速 ω 及偏心距 e 的关系

表3—7　　　　　　　　　典型刚性回转体的平衡精度等级

平衡精度等级 G	$e\omega$ (mm/s)	典型刚性回转体举例
G4000	4 000	刚性安装的具有奇数气缸的低速[①]船用柴油机曲轴传动装置[②]
G1600	1 600	刚性安装的大型二冲程发动机曲轴传动装置

续表

平衡精度等级 G	$e\omega$ (mm/s)	典型刚性回转体举例
G630	630	刚性安装的大型四冲程发动机曲轴传动装置;弹性安装的船用柴油机曲轴传动装置
G250	250	刚性安装的高速四缸柴油机曲轴传动装置
G100	100	六缸和六缸以上的高速①柴油机曲轴传动装置;汽车或机车用的(汽油或柴油)发动机整机③
G40	40	汽车车轮、轮箍、车轮整体、传动轴、弹性安装的六缸或六缸以上高速四冲程(汽油或柴油)发动机曲轴传动装置、汽车和机车用发动机曲轴传动装置
G16	16	特殊要求的传动轴(螺旋桨轴、万向节轴)、破碎机械的回转体、农业机械的回转体、汽车和机车用(汽油或柴油)发动机个别部件、特殊要求的六缸或六缸以上发动机的曲轴传动装置
G6.3	6.3	加工工厂机器的回转体、商船用主汽轮机齿轮、离心机鼓轮、风扇、装配好的航空燃气轮机转子、飞轮、泵的叶轮、机床及一般机器中的回转体、普通电动机转子、特殊要求的发动机个别零部件
G2.5	2.5	燃气轮机和汽轮机(包括商船主汽轮机)刚性的汽轮发电机转子,各种转子、透平压缩机、机床传动装置、特殊要求的中型和大型电动机转子、小型电动机转子、涡轮泵
G1	1	磁带录音机及电唱机驱动件、磨床传动装置、特殊要求的小电动机转子
G0.4	0.4	精密磨床的主轴、砂轮盘及电动机转子、陀螺仪

① 按国际标准,低速柴油机的活塞速度<9 m/s,高速柴油机的活塞速度>9 m/s。
② 曲轴传动装置,指包括曲轴、飞轮、离合器、带轮、减振器、连杆回转部分等在一起的组合件。
③ 所谓整机是指回转体的质量 m 应按曲轴传动装置中所有零部件如曲轴、飞轮等的质量之和进行计算。

【例 3—3】 某电动机转子的平衡精度为 G6.3,转子最高转速为 $n=3\,000$ r/min,质量为 5 kg,平衡后的剩余不平衡量为 80 g·mm,问是否达到要求?

解: $\omega=n\pi/30$,代入公式或查图,求出许可的剩余偏心距 e_{per} 为

$$e_{per}=1\,000G/\omega=1\,000\times6.3/(3\,000\times\pi/30)=20\,\mu m$$

而实际的剩余偏心距 e 按式 $e=U/M$ 计算为

$$e=|U|/m=80/5=16\,\mu m<e_{per}$$

查图 3—37 在给定转速下 G6.3 的 e 范围为 9.2~23 μm,故表明平衡达到所需要的精度级要求。

对于柔性回转体,因其不平衡量随转速而变,另外,不平衡量分配也随着校正面位置选择的不同而变化,故很难有一个统一的标准。

第三节　齿轮磨床空运转试验中的常见故障及排除

培训目标 → 掌握典型设备装配试车中故障的排除方法，能够解决生产中的疑难问题

齿轮磨床在空运转之前要检查电器是否良好接地；各防护罩应紧固好；各滑动导轨的端部用 0.03 mm 塞尺检查，插入深度应小于 20 mm；油路要畅通。先以手动进行试验，各部分的机动动作应均匀灵活。这些工作准备好以后，就可以进行空运转试验了。在齿轮磨床空运转试验中出现的常见故障及排除方法见表 3—8。

表 3—8　　齿轮磨床空运转试验中的常见故障及排除方法

部分	故障内容	产 生 原 因	排 除 方 法
1. 齿轮箱部分	工作台换向失灵	换向操纵的"旗式换向机构"（见图 3—38）中翻转挡铁 2（即"小旗"）上的齿 A 磨损，不能将小板 3 顶住，使离合器处于中间位置	修正翻转挡铁 2 上齿 A 的缺口，使其能将小板顶住，当斜面 B 顶开翻转挡铁时，小板 3 便与齿 A 脱开，拨叉 5 在弹簧的作用下立刻移动爪形离合器至另一啮合位置，完成换向动作
	工作台在工作时突然停止移动	(1) 滚动运动的启闭手柄上的定位装置未将手柄定位定住，在工作中手柄跳至"停止"位置 (2) 安全摩擦离合器打滑	(1) 松开安全摩擦离合器的调整环 1 (2) 安全摩擦离合器调整如图 3—39 所示。 1) 松开安全摩擦离合器的调整环 1 2) 逐步拧紧调整环 1 使摩擦片相啮合，使其传动力足以保证工作台滑鞍沿机床导轨做可靠而均匀的往复运动。如在工作台上施以 50～60 N 运动方向相反的力时应打滑。用止动螺钉 2 锁紧
	快速移动失灵或变快速后不变慢速	床身前部的扇形齿轮（控制快速）的回转角度太小，未能使"旗式操纵机构"的拨叉将快速离合器推向另一啮合位置，如图 3—40 所示	调整工作台滑鞍上的挡铁距离，使"旗式操纵机构"内的弹簧（图 3—38 中件号 6）压缩 20～30 mm
	快速移动时，将工作台滑鞍顶起	工作台滑鞍上控制快速运动的挡铁（见图 3—40）的底面在通过扇形齿轮上的挡铁的顶面时，将工作台滑鞍顶起	调整或修磨

续表

部分	故障内容	产 生 原 因	排 除 方 法
1. 齿轮箱部分	快速时有噪声	安全摩擦离合器在超负荷状态中打滑	调整方法见上述如图3—39所示的调整
	不分度	双联齿轮3、4（见图3—42）内弹簧力太小，未将爪形离合器b弹出，使其与离合器A相咬合	修去离合器b与双联齿轮3、4花键上的毛刺，调整弹簧的压紧力
	分度时分两齿	(1) 如图3—41所示，当工作台移动速度较慢时，拉杆上的挡块a的斜面和挡块b的斜面接触面太长，延长了分度拉杆1（见图3—42）抬起的时间 (2) 磨小模数齿轮时，工作台滑鞍行程量调整过小	(1) 调整方法如下：将挡块a的斜面与挡块b的斜面保持距离3~6 mm，用平头螺钉将挡块a固定在拉杆上（见图3—41a）。开动机床，扳动工作台启动手柄，使工作台向左移动，挡块a碰到挡块b压下挡块c（见图3—41b），从而抬起拉杆1（见图3—42），使分度机构实现分度动作。工作台换向向左移动，这时挡块a、b的位置如图3—41c所示。台面继续向右移动，挡块a把挡块b向下压入挡块c的槽内，挡块a、b离开后由于弹簧的作用，将挡块b拉回到原来位置。工作台再换向，看挡块a、b的距离是否仍保持3~6 mm。如不对，则重新移动挡块a在拉杆上的位置，并经半小时的试验没有问题为止 (2) 移动挡铁，加大工作台滑鞍的行程量
	连续分度	(1) 拉杆2（见图3—43）上的滚轮的端面在分度结束落下时与离合器b的外圆相碰 (2) 上一项故障（见图3—41）中挡块a的斜面尖角和挡块b的斜面尖角太宽，在分度结束拉杆落下时两挡块的尖角顶住 (3) 分度的长短爪及定位盘的定位端面咬毛，使长短爪不能落入定位盘	(1) 转动拉杆，使拉杆上的滚轮与离合器b在凸轮外圆保持0.2~0.3 mm的距离 (2) 挡块a和b的尖角宽度修至0.5~1 mm (3) 检查咬毛原因，按技术要求修磨长短爪及定位盘的定位端面
	分度时分度机构有响声	爪形离合器a和b（见图3—42）的两端面间隙太小	检查爪形离合器a、b的端面距离，如间隙过小（见图3—42）则修磨离合器a
	分度定位爪打断	在计数器自动停车以后，再开车时没有将拉杆2（见图3—43）抬起	操作时必须注意计数器自动停车后，再开车时务必先将拉杆抬起
2. 工作立柱	平衡弹簧断掉	(1) 弹簧调整的负荷太大 (2) 弹簧内的特种螺钉的螺距与弹簧螺距不对	(1) 合理调整弹簧的张力 (2) 正确测量弹簧螺距，重新加工特种螺钉

续表

部分	故障内容	产生原因	排除方法
2. 工作立柱	滑体上下冲击有撞击声	(1) 滑座内曲柄上下不平行，调心自位轴承扎住 (2) 平衡弹簧调整得不好，过紧或过松 (3) 导轨间隙调整过大或过小	(1) 调整曲柄的轴向位置 (2) 重新调整平衡弹簧 (3) 修刮压板
	(3) 链条易断	(1) 两根链条受力不均匀 (2) 平衡弹簧调整太紧，超过负荷	(1) 换新链条 (2) 重新调整平衡力

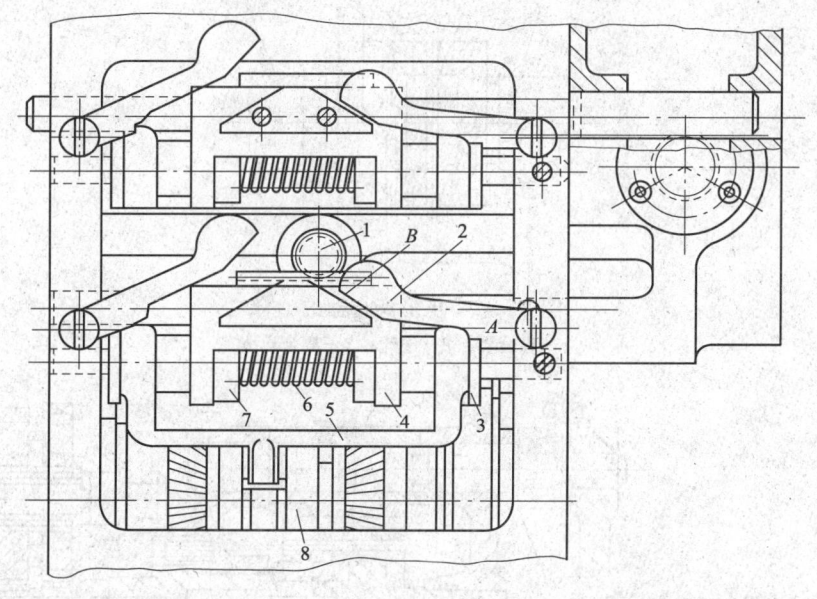

图 3—38 旗式换向机构
1—齿轮 2—翻转挡铁 3—小板 4—托架 5—拨叉 6—弹簧 7—套筒 8—离合器

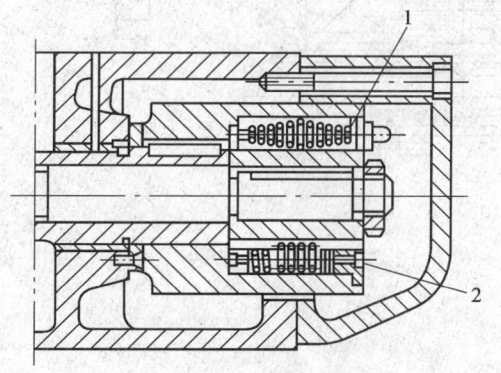

图 3—39 齿轮箱安全离合器
1—调整环 2—止动螺钉

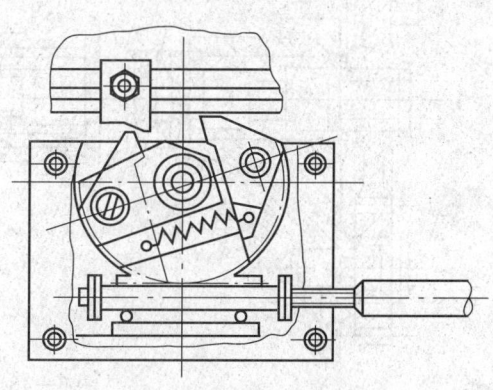

图 3—40 旗式操纵机构的调整

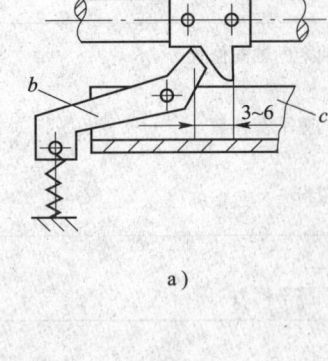 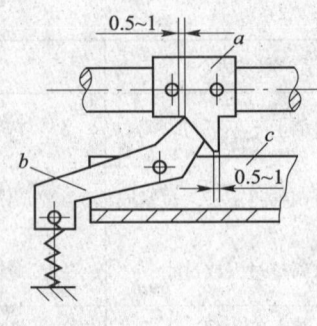 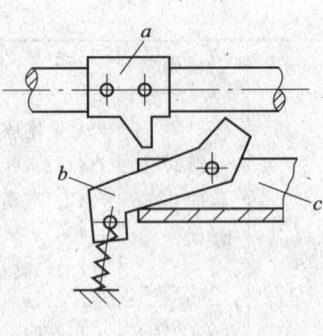

a)   b)   c)

图 3—41 分度定位装置的调整

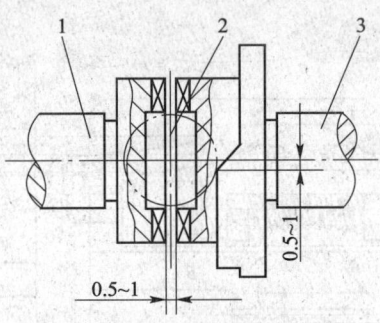

图 3—42 爪形离合器的啮合
1—离合器 2—滚轮 3—离合器 b

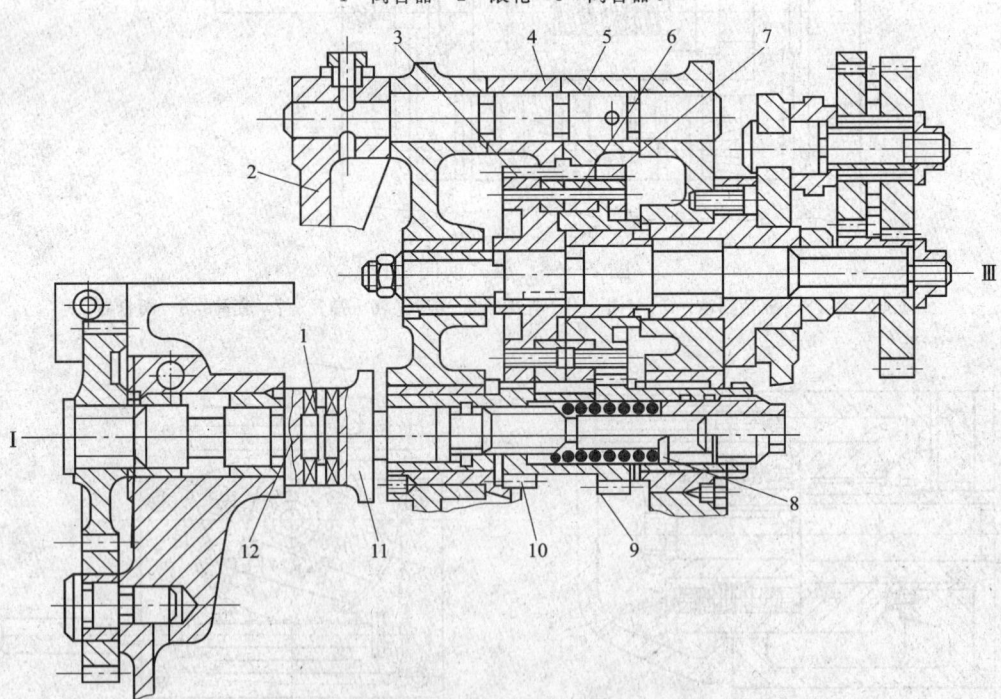

图 3—43 分度定位装置
1—滚轮 2—拉杆 3、7、9、10—齿轮 4—长爪 5—短爪
6—定位盘 a 8—弹簧2 11—离合器 b 12—离合器 a

第四节 坐标镗床加工试件产生不合格项的原因及排除方法

→ 掌握典型设备装配试车中不合格原因及排除方法,能够解决生产疑难问题

坐标镗床加工试件不合格项的产生原因及排除方法见表3—9。

表3—9　　坐标镗床加工试件不合格项的产生原因及排除方法

序号	缺陷内容	产 生 原 因	排 除 方 法
1	孔距误差超差	刻线尺的螺旋线在全长任意两刻线间螺距误差超差	经计量室鉴定确实超差后应重新制造 刻线间的螺距应根据材料力学进行换算,解决刻线尺因弯曲造成的上母线缩短、下母线伸长问题
		机床床身及滑板刚度不足或工作台在滑板上往复移动时,工作台面对立柱中心线产生偏斜	仔细调整3个主要支承,使安装水平值为最小值,然后,分别调整4个辅助支承,使其与床身稍微接触,以防止机床变形,调整后必须复检以下项目: (1) 工作台移动方向在垂直平面内的直线度 (2) 工作台移动方向在水平面内的直线度 (3) 工作台面对工作台滑板移动的平行度
		机床的x向与y向垂直度超差,此项超差直接反映出坐标精度,对孔距超差影响也较大	复检机床x向与y向的垂直度,应达到垂直度在600 mm行程上为0.004 mm的要求
		光学装置的调整与定位不准。由于机床的定位精度直接取决于定位测量装置的精度,所以此项精度极为重要	(1) 重新调整定位光学系统,重新检查刻线尺对有关导轨的不平行度 (2) 在鉴定坐标精度时,请有经验的检验人员操作,排除人为影响 (3) 检查有关光学装置的调整是否符合技术文件要求
		工作台、滑板刹紧机构装置调整不当,刹紧时所引起的坐标变动量将反映到孔距加工精度上	检查刹紧机构中夹紧压板和钢片是否平行,间隙是否适当,钢片与刹紧固定面是否密合,这些因素均可能在刹紧时促使导轨变形,出现定位误差,影响达到这些方面的技术要求
		室温超过规定的范围	在坐标精度测量的过程中,室温应控制在20℃±0.25℃的范围内

续表

序号	缺陷内容	产生原因	排除方法
2	孔的表面粗糙度不符合要求	主轴轴向窜动超差	(1) 选用推力球轴承时，应选用 G 级精度，并应达到 G 级轴承精度标准 (2) 检查各垫圈端面平行度误差应小于 0.002 mm (3) 装配时，应注意轴向接触面的清洁 (4) 重新检查主轴套端面对轴线的垂直度
		主轴进给不均匀	稍稍拧紧变速箱中调节摩擦环（无级变速机构）。松紧螺母不要调得太紧，否则，会使进给手柄旋转时感到很重，操作不方便
		进给用的主轴套筒上的齿条和齿轮啮合状态不良，或者啮合过紧或有毛刺等物使主轴进给出现爬行现象	(1) 齿条的齿槽对套筒中心线的垂直度在全长上不大于 0.02 mm (2) 齿条的节线对套筒中心线的平行度在全长上不应大于 0.003 mm (3) 有毛刺等物时应手工修光
		主轴套筒对主轴箱体孔配合间隙不均匀，使主轴进给时出现突变不规则变化	检查主轴和箱体孔的精度是否超差，配合间隙应在 0.005~0.01 mm
		切削液过脏	更换切削液
		刀具角度不正确，刀杆刚度不足及安装不正确	根据刀具设计原理设计刀具并能正确安装刀具
3	孔的直线度及圆度超差	直线度超差原因有： (1) 主轴箱体孔直线度超差 (2) 主轴套筒外圆母线直线度超差	根据技术条件要求，重新研磨有关表面
		(3) 进给用的主轴套筒上的齿条与齿轮啮合状态不良，或者啮合过紧或有毛刺等物使主轴进给出现爬行现象	(1) 齿条的齿槽对套筒中心线的垂直度在全长上不大于 0.02 mm (2) 齿条的节线对套筒中心线的平行度在全长上不应大于 0.003 mm (3) 有毛刺等物时应手工修光
		圆度超差原因有： (1) 主轴上滚柱轴承内环的外表面几何精度及同轴度超差 (2) 主轴套筒上滚柱轴承外环的内表面几何精度及同轴度超差	按工艺文件要求，重新研磨各有关表面达到要求
		(3) 各滚柱直径的一致性及圆度超差	更换合格滚柱，应达到： (1) 圆度 0.000 5 mm (2) 圆柱度 0.000 5 mm (3) 全套滚柱直径差 0.001 mm (4) 硬度 60~64HRC (5) 表面粗糙度 R_a 0.1 μm

续表

序号	缺陷内容	产生原因	排除方法
3	孔的直线度及圆度超差	(4) 轴承的预加负荷选择不当，引起主轴前后滚柱轴承有间隙，因而影响车孔的圆度	更换滚柱，保证前轴承过盈量 0.003～0.006 mm，后轴承过盈量 0～0.003 mm
		(5) 刀具刚度不足及安装不正确	根据刀具设计原理设计刀具并正确安装刀具

单元考核要点

行为领域	鉴定范围	鉴定点	重要程度
理论知识鉴定考核要点	性能及精度检验	常用精密测量仪器的结构与使用方法	★★★
		机械振动的特性	★
		旋转机械振动的标准	★★
		旋转零部件不平衡原因	★
操作技能鉴定考核要点		复杂机械设备装配几何精度的检验	★★
		振动测量	★
		旋转零件静、动平衡方法	★★
		高精度设备试件不合格项产生原因并予以处理	★★★

单元测试题

一、填空题（请将正确的答案填在横线空白处）

1. 合像水平仪采用的是光学系统，其最小分度值为_____/1 000 mm（相当于 2″）。

2. 单位时间内接收装置所接收的光波数与光源实际发出的光波数量随着光源与光波接收装置之间相对速度 v 的不同而改变，这种现象称为光波的_____效应。

3. 三坐标测量机常见结构形式有立轴式、_____式、_____式、桥式和_____式 5 种。

4. 三坐标测量头可视为一种传感器，只是结构、种类、功能较一般传感器复杂得多，但其原理仍与传感器相同。按其结构原理可分为_____式、_____式和电气式 3 种。

5. 垂直度误差的测量基本上可分为 3 大类：_____垂直度误差测量、_____垂直度误差测量、_____垂直度误差测量。

6. 从故障诊断的角度还可以将振动标准划分为_____标准和_____标准两种。

7. 一般来说，工作转速低于一阶临界转速 0.5 倍的回转体，可视为_____；而工作转速超过一阶临界转速 0.7 倍的回转体，则应按_____的处理。

8. 刚性回转体存在四种不平衡形式：_____。

9. 对于刚性回转体，当转速 $n<1\,800$ r/min 和长径比 $L/D<0.5$ 或者转速 $n<900$ r/min 时，只需要作_____；而当转速 $n>900$ r/min 和长径比 $L/D>0.5$，或者转速 $n>1\,800$ r/min 时，则必须进行_____。对于柔性回转体，必须要进行_____。

10. 不论是刚性回转体，还是柔性回转体，不论是静平衡，还是动平衡，校正方法均可划分为_____和调整校正质量 3 类方法。

二、单项选择题（下列每题的选项中，只有 1 个是正确的，请将其代号填在横线空白处）

1. 三坐标测量机是精密测量仪器，用作零件和部件的几何尺寸和相互位置的_____测量。
   A. 动平衡　　　B. 静平衡　　　C. 划线

2. 三坐标测量机的导向装置可采用_____，但配备这种导轨的测量机日渐减少。
   A. 滑动导轨　　B. 滚动导轨　　C. 空气静压导轨

3. 分度误差可以通过_____进行测量。
   A. 经纬仪　　　B. 水平仪　　　C. 合像水平仪

4. 使转子产生干扰力的因素，最基本的就是由于_____不平衡而引起的。
   A. 重力　　　　B. 向心力　　　C. 离心力

5. 高速重载的轴不易发生_____，而高速轻载的轴则易发生_____。
   A. 轴过热现象　B. 油膜振荡　　C. 变形

6. 汽轮机转子、高速离心泵、某些发电机转子、内圆磨头等，这些均属于_____。
   A. 柔性回转体　B. 刚性回转体　C. 静平衡回转体

三、判断题（下列判断正确的请打"√"，错误的打"×"）

1. 三坐标测量机可进行坐标系变换，但被测件需要与测量机的 X、Y、Z 三个方向的坐标重合。（　　）

2. 如果机器的工作转速小于一阶临界转速，则转轴称为刚性轴；如果工作转速高于一阶临界转速，则转轴称为柔性轴。（　　）

3. 旋转机械的工作转速应等于或接近于临界转速，否则将使转子产生剧烈振动而可能带来严重后果。（　　）

4. 振动标准从使用者的角度可分为两类，即运行管理标准和制造厂出厂标准。（　　）

5. 一般传感器和测振仪即能测得的振动值，称为通频振动值或全频振动值，各种不同频率的振动成分综合反映到转子上，使转子振动性质复杂。（　　）

6. 要想把通频振动中各种不同的振动频率——区分开来，可使用频率分析仪，只要将轴承和轴的振动信号输入到频率分析仪中，振动的频谱就能在仪器的荧光屏上显示出来。各种频率成分及其对应峰值都同时表达清楚，这种图称为振动频谱图。（　　）

7. 油膜振荡一旦发生，应立即降低转速，才能使振幅减小和油膜振荡消失，而绝不能用继续降速冲越临界转速的方法来消除油膜振荡。（　　）

8. 刚性回转体平衡的必要与充分条件，是惯性力系向任一点简化得到的主矢与主矩为零。（　　）

9. 静平衡是使回转轴线通过回转体的重心，消除由于质量偏心引起的离心惯性力；而动平衡除了要求达到力的平衡外，还要求校正由于力偶的作用而使主惯性轴绕回转轴线产生的倾斜。（　　）

四、简答题

1. 使用合像水平仪有哪些注意事项？
2. 简述双频激光干涉仪相对于单频激光干涉仪的优点。
3. 解释两端点连线评定直线度误差法。
4. 叙述用经纬仪测量分度误差的操作步骤。
5. 列举3个在生产实践中旋转机械产生的不正常振动并说明主要原因。
6. 简要说明现场平衡过程的3个操作步骤。

单元测试题答案

一、填空题

1. 0.01 mm　　2. 多普勒　　3. 卧轴　悬臂　龙门　　4. 机械　光学
5. 平面间　平面和轴心线间　轴心线间（包括平面内或空间内轴心线）　　6. 绝对　相对　　7. 刚性　柔性　　8. 静不平衡、准静不平衡、偶不平衡、动不平衡
9. 静平衡　动平衡　动平衡　　10. 加重、去重

二、单项选择题

1. C　　2. A　　3. A　　4. C　　5. B　　6. B

三、判断题

1. ×　　2. √　　3. ×　　4. √　　5. √　　6. √　　7. ×　　8. √
9. √

四、简答题（略）

第 4 单元

培训与指导

培训内容与标准依据《国家职业标准》。因此，授课者要熟悉本工种国家职业标准，深刻理解培训大纲与教材并了解学员的实际水平，联系生产实际备好课，在培训中能够展示自己的工作经验与诀窍则会收到更好的培训效果。

→ 熟悉装配钳工在职业标准中各等级的要求
→ 熟读培训教材，掌握培训方法

技师应具有指导本职业初级工、中级工、高级工进行操作的能力，掌握理论与技能的培训方法，在讲授本专业技术理论知识时须先明确理论培训的目的和基本要求。

一、理论培训的目的

理论培训的目的就是通过系统讲授机械制造与装配原理和实践经验，使学员对机械制造与装配有一个系统的了解，对机械制造与装配工艺有一个全面的认识，从而使学员在专业技术理论的指导下迅速掌握工艺技术所必备的操作技能。

二、理论培训的基本要求

1. 应按照本职业的《国家职业标准》制订培训计划。培训的等级、时间、内容、场地、设备等必须符合本职业《国家职业标准》的规定。

2. 理论培训的教程必须符合《国家职业标准》，并结合本企业的产品、工艺、材料、设备等具体内容加以补充。

3. 讲授的理论知识和操作技能必须符合工艺技术的实际情况，符合国家规定的各项标准要求。

4. 授课者应认真备课，对教程有深刻的理解，并按教程内容认真讲解，不要脱离教程随意引申和发挥。

5. 教学过程必须遵循教程大纲、教学原则，使学员有条理地、系统地掌握所学的知识。

三、理论培训的方法

1. 备课方法

（1）领会标准。标准是备课的依据，是培训的指导性文件。领会和掌握标准，以有效地提高备课质量。

（2）钻研教材。教材是教学的主要依据，只有对它深入钻研、透彻理解，才能系统、完整、准确地掌握并得心应手地培训其内容。

（3）了解学员。学员是培训的对象，要了解他们，做到知己知彼。了解的内容包括：知识水平和接受能力、学习态度和兴趣爱好、思维方式和困惑疑点、操作水平和性格特点。

（4）确定目的。目的即目标，是检验培训效果的标尺。每一次课都要围绕一个目的展开。目的的确定务必做到：准确、鲜明具体、可度量、全面实际。

（5）研究教法。教无定法，贵在得法。重在启发，使教与学有机结合起来。

(6) 把握重点。抓好培训中最关键的知识点和技能点，掌握要点、突出重点、化解难点（包括教材难点、学员理解难点、操作难点）。

(7) 联系实际。直观培训、现场培训，联系实际要自然贴切。

(8) 板书设计。板书是培训的窗口，是内容的精华，是简明的重点与启发，是学员思考与记忆的助推器。

(9) 精选练习。"学"与"习"不可分，练习不是越多越好，而是要精，要有针对性，能够抓住要领。

(10) 编写教案。教案是培训的策划，是实施培训的设计，它应体现鲜明的目的性、切实的针对性、较强的实践性和明确的指导性。应注意课后改教案，即回顾、反思和总结。

总之，备课的实质就是瞄准目标，千方百计地通过"知识点"，找到思想教育的"渗透点"、能力培养的"落实点"、智力开发的"关键点"，为完成培训做好准备。

2. 培训方法

(1) 理论培训一般采用课堂讲授的方式，必要时也可采用现场教学的方式。

(2) 联系实际授课。理论知识来源于客观实际，对人们的实践有着重要的指导意义。因此授课者要结合本企业的产品和产品的技术要求、质量要求进行客观的工艺分析，讲解本企业生产工艺的制定过程，说明产品、工艺的特点，加工中产生质量缺陷的原因，降低不合格品率的方法以及如何在生产中控制产品质量等规律性的知识。从而使学员把理论知识与企业生产实际紧密联系起来，加深、加快对所学理论知识的理解和掌握。

(3) 在条件允许的情况下可组织与教学有关的参观。通过参观使学员扩大视野，了解本行业、本职业的新技术、新设备、新工艺、新材料的状况，这样有利于学员技术水平的提高。

(4) 课上要进行提问并解答问题，还要进行重点复习和成绩考核，使学员及时巩固所学的知识。

(5) 让学员了解学习理论知识的重要性，明确学习目的，培养学员对理论知识学习的兴趣，使学员自觉、主动、积极地参加培训，使理论培训取得更好的效果。

3. 指导方法

(1) 答疑解惑。答疑解惑是使学员掌握重点、化解难点、消除疑点、杜绝弱点和对培训所学的知识和技能得以理解、深化或变为技能、技巧的辅助活动。

(2) 传授方法。理论方面不但要教学员"学会"，还必须根据学员的特点对他们进行学法知识指导，使他们"会学"。技能方面要通过操作示范点明操作要领。

单元考核要点

行为领域	鉴定范围	鉴定点	重要程度
理论知识鉴定考核要点	理论培训	理论培训基本要求	★★
		理论培训的方法	★★★
操作技能鉴定考核要点	指导操作	指导本职业初、中、高级工的实际操作	★★★

单元测试题

一、填空题（请将正确的答案填在横线空白处）

1. 制订培训计划和培训等级时应依据_____。
2. 四新指新_____、新_____、新_____、新_____。
3. 备课方法有：_____、钻研教材、了解学员、确定目的、_____、_____、联系实际、板书设计、精选练习、编写教案。
4. 答疑解惑是使学员掌握重点、_____、_____、杜绝弱点和对培训所学的知识和技能得以理解、深化或变为技能、技巧的辅助活动。

二、简答题

1. 简述理论培训的目的。
2. 简述理论培训的基本要求。

单元测试题答案

一、填空题

1. 《国家职业标准》　2. 技术　设备　工艺　材料　3. 领会标准　研究教法　把握重点　4. 化解难点　消除疑点

二、简答题（略）

第5单元

管理

- 第一节　质量管理 /165
- 第二节　生产管理基本知识 /175

管理出质量，管理出效益。当今世界各种先进的管理模式很多，如ISO 9000质量管理标准体系，值得我们借鉴。对于先进的质量分析与控制方法，应通过消化、吸收从而应用到生产实践中去。随着社会的进步、科学技术的发展，管理科学也在不断地创新，因此，要不断学习以适应新的管理体制要求。

第一节 质量管理

→ 了解企业相关质量标准,并能够在本职工作中贯彻执行
→ 掌握质量管理理论知识,能够进行质量分析与质量控制,熟悉其分析方法

一、相关质量标准

1. ISO 9000 族标准的产生

国际标准化组织质量管理和质量保证技术委员会(ISO/TC 176)为了适应国际贸易与国际技术经济合作的形势需要,能够进行更规范的服务与管理,进行了多年的国际协调,于 1986 年 6 月颁布了 ISO 8402《质量—术语》,1987 年 3 月正式公布了"ISO 系列标准":ISO 9000~9004 共 5 个标准。1990 年国际标准化组织开始对 ISO 系列标准进行修订,1994 年 7 月颁布了修订版。我国也于 1994 年 12 月正式发布了 GB/T 19000—ISO 9000《质量管理和质量保证》双编号国家标准。按国际惯例,我国国家标准等同采用 ISO 9000 修订版。它们分别是:

GB/T 19000.1—1994 质量管理和质量保证标准第 1 部分:选择和使用指南

GB/T 19001—1994 质量体系　设计、开发、生产、安装和服务的质量保障模式

GB/T 19002—1994 质量体系　生产、安装和服务的质量保证模式

GB/T 19003—1994 质量体系　最终检验和试验的质量保证模式

GB/T 1900 4.1—1994 质量体系　质量管理和质量体系要素第 1 部分:指南

ISO 9000 在 1997 年、1998 年又进行了修订,对 GB/T 19000 中的部分内容也做了相应的补充。为了更好地实施 ISO 9000 系列标准,1994 年我国成立了中国质量体系认证机构国家认可委员会,组建了质量体系认证机构,开展质量体系认证工作。

2. ISO 9000 族标准与 TQC(全面质量管理)的关系

(1) 两者的共同点。它们的基本理论基础、基本内容和要求都是相同的,都是长期以来国际质量管理理论方法与实践经验的总结、发展和完善。

(2) 两者的不同点

1) TQC 是制造厂本身的质量保证程序,而 ISO 族标准是以用户的立场所规定的质量保证程序,并经过第三方进行质量审核认证,证明产品是按照 ISO 族标准的质量体系生产的。

2) TQC 的内容比 ISO 族标准更全面、更系统、更深刻,是提高产品质量的有效方法。TQC 强调以人为本,突出质量诊断、改进和提高,使全面质量管理工作具有创造空间,这是难以用标准规范的。但是 ISO 族标准是 TQC 的最基本要求,是推行 TQC 的基础,能够规范 TQC 与促进 TQC 的发展,使推行 TQC 少走弯路,易见成效,还可

与国际合作伙伴进行双边和多边认可。ISO族标准也可从 TQC 中吸取先进管理思想和技术，使标准不断完善。两者相辅相成，各有所长。

3. ISO 9000 族标准的构成

ISO 9000 族标准是由质量术语标准、质量技术标准及 ISO 9000 系列标准构成的。

ISO 8402 是质量术语标准，它阐述名词的定义及其有关的概念。ISO 10000 系列是质量技术标准，是质量保证要求的实施指南，它详细解释了质量管理指南与质量管理技术。ISO 9000 族标准中，ISO 9000—1 是指导性标准，阐述了 ISO 9000 系列标准的基本概念，规定了选择和使用质量管理与质量保证标准的原则、程序和方法。ISO 9001～9003 是外部质量保证模式标准，为签订合同提供三种不同模式可供选择，模式一经选定，就要作为供方质量保证的依据，也要作为需方或经供需双方同意的第三方对供方质量体系进行评价的依据。ISO9004—1 是质量管理和质量体系要素指南，指导所有组织的质量管理，为组建健全的质量体系和组织实施质量体系提供基本要素。

4. ISO 14000 系列标准的产生

为保护人类生存环境，开展国际间的技术经济交流，国际标准化组织于 1993 年 6 月成立了环境专业委员会，开始制定和实施一套环境管理的国际标准，于 1996 年 7 月公布了有关"环境管理"的 ISO 14000 系列标准。

ISO 14000 系列标准与 ISO 9000 族标准有许多相似之处，但 ISO 14000 系列标准对质量管理和质量保证，特别是质量改进提出了更严、更高的要求，不仅要保持和提高产品的基本性能，还要提高更加广泛的环境特性。

二、质量分析与控制方法

1. 分层法

分层法就是把收集到的质量数据，按照一定的标志加以分类整理的一种方法，又称为分类法、分组法。把质量数据分成组，制成图表，便于找出问题，采取措施。通常按时间、操作人员、设备、材料、加工方法、检测手段、环境条件等这样一些标志对数据进行分层。

例如，甲、乙两车工各车制了 350 个零件，共出废品 62 个。采用分层法，列于表5—1，就可找出产生废品的原因，然后采取措施予以改进。

表 5—1　　　　　　　　　　废品分类统计表

原因 \ 加工数量（件）废品数（件）	甲 350	乙 350	合计 700
同轴度超差	20	18	38
垂直度超差	6	4	10
尺寸超差	4	6	10
毛坯出问题	2	2	4
小　计	32	30	62

2. 排列图

排列图，又称主次因素分析图、巴雷特图，它是寻找影响质量关键因素的一种重要工具。

排列图由一个横坐标、两个纵坐标、几个直方形和一条折线所组成。横坐标表示影响质量的各个因素，按其对质量影响程度的大小，从左到右顺序排列。左边的纵坐标表示频数，即不合格品的件数（或金额、吨数等），右边的纵坐标表示频率（以百分比表示）。直方形的高度表示某项因素影响程度的大小。折线表示各影响因素大小的累计百分比。这条折线称巴雷特曲线，如图5—1所示。通常把不合格品累计百分比分为3类：0%～80%为A类因素，这是影响产品质量的主要因素；80%～90%为B类因素，这是影响产品质量的次要因素；90%～100%为C类因素，这是影响产品质量的一般因素。

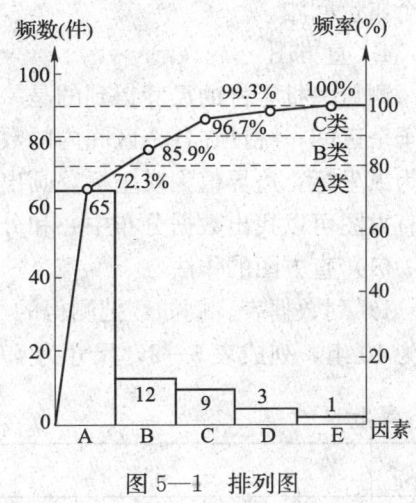

图5—1 排列图

(1) 排列图的作法

1) 整理数据，进行分层。

2) 计算各个因素的频率和累计频率。

3) 按频数大小从左至右画直方图，各条直方等宽不留间隙。

4) 画累积频率折线。

(2) 画排列图时要注意的问题

1) 主要因素常为1~2个，最多是3个。

2) 频率单位应根据实际需要来定，如件数、金额、时间等。

3) 一般因素很多时，通常都把它们并入"其他因素"一栏内，排列在横坐标的最右边，以免横坐标变得很长。

3. 因果分析图

因果分析图是表示质量特性与原因关系的图，它又称为特性要因图。这种图的形状很像鱼刺或树枝，所以又称鱼刺图、树枝图。它是寻找产品质量问题产生的原因和主要原因的主要方法之一，常常采用大家分析、集思广益的方法去寻找。因果图的基本形式如图5—2所示。

因果图的制图方法：首先把要解决的主要质量问题作为研究分析对象，放在主干箭头的右端，然后把大家找出的原因按人、机器、材料、方法、环境等五个方面逐个归纳、分解，作出图来。原因有大有小，箭头线也相应地有粗有细，大枝表示大原因，小枝和中枝表示小原因和中原因。把讨论分析出的主要的、关键

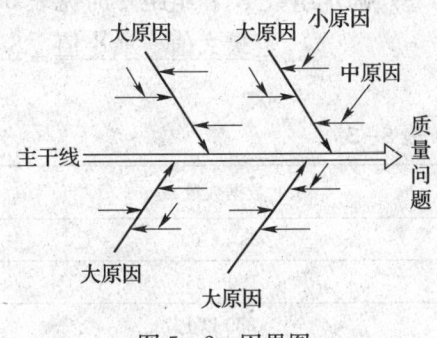

图5—2 因果图

原因分别用粗线或其他颜色的线标记出来,或者加上方框。一般一张因果图只分析解决一个质量问题。

4. 直方图

测量一批零件的尺寸得到的是一批波动的数据,对这批数据进行整理,将其划分为若干个区间,统计在各个区间内的数据个数(频率),计算出各个区间的边界值。以频数为纵坐标,边界值为横坐标,画出以组距为底边、高度为频数的矩形,即得直方图。从直方图可以找出数据分布中心和分布状况。

(1) 直方图的作法

1) 列数据表。例如,把测得的 100 个工件孔径数据进行整理,按测量的先后顺序分为 10 组,列成表 5—2,尺寸为 $\phi 9_{-0.15}^{-0.11}$ mm。

表 5—2　　　　　　　　　　直方图数据表

组序											最小值	最大值
1	8.876	8.867	8.861	8.871	8.877	8.875	8.872	8.869	8.872	8.872	8.861	8.877
2	8.878	8.860	8.867	8.857	8.883	8.862	8.870	8.862	8.865	8.865	8.857	8.883
3	8.877	8.878	8.873	8.861	8.872	8.863	8.877	8.863	8.872	8.868	8.861	8.878
4	8.865	8.865	8.867	8.870	8.885	8.882	8.866	8.868	8.871	8.867	8.865	8.885
5	8.872	8.870	8.864	8.868	8.878	8.882	8.873	8.867	8.864	8.873	8.864	8.882
6	8.876	8.866	8.874	8.885	8.861	8.874	8.864	8.869	8.884	8.871	8.861	8.885
7	8.866	8.880	8.876	8.871	8.871	8.862	8.872	8.867	8.869	8.865	8.862	8.880
8	8.871	8.864	8.875	8.879	8.870	8.873	8.884	8.889	8.869	8.870	8.864	8.889
9	8.869	8.881	8.870	8.879	8.873	8.883	8.868	8.872	8.872	8.870	8.869	8.883
10	8.873	8.872	8.879	8.881	8.880	8.882	8.872	8.870	8.872	8.874	8.872	8.882
最小值											8.857	
最大值												8.889

2) 从数据表中找出最大值和最小值,本例的最大值为 8.889 mm,最小值为 8.857 mm。

3) 确定组数 K 和组距 h 时见表 5—3,这里 $K=10$,组距 h 按下式计算:

$$h = \frac{最大值 - 最小值}{K} = \frac{8.889 - 8.857}{10} = 0.0032 \approx 0.003 \text{ mm}$$

表 5—3　　　　　　　　　　分组数 K 值表

数据数量 n	分组数 K
50~100	6~10
100~250	7~12
250 以上	10~20

注:常用组数为 10。

4) 确定各组界限。确定方法：最小值减 $\frac{h}{2}$ 为第一组的下限，最小值加 $\frac{h}{2}$ 为第一组的上限。第一组的上限为第二组的下限，第二组的下限加 h 即为第二组的上限，依次类推，见表 5—4。

表 5—4　　　　　　　　频数分布表

组号	组距 h (mm)	中心值 x_i (mm)	频数统计	频数 f_i	简化中心值 u_i (mm)	$f_i u_i$	$f_i u_i^2$
(1)	(2)	(3)	(4)	(5)	(6)	(7)	(8)
1	8.855 5～8.858 5	0.857	1	1	−4	−4	16
2	8.858 5～8.861 5	0.860	9	9	−3	−27	81
3	8.861 5～8.864 5	0.863	12	12	−2	−24	48
4	8.864 5～8.867 5	0.866	15	15	−1	−15	15
5	8.867 5～8.870 5	0.869	24	24	0	0	0
6	8.870 5～8.873 5	0.872	13	13	1	13	13
7	8.873 5～8.876 5	0.875	10	10	2	20	40
8	8.876 5～8.879 5	0.878	7	7	3	21	63
9	8.879 5～8.882 5	0.881	6	6	4	24	96
10	8.882 5～8.885 5	0.884	3	3	5	15	75
合　计				100	5	22	443

5) 计算各组的中心值 x_i。计算公式为：

$$x_i = \frac{i \text{组下限} + i \text{组上限}}{2}$$

本例 x_i 值见表 5—4。

6) 统计各组内的数据个数（频数）f_i，见表 5—4。

至此，可制作直方图，并反映出测量数据的波动规律。为了进一步分析产品质量的稳定情况，还需算出平均值 $\overline{X}$ 和标准差 s。

7) 计算简化中心值 u_i。u_i 的计算方法为：

$$u_i = \frac{x_i - a}{h}$$

以频数最大的一组中心值为 a，本例 a 为 8.869 mm。u_i 值见表 5—4。

8) 计算平均值 $\overline{X}$。计算 $\overline{X}$ 的公式为：

$$\overline{X} = a + h \times \frac{\sum\limits_{i=1}^{R} f_i u_i}{\sum\limits_{i+1}^{R} f_i} = 8.869 + 0.003 \times \frac{22}{100} = 8.869\,7 \text{ mm}$$

9) 计算标准偏差。计算公式为：

$$s = h \times \sqrt{\dfrac{\sum\limits_{i=1}^{R} f_i u_i^2}{\sum\limits_{i=1}^{R} f_i} - \left(\dfrac{\sum\limits_{i=1}^{R} f_i u_i}{\sum\limits_{i=1}^{R} f_i}\right)^3} = 0.003 \times \sqrt{\dfrac{443}{100} + \left(\dfrac{22}{100}\right)^3} = 0.006\,3 \text{ mm}$$

10) 制作直方图。以频数为纵坐标，组距为横坐标，做出直方图，如图 5—3 所示。

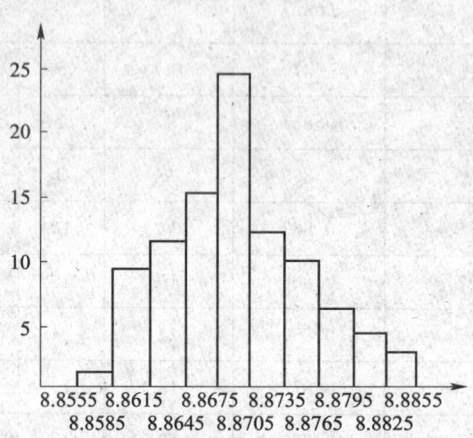

图 5—3 $\phi 9^{-0.11}_{-0.15}$ mm 直方图

$n = 100$ 件中心值，$\overline{X} = 8.869\,7$ mm，$s = 0.006\,3$ mm

(2) 直方图的比较分析。直方图制作完成后，要同图 5—4 所示 6 种直方图典型形状相比较，进行观察分析，其步骤是：

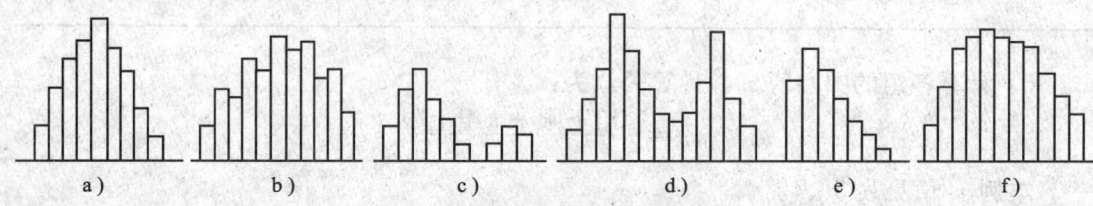

图 5—4 直方图的典型分布类型
a) 正常形　b) 锯齿形　c) 孤岛形　d) 双峰形　e) 偏向形　f) 平顶形

1) 观察直方图的形状，与典型直方图相比较，可以大致看出产品质量的分布状态，找出产生质量问题的原因及需要采取的措施。

图 5—4a 为正常形，又称为对称形，高峰在中间，左右两边基本对称，说明工序处于稳定状态。图 5—4b 为锯齿形，主要是测量不准或分组过多造成的。图 5—4c 为孤岛形，在远离主分布区出现小的直方形，类似孤岛，说明异常因素在短时间内出现，如操作疏忽或量具有误差等。图 5—4d 为双峰形，往往是把两个工人加工的产品或两个批次的产品混为一批造成的。图 5—4e 为偏向形，直方的高峰偏向一端分布，常因加工习惯造成，例如，加工孔时有意识地偏小等。图 5—4f 为平顶形，往往是在生产过程中有缓慢变化的因素在起作用所造成的，例如，刀具磨损、工人疲劳等。

2) 将直方图与公差界限比较,以判定工序加工质量满足公差要求的情况。有以下几种情况,如图5—5所示。图中 T 表示公差范围,B 表示实际分布范围,$\bar{x}$ 表示分布中心。

图5—5a 是 B 在 T 的范围之内,两边有一定的余地,直方图的分布中心与公差中心近似重合。这样的分布比较理想,出现不合格品的可能性很小。图5—5b 是虽然 B 在 T 的范围内,但已偏向一边,有超差的可能,可采取措施,使之合理。图5—5c 是 B 与 T 相等,完全没有余地,非常容易出现废品,必须及时采取措施予以改进。图5—5d 是公差范围大于实际尺寸范围太多,虽说不会出现废品,但太不经济。可改变工艺,放宽掌握尺寸的要求。图5—5e 是 B 大于 T,已经出现了一定数量的废品。说明工序能力不足,必须采取措施,缩小分布范围。

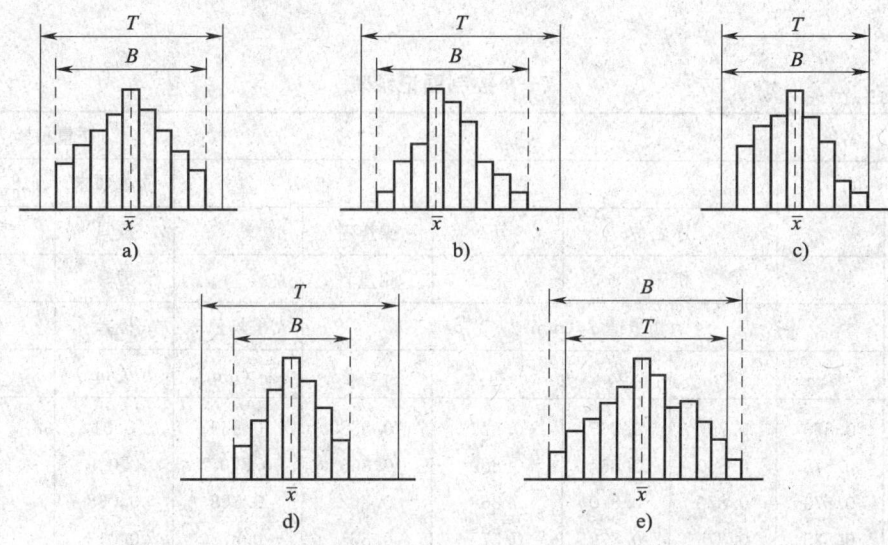

图5—5 直方图的分布中心、公差范围和实际分布范围

5. 控制图

控制图又称管理图,是工序控制的一种方法,用于分析和判断工序是否处于控制状态。

(1) 控制图的制作。控制图的基本形态是有一个横坐标、一个纵坐标和三条平行线。横坐标为抽样时间或样本序号,纵坐标为测得的数据值,上、下两条平行线分别为上控制界限(UCL)和下控界限(LCL),中间的一条为中心线(CL),如图5—6所示。在生产过程中,定时抽取样本,把测得的数据用点一一描在图上,如果点均落在控制界限之内,且排列正常,没有缺陷,就表明生产在正常进行,不会出现废品;如果有点落在控制界限之外,或点虽均落在控制界限之内,但排列有缺陷,则表明生产有异常,就要采取措施,排除异常因素,使生产恢复正常。

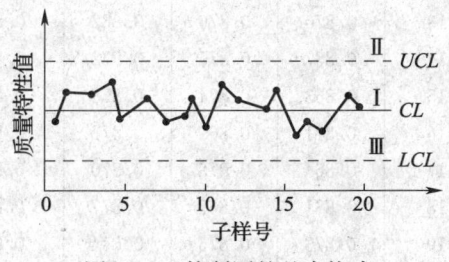

图5—6 控制图的基本格式

(2) 控制图的分类。控制图分计量值控制图和计数值控制图两大类,其具体形式有许多种,其中 $\overline{X}-R$ 控制图对于计量值而言是最常用、最基本的控制图。下面就介绍 $\overline{X}-R$ 控制图(平均值和极差控制图)的制作方法。

(3) $\overline{X}-R$ 控制图举例。$\overline{X}-R$ 控制图是把 $\overline{X}$ 控制图和 R 控制图上下对应地画在一起的综合控制图。$\overline{X}$ 图用来观察工序平均值的变动情况,R 图用来观察工序波动幅度的变化情况。两者同时使用,可综合了解质量数据的分布形态。

【例 5—1】 某工序为车制 $\phi 18_{-0.15}^{-0.11}$ mm 外径的轴,画 $\overline{X}-R$ 控制图。

1) 数据采集。本例采用系统取样法,取测量数据 100 个(最少 50 个以上),按测得顺序共分 20 个组,每组 5 个(即 $n=5$)数据。

2) 把测得的数据按顺序填入 $\overline{X}-R$ 控制图数据表,见表 5—5。表中数据省去整数部分。

表 5—5　　　　　　　　　$\overline{X}-R$ 控制图记录表

厂　名					质量检验表	
车　间					质量要求	$\phi 18_{-0.15}^{-0.11}$ mm
零件名称	工序名称		车	操作者	量具	千分尺
图号	机床			测量者	刀具	
时间	测量值 x (mm)				平均值	极差	备注
组号	x_1	x_2	x_3	x_4	x_5	$\overline{X}$ (mm)	R (mm)	
1	0.870	0.867	0.865	0.875	0.868	0.869	0.01	
2	0.878	0.860	0.864	0.889	0.860	0.870 2	0.029	
3	0.870	0.870	0.870	0.868	0.862	0.868	0.008	
4	0.875	0.878	0.872	0.875	0.865	0.873	0.013	
5	0.866	0.858	0.860	0.865	0.854	0.868 6	0.012	
6	0.873	0.868	0.865	0.878	0.871	0.871	0.013	
7	0.878	0.870	0.875	0.874	0.875	0.874 4	0.008	
8	0.872	0.870	0.878	0.876	0.863	0.871 8	0.015	
9	0.866	0.878	0.868	0.874	0.870	0.871 2	0.012	
10	0.867	0.870	0.870	0.868	0.882	0.871 4	0.015	
11	0.864	0.864	0.875	0.871	0.870	0.868 8	0.011	
12	0.866	0.872	0.862	0.868	0.864	0.866 4	0.01	
13	0.870	0.876	0.882	0.875	0.883	0.877 2	0.013	
14	0.867	0.875	0.872	0.869	0.872	0.871	0.008	
15	0.863	0.874	0.858	0.872	0.867	0.864 8	0.014	
16	0.871	0.869	0.870	0.872	0.872	0.872 4	0.009	
17	0.864	0.873	0.870	0.860	0.858	0.865	0.015	
18	0.871	0.867	0.877	0.866	0.873	0.870 8	0.011	
19	0.873	0.875	0.874	0.870	0.870	0.872 4	0.005	
20	0.873	0.869	0.863	0.873	0.866	0.868 8	0.01	

$\overline{X}$ 控制图	R 控制图	$\overline{X}=0.8699$		$\overline{R}=0.0121$
$LCL=\overline{X}-A_2\times\overline{R}=0.8629$	$LCR=D_3\overline{R}=0$	n	A_2	D_4
$UCL=\overline{X}+A_2\times\overline{R}=0.8769$	$UCL=D_4\overline{R}=0.256$	5	0.577	2.115

3）计算平均值 $\overline{X}$ 和极差 R。

$$\overline{X}=\frac{x_1+x_2+x_3+x_4+x_5+\cdots+x_n}{n}$$

$$R=X_{\max}-X_{\min}$$

式中　$X_{\max}$——组内最大值；

　　　$X_{\min}$——组内最小值。

4）计算总平均值 $\overline{\overline{X}}$ 和平均极差 $\overline{R}$。

$$\overline{X}=\frac{\overline{X}_1+\overline{X}_2+\cdots+\overline{X}_R}{R}$$

$$\overline{R}=\frac{\overline{R}_1+\overline{R}_2+\cdots+\overline{R}_R}{R}$$

本例 $\overline{X}=0.8699$ mm，$\overline{R}=0.0121$ mm。

5）计算控制界限。

$\overline{X}$ 控制图：

中心线 $CL=\overline{\overline{X}}$

上控制界限：$UCL=\overline{\overline{X}}+A_2\overline{R}$

下控制界限：$LCL=\overline{\overline{X}}-A_2\overline{R}$

R 控制图：

中心线 $CL=\overline{R}$

上控制界限：$UCL=D_4\overline{R}$

下控制界限：$LCL=D_3\overline{X}$

A_2、D_3、D_4 与取样数 n 有关，可查表 5—6。

表 5—6　　　　　　取样数

系　数　n	A_2	D_3	D_4	d_n
2	1.880		3.267	1.1284
3	1.023		2.575	1.6926
4	0.729		2.282	2.0588
5	0.577		2.115	2.3259
6	0.483		2.001	2.5311
7	0.419	0.076	1.9924	2.7044
8	0.37	0.136	1.864	2.8472
9	0.377	0.136	1.816	2.97
10	0.308	0.223	1.777	3.0775

根据上述公式，本例计算控制界限为：

$\overline{X}$ 控制图：

$$CL = \overline{\overline{X}} = 0.8699 \text{ mm}$$
$$UCL = 0.8699 + 0.577 \times 0.0121 = 0.8769 \text{ mm}$$
$$LCL = 0.8699 - 0.577 \times 0.0121 = 0.8629 \text{ mm}$$

R 控制图：

$$CL = \overline{R} = 0.0121 \text{ mm}$$
$$UCL = 2.115 \times 0.0121 = 0.256 \text{ mm}$$

$LCL = 0$（$n \leq 6$ 不考虑）

6）画控制图。用绘图纸来画，一般把 $\overline{X}$ 图放在上方，R 图在下方对应位置安排。画出中心线，用实线表示；画出上、下控制界限，用虚线表示。在各条线的右端还要注上控制值，如图 5—7 所示。在控制图上分别画上 $\overline{X}$、R 点，从 20 个点的运动趋势来判断生产过程是否处于稳定状态。

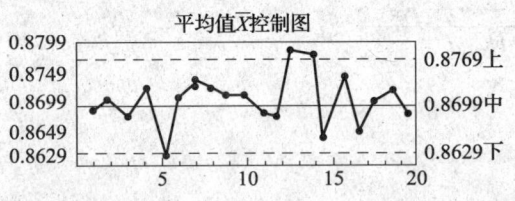
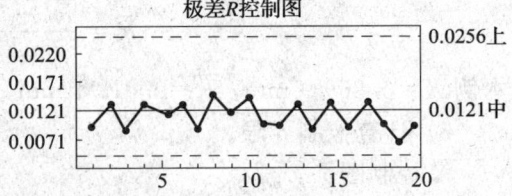

图 5—7　平均值—极差控制图

6. 相关图

相关图又称为散布图，它是用来研究、判断两个变量之间相关关系的图。变量之间的关系虽然不能用函数方程表达，但它们之间确实存在某种联系，变量之间的这种关系在数学上称为相关关系。相关分析常用于判断各种因素对产品质量有无影响以及影响的大小。

制作相关图时，先把测得的数据列成表，再把数据点描在直角坐标上。图 5—8 所示为工件的淬火温度与工件硬度相互关系的相关图。从

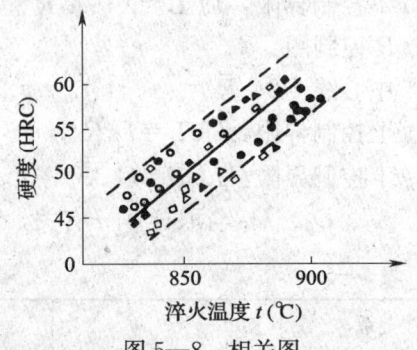

图 5—8　相关图

相关图的形状，可粗略地进行相关分析，大致判断两个因素之间的相互关系。例如从图 5—8 可以大体看出，淬火温度越高，工件硬度也越高。相关图形归纳起来共 6 种，如图 5—9 所示。

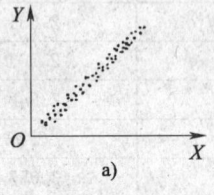
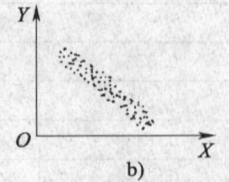
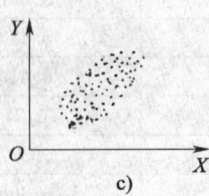

a)　　　　　　　　　b)　　　　　　　　　c)

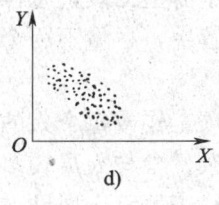 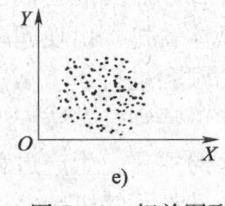 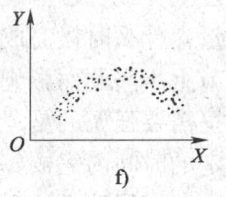

图 5—9 相关图形

a) x 增大 y 也增大，强正相关　b) x 增大 y 减小，强负相关　c) x 增大 y 大致上增大，弱正相关
d) x 增大 y 大致上减小，弱负相关　e) x 与 y 无关，不相关　f) 非线性相关

观察相关图时，要将自己制作的相关图与图 5—9 所示的 6 种图形相比较，判断其属于哪一种。如属弱相关关系，要考虑其他因素所造成的偏差；如属强相关关系，只要对变量采取措施，就可控制结果；如属不相关，则要对另外的因素重新研究。

第二节　生产管理基本知识

 → 熟悉生产管理基本知识，了解生产计划、调度及对人员的管理方法

一、组织人员协同作业

装配钳工技师通常在车间担任装配加工任务，有的也参与车间的生产管理，因此这里所说的生产管理，就是指车间的生产过程管理。要求装配钳工技师能组织有关人员协同作业，是车间生产过程的重要任务之一。

组织有关人员协同作业，可以建立正常的生产秩序，进行有节奏的均衡生产，使前后工序同步进行，达到产品的品种、数量、工时、负荷全面均衡，不出现或很少出现中断和等待现象。可以降低制造成本，减少无效劳动，提高经济效益。做到人尽其才，群策群力，做到每个人都能精心装配，精心维护设备工装，能对产品质量进行自检自控，提高生产效率。

组织有关人员协同作业的关键是要调动每个人的生产积极性，提高生产人员的责任心。要做到对每个生产人员的技能水平有充分了解，尽量发挥每个人的技能操作能力，共同完成生产任务。

在质量攻关或技术革新活动中，装配钳工技师有可能参加，或者是主要负责人之一，除完成本人的加工任务以外，还可能负责组织、挑选人员的工作。这时装配钳工技师需要了解这些活动里各项制造、攻关中每一项技术要求的难易程度，在挑选人员时要以每个人的责任心和技能特长是否适合为依据，来组织人员协同作业。装配加工内容在

哪个工位上完成，具体技术要求是什么，需要准备或已经准备了哪些工装，怎样安装找正与测量，什么时候完成等都要做具体安排。出现问题要及时解决，尽量不因个别人在个别环节上出问题而影响整个工作的顺利进行。

这里需要强调的是"协同"二字，特别是在装配线上，每项工作或每个人的任务都要在规定的时间内完成。对于比较大的项目，生产过程比较复杂，参与人员较多，牵涉的面较大，为了让领导和每个生产人员都了解进度，可利用网络图技术，按结点组织生产。网络图由 3 部分组成：

1. 作业（或活动）

作业是指完成某项工作及所需时间，用箭头"→"表示，从左到右不能逆反。作业可分为先行作业、后续作业、平行作业、虚设作业（作业之间有联系但不需花时间）。作业时间可用估算法或试装法来定，依据乐观时间 a、可能时间 m、悲观时间 b，按下式计算：

$$t = \frac{a + 4m + b}{6}$$

箭头上方标注作业内容，箭头下方的数字为作业工时。

2. 结点（或事项）

结点表示一项活动的结束和下一项活动或一组活动的开始，用"○"表示，圆圈内的数字表示结点编号，从左至右连续编号。

3. 路线

路线是从始点开始顺着箭头方向直到终点，由从左到右连续不断的箭头组成。

图 5—10 所示为一总成作业网络图。网络图中从起点到终点所需时间最长的一条路线称为关键路线。只要设法控制与缩短这个关键路线的时间，就可以保证任务按时或提前完成。本图的关键路线是（1）→（4）→（8）→（11）→（12）→（13）。

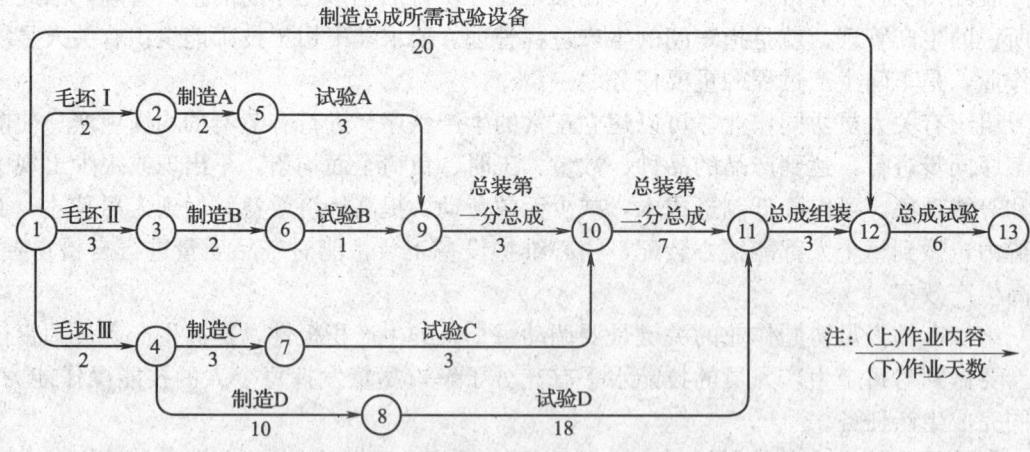

图 5—10 某设备总成作业网络图

从网络图中，可以找出各条路线的富余时间，组织生产时可以从有富余时间的路线上抽调人力或设备去支援关键路线。

二、协助部门领导进行生产计划、调度及人员的管理

1. 生产作业计划

（1）编制生产作业计划要达到的目标

1）最小的生产费用。
2）最小的库存投资。
3）最小的存储费用。
4）最高的设备利用率。
5）最充分地利用劳动力。
6）最好地满足"顾客"（下道工序）需求。
7）最小的废品损失率。
8）最充分地调动操作者的积极性。

这些目标可能同时存在，彼此依存，但又互相排斥。编制作业计划时要根据实际情况，突出重点，按照择优原则合理、科学地以时间为基础进行编制。根据这些目标全面安排车间的生产品种、数量、质量以及均衡地分配任务。

（2）编制作业计划的依据资料

1）计划方面的资料。例如，企业的年度、季度生产计划和上级的有关指示，订货合同，备品的生产计划及新产品试制计划，厂外协作和厂内车间部门间的协作任务等。

2）设计、工艺方面的资料。例如，产品图样、工艺路线、自制或外购零件清单、主要零件和关键零件明细表、各种工艺卡等。

3）设备、生产面积及劳动力方面的资料。特别是设备的完好程度及其修理计划，各零件分工种、分工序的工时，台时定额与汇总定额等。

4）生产准备方面的资料。如工装准备情况，原材料、外购件、配套件等物资供应到货情况，动力和运输的现时情况等。

5）前期计划完成情况的资料。

（3）编制作业计划的方法

1）在制品定额法。大批量生产时，生产任务稳定、产量大、品种少、专业化程度高、在制品储量稳定，编制作业计划主要是要达到数量上的平衡衔接。一般按工艺过程的反顺序来确定车间产品月投入和产出任务。计算公式为：

车间产出量＝下工序车间投入量＋外销半成品数＋（库存半成品定额－预计期初半成品库存量）

车间投入量＝车间产出量＋车间计划允许废品量＋（车间在制品定额－预计期初在制品数）

2）提前期法（又称连续数字法或累计编号法）。成批生产时，产品轮番上下场，特别需要注意的是与下一车间在时间上要衔接好，要保证下一车间生产所需要的品种和数量。这就要求必须合理地确定车间各生产阶段的投入与产出的提前期，并将这个提前期定额转化为提前期量，确定车间在计划期内应该达到的投入（产出）累计号数。这个累计号数是从期初开始或第一次生产这个产品时就用的连续编号数。计算公式为：

车间投入（产出）累计号数＝车间同期最后产出累计号数＋车间同期最后平均每天产出量×本车间投入（产出）提前期

计划期车间投入（产出）的计划量＝计划期末计划投入（产出）累计号数－计划期初已投入（产出）累计号数

3）生产周期法。单件小批量生产时，重复生产的机会少，每一种产品的数量少，不可能有周转用的在制品，所以计划安排主要是期限上的衔接。生产周期法是根据订货合同规定的交货日期，用反顺序法编制产品在各工艺阶段投入、产出周期表，确定各种产品每个部件在每一个工艺阶段的投入和产出日期，在编制车间作业计划时，将其摘录汇总。应注意的主要问题是生产作业计划要与生产技术准备工作的衔接以及对车间各工种的生产能力进行平衡，使计划符合实际情况。

2. 生产调度

（1）生产调度工作的主要内容

1）检查督促与协助有关部门做好各项生产作业准备工作。

2）检查各生产环节的零件、部件、毛坯、半成品的投入及产出进度，及时发现计划执行中出现的问题并加以解决。

3）对轮班、昼夜、周、旬或月计划完成情况做统计分析。

4）根据生产需要合理调配劳动力，检查督促原材料、动力、工具等的供应情况以及厂内运输工作。

（2）对搞好调度工作的要求

1）生产调度工作必须依据生产作业计划，生产调度工作的灵活性必须服从计划的原则性，调度业务的开展要围绕计划任务的完成。调度人员还必须不断总结经验，协助计划人员更好地编制生产作业计划。

2）生产调度工作必须高度集中和统一。生产管理要建立强有力的生产调度系统，必须统一意志，统一指挥。调度机构应是领导指挥生产的有力助手。调度部门应根据领导的指示，按照作业计划和临时生产任务的要求，发布调度命令，行使调度权力，各级领导也应维护调度部门的权威。

3）生产调度工作要以预防为主。预防生产中可能发生的一切脱节现象是调度人员的基本责任。预防为主，就要抓好生产前的准备工作，生产中要抓零件供应，保证生产；要抓配套，保证装配。要防止只抓产出不抓投入，抓后不抓前的做法，做到"以前保后"，取得调度工作的主动权。

4）生产调动工作要从实际出发，贯彻群众路线。调度人员必须具有敢于负责的精神和深入实际、扎实果断的工作作风，要深入生产一线亲自掌握第一手资料，及时了解和准确掌握生产中千变万化的情况，深入细致地分析研究出现的问题，动员生产人员克服困难，防止生产中的脱节现象，出主意，想办法，积极完成生产任务。要防止盲目指挥，调度工作应抓早、抓准、抓关键、一抓到底。

3. 对生产人员的管理

（1）劳动力的配备。要根据生产需要，为各种工作岗位配备相应的工人，做到人事相宜，以提高生产率。为此，劳动力的配备要达到以下要求：

1）要使每个工人都能发挥自己的专长与积极性，做到人尽其才。
2）要做到每个工人都满负荷工作。
3）要使每个工人的工作数量、质量、期限都有明确的责任。
4）要使每个工人的体质、年龄适合其所从事的工作。
（2）劳动分工。对于机械工业企业来说，劳动分工的形式有：
1）按工种分工。如车工、铣工、磨工等。
2）按工作性质分工。把生产工作分为基本生产工作和辅助生产工作，操作机床为基本生产工作，设备维修等为辅助生产工作。
3）按技术要求的高低分工。给不同的岗位配备不同技术等级的工人。
（3）劳动协作。建立在劳动分工基础上的协作能够创造出一种集体的、新的生产力。劳动协作包括车间之间的协作，车间内部各工段、各作业组之间的协作，各工作地点以及作业组内部的协作，工作轮班之间的协作。这里只介绍作业组内部和工作轮班之间的协作。
1）作业组的组织。作业组是为了完成某项工作，组织一定数量的工人，既有明确分工又需密切协作的工作集体。一般来讲，作业组是劳动的组织形式，生产小组则是生产行政管理的一级组织。一个生产小组内可能有几个作业组，也可能只有一个作业组。

当生产任务需由几个工人共同完成，而不能分给每个工人单独进行时，就要成立作业组。如大型产品的装配、设备大修等。

当需要把准备工作和生产工作、辅助工作和基本工作密切联系起来的时候，也可成立作业组。如由操作工、调整工、运输工组成的作业组。也可成立电工组、厂内运输工作组、车工组、铣工组等。

在作业组内，既要有个人的明确任务，又要有明确的集体责任；既要发挥个人专长，又要充分发挥集体的力量。在作业组长的领导下，全面完成生产任务。
2）工作轮班的组织。工作轮班是组织不同班次劳动的协作形式。它是劳动分工与协作在时间上联系的表现。在机械制造企业，可以实行单班制，也可实行两班、三班制。

实行多班制时，要合理安排工人的倒班，定期调换工人的班次。要合理组织工人的轮休，注意各班人员配备的平衡，加强对夜班生产的组织管理。还要建立平等的岗位责任制，明确各班的职责，要分别验收、记录和考核各班所完成的工作。建立严格的交接班制度，加强不同班次工人的协作。

单元考核要点

行为领域	鉴定范围	鉴定点	重要程度
理论知识鉴定考核要点	质量管理、生产管理基本知识	ISO 9000 质量管理标准	★
		常用质量分析与控制方法	★★
		生产管理基本知识	★★★
操作技能鉴定考核要点		使用某种图形法统计分析产品质量问题	★★★
		分析产品质量问题的管理因素	★★★

单元测试题

一、填空题（请将正确的答案填在横线空白处）

1. TQC是制造厂本身的质量＿＿＿＿＿＿，而ISO族标准是以＿＿＿＿＿＿的立场所规定的质量保证程序，并经过＿＿＿＿＿＿进行质量审核认证。

2. 编制作业计划的依据资料有计划方面的资料，＿＿＿＿＿＿方面的资料，＿＿＿＿＿＿面积及劳动力方面的资料，＿＿＿＿＿＿方面的资料，前期计划完成情况的资料。

3. 质量分析与控制的方法有＿＿＿＿＿＿、＿＿＿＿＿＿、＿＿＿＿＿＿、＿＿＿＿＿＿、＿＿＿＿＿＿。

4. 作业可分为先行作业、后续作业、＿＿＿＿＿＿作业、＿＿＿＿＿＿作业（作业之间有联系但不需花时间）。

5. 设计、工艺方面的资料，包括产品图样、工艺路线、＿＿＿＿＿＿或＿＿＿＿＿＿零件清单、主要零件和关键零件＿＿＿＿＿＿、各种工艺卡等。

6. 大批量生产时，生产任务稳定、产量大、品种少、专业化程度高、在制品储量稳定，编制作业计划主要是要达到数量上的平衡衔接。一般按工艺过程的＿＿＿＿＿＿顺序来确定车间产品月投入和产出任务。

二、简答题

1. 何为直方图？
2. 生产调度工作的主要内容有哪些？
3. 编制生产作业计划要达到的目标是什么？
4. 简述编制作业计划的依据资料。

单元测试题答案

一、填空题

1. 保证程序　用户　第三方　　2. 设计、工艺　设备、生产　生产准备

3. 分层法　排列图　因果分析图　直方图　控制图　相关图法　　4. 平行　虚设

5. 自制　外购　明细表　　6. 反

二、简答题（略）

理论知识考核试卷

一、判断题（下列判断正确的请打"√"，错误的打"×"；每题1分，共40分）

1. 当工件以某一精基准定位，可以比较方便地加工其他各表面时，应尽量在多工序中采用同一精基准定位，即"基准重合"原则。（　　）
2. 编制工艺规程是在一定的生产条件下，在保证加工质量的前提下，选择最经济、合理的加工方案。（　　）
3. 选择装配法是将尺寸链中组成环的公差放大到经济可行的程度，然后选择合适的零件进行装配，以保证规定的装配精度，即封闭环精度。（　　）
4. 贴塑导轨的特点是无需再进行精加工。（　　）
5. 静压丝杠螺母副传动的摩擦因数很小，比滚珠丝杠传动副的摩擦因数还小，更有利于避免爬行。（　　）
6. 滚珠丝杠的公称直径越大，承载能力和刚度越大，推荐滚珠丝杠副的公称直径d_0应大于丝杠工作长度的1/50。（　　）
7. 滚珠丝杠传动是数控机床伺服驱动的重要部件之一。它的优点是摩擦因数小，其动、静摩擦因数之差较大，不利于防止爬行。（　　）
8. V形架定位时，夹角越小，定位误差越小，但工件定位稳定性就越差。（　　）
9. 螺旋压板夹紧是一种应用最广泛的夹紧装置。（　　）
10. 在夹具中，用偏心夹紧工件比用螺旋压板夹紧工件的主要优点是动作迅速。（　　）
11. 清洗涂层导轨表面通常采用汽油清洗。（　　）
12. 连接件表面之间，在外力作用下，接触部位产生较大的接触应力而引起变形，说明零件的接触硬度较差。（　　）
13. 安装机床时，垫铁的数量和分布不符合要求就会引起机床变形。（　　）
14. 在滑动轴承支承中，轴套孔的形状误差比轴颈的形状误差对镗床加工精度的影响更大。（　　）
15. 从机器的使用性能来看，有必要把零件做得绝对准确。（　　）
16. 高精度的轴类零件常采用冷校直来使毛坯的加工余量均匀。（　　）
17. 一般的切削加工，由于切削热大部分被切屑带走，因此被加工件表面层金相组织变化可以忽略不计。（　　）
18. 一般机床夹具均必须由夹具体、定位元件和夹紧装置3部分组成。（　　）
19. 由于滚珠丝杠副的传动效率高、无自锁作用，在处于垂直传动时，必须装有制动装置。（　　）
20. 滚珠丝杠副是回转运动和直线运动相互转换的新型传动装置。（　　）
21. V形导轨与平面导轨的组合，是机床导轨中应用较广泛的一种。（　　）
22. 环形导轨用于普通车床或平面磨床，它的截面有平面和V形面等。（　　）

23. 一些精度要求比较高的工件，如V形槽导轨、测量头和钢球等，大都要通过研磨来补偿预加工不足的精度。（ ）

24. 在一般情况下，对钢球只做提高几何精度的研磨。（ ）

25. 钢球研磨时，在同一批钢球中，其直径不可能完全一致，在放入沟槽前，必须用精确量具按大小进行分选。（ ）

26. Y7131型磨齿机是采用普通砂轮来磨齿的。（ ）

27. Y7131型磨齿机行星机构中的差动齿轮，应采用误差相消法来提高装配精度。（ ）

28. 大型机床导轨的加工，大多数采用人工刮研的工艺方法。（ ）

29. 为了保证传动精度，数控机床上使用的齿轮精度等级都较普通机床高，齿轮与轴的键连接也应是小间隙配合。（ ）

30. 研磨V形槽必须在平板上做遍及板面的研磨运动。（ ）

31. 用合像水平仪时应准确迅速，尽量缩短测量时间。（ ）

32. 三坐标测量头可视为一种传感器，只是结构、种类、功能较一般传感器简单得多，但其原理仍与传感器相同。（ ）

33. 使用三坐标测量机，被测件的3个坐标不需要与测量机的X、Y、Z三个方向的坐标重合。（ ）

34. 如果机器的工作转速小于一阶临界转速，则转轴称为柔性轴；如果工作转速高于一阶临界转速，则转轴称为刚性轴。（ ）

35. 油膜振荡一旦发生，应立即降低转速，才能使振幅减小和油膜振荡消失，而绝不能用继续升速冲越临界转速的方法来消除油膜振荡。（ ）

36. 中心主惯性轴线相对于轴线倾斜，但不相交。这一类的不平衡可通过静平衡的方法进行平衡。（ ）

37. 校正的三类方法为加重、去重和调整校正质量。（ ）

38. ISO族标准是以用户的立场所规定的质量保证程序，并经过第二方进行质量审核认证，证明产品是按照ISO族标准的质量体系生产的。（ ）

39. 编制作业计划的依据资料有计划、设计、工艺、设备、作业面积、劳动力、生产准备、前期计划完成情况等八项资料。（ ）

40. 当生产任务需由几个工人共同完成，而不能分给每个工人单独进行时，就要成立作业组。（ ）

二、单项选择题（下列每题的选项中，只有1个是正确的，请将其代号填在横线空白处；每题1分，共35分）

1. 调整装配法与修配装配法在原则上是_____的。
   A. 相似　　　B. 一致　　　C. 不同　　　D. 不可比

2. 表示装配单元先后顺序的图称为_____。
   A. 总装图　　B. 工艺流程卡　　C. 零件图　　D. 装配单元系统图

3. 装配精度完全依赖于零件加工精度的装配方法，即为_____。
   A. 完全互换法　　　　　　B. 修配法

C. 选配法 D. 调整装配法

4. 装配时，使用可换垫片、衬套和镶条等误差或配合间隙的方法是_____。
   A. 修配法　　B. 调整法　　C. 工艺过程　　D. 完全互换法

5. 由于轴承内、外圆轴线产生夹角θ，将导致主轴在旋转时产生角度摆动，使被加工件产生_____误差。
   A. 圆柱度　　B. 圆度　　C. 位置度　　D. 直线度

6. 主轴组件在安装到箱体孔上后，由于其箱体孔的_____而引起轴承外圆中心线与主轴组件轴心线产生夹角。
   A. 偏斜　　B. 尺寸不正确　　C. 不同轴　　D. 尺寸过小

7. 车削细长轴时如不采取任何工艺措施，由于轴受径向切削力作用产生弯曲变形，车完的轴会出现_____形状。
   A. 腰鼓　　B. 马鞍　　C. 锥体　　D. 无法确定

8. 当主轴存在纯径向圆跳动误差时，在镗床上镗出的孔一般为_____。
   A. 椭圆形　　B. 圆形　　C. 喇叭形　　D. 圆锥形

9. 利用工件已精加工且面积较大的平面定位时，应选用的基本支承是_____。
   A. 支承钉　　B. 支承板　　C. 自位支承　　D. 辅助支承

10. 对工件上两个平行圆柱孔定位时，为了防止产生过定位用的定位方式是_____。
    A. 用两个圆柱销　　　　　　B. 用两个圆锥销
    C. 用一个短圆柱销和短削边销　D. 用一个短圆柱销和一个短圆锥销

11. 为了提高工件的安装刚度，可采用_____。
    A. 支承板　　B. 支承钉　　C. 弹簧式辅助支承

12. 选择定位基准时，应尽量与工件的_____一致。
    A. 工艺基准　　B. 测量基准　　C. 起始基准　　D. 设计基准

13. 所谓"一面两销"定位，是指工件以_____作为定位基准实现组合定位。
    A. 一个平面和两个定位销　　B. 一个平面和两个定位孔
    C. 一个平面和两个短圆锥销　D. 一个窄平面和两个长定位销

14. 液压系统中的工作机构在短时间停止运动可采用_____，以达到节省动力损耗、减少液压系统发热、延长泵的使用寿命的目的。
    A. 调压回路　　B. 减压回路　　C. 卸荷回路　　D. 缓冲回路

15. 在液压系统中，突然启动或停机、突然变速或换向等引起系统中液体流速或流动方向的突变时，液体及运动部件的惯性将使压力突然升高，形成液压冲击，为了消除液压冲击，应采用_____。
    A. 平衡回路　　B. 缓冲回路　　C. 减压回路　　D. 卸荷回路

16. V形导轨的直线度存在着垂直面内和水平面内_____种不同的误差。
    A. 2　　B. 3　　C. 4　　D. 5

17. 研磨V形槽平面时，因为研具不容易掌握平稳，往往出现_____。
    A. 凹陷　　B. 波纹　　C. 凸起　　D. 倾斜

18. 大型机床刮削精度要求：对导轨面垂直度为 0.03 mm/1 000 mm，接触点为_____点（25 mm×25 mm）。
   A. 2　　　　B. 3　　　　C. 4　　　　D. 5

19. 滚珠丝杠副与滑动丝杠副比较，摩擦损失小、效率高、寿命长、精度高、使用_____低、启动转矩和运动转矩相近，可以减小电动机启动力矩及运动的颤动。
   A. 次数　　　B. 转速　　　C. 寿命　　　D. 温度

20. 垫片调隙式是调整垫片的厚度Δ，可使螺母产生轴向移动，以达到轴向间隙的_____和预紧目的。
   A. 消除　　　B. 增大　　　C. 减小　　　D. 稳定

21. 螺纹调隙式通过旋转_____，就可调整轴向间隙和预紧。
   A. 丝杠　　　B. 螺母　　　C. 丝杠和螺母

22. 对数控机床导轨要求很高，高速进给时不_____，低速进给时不"爬行"，有高的灵敏度，能在重负载下长期连续工作，耐磨性要高，精度保持性要好等。
   A. 变形　　　B. 振动　　　C. 生热　　　D. 磨损

23. 机床各部件组装前，首先去除安装连接面、导轨和各运动面的_____，做好各部件的外表清洁工作。
   A. 隔离物　　B. 污渍　　　C. 锈迹　　　D. 防锈涂料

24. 数控机床通电试车时，首先观察有无报警故障，然后用_____方式陆续启动各部件。
   A. 程序　　　B. 手动　　　C. 手动或程序　　D. 手动和程序

25. 数控机床安装完毕后，要求整机在带_____条件下，经过一段较长的时间的自动运行，较全面地检查机床功能及工作可靠性。
   A. 一定负载　B. 空载荷　　C. 大载荷　　　D. 小载荷

26. 双频激光干涉仪是将同一激光器发出的光波分成频率_____的两束光波产生干涉而进行测量的。
   A. 相同　　　B. 不同　　　C. 互不干涉

27. 调平经纬仪：转动经纬仪照准部，使长方形水准器与任意两个螺钉脚的连线平行，调整螺脚，使气泡居中。将经纬仪转动_____，调整第三个螺脚，也使气泡居中。
   A. 180°　　　B. 60°　　　C. 90°

28. 在某些旋转机械的启动或停机过程中，当经过某一转速附近时，会出现剧烈振动。这个转速在数值上非常接近于转子横向自由振动的固有频率，这一与转子固有频率相对应的转速，称为转子的_____转速。
   A. 最高　　　B. 最低　　　C. 临界

29. 使转子产生干扰力的因素，最基本的就是由于不平衡而引起的_____力。
   A. 向心　　　B. 离心　　　C. 重心

30. 振动标准值的确定根据频率的不同分为低频和高频两段，低频段的依据主要是经验值和人的感觉，而高频段主要是考虑了零件结构的疲劳强度，它们的分界点是_____Hz。
   A. 100　　　B. 10　　　C. 1 000

31. 要使一个不平衡的回转体成为平衡的回转体，就需要重新调整其质量的分布，以使其旋转轴线与中心主惯性轴线相_____，这就是平衡的实质。
　　A. 重合　　　　　B. 相交　　　　　C. 平移
32. 动平衡的方法有两种：_____。
　　A. 平衡机法和现场平衡法　　　B. 平衡机法和框架式平衡机法
　　C. 机械平衡机法和电子动平衡机法
33. 柔性回转体的平衡与刚性回转体的平衡_____。
　　A. 有很大差异　　B. 有一定差异　　C. 无差异
34. 平衡精度等级为 G，单位为 mm/s，G 的大小作为精度标号，精度等级共____。
　　A. 10 级　　　　B. 12 级　　　　C. 11 级
35. 相关图又称为_____图，它是用来研究、判断两个变量之间相关关系的图。
　　A. 控制　　　　　B. 直方　　　　　C. 散布

三、简答题（每题 5 分，共 15 分）

1. 环形导轨刮削时应注意的问题有哪些？
2. 钢球研磨时的注意事项是什么？
3. Y7131 型齿轮磨床的磨具的装配与调整时，怎样以误差相消法来减少或抵消轴承圈偏心对主轴回转精度的影响？

四、计算题（每题 5 分，共 10 分）

1. 计算如图卷 1—1 所示两种定位方式加工键槽，保证尺寸 A 的定位误差为多少？

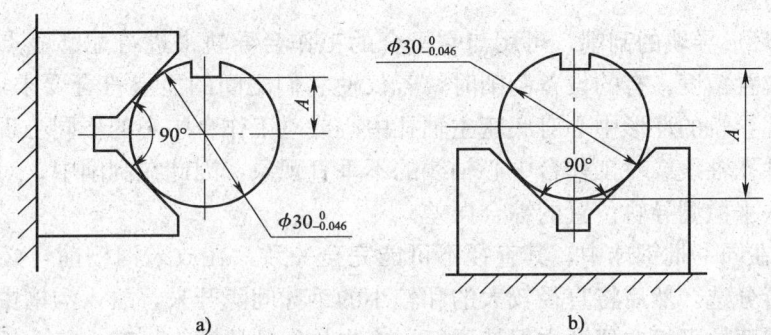

图卷 1—1　计算题图 1

2. 计算如图卷 1—2 所示定位方式加工孔 1 和孔 2 尺寸，求 R 的定位误差。

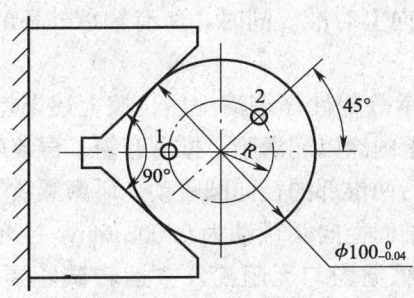

图卷 1—2　计算题图 2

理论知识考核试卷答案

一、判断题

1. × 2. √ 3. √ 4. × 5. √ 6. × 7. × 8. ×
9. √ 10. √ 11. × 12. √ 13. √ 14. √ 15. √ 16. ×
17. √ 18. √ 19. √ 20. √ 21. √ 22. × 23. √ 24. √
25. √ 26. × 27. √ 28. √ 29. × 30. √ 31. √ 32. ×
33. √ 34. × 35. √ 36. × 37. √ 38. × 39. √ 40. √

二、单项选择题

1. A 2. D 3. A 4. B 5. B 6. B 7. A 8. A 9. B
10. C 11. C 12. D 13. B 14. C 15. B 16. A 17. C
18. C 19. D 20. A 21. B 22. B 23. D 24. B 25. A
26. B 27. C 28. C 29. B 30. C 31. A 32. A 33. A
34. C 35. C

三、简答题

1. 答：环形导轨的刮削，可用与它配合的工作台导轨来进行配磨显点。刮削时要注意导轨的位置精度。有的设备刮削时，若仅使它们之间的显点符合要求还是不够的，仍有可能出现导轨的环形中心对底座主轴孔中心或对工作台中心的不同心现象，以及导轨对底座主轴孔轴线或对工作台中心轴线的不垂直现象，因此在刮削中，对于底座尚需按一定的方法来检测导轨位置的综合误差。

2. 答：在同一批钢球中，其直径不可能完全一致，在放入沟槽前，必须用精确量具按大小进行分选。然后将直径较大的和较小的钢球间隔开来，放入沟槽中，大钢球要放得对称，使两块平板在研磨中保持平行，应先均衡地研磨大钢球，待大钢球接近或等于小钢球直径时，全部钢球即能得到均衡一致的研磨。

3. 答：（1）将所有轴承内环的径向圆跳动最高点与主轴装砂轮端的轴颈径向圆跳动的最低点处在同一直线方向上对准。同时，所有轴承外环的径向圆跳动最高点也应在套筒孔内对准成一直线。

（2）主轴、套筒以及轴承等零件仔细清洗后，按上述误差相消法的安装方向装入主轴，用汽油仔细清洗，在轴承内涂以润滑脂，推入套筒，再装后一组轴承及螺母等零件。

（3）装好后分别测量前后两锥部的径向圆跳动。研磨螺纹端盖，使主轴装配精度达到以下要求：装砂轮端的主轴锥面径向圆跳动为 0.003 mm，主轴的轴向窜动为 0.002 mm。总装后，用手旋转主轴时应感觉均匀无阻滞。空运转试验要求 2 h 轴承温升不应超过 15℃，且不应有不正常噪声。

四、计算题

1. 解：(1) 图卷 1—1a：因为 $\Delta_{db}=0$，$\Delta_{jb}=0$，所以 $\Delta_{dw}=0$。

(2) 图卷 1—1b：$\Delta_{dw}=\Delta_{db}-\Delta_{jb}=\dfrac{\Delta K}{2\sin\dfrac{\alpha}{2}}-\dfrac{\Delta K}{2}=\dfrac{0.046}{2\sin 45°}-\dfrac{0.046}{2}=0.009\,5\text{ mm}$

2. 解：孔 1：$\Delta_{jb}=0$，$\Delta_{dw}=\Delta_{db}=\dfrac{\Delta K}{2\sin\dfrac{\alpha}{2}}=\dfrac{0.04}{2\sin 45°}=0.028\text{ mm}$

孔 2：$\Delta_{jb}=0$，$\Delta_{dw}=\Delta_{db}\cos 45°=0.028\times 0.707\,1=0.02\text{ mm}$

操作技能考核试卷（一）

1. 题目

组合内四方制件制作。

2. 制件毛坯图样（见图卷1—3、图卷1—4）

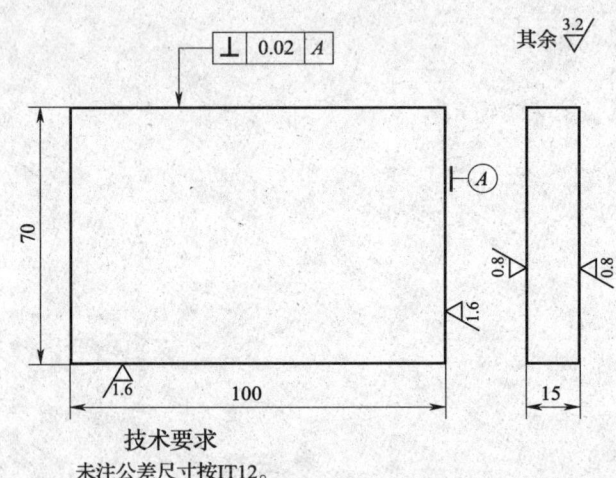

图卷1—3　组合内四方制件毛坯图1

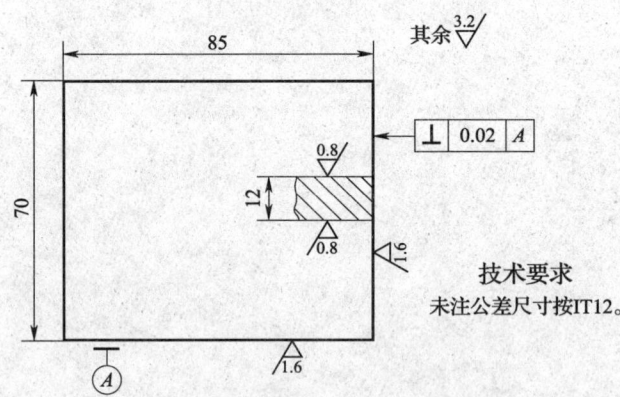

图卷1—4　组合内四方制件毛坯图2

3. 工、量、刃具清单

序号	名称	规格	数量	序号	名称	规格	数量
1	游标高度尺	0～300（0.02）mm	1	3	千分尺	0～25（0.01）mm	1
2	游标卡尺	0～150（0.02）mm	1	4	千分尺	25～50（0.01）mm	1

续表

序号	名称	规格	数量	序号	名称	规格	数量
5	平板	1级	1	19	丝锥	M6	1套
6	万能角度尺	0°～320°（2'）	1	20	铰刀	φ8H7、φ5H7	各1
7	正弦规	100 mm×80 mm	1	21	铰杠	280 mm	1
8	量块	38块	1套	22	手锯	自定	1
9	百分表	0～10（0.01）mm	1	23	整形锉	自定	一套
10	杠杆百分表	0～0.8（0.01）mm	1	24	板锉	自定	自定
11	表架		1	25	划线工具		1套
12	宽座90°角尺	100 mm×63 mm，1级	1	26	三角锉	150 mm（3号纹）	1
13	刀口90°角尺	63 mm×63 mm，1级	1	27	方锉	250 mm（3号纹）	1
14	刀口尺	75 mm	1	28	圆柱销	B5×25	4
15	塞尺	0.02～0.5 mm	1	29	一字旋具	与准备螺钉配套	1
16	钢板尺	0～150 mm	1	30	塞规	φ5H7、φ8H7	各1
17	钻头	φ2 mm、φ4.8 mm、φ6.8 mm	各1	31	一字圆头螺钉	M6×25	4
18	钻头	φ7 mm、φ7.8 mm、φ13 mm	各1	32	铜棒	φ12 mm×80 mm	1

4. 制件图样（见图卷1—5～图卷1—8）

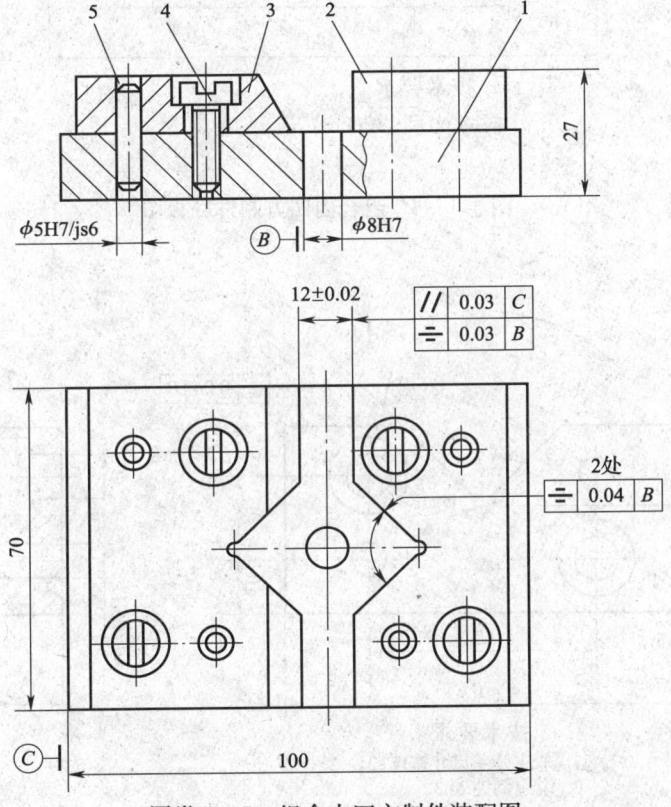

图卷1—5　组合内四方制件装配图
1—底板　2—右V板　3—左V板　4—圆柱头螺钉　5—圆柱销

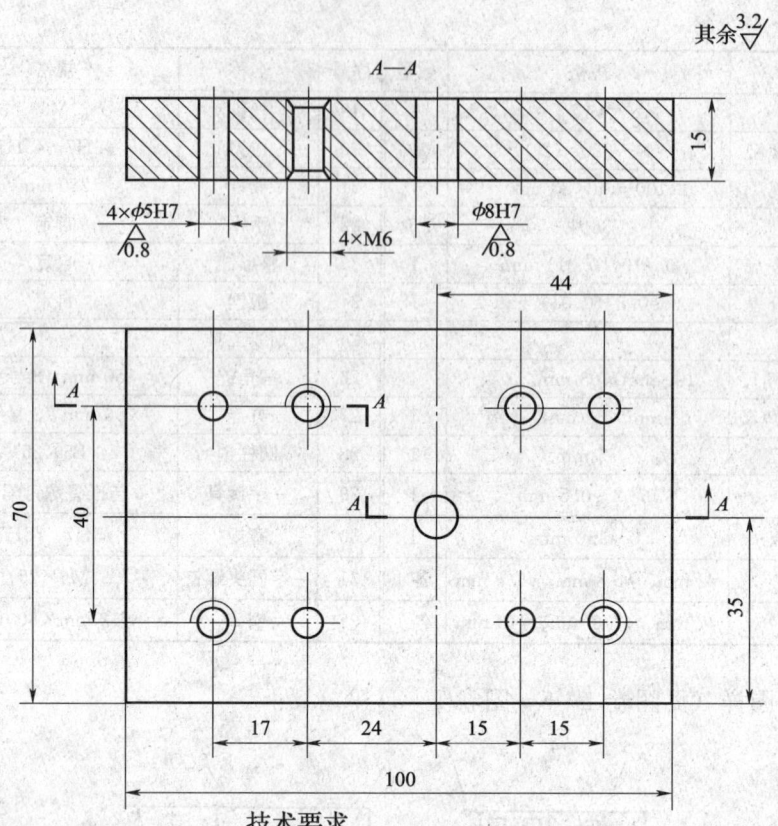

图卷1—6 组合内四方制件底板图

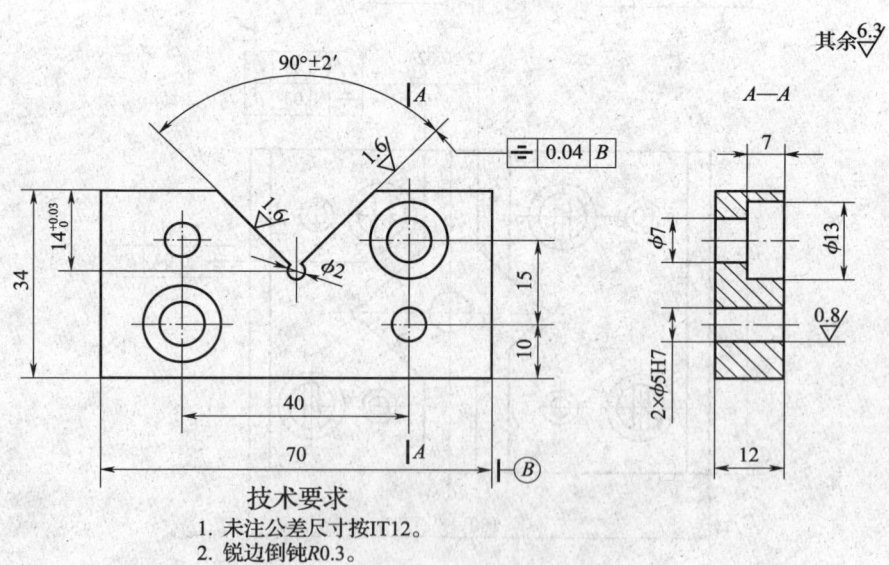

图卷1—7 组合内四方制件右V板图

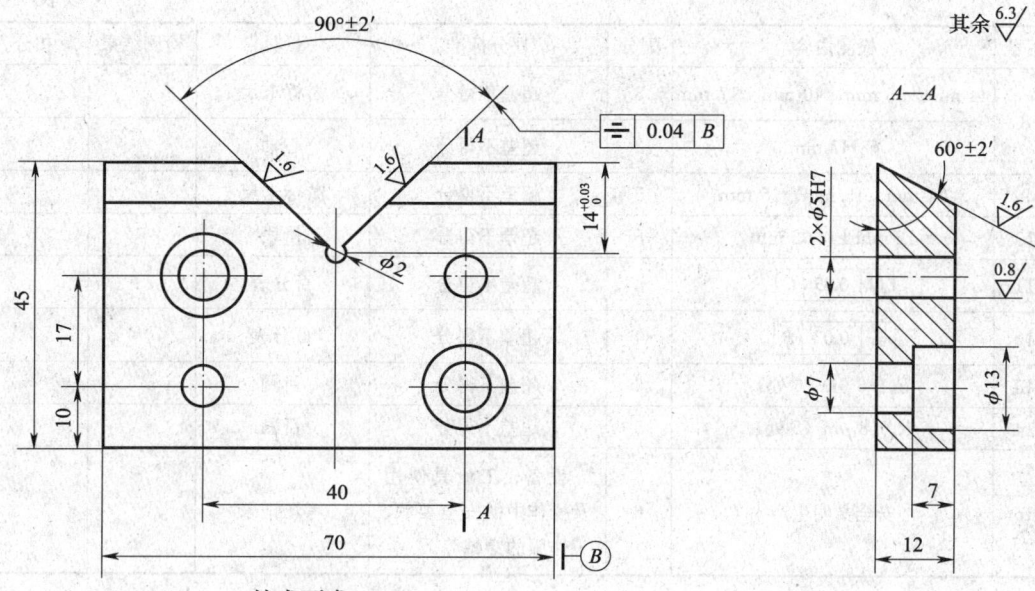

图卷1—8 组合内四方制件左V板图

5. 操作要求

(1) 熟悉考件图样。
(2) 检查毛坯是否与考件符合。
(3) 工具、量具、夹具的准备。
(4) 设备的检查(主要是电气和机械传动部分)。
(5) 划线及划线工具的准备。
(6) 安全文明生产要求的准备。
(7) 操作时限:6 h。

6. 配分与评分标准

序号	检测内容	配分	评分标准	量具	检测结果	扣分
1	60°±2′(2处)	7	超差不得分	万能角度尺		
2	90°±2′(2处)	8	超差不得分	百分表正弦规		
3	$14^{+0.03}_{0}$ mm(2处)	8	超差不得分	千分尺		
4	2×φ5H7 mm(2处)	8	超差不得分	塞规		
5	10 mm、17 mm、40 mm、45 mm(2处)	6	超差不得分	游标卡尺		
6	⌰ 0.03 B (4处)	12	超差不得分	杠杆百分表		
7	φ7 mm、φ13 mm、7 mm(2处)	6	超差不得分	游标卡尺		

续表

序号	检测内容	配分	评分标准	量具	检测结果	扣分
8	44 mm、35 mm、40 mm、17 mm	8	超差不得分	游标卡尺		
	ϕ8H7 mm	2	超差不得分	心轴		
9	24 mm、15 mm、15 mm	5	超差不得分	游标卡尺		
10	12 mm±0.02 mm	5	超差不得分	量块		
11	∥ 0.03 C	4	超差不得分	百分表		
12	= 0.03 B	4	超差不得分	百分表		
13	R_a1.6 μm（6处）	6	超差不得分	目测		
14	R_a0.8 μm（5处）	5	超差不得分	目测		
15	安全文明生产	6	设备、工量具使用及操作中的安全要领、工作服的穿戴等	考场记录		

操作技能考核试卷（二）

1. 题目

根据图卷1—9所示的托架零件工序图，工件的材料为铸铝，年产1 000件，已加工面为 φ33H7 孔及两端面 A、C 和距离为44 mm 的两侧面 B。本工序加工两个 M12 的底孔 φ10.1 mm。试为本工序设计钻模方案。

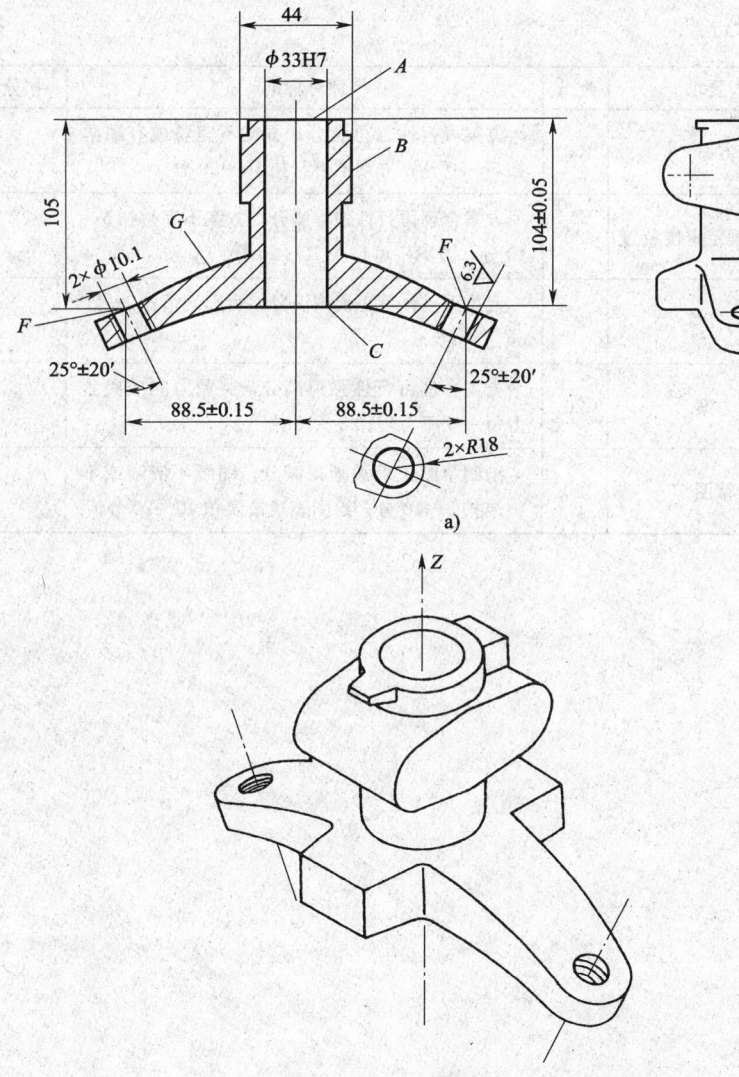

图卷1—9　托架零件工序图

2. 考核内容

(1) 根据零件工序图确定钻模定位方案。
(2) 根据定位方案确定定位装置和定位元件。
(3) 计算定位误差,验算定位方案是否合理。
(4) 确定夹紧方案和夹紧方法。
(5) 绘制方案草图。

3. 准备工作

(1) 考场准备:零件工序图。
(2) 考生准备:纸、笔。
(3) 考生准备:夹具设计手册、计算器等。

4. 考核时间:6 h

5. 配分与评分标准

序号	考核内容及要求	配分	评分标准	扣分	得分
1	确定钻模方案	20	方案可行性强得满分;方案不完整或有缺陷扣 5~10 分;方案不可行扣 10~20 分		
2	确定定位方案和确定定位装置	20	方案合理可行性强得满分;方案不完整扣 5~10 分;方案不可行扣 10~20 分		
3	定位误差的计算	20	定位误差计算正确得满分,否则酌情扣 1~20 分		
4	确定夹紧方案	20	方案合理可行性强得满分,夹紧方向或夹紧力每一项不合理扣 5~10 分		
5	绘制方案草图	20	绘制草图正确清晰得满分;图纸不清晰或不整洁扣 5~10 分;绘图表达错误扣 10~20 分		

第二部分

装配钳工 高级技师

第6单元

工艺准备

- 第一节 读图与绘图 /199
- 第二节 编制装配工艺 /238

工艺准备是装配钳工重要的技术基础知识。了解和掌握高速、精密机械设备传动系统图和液压系统工作原理图的读图方法及相关知识，是装配钳工进一步提高精密机械装配工作能力重要的前提条件。本单元重点介绍了TK4163B型单柱数控坐标镗床的传动系统图、M7120A型平面磨床的液压传动系统图的读图方法，详细介绍了机床夹具的设计方法。本单元还对第三角视图、英文机械图样用语等有利于国际技术交流的内容做了简单介绍。

第一节 读图与绘图

→ 熟悉复杂机械设备的传动系统图、精密机械的液压传动原理图的读图方法

→ 掌握车床夹具、铣床夹具、钻床夹具、镗床夹具等专用夹具的设计步骤和方法

→ 了解第三角视图的原理和方法，熟悉英文机械图样的一般用语

一、读 TK4163B 型单柱数控坐标镗床传动系统图

图 6—1 所示为 TK4163B 型单柱数控坐标镗床的传动系统图。其主传动系统由直流

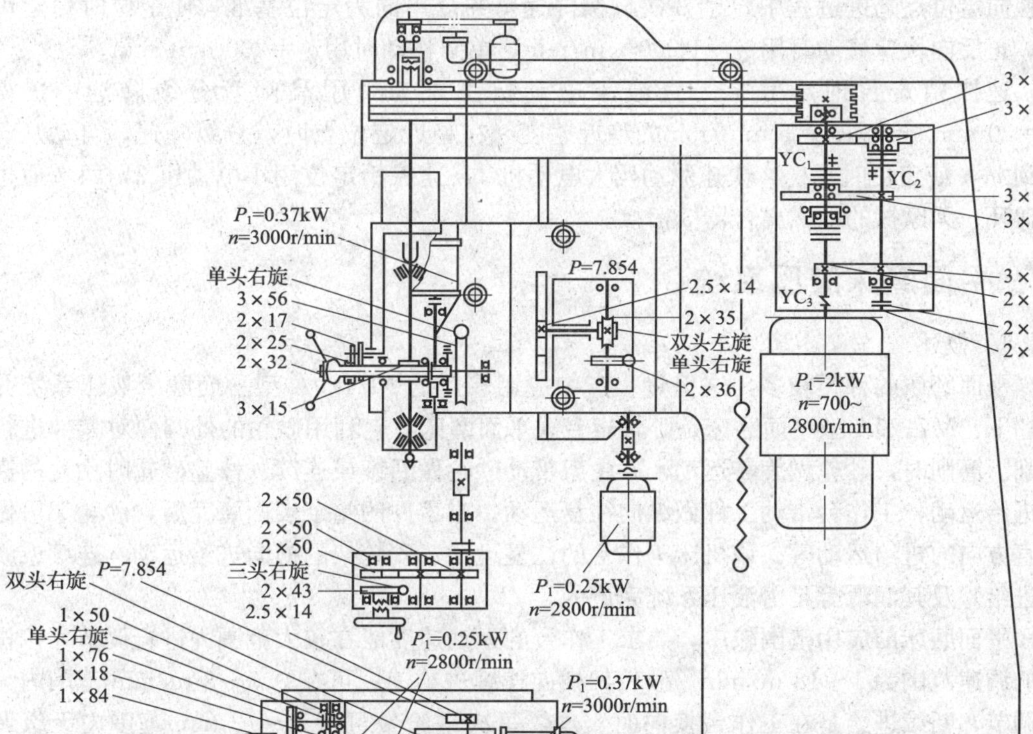

图 6—1　TK4163B 型单柱数控坐标镗床的传动系统图
1—大电动机　2—小电动机　3—电磁离合器

电动机传动，通过三级变速箱后经 V 带轮传至主轴箱，带动主轴旋转。主轴变速箱内采用电磁离合器变速机构，电磁离合器 YC_1、YC_2、YC_3 在不同工作状态时，使主轴有 3 挡转速范围，经直流电动机驱动，主轴在每挡内实现无级变速。主轴的 3 挡速度范围分别为 32～125 r/min、125～500 r/min 和 500～2 000 r/min。此外，该机床还设有一个 10 r/min 的低速，以供铰孔、刮端面用。

进给传动中，主轴的进给由 0.37 kW、3 000 r/min 直流电动机驱动，经二级蜗轮副降速，通过晶闸管调速，使主轴进给在 5.3～530 mm/min 内无级调速。主轴箱进给，通过 0.25 kW、2 800 r/min 的电动机带动蜗轮副，传至齿轮齿条，带动主轴箱升降，其速度为 490 mm/min。

纵向、横向进给运动用直流电动机驱动，经二级蜗轮减速传至齿轮，推动齿条带动滑板、工作台移动。快速移动速度为 1 200 mm/min。经晶闸管变速可在 25～400 mm/min 范围内实现无级调速，作为铣削时的进给速度。速控定位时，工作台或滑板在向定位点趋近过程中自动 3 次分级降速，并以单向为定位基准，使定位时稳定可靠。正反向快速移动时用 $v_1 = 1 200$ mm/min，单向移动时用 $v_2 = 200$ mm/min。

速控精定位时，用专用直流小电动机 2 驱动，用晶闸管分级降速，获得 $v_3 = 20$ mm/min 和 $v_4 = 5$ mm/min 的趋近速度。在趋近定位点时，分级降速，自动从 v_3 转到 v_4，使定位时平稳。快速驱动用大电动机 1，速控精定位用小电动机 2，两者通过无滑环、无摩擦的电磁离合器 3 衔接。

二、平面磨床液压系统

1. 概述

平面磨床的种类较多，这里将生产中应用较广的 M7120A 型平面磨床液压系统介绍如下：M7120A 型平面磨床是卧轴矩台式平面磨床，它利用砂轮的外圆面对零件进行磨削。磨削时，砂轮做旋转运动，砂轮架带动砂轮做断续或连续（修整砂轮时用）的横向进给运动，工作台带动工件做纵向往复运动，当零件的整个表面磨完后，砂轮架可做垂直方向的进给运动等。该机床工作台的往复运动、砂轮架的横向进给运动（连续或断续进给）及其润滑等是由液压系统完成的。

平面磨床的应用范围较广，要求工作台的运动速度能在较大范围内进行调节，该机床的调速范围为 1～18 m/min。砂轮架横向连续进给速度可在 0.3～3 m/min 范围内无级调节，断续进给是在工作台换向时实现，每次进给量可在 2～12 mm 范围内无级调节。一般说来，平面磨床工作台的换向频率较高，换向时间较短，要求有较好的换向平稳性。

2. M7120A 型平面磨床的液压系统

（1）工作台的往复运动。M7120A 型平面磨床的液压系统图如图 6—2 所示。液压泵 A 供给整个系统用油，主系统工作压力由溢流阀 B 调节。在调速回路中，采用了进油、回油双重节流方式，用开停节流阀 C 来控制工作台的启动、调速、停止和卸荷。调速时，是通过阀芯圆柱面上的三角槽节流口起作用，如图 6—2 所示，C—Ⅰ截面的三角槽节流口通回油路，即回油节流调速；C—Ⅲ截面上的三角槽节流口接进油路，即

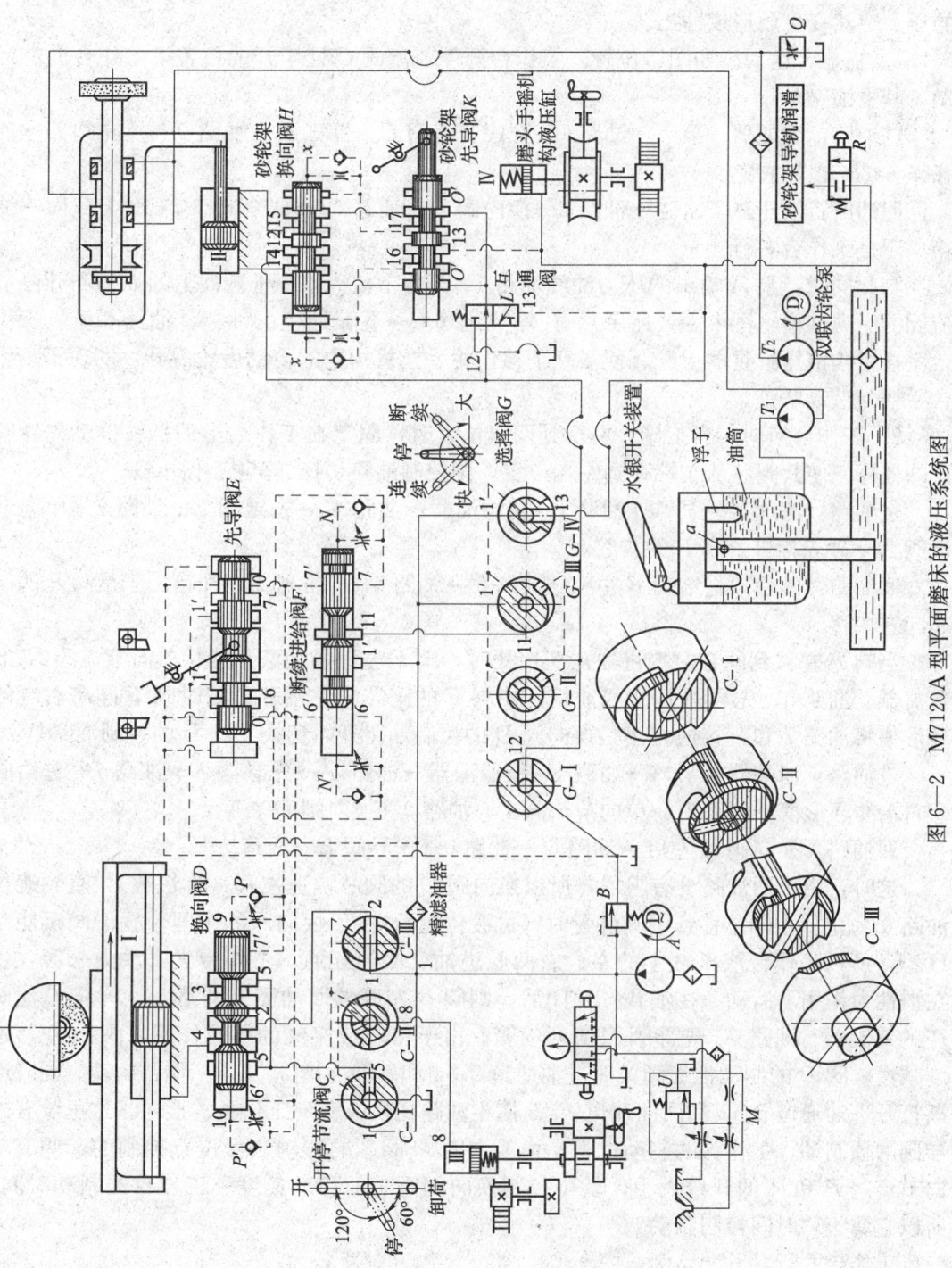

图 6—2　M7120A 型平面磨床的液压系统图

进油节流调速，但因回油节流三角槽比进油节流三角槽小，所以调速以回油节流调速为主。而进油节流三角槽的作用，是在工作台开动时即使操纵太快，也不致引起液压缸中的压力突然变化而造成冲击。

1) 工作台运动。如图示位置，工作台开停节流阀 C 处于开的位置，工作台向右运动，其主油路是：

进油路：滤油器→泵 A→油路 1→开停节流阀 C→Ⅲ截面→油路 2→换向阀 D→油路 4→液压缸Ⅰ左腔。

回油路：液压缸Ⅰ右腔→油路 3→换向阀 D→油路 5→开停节流阀 C→Ⅰ截面→油箱。于是工作台右行。

与此同时，泵 A 输出的压力油经油路 1、开停节流阀 C—Ⅲ截面上的油槽和开停节流阀的纵向油槽（图中虚线所示）、开停节流阀 C→Ⅱ截面上的油槽、油路 8 流入工作台手摇机构液压缸Ⅲ的上腔，使活塞下移，将手摇机构中的传动齿轮脱开，实现了工作台手摇与液动联锁。

2) 工作台换向。当工作台右行到调定位置时，固定在工作台上的挡铁拨动先导阀 E 的杠杆，使其阀芯从右端移到左端位置，则控制油路切换。其控制油路是：

进油路：滤油器→泵 A→油路 1→精滤油器→油路 $1'$→先导阀 E→油路 7→单向节流阀 N→砂轮架进给阀 F 的右腔。

回油路：砂轮架进给阀 F 左腔→油路 $6'$→油路 0→先导阀 E→油箱。于是阀 F 的阀芯向左快移。

当阀 F 左移到阀芯左端将油孔 $6'$ 堵死时，阀 F 左腔的油液只能从单向节流阀 N' 的节流器、油路 6、先导阀 E 流回油箱，使阀 F 的阀芯向左慢移，同时阀 F 阀芯右端的环形槽将油路 7 和 $7'$ 接通，于是换向阀 D 的控制油路开始切换。阀 D 的控制油路是：

进油路：滤油器→泵 A→油路 1→精滤油器→油路 $1'$→先导阀 E→油路 7→进给阀 F 右端的环形槽→油路 $7'$→单向节流阀 P—油路 9→换向阀 D 右腔。

回油路：换向阀 D 左腔→油路 $6'$→油路 0→先导阀 E→油箱。

这时，由于回油路没有阻尼，所以换向阀 D 的阀芯快速左移（称快跳），直到遮住油路 $6'$ 为止。当阀芯移到中间位置时（过渡位置），由于换向阀的中间位置滑阀机能是 H 型，所以工作台液压缸Ⅰ的左、右两腔进油、回油互通，工作台失去动力来源，仅在惯性力作用下运动。在油孔 $6'$ 关闭后，则阀 D 左腔的回油需经油路 10、单向节流阀 P' 的节流器、油路 0、先导阀 E 流回油箱。由于单向节流阀的节流作用，阀 D 左移速度减慢，阀 D 的制动锥逐渐关闭进油通道 2、4 和回油通道 3、5，工作台制动。同时逐渐打开进油通道 2、3 和回油通道 4、5 使主油路切换，实现工作台的换向。这里没有先导阀的预制动，工作台的制动过程是由换向阀 D 阀芯的移动快慢进行控制的，调节单向节流阀 P 和 P' 的开口大小，就可控制换向阀阀芯的移动速度和工作台的制动时间。所以它属于"时间控制制动"。

工作台左行，其油路为：

进油路：滤油器→泵 A→油路 1→开停节流阀 C—Ⅲ截面→油路 2→换向阀 D→油路 3→液压缸Ⅰ右腔。

回油路：液压缸Ⅰ左腔→换向阀 D→油路5→开停节流阀 C—Ⅰ截面→油箱。

3) 工作台的停止。将开停节流阀 C 从图示位置逆时针方向转动 $120°$，使之处于"停止"位置，这时开停节流阀 C（C—Ⅰ截面）使油路5与回油路切断，而和油路1接通，这时泵 A 输出的压力油经开停节流阀 C—Ⅲ及 C—Ⅰ截面上的油槽使液压缸Ⅰ左、右两腔均通压力油，所以工作台停止运动。这时，工作台手摇机构液压缸Ⅲ上腔的油液经油路8、开停节流阀 C—Ⅱ截面的径向孔和中心孔、开停节流阀 C—Ⅰ截面的中心孔流回油箱。液压缸Ⅲ的活塞在弹簧力作用下使手摇机构传动齿轮啮合，由于液压缸Ⅰ左、右两腔互通，所以工作台可以手动操纵。此时泵 A 输出的油液仍有压力，机床的其他动作（砂轮架的运动、润滑等）仍可照常进行。

4) 液压系统卸荷。因平面磨床工作台运动速度较高，所以液压泵流量较大。当工作台停止而不进行工作时，希望系统卸荷，以减少功率损失和发热量。将开停节流阀 C 从图6—2位置逆时针转动 $180°$ 使之处于"卸荷"位置时，泵 A 输出的油液经油路1、开停节流阀 C—Ⅰ截面的径向孔和中心孔流回油箱，系统卸荷。由于管路孔道液阻的作用，回路中仍有一定的压力，因手摇机构液压缸仍通回油，所以可以手摇工作台。

（2）砂轮架（磨头）的进给运动。砂轮架（磨头）的停止、断续或连续进给运动可由转动选择阀 G 来选取。

1) 停止进给。将选择阀 G 扳到"停止"位置（即图6—2所示位置），这时，油路 $1'$ 和油路11被阀 G（G—Ⅲ截面）堵死，压力油不能流回砂轮架换向阀 H，砂轮架液压缸Ⅱ的两腔都不通压力油，于是磨头停止进给。同时因磨头手摇机构液压缸Ⅳ下腔的油液和互通阀 L 的控制油液经油路13、选择阀 G—Ⅳ截面上的径向孔和中心孔流入油箱，所以砂轮架手摇机构在弹簧力作用下使啮合齿轮合上，且互通阀 L 的上位接入系统工作，砂轮架液压缸Ⅱ的两腔互通（并通油箱），此时便可手摇砂轮架移动。其油路是：

液压缸Ⅱ右腔→油路15→砂轮架换向阀 H→砂轮架先导阀 K→油路 O'→互通阀 L→油路12→选择阀 G—Ⅰ截面上的径向孔和中心孔→油箱。

液压缸Ⅱ左腔→油路14→砂轮架换向阀 H→油路12→选择阀 G—Ⅰ截面上的径向孔和中心孔→油箱。

系统中将砂轮架液压缸Ⅱ的两腔回油通过选择阀 G 的径向孔和中心孔与溢流阀 B 的回油管接在一起，利用回油管路上的液阻造成的很低的背压，以保证液压缸的两腔充满油液，防止空气侵入系统。同时节流阀放在进油路上，作为开关和一个"液阻"，可以防止进给时的冲击现象。

2) 砂轮架的连续进给。将选择阀 G 从图6—2所示位置逆时针方向转动到连续进给位置时，油路11被堵，油路 $1'$ 被节流口接通（见 G—Ⅲ截面），则液压泵 A 输出的压力油经油路 $1'$、选择阀 G—Ⅳ截面、油路13至互通阀 L 的下端油腔，使互通阀下位接入系统工作，这时，液压缸Ⅱ的两腔不再连通，当砂轮架换向阀 H 和先导阀 K 处于图示位置时，砂轮架向右连续进给。其油路为：

进油路：滤油器→泵 A→油路1→精滤油器→油路 $1'$→选择阀 G—Ⅲ截面的节流三角槽和纵向油槽→选择阀 G—Ⅱ截面→油路12→换向阀 H→油路14→液压缸Ⅱ左腔。

回油路：液压缸Ⅱ右腔→油路15→换向阀 H→先导阀 K→油路 O'→互通阀 L→油

箱。于是砂轮架右行。

与此同时，压力油经油路 1'、选择阀 G—Ⅳ 截面上的油槽、油路 13、磨头手摇机构液压缸 Ⅳ 下腔，使手摇机构传动齿轮脱开啮合，手摇机构不起作用，于是实现手动与液动互锁。

当砂轮架右行到达调整位置时，固定在砂轮架上的挡铁碰撞先导阀 K 的杠杆，使阀芯移到左端位置，换向阀 H 的控制油路切换，换向阀 H 的阀芯也向左移动。当阀 H 的阀芯移到左端位置时，液压缸 Ⅱ 的油路也随之切换，砂轮架左行。单向节流阀 x、x' 用来控制换向的快慢，防止磨头的换向冲击。

砂轮架的连续进给速度，可用选择阀 G，改变 G—Ⅲ 截面上的半月牙形三角节流槽开口的大小来调节。快速连续进给运动供调整机床使用，而慢速连续进给，一般用于修整砂轮。

3) 砂轮架的断续进给。将选择阀 G 从图示位置顺时针方向转动至断续进给位置时，油路 1' 被堵住，油路 11 被节流口接通（G—Ⅲ 截面），液压泵 A 输出的压力油经选择阀（G—Ⅳ 截面）上的油槽仍使油路 1' 和 13 接通，则互通阀 L 仍然下位接入系统工作，这时，砂轮架进行断续进给运动，且磨头手摇机构脱开。

砂轮架断续进给运动应该在工作台每次换向时的瞬间完成，否则将会造成砂轮在换向端的运动轨迹为斜线，影响工件表面质量。当工作台右行，在右端位置换向时，使先导阀 E 移至左端，则控制油路的压力油经油路 1'、先导阀 E、油路 7、单向节流阀 N 至进给阀 F 右腔，F 阀左腔通回油路，于是阀 F 的阀芯向左快移，当阀 F 阀芯左端台肩将油路 6 至 6' 切断时，阀芯转入向左慢速移动，与此同时阀 F 阀芯右端的环形槽将油路 7 至 7' 接通，于是工作台换向阀 D 的右腔才通有控制压力油，这时左腔通回油，换向阀 D 左移（见工作台换向过程），就在这时，进给阀 F 的油路 1' 和 11 短时接通，为砂轮架的断续进给提供一定量的压力油液，它经过选择阀 G、换向阀 H 进入液压缸 Ⅱ 左腔，液压缸右腔的油液经换向阀 H、先导阀 K、互通阀 L（下位接入系统）流回油箱，于是砂轮架开始断续进给。

阀 F 的阀芯继续慢速左移，直到阀芯将油路 11 堵死，油路 1' 至 11 通路被切断，砂轮架的断续进给结束。调节单向节流阀 N（N'），可以控制阀 F 阀芯的移动速度，也就调节了断续进给运动的持续时间。进给时间一定时，调节选择阀（G—Ⅲ 截面）上的节流口大小，便可调节断续进给量的大小。当工作台在左端位置换向时，砂轮架又进行一次断续进给。其油路通、闭情况与前述分析类同，不再赘述。

(3) 机床的润滑

1) 导轨的润滑。机床导轨的润滑由润滑稳定器 M 控制。工作时，系统的压力油经精滤油器后流入润滑稳定器，当油液流经稳定器上的阻尼孔时，使压力降低，由润滑稳定器上的压力阀 U 调节。压力调定后的液压油再经可调节流器流至工作台的导轨面上，各导轨所需润滑油的流量由节流器调节。工作台换向时压力波动一次，使通过阻尼孔的油液的压力也随着跳动一次，所以阻尼孔不易堵塞。砂轮架导轨的润滑，用手动二位二通阀 R 控制，开车前扳动几下即可。

2) 磨头主轴轴承的润滑。磨头主轴轴承的润滑采用了自动循环方式。为确保磨头主轴只有在充分的润滑条件下才能启动，采用了水银开关装置进行有程序的主轴启动联锁。工作时，润滑油由双联齿轮泵 T_1、T_2 来提供，为了避免润滑油液和工作油液混淆，这里采用了独立油箱。其中液压泵 T_2 将油液送入前、后轴承的腔内进行润滑；液压泵 T_1 则将前、后轴承腔中的油液抽出并送到水银开关装置油筒内，使浮子上升，通过杠杆推动水银开关绕支点做逆时针方向转动，将水银倒向左边，接通电气线路，此时若按下磨头启动开关，磨头主轴便能启动旋转。油筒内的油液可经孔 a 沿管路流回油箱。如果油筒的液面过低，浮子不能使水银开关接通，说明轴承中无油或润滑不充足，这时若按下磨头启动开关，主轴无法启动。这种可靠的联锁，保证了磨头主轴轴承总能在充分润滑的条件下工作。输入轴承的油量由节流阀 Q 进行调节。双联泵 T_1、T_2 使润滑油在轴承内保持流动，这能有效地降低主轴的温升。

(4) 液压系统的主要特点

1) 该液压系统中工作台的换向采用了时间控制的换向回路。在换向阀 D 阀芯上的 4 个控制边均带有锥度较小的制动锥，同时可采用单向节流阀来调整阀芯的移动速度，使制动过程平稳，减小了换向冲击。这对工作台运动速度较高、换向要求平稳，但对换向精度要求不太高的平面磨床来说是完全适宜的。

2) 液压系统中，采用了进油和回油路的双重节流调速回路，并以回油节流调速为主，因此，工作台的运动平稳，且可减小工作台启动时的前冲现象。

3) 具有卸荷回路，机床不工作时，可使系统卸荷，以减少功率损失和减少油液发热。

4) 砂轮架的断续进给采用了"定时节流进给"，即断续进给量除与选择阀 G—Ⅲ 截面上的节流口有关外，还要受进给阀 F 阀芯移动速度（即油口 $1'\rightarrow 11$ 接通时间长短）的影响。因此，油温变化和单向节流阀 N（N'）的堵塞等现象均会影响断续进给量的大小。但这种进给方式结构简单，适用于平面磨床。

三、机床专用夹具的设计

专用夹具是针对某一种工件的某一工序而专门设计与制造的。这类夹具一般适用于固定产品中批量以上的生产。下面主要以使用比较广泛的车、铣、钻、镗床夹具为例，介绍专用夹具的结构特点和设计方法。

1. 车床夹具

(1) 车床夹具的类型与特点。车床主要用于加工零件的内外圆柱面、圆锥面、回转成形面、螺纹表面及端面等。根据这一加工特点和夹具在机床上安装的位置，可将车床夹具分为以下两种基本类型。

1) 安装在车床主轴上的夹具。这类夹具中，除了各种卡盘、花盘、顶尖等通用夹具或机床附件外，还可根据加工需要设计各种心轴或其他专用夹具，加工时夹具随机床主轴一起旋转，刀具做进给运动。

2) 安装在车床床鞍上的夹具。对于某些形状不规则和尺寸较大的工件，常常把夹具安装在车床床鞍上。刀具安装在车床主轴上做旋转运动，夹具做进给运动。

(2) 专用车床夹具的典型实例。生产中常遇到在车床上加工壳体、支座、杠杆、接头等类零件的圆柱表面及端面的情况。这些零件形状往往比较复杂，直接用三爪自定心卡盘装夹工件比较困难。在这种情况下，就需设计专用车床夹具。下面介绍两种典型的车床夹具。

如图 6—3 所示为角铁式车床夹具，工件以一平面和两孔为定位基准在夹具倾斜的定位支承板和一个圆柱销、一个菱形销上定位，用两个钩形压板夹紧，被加工表面是孔和端面。为了便于在加工过程中检验所车端面的尺寸和被加工孔与定位基准面的角度，靠近加工面处设计有测量基准面及工艺孔。夹具体 4 上的基准圆 A 是找正圆。

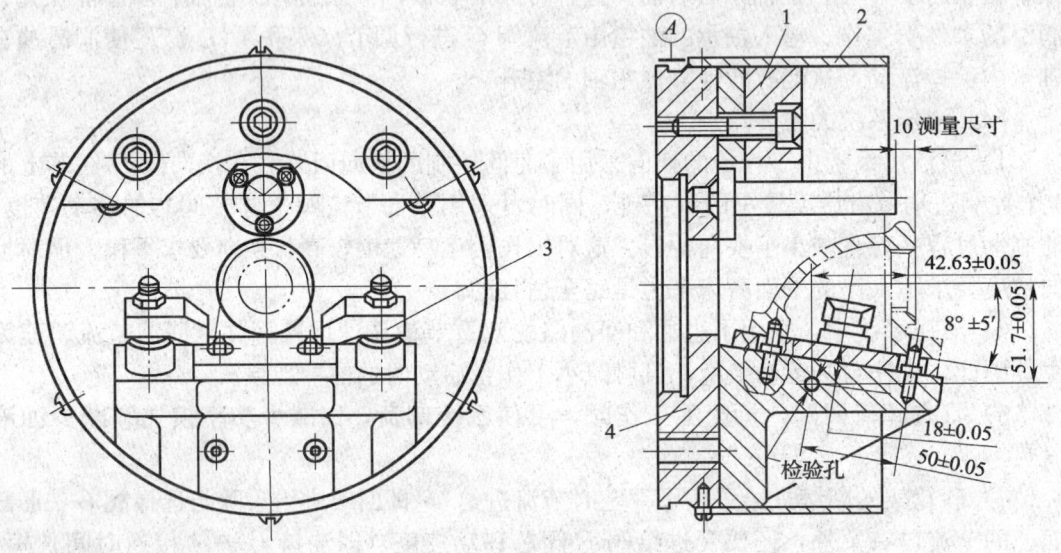

图 6—3 角铁式车床夹具
1—平衡块 2—防护罩 3—钩形压板 4—夹具体

图 6—4 所示为齿轮泵壳体的工序图，工件外圆 D 及端面 A 已经加工。被加工表面为两个 $\phi 35$ mm 孔、端面 T 和孔的底面 B，并要求保证零件图上规定的有关技术要求。两个 $\phi 35$ mm 孔的直径尺寸精度主要取决于加工方法的正确性，而其他技术要求则由夹具保证。

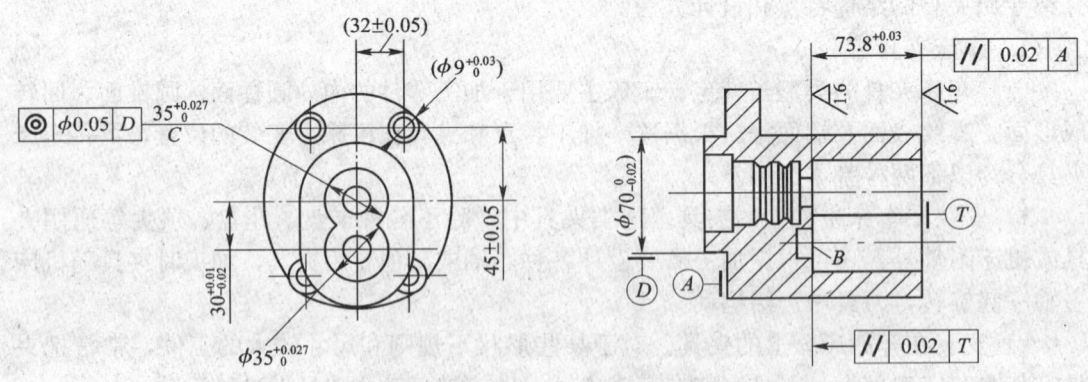

图 6—4 齿轮泵壳体的工序图

图 6—5 所示为所使用的花盘式专用夹具。工件以端面 A、外圆 ϕ70 mm 及小孔 ϕ9 mm 为定位基准，在转盘 2 的 N 面、圆孔 ϕ70 mm 和削边销 4 上定位，用两副螺旋压板 5 夹紧。转盘 2 则由两副螺旋压板 6 压紧在夹具体 1 上。当加工好其中的一个 ϕ35 mm 孔后，拔出对定销 3 并松开两副螺旋压板 6，将转盘连同工件一起回转 180°，对定销即在弹簧力作用下插入夹具体上另一分度孔中，再夹紧转盘后即可加工第二个 ϕ35 mm 孔。专用夹具利用夹具体上的止口 E 通过过渡盘与车床主轴连接，安装夹具时按找正圆 K（代表夹具的回转轴线）校正夹具与车床主轴的同轴度。

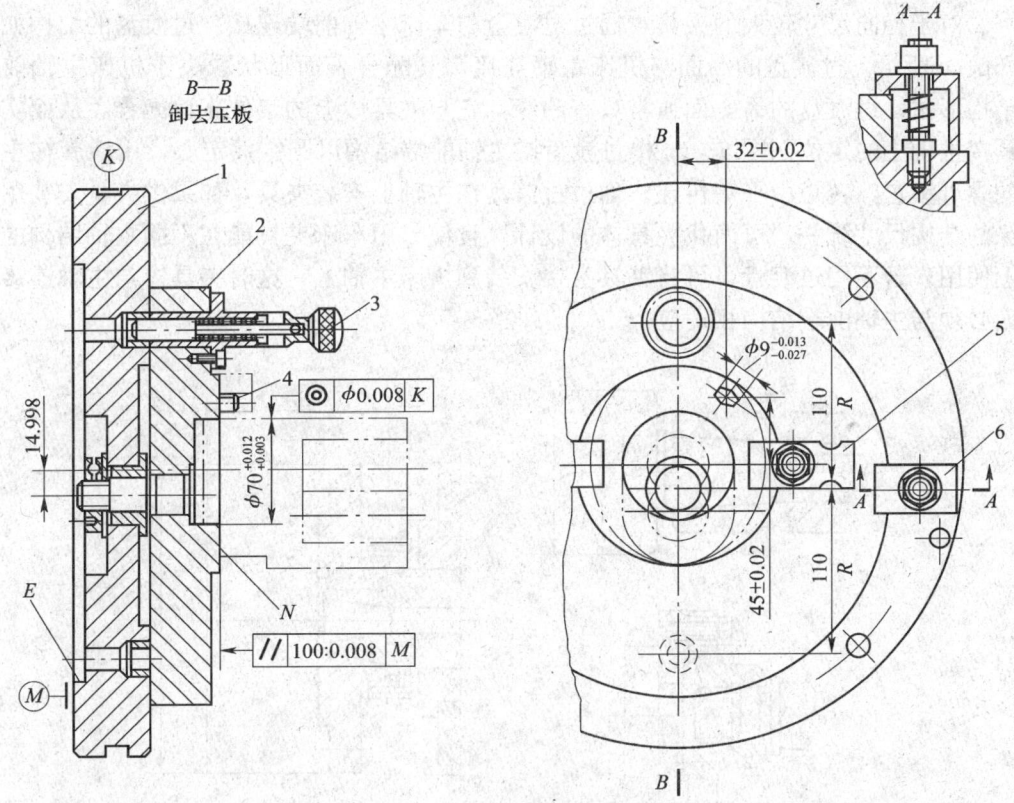

图 6—5　车齿轮泵壳体两孔的夹具
1—夹具体　2—转盘　3—对定销　4—削边销　5、6—压板

(3) 车床夹具的设计要点

1) 定位装置。在车床上加工回转表面时，要求工件加工面的轴线与车床主轴的旋转轴线重合，夹具上定位装置的结构和布置必须保证这一点。因此，对于轴套类和盘类工件，要求夹具定位元件工作表面的对称中心线与夹具的回转轴线重合。

2) 夹紧装置。由于车削时工件和夹具一起随主轴做旋转运动，故在加工过程中，工件除受切削转矩的作用外，整个夹具还受到离心力的作用，转速越高离心力越大，这会影响夹紧机构产生的夹紧效果。此外，工件定位基准的位置相对于切削力和重力的方向来说是变化的。因此，夹紧机构所产生的夹紧力必须足够，自锁性能要好，以防止工件在加工过程中脱离定位元件的工作表面。对于角铁式车床夹具，夹紧力的施力要注意防止引起夹具变形。

3) 车床夹具与机床主轴的连接。车床夹具与机床主轴的连接精度对夹具的回转精度有决定性的影响。因此，要求夹具的回转轴线与车床主轴轴线有尽可能高的同轴度。根据车床夹具径向尺寸的大小，其在机床主轴上的安装一般有两种方式：

① 对于径向尺寸 $D<140$ mm，或 $D<(2\sim3)d$ 的小型夹具，其连接结构如图6—6a所示，一般通过锥柄安装在车床主轴锥孔中，并用螺栓杆拉紧。这种连接方式定心精度较高。

② 对于径向尺寸较大的夹具，通过过渡盘与车床主轴前端连接。过渡盘的结构如图6—6b、c所示。过渡盘的一面与机床主轴连接，其配合表面形状取决于机床主轴前端的结构形式；过渡盘的另一面通常具有凸缘，它与夹具体上的定位止口配合，从而实现夹具在主轴上的定位。图6—6c中过渡盘按主轴前端结构以圆锥面定心，用活套在主轴上的螺母锁紧，转矩由平键传递。通过过渡盘在主轴上安装夹具，如果供夹具安装用的凸缘的结构尺寸统一，可简化夹具体的设计，且使专用车床夹具能在不同主轴结构的车床上使用。若不用过渡盘，可将夹具直接安装到机床主轴上，这时夹具体与主轴连接的一面必须与主轴前端结构相适应。

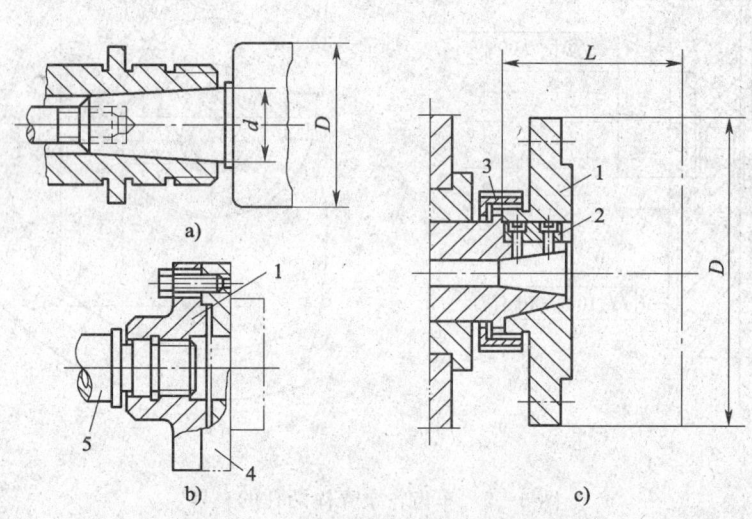

图6—6　夹具与车床主轴的连接
1—过渡盘　2—平键　3—螺母　4—夹具　5—主轴

4) 找正孔或找正圆。在车床夹具的夹具体上一般应设置有找正孔或找正圆，如图6—3和图6—5所示。找正孔或找正圆既是车床夹具在车床主轴上安装时保证车床夹具与车床主轴同轴度的找正基准，也是车床夹具装配时的装配基准，还常常是夹具体本身加工过程中的工艺基准。

5) 对夹具总体结构的要求

① 车床夹具一般是在悬臂状态下工作，为保证加工的稳定性，夹具结构应力求紧

凑、轻便，悬臂尺寸要短，使重心尽可能靠近主轴，夹具的悬伸长度 L 与其外轮廓直径 D 之比，应有一定比例关系：

$D<150$ mm 的夹具，$L/D \leqslant 1.25$；

150 mm $<D<300$ mm 的夹具，$L/D \leqslant 0.9$；

$D>300$ mm 的夹具，$L/D \leqslant 0.6$。

②应有平衡措施，以消除回转不平衡所引起的振动现象。平衡措施有两种，一种是在较轻的一侧加平衡块，一种是在较重的一侧加工减重孔；平衡块的位置最好可以调节。

为使操作安全，夹具上尽可能避免有尖角或突出夹具体圆形轮廓之外的元件，必要时应加防护罩（见图6—3）。此外，夹紧装置的自锁性能应可靠，以防止在回转过程中产生松动，致使工件有飞出的危险。

2. 铣床夹具

（1）铣床夹具的类型与特点。由于铣削过程中一般是夹具安装在铣床工作台上和工作台一起做进给运动，因此可根据进给方式不同，将铣床夹具分为直线进给式、圆周进给式和靠模式3种。下面主要介绍前两类铣床夹具。

1）直线进给式铣床夹具。这类夹具在加工过程中同工作台一起做直线进给运动，按一次装夹工件数目的多少，可分为单件铣床夹具和多件铣床夹具。在批量不太大的生产中使用单件夹具较多，而在大批量的中小型零件的加工中，多件夹具则得到广泛应用。如图6—8所示即为铣削图6—7所示顶尖套上双槽的双件铣床夹具。

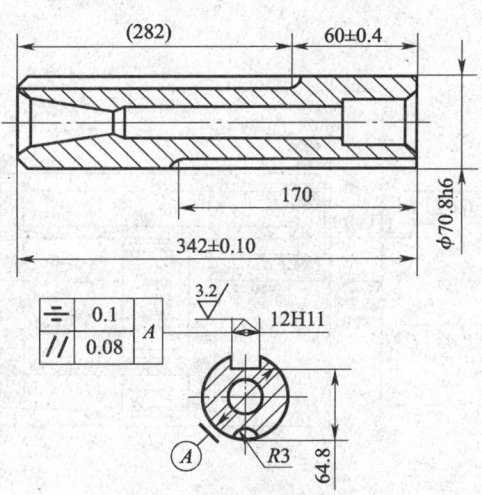

图6—7　车床尾座顶尖套筒铣双槽工序图

2）圆周进给式铣床夹具。圆周进给式铣床夹具多在有回转工作台的铣床上使用，在通用铣床上使用时，应进行改装，可在铣床上增加一个回转工作台（见图6—9）。圆周进给运动是连续不断的，能在不停车的情况下装卸工件，即切削的基本时间和装卸工件的辅助时间重合，因此生产率高，适用于大批大量生产中的中小型工件加工。但应特别注意工作安全和操作者的劳动强度。

（2）专用铣床夹具典型实例。如图6—7所示为车床尾座顶尖套筒铣键槽和油槽的工序图。工件内外圆及两端面均已加工，本工序的加工要求是：

1）键槽宽度12H11，键槽对工件轴线的对称度公差为0.1 mm，平行度公差为0.08 mm，控制键槽深度尺寸为64.8 mm，轴向长度尺寸为282 mm。

2）油槽半径为$R3$，其圆心在轴的圆柱面上。油槽长度为170 mm。

3）键槽与油槽的对称面应在同一平面内。

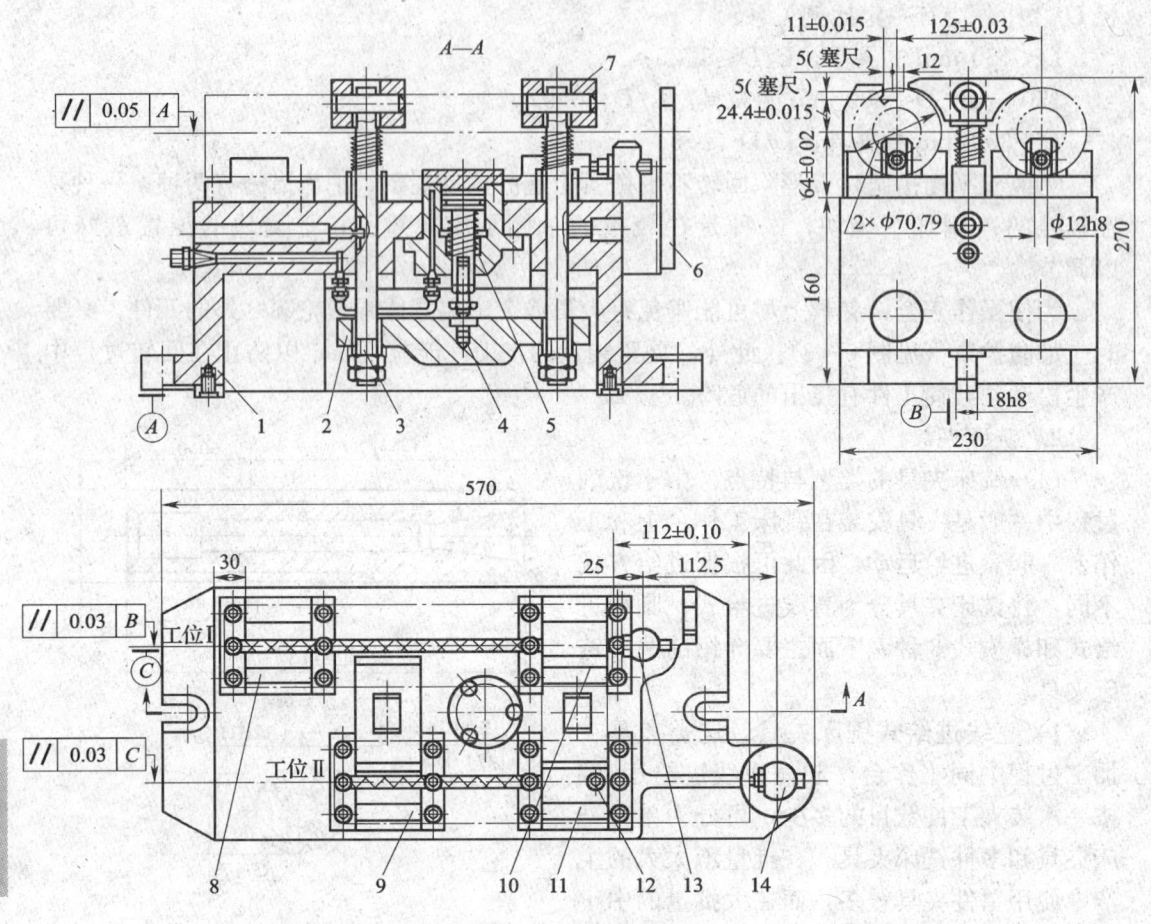

图 6—8 双件铣双槽夹具
1—夹具体 2—浮动杠杆 3—螺杆 4—支钉 5—液压缸 6—对刀块
7—压板 8、9、10、11—V形架 12—防转销 13、14—止推销

本工序采用两把铣刀同时进行加工，图 6—8 所示为用于大批生产中的夹具，这是典型的直线进给式铣床夹具。在工位Ⅰ上用三面刃盘铣刀铣键槽，工件以外圆和端面在V形架 8、10 和止推销 13 上定位，限制了工件的五个自由度。在工位Ⅱ上，用圆弧铣刀铣油槽，工件以外圆、已加工过的键槽和端面作为定位基准，在V形架 9、11，防转销 12 和止推销 14 上完全定位。由于键槽和油槽的长度不等，为了能同时加工完毕，可将两个止推销的位置前后错开并设计成可调支承，以便于调整。夹紧采用液压驱动联动夹紧，当压力油从油路系统进入液压缸 5 的上腔时，推动活塞下移，通过支钉 4、浮动杠杆 2、螺杆 3 带动铰链压板 7 下移夹紧工件。为了使压板均匀地夹紧工件，联动夹紧机构的各环节采用浮动连接。此外应注意夹紧力的着力点。

如图 6—9 所示的圆周进给式铣床夹具用于在立式铣床上连续铣削拨叉上下两端面。工件以圆孔、端面及侧面在带凸台的定位销 2 和挡销 4 定位，由液压缸 6 驱动拉杆 1 通过开口垫圈 3 将工件夹紧，夹具上同时装夹 12 个工件，工作台由电动机通过蜗杆蜗轮

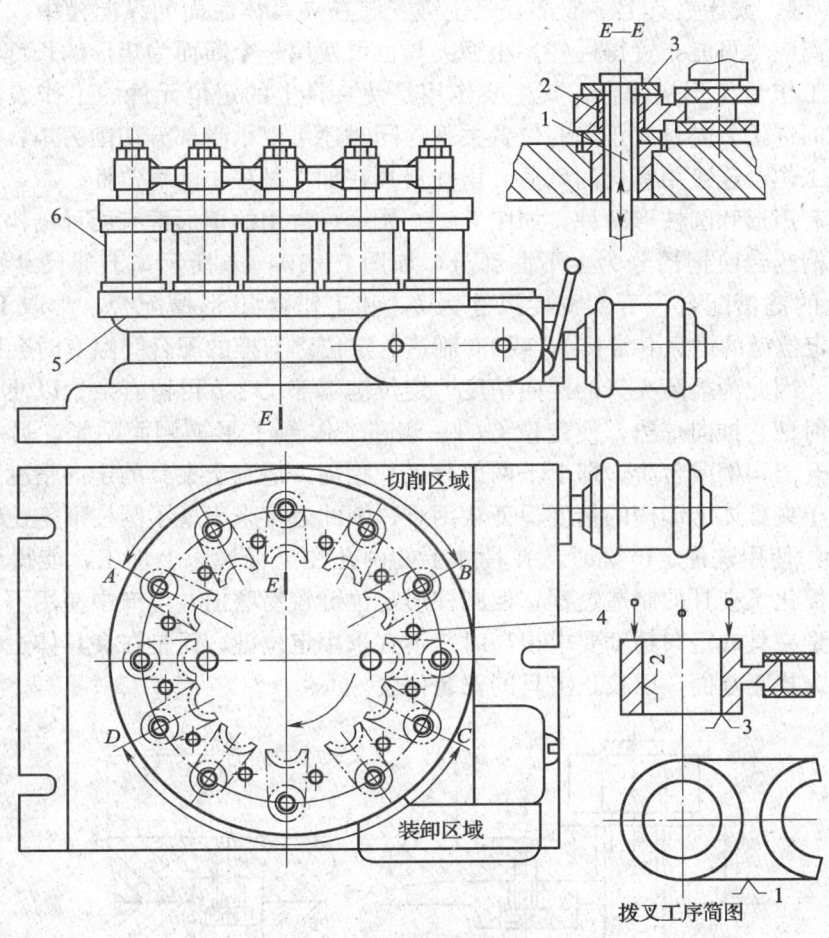

图 6—9　圆周进给式铣床夹具
1—拉杆　2—定位销　3—开口垫圈　4—挡销　5—转台　6—液压缸

机构带动回转。AB 扇形区是切削区域，CD 扇形区是装卸区域，当工件随同回转工作台转到 AB 区时，液压缸 6 驱动拉杆 1 下移夹紧工件；当工件随同回转工作台转到 CD 区时，液压缸 6 驱动拉杆 1 上移，松开工件。在切削工件和装卸工件的过程中，工作台连续回转，并不停车，因此，切削加工的机动时间和装卸工件的辅助时间相重合，生产率很高。

（3）铣床夹具的设计要点

1）铣床夹具的结构特点。在铣削加工时，切削力比较大，并且是断续切削，易引起冲击和振动，所以夹紧力要求较大，以保证工件夹紧可靠，因此铣床夹具要具有足够的强度和刚度。在设计和布置定位元件时，应尽量使主要支承面大些，导向定位元件的两个支承之间要尽量远些。设计夹紧装置时，为防止工件在加工过程中因振动而松动，夹紧装置要有足够的夹紧力和自锁性能。施力方向和作用点要恰当，必要时可采用辅助支承和浮动夹紧机构，以提高夹紧刚度。

用于卧式铣床上的夹具，应注意防止夹紧装置上突出的部位与铣刀杆相碰。

2）定位键。铣床夹具上一般都有定位键安装在夹具体底面的纵向槽中，一般使用两个，其距离应尽可能布置得远些。小型夹具也可使用一个断面为矩形的长键。通过定位键与铣床工作台T形槽配合，其主要作用是使夹具上的定位元件的工作表面相对于铣床工作台的进给方向具有正确的位置关系，同时还可以承受部分切削力矩，以减轻夹具体与铣床工作台连接用螺栓的负荷，增强夹具在加工过程中的稳定性。

定位键有矩形和圆柱形两种，如图6—10所示。常用的矩形键有两种结构，一种在键侧开有沟槽或台阶把槽分为上下两部分，如图6—10a、b所示，上部尺寸按H7/h6与夹具体上的键槽配合，下部宽度尺寸为b，和工作台T形槽配合，常取H8/h7或H7/h6，即定位键的键宽b常按h7或h6制造。定位键与槽的配合间隙有时会影响工件的加工精度，因此为提高夹具的定向精度，定位键下部尺寸b可留有余量以便修配，或在安装夹具时把它推向一边，使定位键的一侧和工作台T形槽侧面贴紧。另一种矩形定位键没有开出沟槽或台阶，即上下两部分尺寸相同，适宜于夹具的定向精度要求不高时采用。由于夹具体上键槽的精度保证较困难，因此近年来出现了圆柱形定位键，如图6—10c所示。使用这种定位键时，夹具体上的两孔在坐标镗床上加工，能得到很高的位置精度，简化了夹具的制造过程，但圆柱形定位键较易磨损，生产中使用不多。

对于大型夹具或定向精度要求很高时，不宜采用定位键，而是在夹具体上加工出一窄长平面作为找正基面，以校正夹具的安装位置。

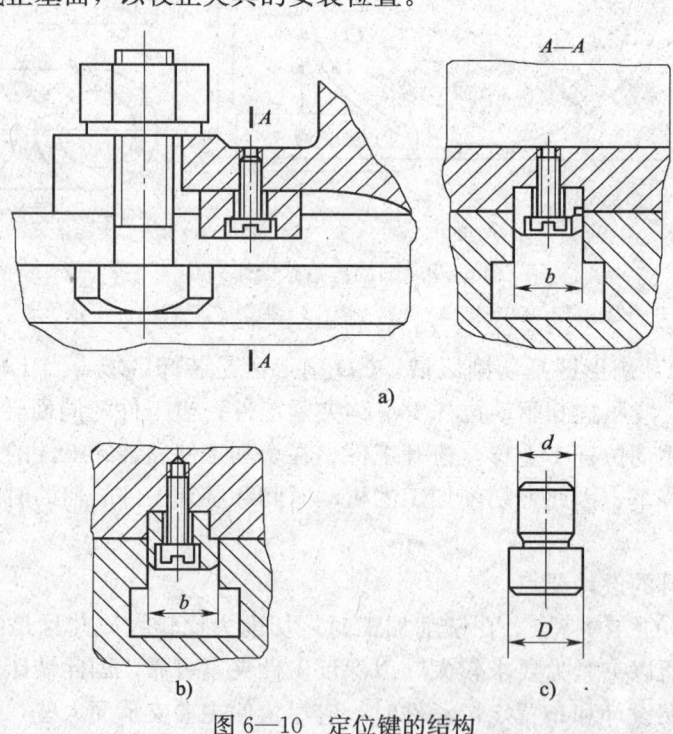

图6—10 定位键的结构

3）对刀装置。在铣床夹具上一般都设计有对刀装置，对刀装置由对刀块和塞尺组成。对刀块用来确定夹具和刀具的相对位置，使用塞尺是为了防止对刀时碰伤刀刃和对刀块工件表面，使用时，将其塞入刀具与对刀装置之间，根据接触的松紧程度来确定刀具相对于夹具的最终位置。图6—11所示为几种常见的对刀装置：图6—11a所示结构用于加工平面，图6—11b所示结构用于铣键槽，图6—11c、d所示结构用于成形铣刀加工成形面。

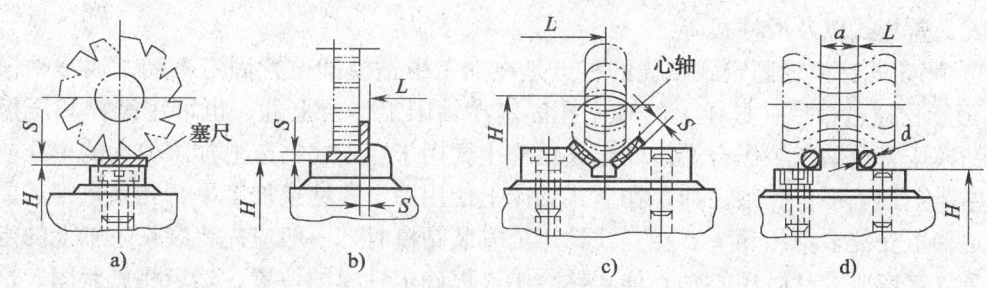

图6—11 对刀装置

对刀块通常用销钉和螺钉紧固在夹具体上，其位置应便于对刀和工件的装卸。对刀块的工作表面与定位元件之间应有一定的位置精度要求。如图示中的尺寸 H 和 L 应以定位元件的工作表面或其对称中心作为基准来标注。采用标准对刀块和塞尺进行对刀调整时，加工精度不超过IT8级公差。当对刀调整要求较高或不便于设置对刀块时，可采用试切法、标准件对刀法或者用百分表来校正定位元件相对于刀具的位置。

定位键、对刀块、塞尺都是铣床夹具上的特有元件，其结构尺寸大多已标准化，设计时可查阅有关资料。

4）夹具的总体设计及夹具体。铣床夹具的结构形式在很大程度上取决于定位元件、夹紧装置和其他元件的结构和布置。为使夹具结构紧凑，保证夹具在机床上安装的稳定性，夹具体应有足够的强度和刚度，且使工件的加工表面尽可能靠近工作台面，以降低夹具的重心。夹具体的高宽比应限制在 $H/B\leqslant 1\sim 1.25$ 范围内，如图6—12a所示。此外还应合理地设置加强肋和耳座等。常见耳座结构如图6—12b、c所示，其结构已标准化，设计时可查阅有关资料。如果夹具体较宽时，可在同一侧设置两个耳座，两耳座的中心距要和铣床工作台两T形槽中心距一致。对于重型铣床夹具，应在夹具体上设置吊环等，以便搬运。

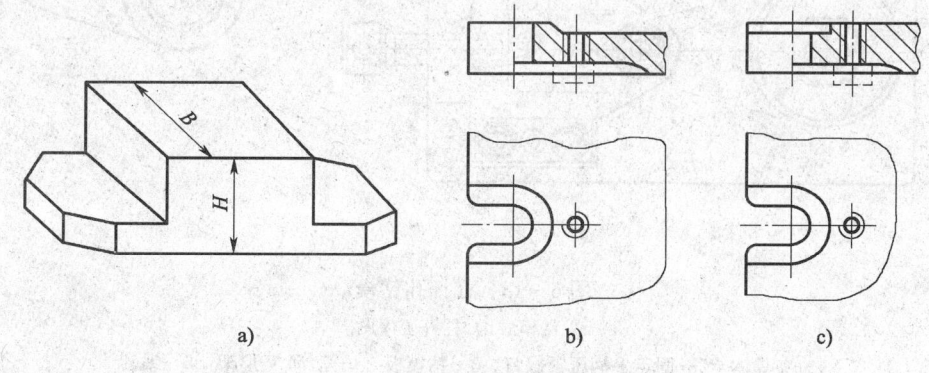

图6—12 夹具体与耳座简图

3. 钻床夹具

（1）钻床夹具的类型与特点。钻床夹具是在钻床上用来钻孔、扩孔、铰孔等的机床夹具。这类夹具上装有钻模板和钻套，故习惯上称为钻模。通过钻套引导刀具进行加工，是钻模的主要特点。由于使用上的要求不同，其结构形式可分为固定式、回转式、翻转式、盖板式以及滑柱式等。

1）固定式钻模。固定式钻模的特点是在加工中钻模的位置固定不动。通常钻模是用T形螺栓通过钻模夹具体上的耳座孔固定在钻床工作台上的，也可用螺栓和压板直接将钻模压紧在钻床工作台上。固定式钻模主要用于在立式钻床上加工较大的单孔或在摇臂钻床上加工平行孔系。如果在立式钻床上使用固定式钻模加工平行孔系，则需要在机床主轴上安装多轴传动头。在立式钻床上安装钻模时，一般应先将装在主轴上的定尺寸刀具（精度要求高时用心轴）伸入钻套中，以确定钻模的位置，然后将其紧固。这种加工方式的钻孔精度比较高。图6—13a是加工杠杆上φ10 mm孔的固定式钻模，该钻模可用螺栓和压板固定于钻床工作台上。工件以φ30H7孔及大端面在定位元件7上定位，用活动V形架4使φ20 mm外圆对中，以限制工件的转动自由度，用螺旋夹紧机构及开口垫圈夹紧工件，φ20 mm外圆下端面用辅助支承8支承，然后钻头通过钻套5引导，加工φ10 mm孔。

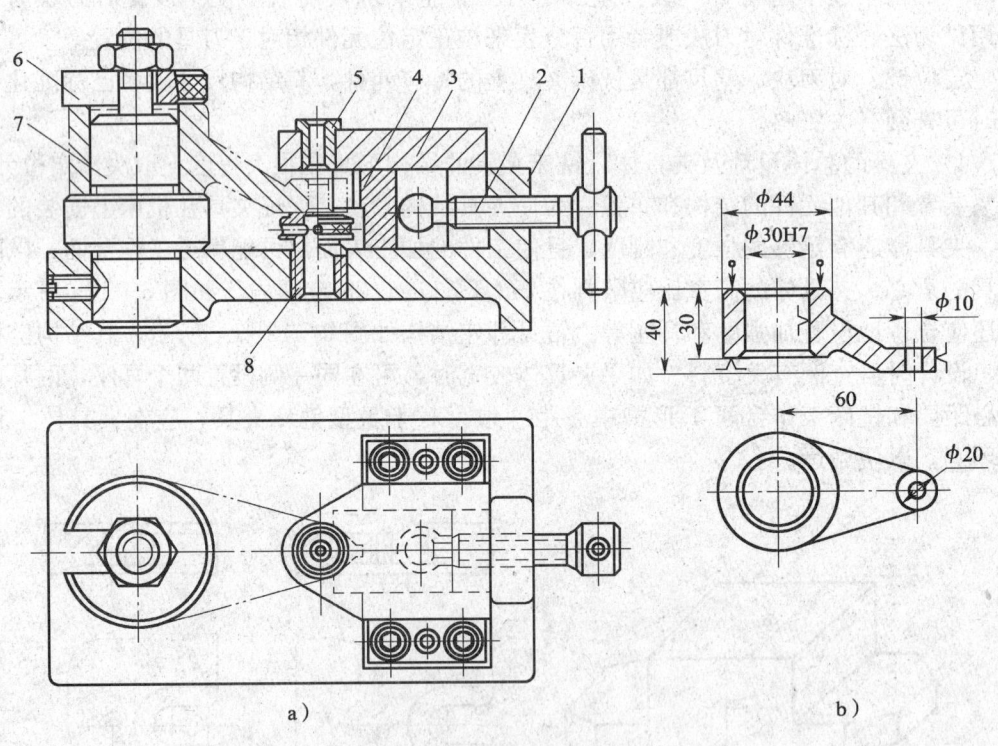

图6—13 杠杆孔钻模
a）钻模 b）杠杆工序图
1—夹具体 2—固定手柄压紧螺钉 3—钻模板 4—活动V形架 5—钻套
6—开口垫圈 7—定位销 8—辅助支承

此类钻模如不固定在钻床工作台上,则成为移动式钻模,可用于单轴立式钻床上,先后钻削工件同一表面上的多个平行小孔。

2) 回转式钻模。回转式钻模用于加工同一圆周上的平行孔系或分布在圆周上的径向孔系。其结构按回转轴线的方位可分为立轴、卧轴和斜轴回转3种基本形式。这类钻模上应设置回转分度装置或与通用回转台配套使用。因通用回转台的结构已标准化,故多数情况下只需设计专用的工件夹具与其配套后使用,特殊情况时才设计带有专门回转分度装置的回转式钻模。图6—14a所示是立轴回转式钻模,加工在φ70 mm圆周上均布的6×φ10 mm孔。工件以底面、φ40H7孔及键槽侧面为定位基准,在定位盘4和定位销3及键上定位,通过螺母、开口垫圈夹紧。夹具通过定位盘上的衬套孔装在通用转台转盘中心的定位销上,然后用螺钉紧固。此外,在转台上安装一个铰链式钻模板,通过转盘的回转分度,完成6×φ10 mm孔的加工。

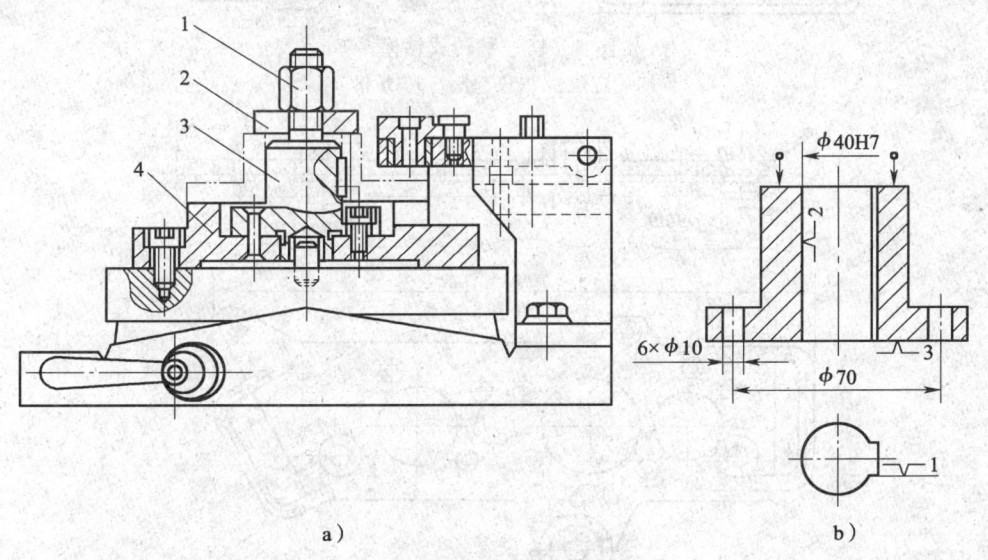

图6—14 回转式钻模
a) 钻模 b) 工件工序图
1—夹紧螺母 2—开口垫圈 3—组合定位销 4—定位盘

3) 翻转式钻模。此类钻模主要用于加工小型工件分布在不同表面上的小孔。其结构简单,在使用过程中需人工进行翻转,即加工完一个面上的孔后,工件随同夹具翻转一定角度,接着加工其他面上的孔。由于此类夹具需经常翻转,所以夹具连同工件的质量不能太大(一般限于8~10 kg)。又因不固定在钻床工作台上,因此,所加工的孔一般不大于φ10 mm。图6—15所示是用来加工套筒圆柱面上4个径向小孔的翻转式钻模。工件以端面和孔在定位销1上定位,用螺母3和开口垫圈2将工件夹紧,钻完一组孔后,将钻模翻转60°钻另一组孔。

4) 盖板式钻模。这类钻模没有夹具体,常用于在大型工件上加工多个平行小孔。一般情况下,钻模板上除了钻套外,还装有定位元件和夹紧装置,加工时只要将它覆盖在工件上即可。图6—16所示为加工车床溜板箱上多个小孔的盖板式钻模,它以圆柱销

2、削边销3在工件两孔中定位，靠三个支承钉4支承在工件的上表面上。当钻模板较重，加工的孔又较小时，加工时可不进行夹紧。

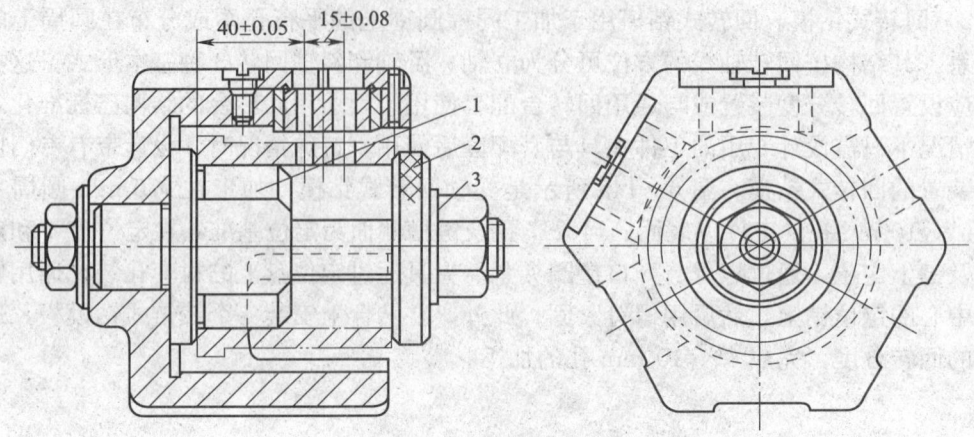

图6—15 翻转式钻模
1—定位销 2—垫圈 3—螺母

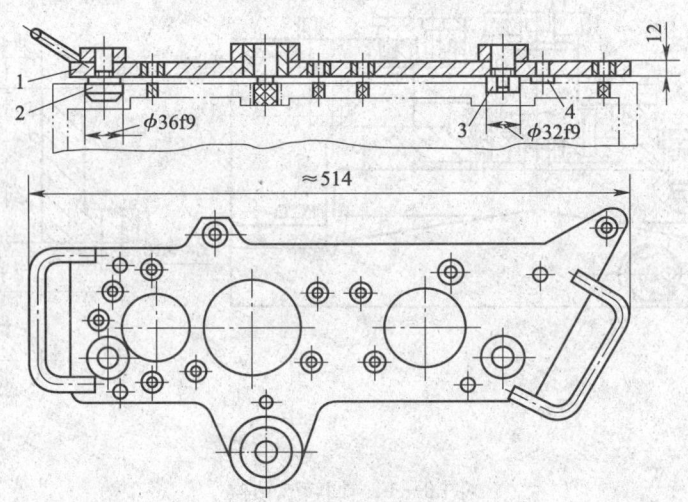

图6—16 盖板式钻模
1—盖板 2—圆柱销 3—削边销 4—支承钉

5）滑柱式钻模。滑柱式钻模由夹具体、滑柱、升降钻模板和锁紧机构等组成。其结构已通用化和规格化，所以可简化设计工作。这种钻模不必使用单独的夹紧装置，操作方便，夹紧迅速，在生产中使用较广，但钻孔的垂直度和孔距精度不太高。

图6—17所示为手动式滑柱钻模的通用底座。升降钻模板1通过两根导柱7与夹具体5的导孔相连，转动操纵手柄6，经斜齿轮4带动齿条轴杆3移动，使钻模板实现升降。根据不同工件的形状和加工要求，配置相应的定位、夹紧元件和钻套，便可组成一个滑柱式钻模。

图6—18所示为手动的滑柱式钻模，它可用来钻、扩、铰拨叉工件上的$\phi 20H7$孔。工件以外圆端面、底面及后侧面分别放在定位圆锥套9和两个可调定位支承钉2及圆柱挡销3上定位，这些定位元件都安装在底座1上。转动手柄通过齿轮齿条机构，使滑柱

带动钻模板下降,两个压柱 4 将工件夹紧。刀具依次从快换钻套 7 中通过,就可以钻、扩、铰孔。

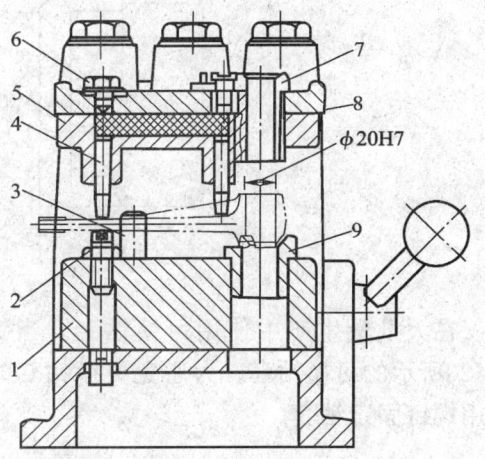

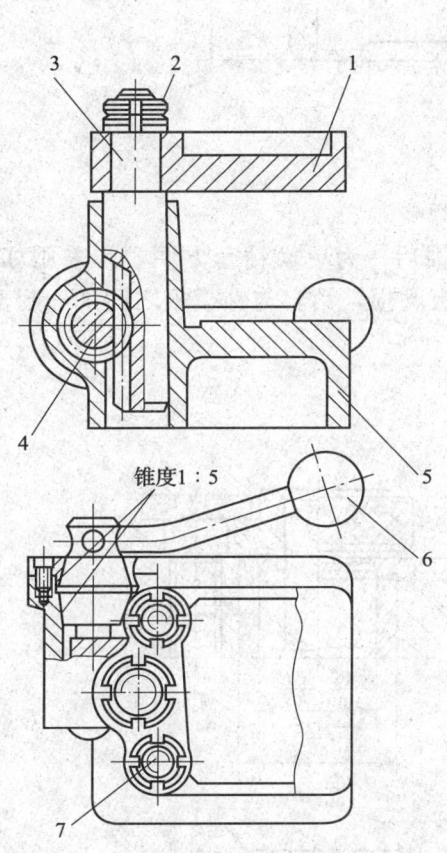

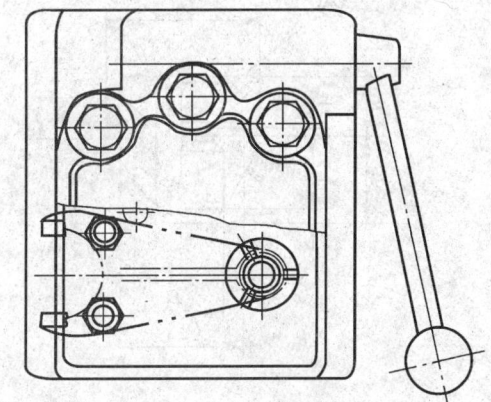

图 6—17　手动滑柱式钻模通用底座
1—升降钻模板　2—锁紧螺母　3—斜齿条轴杆
4—斜齿轮　5—夹具体
6—操纵手柄　7—导柱

图 6—18　滑柱式钻模
1—底座　2—可调支承　3—圆柱挡销
4—压柱　5—压柱体　6—螺塞
7—快换钻套　8—衬套　9—定位锥套

(2) 钻床夹具的设计要点

1) 钻套形式的选择和设计。钻套是钻模的特有元件,其作用是确定刀具与夹具的相互位置,引导钻头、扩孔钻或铰刀,以防止加工过程中偏斜,从而保证被加工孔的位置精度。

①钻套形式。钻套根据其结构分为下面 4 种类型。

固定钻套主要用于中小批量生产中,如图 6—19 所示,其中图 6—19a 所示为无肩钻套,图 6—19b 所示为带肩钻套。

如果需用钻套台肩下端面作装配基面,或者钻模板较薄以及需要防止钻模板上切屑等杂物进入钻套孔内时,常采用带肩钻套。钻套与钻模板的配合一般选用 H7/n6 或 H7/r6。这种钻套钻孔位置精度较高,结构简单,但磨损后不易更换。

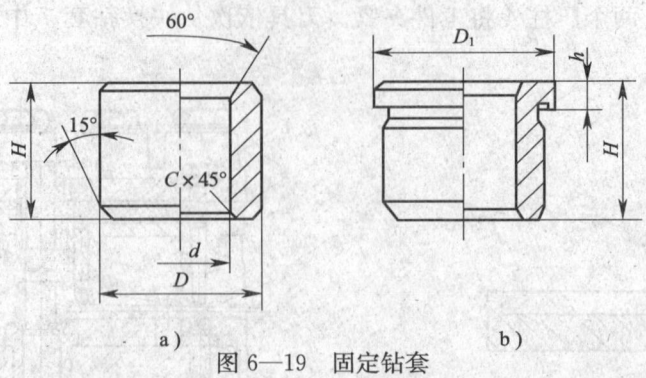

图 6—19 固定钻套

在大批量生产中使用可换钻套。当钻套磨损后,为更换钻套方便,常采用如图 6—20 所示的可换钻套。为避免更换钻套时钻模板磨损,钻套与钻模板之间加一衬套,并用螺钉固定钻套。

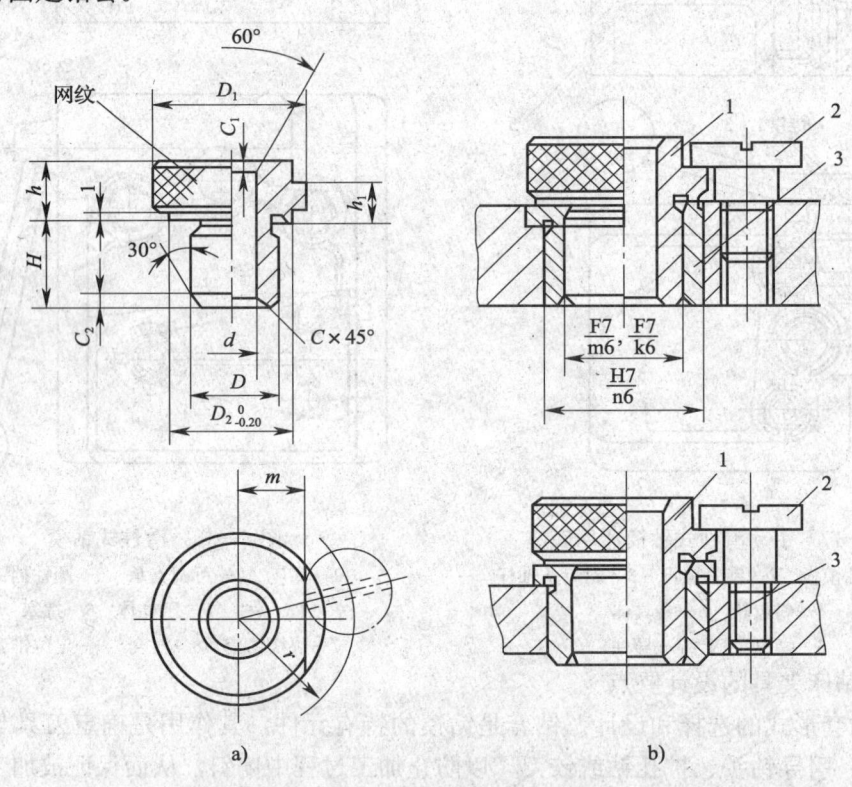

图 6—20 可换钻套
1—可换钻套 2—钻套螺钉 3—钻套用衬套

当被加工孔需要依次进行钻、扩、铰孔或加工台阶孔、攻螺纹等多工步加工时,应采用快换钻套,以便迅速更换不同内径的钻套。如图 6—21 所示,更换钻套时,不需拧松螺钉,只要将钻套反转过一定角度,使削边(或缺口)对准螺钉头部即可取出。但削边(或缺口)的位置应考虑刀具与钻套内孔壁间摩擦力矩的方向,以免退刀时钻套随刀具自行拔出。

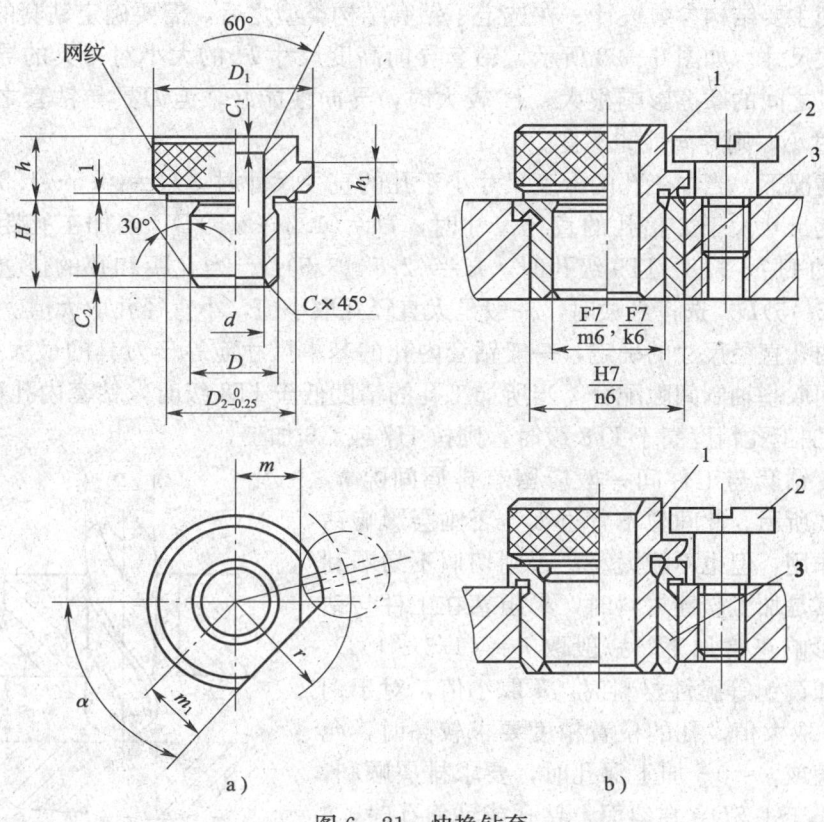

图 6—21 快换钻套
1—快换钻套 2—钻套用螺钉 3—钻套用衬套

以上 3 种钻套结构已标准化，设计时可参阅有关资料。

如果受工件的形状或加工位置的分布等限制不能采用上述标准钻套时，可根据需要设计特殊结构的钻套，图 6—22 所示为几种特殊钻套的结构形式。如图 6—22a 所示钻套用于加工沉孔或凹槽上的孔；图 6—22b 所示钻套用于在斜面或圆弧面上钻孔，可防止钻头切入时引偏或折断；图 6—22c 所示钻套用于加工多个近距离孔；图 6—22d 所示钻套是在借助钻套作为辅助夹紧时使用，由于要承受夹紧反力，钻套与衬套用螺纹连接，而且钻套与衬套还要有一段圆柱面配合，以保证引导孔的正确位置。

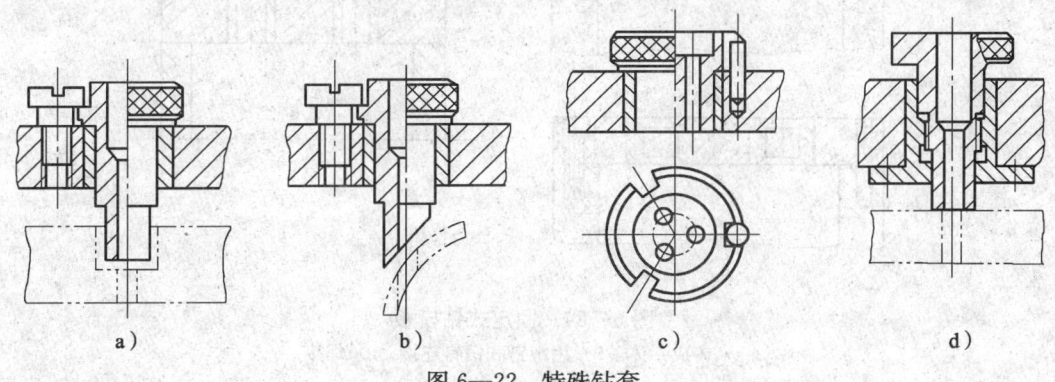

图 6—22 特殊钻套

②钻套主要结构参数设计。在选定了钻套结构类型之后，需要确定钻套的内孔尺寸及其他相关尺寸。如图 6—23 所示，钻套导向高度尺寸 H 的大小对刀具的导向作用和钻套与刀具之间的摩擦影响很大。H 较大时，导向性能好，但刀具与钻套之间的摩擦较大，H 过小，则导向性能不良。

一般情况下，当加工孔的深度尺寸小于孔的直径尺寸时，$H=(0.5～1.8)D$；当加工孔的深度尺寸大于 2 倍孔的直径尺寸时，$H=(1.2～2.5)D$；当加工孔距精度为±0.05 mm 的 IT7、IT8、IT9 级孔时，$H=(2.5～3.5)D$；当孔距和孔的位置精度很高时，$H=(3～5)D$。选择系数时，一般是大直径孔取小值，小直径孔取大值。

钻套内孔直径尺寸的确定，一般钻套内孔的基本尺寸应等于刀具的最大极限尺寸，与刀具之间取基轴制间隙配合。当所加工孔的精度低于 IT8 级时，钻套内孔可按 F8 或 G7 加工；加工孔精度高于 IT8 级时，则按 H7 或 G6 加工。

另外，钻套与工件间一般应留有排屑间隙 h，如图 6—23 所示。此间隙不宜过大，否则会影响钻套的导向作用，但也不能太小，否则切屑不易顺利排出，尤其是加工塑性材料时，易阻塞在工件与钻套之间而影响正常加工。一般取 $h=(1/3～1)D$。加工铸铁和黄铜等脆性材料时，h 取小值，对于钢质工件，h 取大值。孔的位置精度要求较高时，允许 h 取小值或 $h=0$。加工深孔时，要求排屑顺利，一般 h 不小于 1.5D。在斜面上钻孔或钻斜孔时，h 值应尽可能取小些。

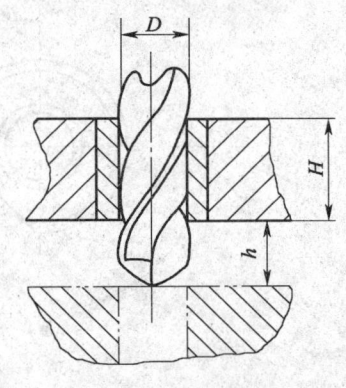

图 6—23　钻套导向高度及工件表面到钻套端面距离的确定

2）钻模板。用于安装钻套的钻模板，按其与夹具体的连接方式的不同，可分为以下几种类型：

①固定式钻模板。如图 6—24 所示，固定式钻模板与夹具体铸成一体或用螺钉和销钉与夹具体连接在一起，也可把钻模板焊接在夹具体或支架上。其结构简单，钻孔精度高。但要注意不妨碍工件的装卸。

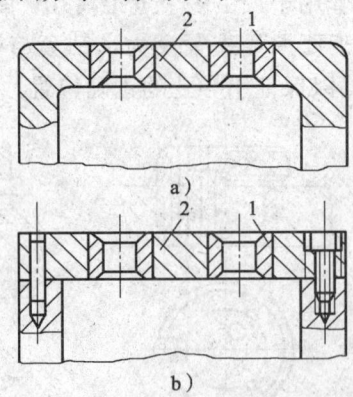

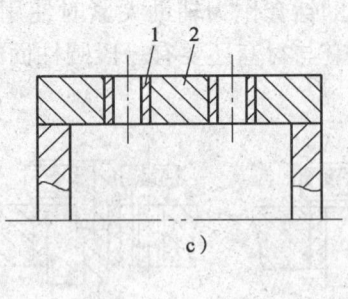

图 6—24　固定式钻模板
a）铸成一体　b）用螺钉和销钉连接　c）焊接
1—钻套　2—钻模板

②铰链式钻模板。当钻模板妨碍工件装卸或钻孔后需攻螺纹、锪孔等时，可采用如图 6—25 所示的铰链式钻模板。由于铰链轴、孔之间存在配合间隙，采用该类钻模板所能保证的加工精度比采用固定式钻模板低，所以用于钻孔位置精度不高的场合。

③可卸式钻模板。如图 6—26 所示，钻模板以两孔在夹具体上的圆柱销 3 和削边销 4 上定位，并用铰链螺栓将钻模板和工件一起夹紧。加工完一件后，将钻模板卸下，才能装卸工件。此类钻模板装卸费时费力，钻套的位置精度较低，故一般多在使用其他类型钻模板不便于装夹工件时才采用。

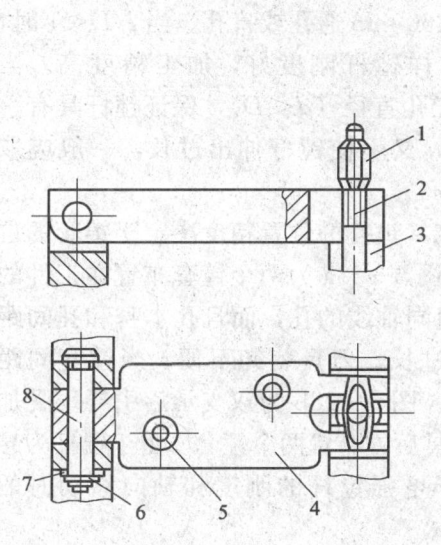
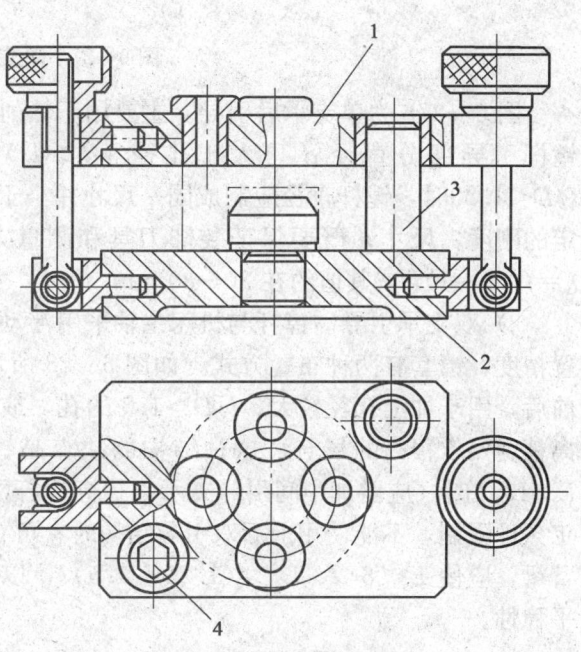

图 6—25　铰链式钻模板
1—菱形螺母　2—活节螺栓　3—夹具体
4—钻模板　5—固定钻套　6—开口销
7—垫圈　8—铰链轴

图 6—26　可卸式钻模板
1—钻模板　2—夹具体　3—圆柱销　4—削边销

4. 镗床夹具

(1) 镗床夹具的特点和主要类型。镗床夹具也称镗模，主要用于加工箱体、支座等零件上的孔或孔系，保证孔的尺寸精度、几何形状精度、孔距和孔的位置精度。它具有钻床夹具的一些特点，即工件上孔或孔系的位置精度主要由镗模保证。按镗套的布置方式不同，镗模可分为单支承引导、双支承引导及无支承引导 3 类。

1) 单支承引导。镗杆在镗模中只用一个位于刀具前面或后面的镗套引导。镗杆与机床主轴采用刚性连接，并应保证镗套中心线与主轴轴线重合。此时，机床主轴的回转精度会影响镗孔精度。此种镗模适于加工短孔和小孔。图 6—27a 所示为单支承前引导，主要用于 $D>60$ mm，$l/D<1$ 的通孔。这种方式便于在加工过程中进行观察和测量，特别适合锪平面或攻螺纹的工序。缺点是切屑容易带入镗套之中，使镗杆和镗套易于磨损，装卸工件时，刀具引进和退出行程较长。

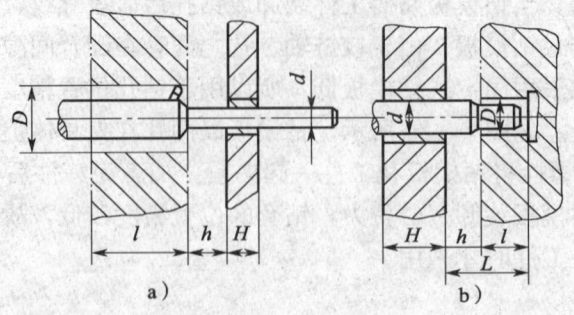

图 6—27 单支承引导

图 6—27b 为单支承后引导。主要用于镗削 $D<60$ mm 通孔或盲孔。当 $l/D<1$ 时,镗杆引导部分直径 d 可大于孔径（$d>D$），这样镗杆刚度好，加工精度高。当 $l/D<1.25$ 时，镗杆直径应制成同一尺寸并小于加工孔直径（$d<D$），保证镗杆具有一定的刚度。尺寸 h 既要保证装卸刀具和测量方便，又不使镗杆伸出过长，一般应取 $h=(0.5\sim1)D$，其值约在 20～80 mm。

2) 双支承引导。镗杆与机床主轴采用浮动连接，镗孔的位置精度决定于镗套的位置精度。镗套有两种布置方式，如图 6—28 所示。图 6—28a 为两个镗套布置在工件的前后，用于加工孔径较大、$l/D>1.5$ 的孔，或一组同轴线的孔，而且孔本身和孔间距离精度要求很高的场合。这种结构的缺点是镗杆过长，刀具装卸不便。当镗套间距 $L>10d$ 时，应增加中间引导支承，提高镗杆刚度。图 6—28b 为双支承后引导。受加工条件限制，不能使用前后双引导结构时，可在刀具后方布置两个镗套。由于镗杆为悬臂梁，应使 $L<5d$、$L_2>(1.25\sim1.5)l$，以利于增强镗杆的刚度和轴向移动时的平稳性。

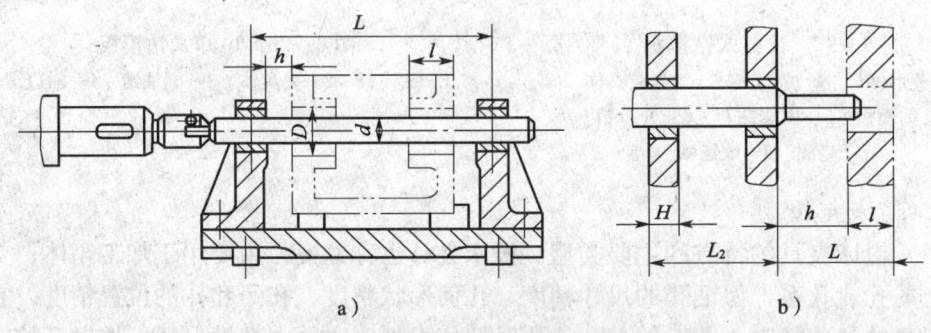

图 6—28 双支承引导结构

3) 无支承引导。当工件在刚度好、精度高的坐标镗床、加工中心机床或金刚镗床上镗孔时，夹具不设置镗套，被加工孔的尺寸精度和位置精度由机床精度保证。

(2) 专用镗床夹具典型实例。图 6—29 所示为支架壳体工序图。该工件要求加工 $2\times\phi20H7$ 的同轴孔和 $\phi35H7$、$\phi40H7$ 的同轴孔。工件的装配基准为底面 a 及侧面 b。本工序所加工孔都为 IT7 级精度，同时有一些形位公差要求。因此，使用专用镗床夹具，粗镗、精镗 $\phi40H7$ 和 $\phi35H7$ 孔，钻、扩、铰 $2\times\phi20H7$ 孔。此时，孔距 82 mm±0.2 mm 应由镗模的制造精度保证。根据基准重合原则，定位基准选为 a、b、c 三个平面。图 6—30

所示为支架壳体镗床夹具，夹具上支承板 10（其中一块带侧立面）和一个挡销 9 为定位元件。夹紧时，利用压板 8 压在工件两侧板上，使工件重力与夹紧方向一致。加工 $\phi40H7$ 和 $\phi35H7$ 孔时，镗杆支承在镗套 4 和镗套 5 上，加工孔 $\phi20H7$ 时，镗杆支承在镗套 3 和镗套 6 上。镗套安装在支架 2 和支架 7 上。支架用销钉和螺钉紧固在夹具体 1 上。

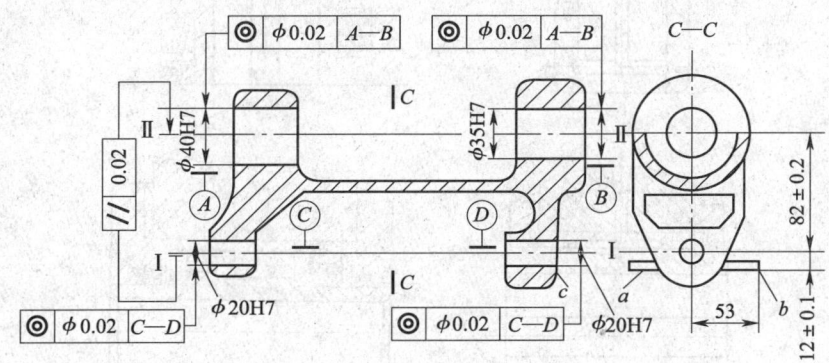

图 6—29　支架壳体的工序图

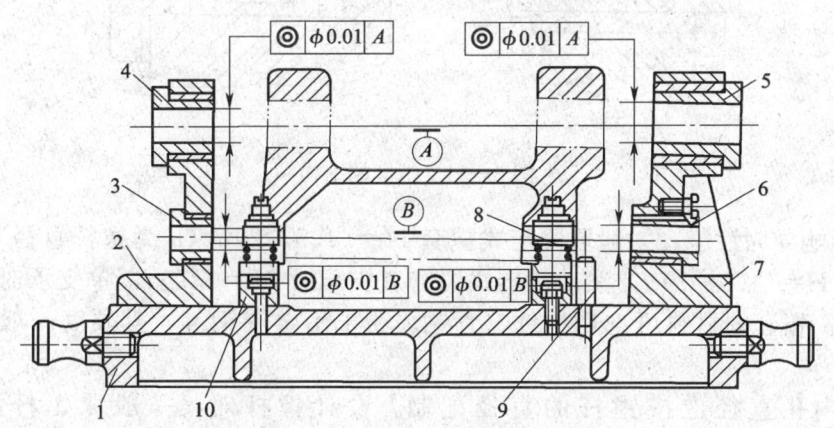

图 6—30　支架壳体镗床夹具

1—夹具体　2、7—导向支架　3、4、5、6—镗套　8—压板　9—挡销　10—支承板

(3) 镗模的设计要点

1) 镗套的设计。镗套结构分为固定式和回转式两种。

① 固定式镗套。固定式镗套在镗孔过程中不随镗杆转动，结构与快换钻套相同。如图 6—31a 所示为带有压配式油杯的镗套，内孔开有油槽，加工时可适当提高切削速度。由于镗杆在镗套内回转和轴向移动，镗套容易磨损，故不带油杯的镗套只适于低速切削。

② 回转式镗套。回转式镗套在镗孔过程中，镗套随镗杆一起转动，特别适用于高速镗削，如图 6—31b、c、d 所示。其中图 6—31b 为滑动回转式镗套，内孔带键槽，镗杆上的键带动镗套回转，有较高的回转精度和减振性，结构尺寸小，需充分润滑。图 6—31c、d 为滚动式回转镗套，分别用于立式和卧式镗孔。其转动灵活，允许的切削速度高，但其径向尺寸较大，回转精度低。如需减小径向尺寸，可采用滚针轴承。镗套的

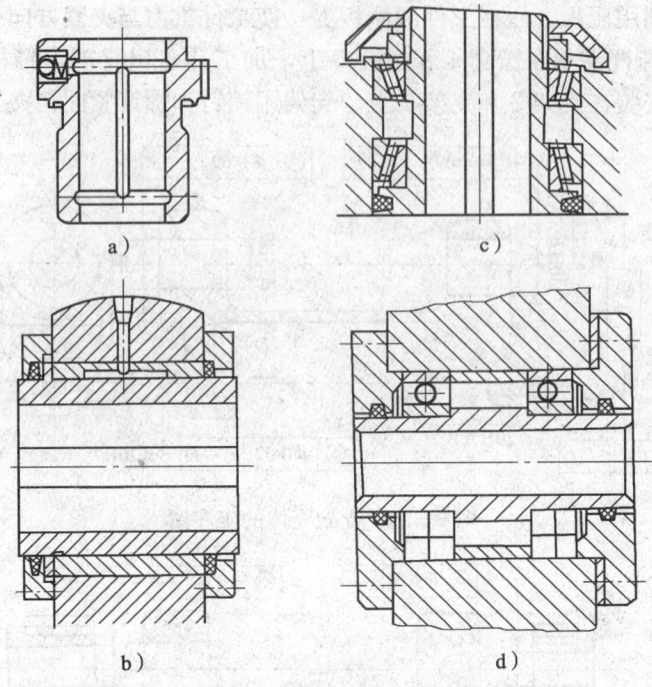

图6—31 镗套的结构

长度 H 影响导向性能，一般取固定式镗套 $H=(1.5\sim2)d$（d 为镗杆直径）。滑动回转式镗套 $H=(1.5\sim3)d$，滚动回转式镗套双支承时 $H=0.75d$，单支承时与固定式镗套相同。镗套的材料可选用铸铁、青铜、粉末冶金或钢等，其硬度一般应低于镗杆硬度。

镗套内孔直径应按镗杆的直径配制。设计镗杆时，一般取镗杆直径 $d=(0.6\sim0.8)D$，镗孔直径 D、镗杆直径 d、镗刀截面 $B\times B$ 之间的关系应符合公式：$(D-d)/2=(1\sim1.5)B$。镗杆的制造精度对其回转精度有很大影响。其导向部分的直径精度要求较高，粗镗时按 g6、精镗时按 g5 制造。镗杆材料一般采用 45 钢或 40Cr，硬度为 40～45HRC；也可用 20 钢或 20Cr 渗碳淬火处理，硬度为 61～63HRC。

2) 支架和底座的设计。镗模支架和底座为铸铁件，常分开制造，这样便于加工、装配和时效处理。它们要有足够的刚度和强度，以保证加工过程的稳定性。要尽量避免采用焊接结构，宜采用螺钉和销钉刚性连接。支架不允许承受夹紧力。支架设计时除了要有适当壁厚外，还应合理设置加强肋。在底座上平面安装有关元件处设置相应的凸台面。在底座面对操作者一侧应加工有一窄长平面，以便将镗模安装于工作台上时用于找正基面。底座上应设置适当数目的耳座，以保证镗模在机床工作台安装牢固可靠。还应有起吊环，以便于搬运。

5. 夹具设计实例

前面各节中分析和讨论了机床夹具的基本原理和定位基准的选择以及定位误差分析与计算，在此基础上，下面就夹具的设计方法和步骤作简要介绍。

(1) 机床夹具设计的基本要求。夹具是机械制造过程工艺准备工作的重要组成部分，是保证工件加工质量、提高生产效率、改善劳动条件和降低成本的一项重要技术措施。对机床夹具的基本要求可概括为四个方面：

1）稳定地保证工件的加工质量要求。这是夹具设计时的首要要求。夹具的定位基准、定位元件要选择恰当，夹具的定位误差要小，制造精度要高。

2）提高加工效率。夹具应在生产批量相适应的条件下，尽量采用快速、高效、可靠的结构，尽量采用标准元件与标准结构。

3）优化夹具结构，使其具有良好的工艺性。夹具结构要简单合理，并便于制造、检验、装配、调整、维修等，同时要考虑到操作安全方便、可靠省力。

4）便于排屑和工件装夹。

(2) 夹具设计的工作步骤。夹具设计的过程一般可分为4个阶段：前期准备、拟定结构方案、绘制夹具总装图、绘制夹具零件图。

1）前期准备

①收集和掌握工件加工的技术资料，包括工件工作图、毛坯图、工件加工工艺规程及其具体要求、工件加工所用机床设备及工量刃具、加工余量及切削用量等。

②对工件进行加工工艺分析。从整个工艺规程与前后各道工序的联系中进行夹具的结构性和定位的可靠性分析，使工件加工工艺与夹具设计思路趋于一致。

2）拟定夹具结构方案

①根据六定点位原理确定工件的定位方案，并设计相应的定位装置，必要时应从消除自由度数目考虑几种方案，选择其中最合理的定位方式。

②确定刀具的对刀和引导方式，并设计出对刀装置和引导元件。尽量选择标准结构和标准元件。

③确定工件的夹紧方案。根据夹紧装置设计的基本要求，夹紧力的方向应垂直于主要定位面。

④确定夹具上其他元件或装置的结构形式。

⑤确定夹具的结构形式，画出夹具总体结构布局草图。

3）绘制夹具总装图

①遵循机械制图国家标准，尽量按1∶1比例绘制总装图。总图中的视图应尽量少，但必须清楚地反映出夹具的工作原理和构造，表示各种装置或元件之间的位置关系等。主视图应取操作者实际工作时的位置，以作为装配夹具时的依据并供使用时参考。

②标注有关尺寸、公差及配合要求和其他装配尺寸或安装尺寸。

③确定夹具的技术要求，主要包括各有关元件之间、各元件的有关表面之间的相互位置精度要求。

④夹具上零件的标注及编制零件明细表。

4）绘制夹具零件图。夹具中的非标准零件都需绘制零件图。在确定这些零件的尺寸、公差或技术要求时，应注意使其满足夹具总图的要求。

(3) 机床夹具设计实例。图6—32所示为一铸铁拨叉零件，质量约2 kg，产量为中批生产，要设计用于Z525型立式钻床上加工$\phi12H7$和$\phi25H7$两孔的钻夹具。

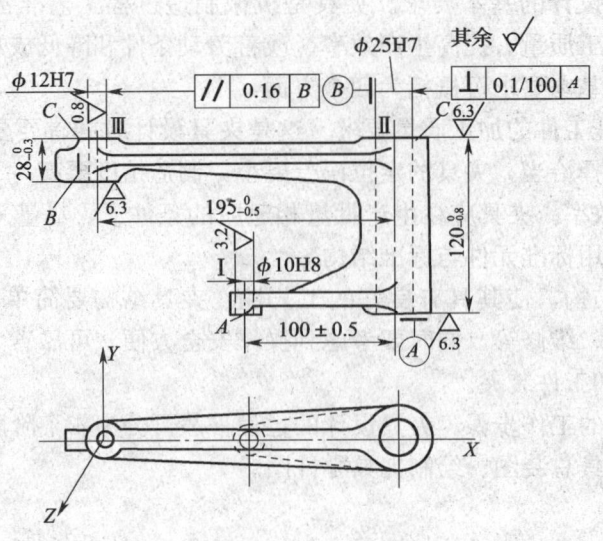

图 6—32 拨叉零件图

1) 工件的加工工艺分析。工件的结构形状比较不规则，臂部刚度较差。需加工的两孔直径精度为 H7，孔壁表面粗糙度为 $R_a 0.8\ \mu m$，且 $\phi 25H7$ 孔为深孔（$L/D \approx 5$），故工艺规程中应按钻、扩、粗铰、精铰四个工步加工。在此工序之前，平面 A、B、C 及孔 I 已加工好。两孔的加工要求为：

①待加工孔 $\phi 25H7$ 和已加工过的孔 I（$\phi 10H8$）的距离尺寸为 100 mm±0.5 mm。

②两待加工孔 II（$\phi 25H7$）、孔 III（$\phi 12H7$）的中心距为 $195_{-0.5}^{0}$ mm。

③孔 $\phi 25H7$ 和端面基准 A 的垂直度公差为 100：0.1。

④待加工孔 II、孔 III 轴线平行度公差为 0.16 mm。

⑤$\phi 25H7$ 孔壁均匀。

2) 确定夹具定位方案和结构形式。工件上的两孔均为通孔，且要求与端面垂直，而端面 A、C 已按要求加工成平行。工件沿 Z 方向的位移自由度可不予限制，但实际上以工件的端面定位时，必定限制该方向的自由度，故应按完全定位设计夹具，并力求基准重合，以减少定位误差对加工精度的影响。

由于工件臂部刚度较差，定位方式有两种可能方案。

①以加工过的平面 C 为主要定位基准，以孔 $\phi 25H7$ 外廓的半圆周和孔 $\phi 12H7$ 外廓的一侧为定位基准，在夹具上的平面、V 形架和挡销上定位，限制工件的六个自由度，从 A、B 面钻孔。此时，工件安装稳定，能保证 $\phi 25H7$ 孔壁均匀。但因基准不重合，孔 $\phi 25H7$ 与已加工孔 $\phi 10H8$ 的中心距 100 mm±0.5 mm 较难保证，且钻模板不可能在同一平面上，夹具结构较复杂，工件装卸不方便。

②以加工过的平面 A、销孔 $\phi 10H8$ 和 $\phi 25H7$ 的外廓半圆周定位，并在 B 处加一可调节辅助支承，增强工件的定位刚度。这样使设计基准和定位基准重合，保证了加工孔的位置精度和定位稳定性，同时也使夹具结构有所复杂化。

以平面 A 为主要定位基准，可限制工件的 3 个自由度 $\vec{X}$、$\vec{Y}$、$\vec{Z}$，因孔 II 和孔 I 间有 100 mm±0.5 mm 的中心距精度要求，且要求孔Ⅱ壁厚均匀，因此限制工件余下的自由度以及选择所用的定位元件有两种情况（见图 6—33）。

用夹具平面、短削边销、固定式 V 形架实现工件的定位（见图 6—33a）。此方式虽然能满足定位要求，但在 X 方向的定位误差较大，不利于保证 100 mm±0.5 mm 的要求。同时会因工件毛坯外圆尺寸的误差使安装困难或者难以装夹，造成安装工件很不方便。

用夹具平面、短圆柱销、活动 V 形架实现工件的定位（见图 6—33b）。短圆柱销限制工件的两个自由度 $\vec{X}$、$\vec{Y}$，V 形架与短圆柱销联合，限制另一个自由度 $\vec{Z}$，这样使工件得到完全定位。这种方式在 X 方向的定位误差决定于圆柱销和定位基准孔的配合精度，活动 V 形架同时兼有对中和夹紧作用，装卸工件也较方便，故采用此定位方式设计夹具。

如图 6—33c 所示，定位元件选用带肩衬套的定位销 4、带肩短套 5 和活动 V 形架 6，二者的轴肩平面应在同一水平面上，并与钻套 1、2 的孔轴心线保持垂直。在工件的 B 面，加上可调节的辅助支承 3，使其刚度增强，避免工件在外力作用下发生倾斜和变形。

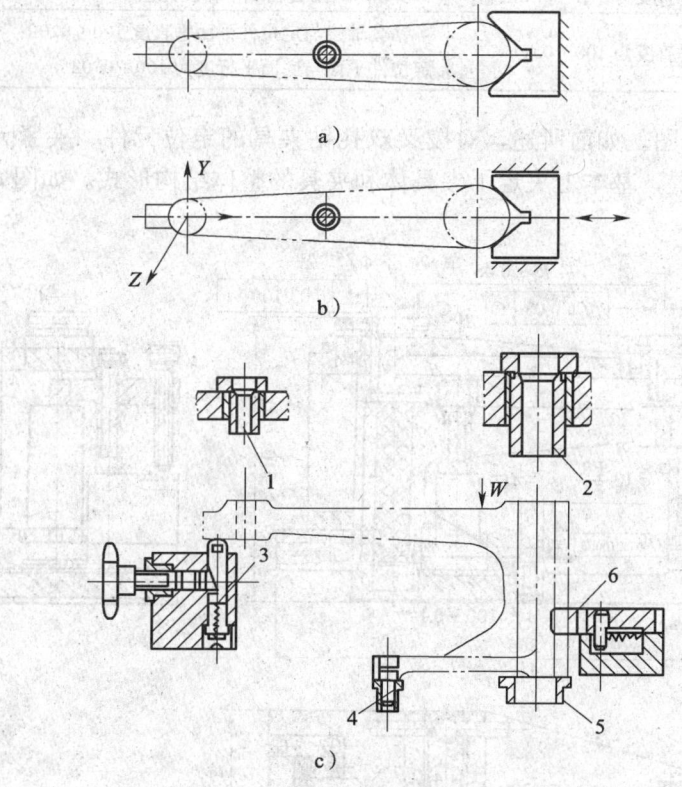

图 6—33　定位方案和定位元件设计
1、2—钻套　3—自位辅助支承　4—定位销　5—带肩短套　6—活动 V 形架

3）确定夹紧方式和夹紧机构。钻两孔时的主要切削力为垂直向下的轴向力，由夹具平面承受，有利于工件的夹紧。由于活动 V 形架 6 中弹簧力的作用，使工件沿 X 方向被压紧在定位销 4 上，此两定位元件同受钻削时的切削转矩，因此，夹紧力的作用点

应靠近加工孔φ25H7的加强肋上,如图6—33c中的W点处。在钻削φ12H7孔时,由于孔径较小,钻削时转矩和轴向力都很小,在已有辅助支承承受轴向力的情况下,可不在此处施加夹紧力。

考虑到工件属中批量生产,且工件尺寸较小,为便于操作和提高效率,采用螺旋压板机构,松开时压板可稍做转动以离开工件,方便装夹工件。

4) 夹具的钻套、钻模板结构。本加工工序由钻、扩、粗铰、精铰组成,所以采用加长的快换式钻套,其孔径尺寸和公差按所引导的刀具和加工精度要求在有关夹具手册中查阅确定。由于两待加工孔的中心距为 $195_{-0.5}^{0}$ mm,为保证孔距精度,采用固定式钻模板,并设置加强肋,以提高其刚度。钻模板上的两个钻套孔的中心距公差要严格按工件的孔距公差缩小,一般精度根据夹具公差估算原则可定为表6—1中的数值。

表6—1　　　　　　　拨叉钻夹具公差与加工尺寸公差关系表

序号	工件加工要求 (mm)	夹具的技术要求 (mm)	δ_j/δ_k
1	孔间距 194.75±0.25	两钻套相距 194.75±0.08	1/3
2	孔间距 100±0.5	钻套与定位销相距 100±0.1	1/5
3	两孔轴线垂直度为 100：0.1	两钻套轴线平行度允差 0.03	1/5
4	孔和端面垂直度为 100：0.1	钻套轴线与定位件平面垂直度 100：0.02; 定位件平面与底面平行度为 100：0.02	1/5

5) 绘制夹具总图。如前所述,对拨叉双孔钻夹具的定位元件、夹紧元件、钻套及钻模板的结构和布置,基本上决定了夹具体和夹具的整体结构形式。如图6—34所示为本夹具的总图。

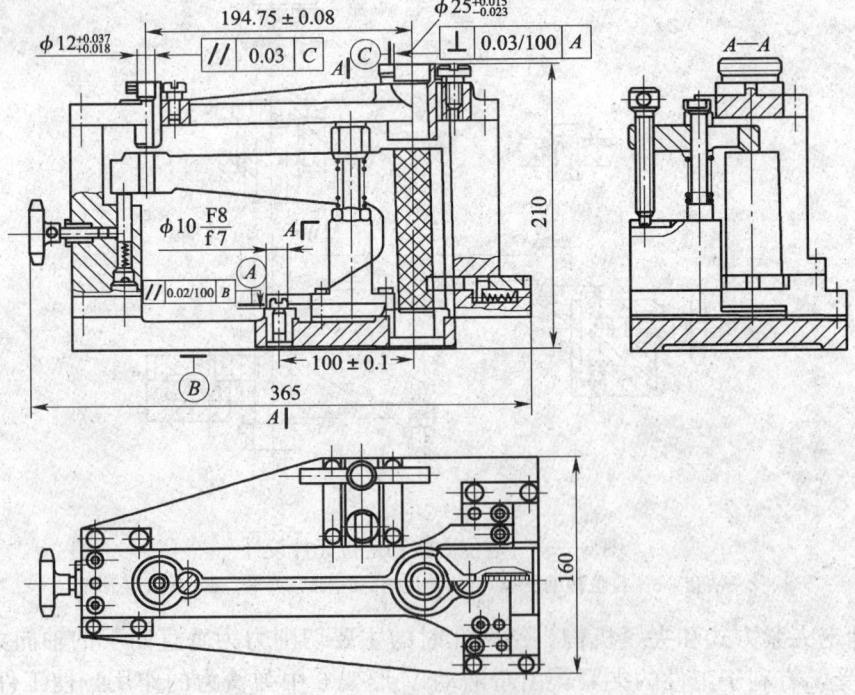

图6—34　钻孔夹具简图

①夹具的主要尺寸。加工面尺寸，如 $\phi 12$ mm、$\phi 25$ mm；加工面的位置尺寸，如孔中心距 195 mm、100 mm；配合尺寸，如固定钻套与钻模板孔 H7/h6 或 H7/r6；快换钻套与固定钻套的配合为 F7/m6 或 F7/k6；快换钻套与刀具的配合公差，钻扩孔时选 F7，粗铰孔时选 G7，精铰孔时选 G6；夹具的长、宽、高总体尺寸分别为 365 mm、160 mm、210 mm。

②夹具的技术要求。主要包括钻模板两孔的相互位置精度、工件定位面与夹具在机床工作台上的安装面 B 间的平行度等。夹具各主要尺寸精度和相互位置精度与工件加工要求有直接关系，取工件上相应尺寸公差的 1/5～1/2。

在设计、制造时还要保证：定位元件 4、5、6（见图 6—33）的轴线在 XOY 同一平面上；两带轴肩套的端面与夹具本体底面 B 的平行度允差为 100：0.02；钻套轴线与 A 面垂直度允差为 100：0.03；定位销 4 与孔的定位精度要高，其配合尺寸及公差为 $\phi 10F8/f7$；$\phi 25$ mm 孔所在的钻套与定位孔的位置尺寸要有足够的精度。

6）绘制夹具零件图。绘制除标准零件之外的夹具上其他零件图，零件图中的尺寸、公差及技术要求应符合总装图的要求，同时结合考虑制造与装配的工艺性以及夹具的使用方便、排屑及安全等问题。

四、第三角画法

GB/T 17451—1998《技术制图 图样画法 视图》规定，我国技术图样应采用正投影法绘制，并优先采用第一角画法。但有些国家采用第三角画法。为了更好地进行国际间的技术交流和协作，GB/T 14692—1993《技术制图投影法》指出，必要时（如按合同规定等）允许使用第三角画法。所以，我们应对第三角画法有所了解。

图 6—35 所示为 3 个互相垂直相交的投影面将空间分为 8 个部分，每部分为一个分角，依次为 Ⅰ～Ⅷ分角。

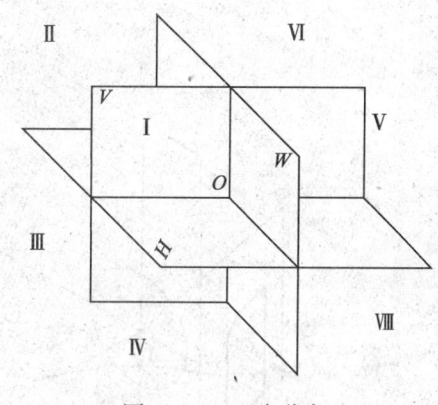

图 6—35　8 个分角

将机件放在第一分角内（H 面之上、V 面之前、W 面之左）而得到的多面正投影称为第一角画法；将机件放在第三分角内（H 面之下、V 面之后、W 面之左）而得到的多面正投影称为第三角画法。如图 6—36 所示，第一角画法是将机件置于观察者与投影面之间进行投射。第三角画法是将投影面置于观察者与机件之间进行投射（把投影面看做透明的）。

第三角画法中，在 V 面上形成自前方投射所得的主视图，在 H 面上形成自上方投射所得的俯视图，在 W 面上形成自右方投射所得的右视图，如图 6—36b 所示。令 V 面保持正立位置不动，将 H 面、W 面分别绕它们与 V 面的交线向上、向右旋转 90°，与 V 面展成同一个平面，得到机件的三视图。与第一角画法类似，采用第三角画法的三视图也有下述特性，即多面正投影的投影规律：主、俯视图长对正；主、右视图高平齐；俯、右视图宽相等，前后对应。

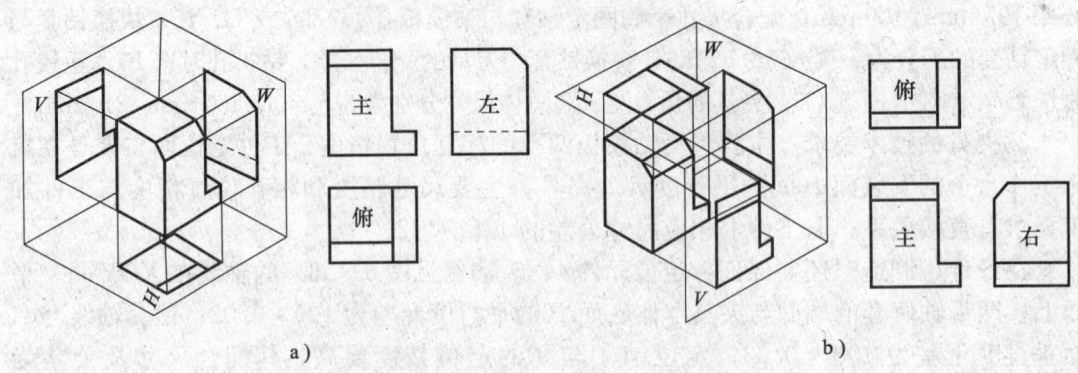

图 6—36 第一角画法与第三角画法的对比
a) 第一角画法 b) 第三角画法

与第一角画法一样,第三角画法也有六个基本视图。将机件向正六面体的 6 个平面（基本投影面）进行投射,然后按图 6—37 所示的方法展开,即得 6 个基本视图,它们相应的配置如图 6—38a 所示。

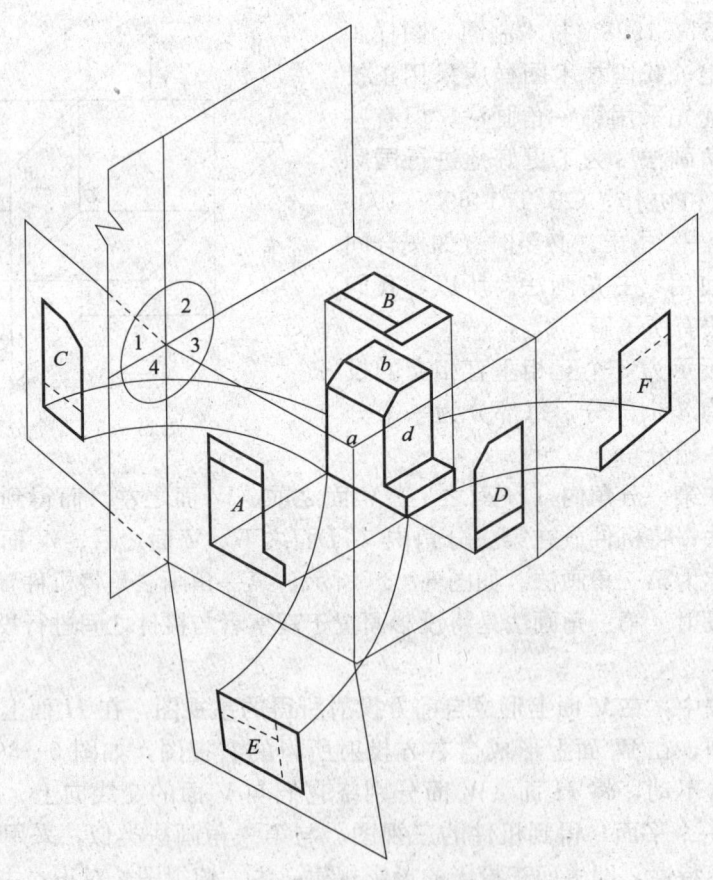

图 6—37 第三角画法六面基本视图的展开

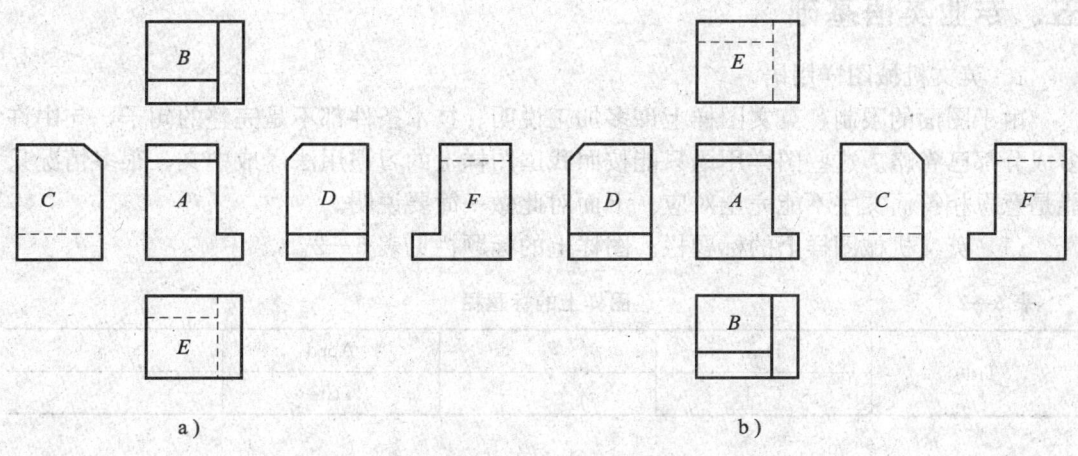

图 6—38　第三角画法与第一角画法的六面视图对比
a) 第三角画法　b) 第一角画法

第三角画法与第一角画法在各自的投影面体系中，观察者、机件、投影面三者之间的相对位置不同，决定了它们的 6 个基本视图的配置关系的不同。从图 6—38 所示两种画法的对比中，可很清楚地看到：第三角画法的俯视图和仰视图与第一角画法的俯视图和仰视图的位置对换；第三角画法的左视图和右视图与第一角画法的左视图和右视图的位置也对换；第三角画法的主、后视图与第一角画法的主、后视图一致。

第三角画法与第一角画法一样，表达机件时除了 6 个基本视图外，也有局部视图、斜视图，以及断裂画法、局部放大图等。表达机件内部结构时，也有各种剖视与断面，以适应表达各种机件内外结构的需要。

采用第三角画法时，必须在图样中画出第三角投影的识别符号，如图 6—39 所示。采用第一角画法时，在图样中一般不必画出第一角投影的识别符号，但在必要时也需画出。读图时应加以注意方可避免误解。如图 6—40 所示，只有搞清楚该机件是采用第三角画法还是第一角画法，才能确切知道机件圆盘上的小孔在前方还是后方。

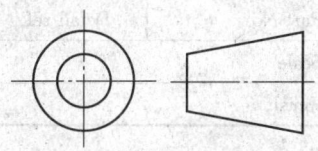

图 6—39　第三角画法的识别符号

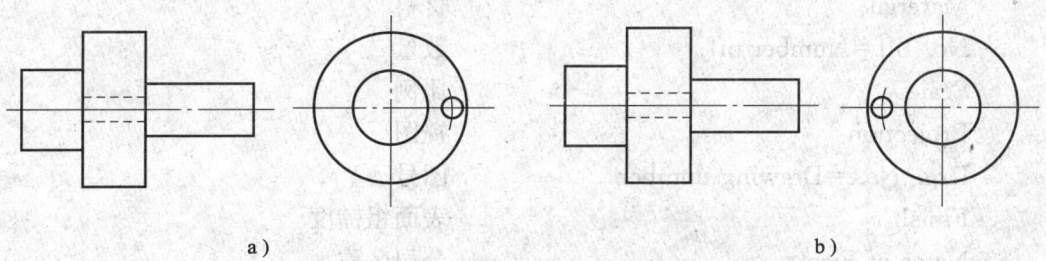

图 6—40　机件的第三角画法与第一角画法的比较
a) 第一角画法　b) 第三角画法

五、专业英语基础

1. 英文机械图样用语

由于图面的限制,英文图样上许多加工说明、技术条件都不是完整的句子,句中许多成分都已省略。这些图样用语只能按照我国图样上的习惯用法译成中文,很多情况只能是意思相符而文字不能完全对应。下面对此做一简要说明。

(1) 英文机械图样上的标题栏。图样上的标题栏见表6—2。

表6—2　　　　　　　　　　图样上的标题栏

Title	Drn		Appd	
	Chd		Date	

其中
Title　　　　　　　　　名称
Drn＝Drawn by　　　　 绘图
Chd＝Checked by　　　 校对
Appd＝Approved by　　 审核
Date　　　　　　　　　日期

(2) 英文图样上的明细栏。图样上的明细栏见表6—3。

表6—3　　　　　　　　　　图样上的明细栏

3				
2				
1				
Part No.	Detail ref.	Name of part	Material	No. off
Scale		Projection	Drg. No.	
Finish		Name of Firm		

其中
Part No.＝Part number　　　　　零件序号
Detail ref.＝Detail reference　　 图样代号
Name of part　　　　　　　　　零件名称
Material　　　　　　　　　　　 材料
No. off＝Number off　　　　　　数量
Scale　　　　　　　　　　　　 比例
Projection　　　　　　　　　　 视图
Drg. No.＝Drawing number　　　 图号
Finish　　　　　　　　　　　　表面粗糙度
Name of Firm　　　　　　　　　公司名称

(3) 其他常用符号及图样用语。其他常用符号及图样用语见表6—4,其中未注尺寸单位为mm。

表 6—4　　其他常用符号及图样用语

英　文	中　文
3—φ10holes equally spaced	3×φ10 孔均布
2—φ6drill with pc.#127 at assembly	2×φ6 与#127 件配钻
1/8 sawcut	锯缝 1/8 in（宽）
2 req'd (=required)	需用两件
2—M10 th'd holes taped with #153 at assembly	2×M10 与#153 件配钻攻螺纹
4—φ10 drill spotfaceφ16*2 deep	钻 4×φ10，锪孔 φ16 深 2
40—φ8 holes each 20 apart	钻 40×φ8，孔距 20
Bill of material	材料明细表
B-view	B 向视图
Cadmium (Chromium, Nickel) plating	镀镉（铬、镍）
Case-hardened to 40~45HRC	表面淬火至 40~45HRC
Chamfer both ends	两端倒角
Concentricity of φA in reference to φB to be within 0.02	φA 对 φB 的同心度允差为 0.02
C'bore (=counterbore)	（锪）平坑
C'sink (=countersink)	（锪）鱼眼坑
Crown to 1/32	（轮面车出）凸起 1/32 in
Dispatch No.	出厂号
Drawn to 250~300 HB	回火到 250~300HB
Elevation	正视图
Finish R_a 0.32 μm unless otherwise specified	其余 R_a 0.32 μm
F.a.o (Finish all over)	全部加工
Inclination 1:100	斜度 1:100
Knurl	滚花
Legend	图例
Misalignment to be within 0.05	同轴度误差不超过 0.05
Neck 1/8*1/16	退刀槽 1/8 in（宽）×1/16 in（深）
To be normalized	须正火
Notes (Remarks)	附注
Oil groove 1/8*1/16	油槽 1/8 in（宽）×1/16 in（深）
Optional parts	非标准件
Ovality of φ25 B4 to be within 0.05	φ25B4 的圆度误差不超过 0.05
Pickled after peening (sand blast)	抛丸（喷砂）后酸洗
Psc No. (piece No.)	件号
Peen end of hand in position	手柄端部铆接固定
Plan	平面图
Polish to mirror finish	镜面抛光
Quench and tempered to 250~300HB	调质到 250~300HB
Rounds R5 unless otherwise noted	未注圆角 R5

装配钳工（技师　高级技师）

续表

英　文	中　文
Ream φ20 for dowel pin	铰 φ20 定位销孔
Runout of φA in reference φ to be within 0.05	φA 对轴线的径向跳动误差不超过 0.05
Section A—A	A—A（截面）
Serial No.	（机器）序号
Spot for set screw with pc. #1003 in position	与 #1003 件配钻，并锪出定位螺钉浅窝
Superseded by drawing No. 1135—a	本图样作废，由图号 1135—a 代替
Symmetrical position of slot in reference to φ to be witnin 0.05	槽对中心线的对称度误差不超过 0.05
Tap4-M10 holes, equally spaced on φ	攻螺纹 4×M10，各孔沿中心线均布
Taper 1∶20	锥度 1∶20
Taper to be within 0.05	锥度不超过 0.05
Technical specification（Tech. sp.）	技术标准
Technical requirement（Tech. Req't）	技术要求

注：表中有个别尺寸的单位是 in（已在表中注明），这是英文习惯用法。1 in＝25.4 mm。

2. 英文产品合格证和产品说明书的特点

（1）产品合格证书。产品合格证（Qualification Card）主要表示产品在出厂前经过严格的最终技术检验，用以提高它在市场上的信誉，使用户愿意购买，有的还可以起到保单的作用。产品合格证书至少应包括以下内容：产品名称、商标、型号、制造厂家名称、制造日期、检验员姓名、购买日期、保修时间等。请参阅下例：

Lotus Flower Brand Model 610 Radio Receiver Qualification Card
Name of Product：Radio Receiver
Brand of Product：Lotus Flower
Model：Model 610
Manufactory：Peony Radio Factory
Date of Manufacture：May 1997
Serial No：863378
Inspector：Liu Jie
Purchaser's　Name：Wang Jiang
Date of Purchase：April 8，1998
Dealer's Name：Spring Thunder Dep. Store
Dealer's Address：Weahui Rd. 12，Xianyang City，Shanxi Province
Guarantee Period：One year after the date of purchase
　　This product, manufactured of choice materials precise standards, has undergone rigid quality control, It is fully guaranteed against defective materials or workmanship under normal use. In the guarantee period, adjustments for defects or replacement of parts will be performed free of charge upon your presentation of this qualification card.
Address：×××Road，×××City，×××Province
Tel No：×××××××

(2) 产品说明书。产品说明书是帮助用户认识产品，指导用户使用产品的书面材料，它对产品的结构、功能、特性、使用方法、保养、维修、注意事项等做出详细的解释说明，既介绍产品，又传授知识和技能。

由于产品的种类、性质不同，其说明方法、内容也不同，产品说明书的式样也就多种多样，但在写法上有许多共同之处。一般来说，产品说明书大多都由标题、正文、落款3部分组成。

标题由产品名称和品种组成。正文分项排列要说明的内容，并逐一解释。落款注明生产厂家名称，根据需要还可注明经营者名称等。请参阅下例：

Quarts Travel Alarm Clock of "Three Fire" Brand Instructions
Operating Manual For Model Q 2858 Quarts Travel Alarm Clock
Start Clock

  First open the battery compartment cover, according to the location shown in figure in battery support and put into a new 1.5 V battery.
Correcting ClockTime

  Turn the hand setting knob to clocklike at that time will be corrected in direction indicated by arrowhead on back.
Correcting Alarm

  Turn the alarm hand setting knob in direction by arrowhead on back and alarm hand will be made to turn any desire alarm time in advance. At the same time, push up the alarm stop knob to operating position. So when it goes to desire alarm time in advance, it will automatically give off an alarm sound enough for making you suddenly wake from sleep right now. You only push down alarm stop knob to stop working position, that the alarm sound will be stopped immediately.
Notice:

  1. This product needs to use one piece of No. 5 battery.

  It will not work if you reverse the polarity of the battery.

  2. When you turn hand setting knob, according to the direction indicated by arrowhead on back. Don't turn back! In order to avoid the clock work abnormally.

  3. When you will be waked up by the alarm sound, please push down the alarm stop knob on time with stopping sound. So you can not only prevent to trouble others, but also prolong the useful life of the battery.

---

3. 英文文章阅读举例

(1) RADIAL DRILLING MACHINE

  The radial drilling machine is designed for handling large workpieces that cannot be easily moved. The drilling machine head is mounted on a heavy radial arm which may be from three to twelve or more feet long. This arm can be raised or lowered with power and can be turned in a complete circle around the column. The drilling head moves back and forth along this arm. On most radial drilling machines, movement of the arm, drill head, and spindle is controlled by power.

Spindle feeds and speeds are controlled by selector levers which engage the proper gears in the drill head. Depth of feed is also controlled directly in the drill head by a suitable mechanism. In addition to drills, other tools such as reamers and boring heads can also be used. These tools add a great deal of versatility to this machine.

New Words and Expressions（生词和解释）

1. radial 径向的；辐射的
2. radial drilling machine 摇臂钻床
3. handle 处理；手柄
4. cannot＝can not 不能够
5. easy 容易的
6. arm 臂
7. radial arm 摇臂
8. twelve 十二
9. foot 脚；英尺
10. complete 完成；完成的；完整的
11. circle 圆；圆周；环；环绕
12. around 在……四周；围绕
13. control 控制（器）
14. select 选择
    Selector 选择器；选速器
15. lever 杠杆，手柄
    Selector lever 选速手柄
16. engage 啮合，接合；接通
17. depth 深度
18. add 加，增加；补充
19. deal （数）量
    a great deal of 大量的
20. versatility 多用性

【译文】

摇臂钻床

摇臂钻床用来加工不易搬动的大工件。钻床的主轴箱安装在长达3～12英尺以上的重型摇臂上。摇臂可用动力升降并可绕立柱转动360°。钻床的主轴箱可沿摇臂前后移动。在大多数摇臂钻床上，摇臂、主轴箱和主轴的运动是机动控制的。

主轴的进给量和转速是通过选速杆使主轴箱中的适当齿轮相互啮合而控制的。进给深度也是直接在主轴箱中通过适当的机构来控制的。在摇臂钻床上，除钻头外，还能使用其他刀具，如铰刀和镗头。这些刀具使该机床的万能性大大增加。

(2) THE BASIC PRINCIPLES OF LOCATION

A workpiece can move in either of two opposed directions along three perpendicular axes (X, Y, and Z). Also, the work may rotate either clockwise or cunterclockwise around each of these axes. Each of these possible movements is a degree of freedom, hence 12 degrees of freedom exist. These 12 degrees of freedom are illustrated in Fig. 6—41.

Work can be located positively by six points of contact in the tooling. These six points include three points on one plane. For example, in Fig. 6—42 the three locations A, B, and C on the bottom of the block prevent the work from moving downward and from rotating about the X and Y axes, by adding two locating points D and E on a plane parallel to the plane containing the X and Z axes, the work is prevented from rotating about the Z axis and also from moving negatively along the Y axis. When the sixth and final locating point F is added on a plane parallel to the Y and Z axes, movement upward is prevented. Thus the first three locators prevent movements 1, 2, 3, 4, and 9, as shown in Fig. 6—41. The next locators prevent movements 5, 6, and 7, and the final locator prevents movement 11. This 3—2—1 locating procedure has prevented movement in 9 of the 12 possibilities. The three remaining degrees of freedom (8, 10, and 12) must not be restricted because they are needed to provide clearance to load and unload the tooling.

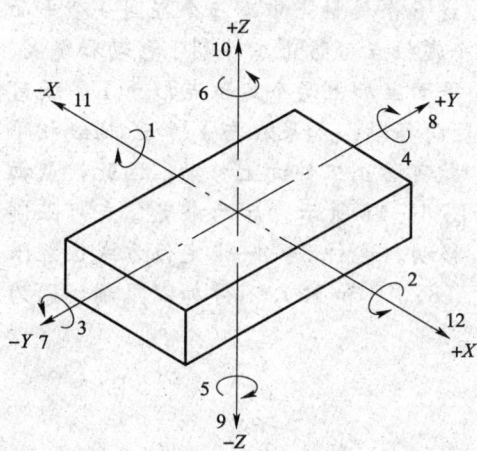

Fig. 6—41 Twelve degrees of a workpiece

（图 6—41 工件的 12 个自由度）

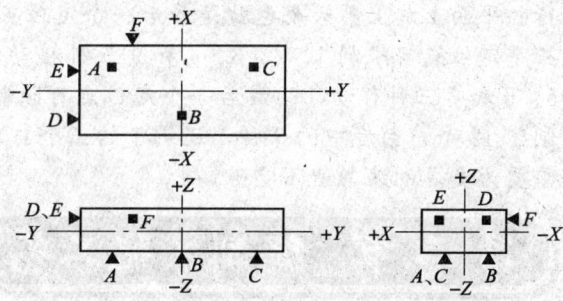

Fig. 6—42 Three views of workpiece

（图 6—42 工件的定位）

New Words and Expressions（生词和解释）

1. location   n. 位置，定位
2. locator   n. 定位器，定位块
3. opposed   ad. 相对的，对立的
4. perpendicular   a. 垂直的，成直角的
5. counterclockwise   a. 反时针，左旋

6. freedom　　　　　　　　　　　　n. 自由
   a degree of freedom　　　　　　 自由度
7. hence　　　　　　　　　　　　　ad. 因此，所以
8. exist　　　　　　　　　　　　　vi. 存在，生存
9. bottom　　　　　　　　　　　　n. 底部
   on the bottom of　　　　　　　　在……底部
10. block　　　　　　　　　　　　n. 块，体
11. prevent　　　　　　　　　　　 v. 防止，阻止
12. contain　　　　　　　　　　　 v. 包含，含有
13. negative　　　　　　　　　　　a. 否定的，负的；阴（性）的
14. restrict　　　　　　　　　　　vt. 限制，限定；禁止
15. clearance　　　　　　　　　　 n. 间隙，余隙
16. unload　　　　　　　　　　　　v. 卸下，卸货

【译文】

定位基本原理

一个工件可以沿着3根相互垂直的轴线（X、Y和Z）做正向或反向移动，而且，还可以环绕其中每一根轴线沿顺时针或逆时针方向转动。这种每一个可能产生的移动就是一个自由度；因此，存在12个自由度。这12个自由度如图6—41所示。

工件可以用6个接触点正确地定位在夹具中。这6个接触点中有三个在同一个平面上。例如图6—42中，块料底部上的A、B、C三个定位点可防止工件朝下移动和绕X、Y两轴线转动。在与X、Y轴线所在平面相平行的平面上加上两个定位点D和E，就可使工件不会绕Z轴线转动，而且不会沿着Y轴线负向移动。如果在与Y和Z轴线相平行的平面上加上第六个也就是最后一个定位点F，就可防止工件向上移动。因此，最初三个定位点可限制1、2、3、4和9五种移动，如图6—41所示。后两个定位点可限制5、6和7三种移动，而最后一个定位点可限制11移动。这种3—2—1定位方式已经限制了12个自由度中的9种，还剩下的三个自由度（8、10和12）不得加以限制，因为需要为夹具的装卸留下空隙。

第二节　编制装配工艺

→ 了解精密、大型稀有设备的部件装配工艺
→ 熟悉精密、大型稀有设备装配工艺的编制方法

一、坐标镗床部件的总装配工艺要求

坐标床面结构如图6—43、图6—44和图6—45所示。其工作台夹紧机构如图6—46所示。

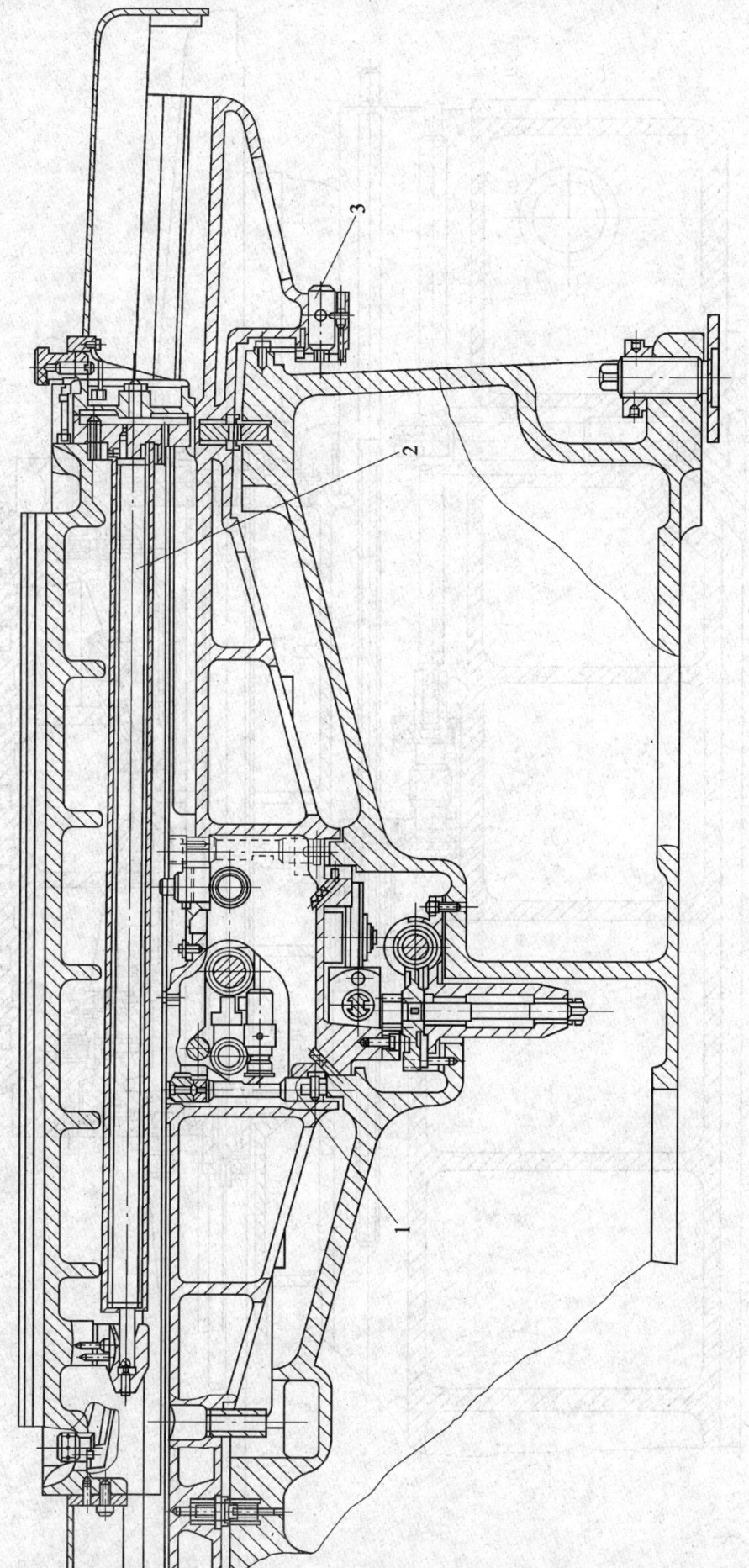

图 6—43 坐标床面纵剖面图
1—支承滚轮机构 2—纵向刻线尺装置 3—滑板夹紧机构

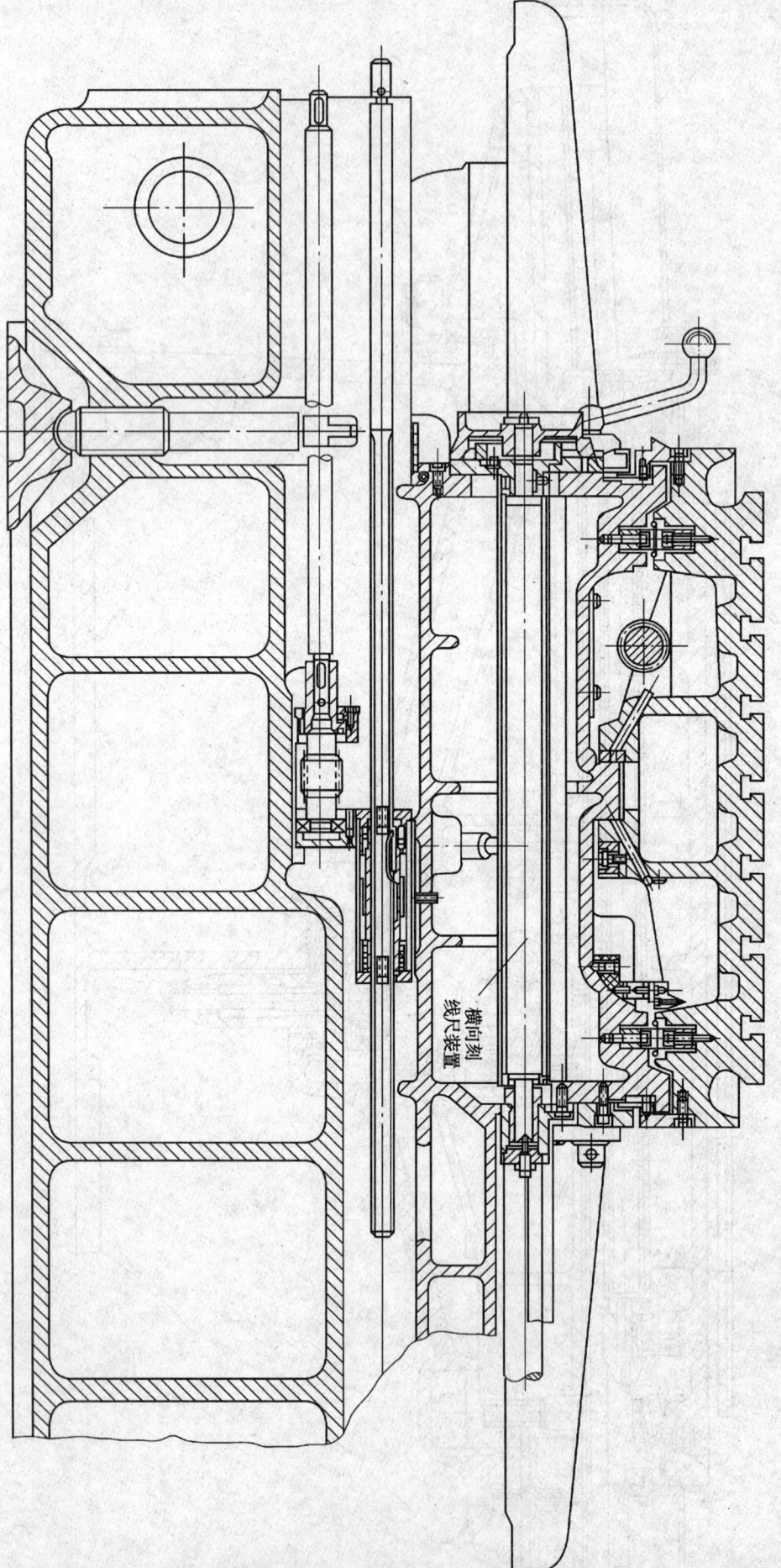

图 6—44 坐标床面横剖面图

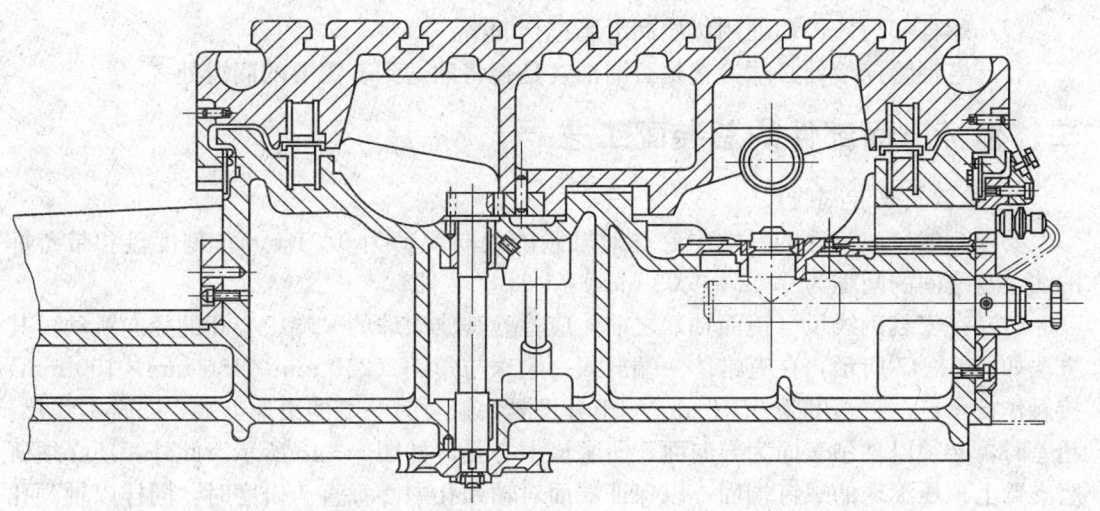

图 6—45　坐标床面沿工作台蜗轮副处横剖面图

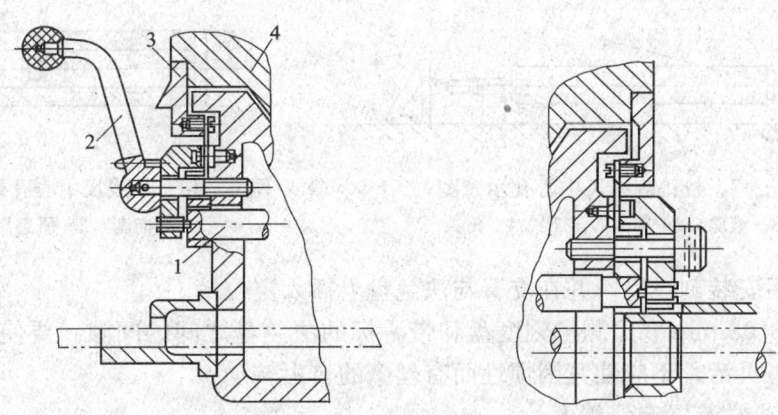

图 6—46　工作台夹紧机构
1—联动轴　2—夹紧手柄　3—标尺　4—工作台

坐标床面部件的总装配质量在很大程度上影响着工件的重复定位精度、光学装置的读数精度以及工作台、溜板移动的灵活性及平稳性。其装配质量应保证如下的精度要求：

（1）刻线尺应在支承上均匀旋转，不得有单边和轴向窜动现象。用显微镜的读数和调整刻度盘的读数相比较，检查是否有轴向窜动。

（2）进一步调整镶条，应使刻线在显微镜的视野中平稳而没有跳动。

（3）工作台及溜板刹紧以后，刻线尺刻线对显微镜二等分线不得有相对位移。

（4）溜板支承滚轮在工作台不受载荷时调整，用涂色法检查，要求接触均匀。

（5）各压板需相应平行于工作台或溜板的行程导向面，其允差为 0.1 mm。

（6）工作台的侧基准面对工作台移动方向的平行度应在精度标准范围之内，全部 T

形槽的两侧面应保证平行,其允差为 0.02 mm。

(7) 蜗杆和齿条传动处用优质润滑脂进行润滑。

(8) 各油管连接处必须检查是否漏油,是否将油送到各需要的润滑处。

二、坐标床面部件的总装配工艺

1. 检验及安装刻线尺

要求刻线尺放滚珠的一端中心孔对轴颈的径向跳动为 0.01 mm;刻度盘和带游标的法兰盘之间的间隙为 0.02~0.03 mm。

(1) 在安装刻线尺(镜面轴)之前,应检验其放滚珠的一端中心孔的径向跳动。其方法如图 6—47 所示,在有锥体一端放入一滚珠与角铁(250 mm×150 mm×150 mm)接触作支承点,将精度为 0.01 mm 的千分尺测头触及另一端的滚珠上端,回转刻线尺。超差时,必须以轴颈表面为导向面,研磨该中心孔,如图 6—48 所示。此外,还必须研磨支臂上顶压滚珠的螺钉端面,以保证端面对轴颈孔中心垂直。研磨时,同样以轴颈孔为导向孔。

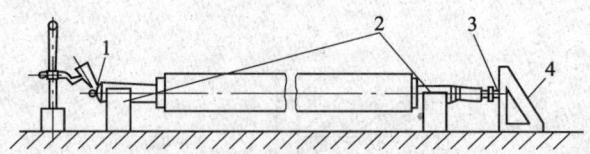 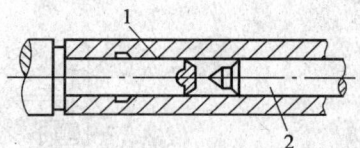

图 6—47 校正刻线尺中心孔示意图　　图 6—48 刻线尺中心孔研磨示意图
1、3—滚珠　2—等高 V 形架　4—角铁　　　1—导向套　2—研磨用尖锥

(2) 然后安装刻线尺,并在支臂与法兰盘上插入定位销。

(3) 用 0.03 mm 塞尺测量刻度盘和带游标的法兰盘之间的间隙。要使刻度盘的回转达到均匀、灵活,不应使其因惯性而有丝毫的自由转动。

2. 检验光学装置定位精度

测量坐标精度时,室温应保持在 20℃±0.025℃,检查前在 20℃±0.5℃ 环境下的保温时间不少于 4 h,包括工具也要恒温。

(1) 按机床精度标准检验项目 G14 的要求进行检查(可参照 JB 2254—1985)。

(2) 镜面轴刻线不得有断线及粗细不均匀现象。

(3) 其余有关光学装置的安装与调整,要保证标尺成像清晰无视差,放大率要准确,即标尺像中一个刻划要和游标尺从"0"至"10"刻划相对。

3. 调试夹紧位移量

要求工作台及溜板刹紧以后,刻线尺刻线对显微镜分划线的最大位移量为 0.001 mm。

(1) 进一步调整溜板及工作台镶条。调整时,同时通过显微镜观察,溜板及工作台移动平稳而没有跳动,镶条的调节才算正确;如有跳动,表明塞铁调得过紧。

(2) 工作台及溜板刹紧以后,刻线尺刻线对显微镜分划线不得有相对位移;如有相对位移时,则应修磨刹紧压板。

单元考核要点

行为领域	鉴定范围	鉴定点	重要程度
理论知识鉴定考核要点	读图与绘图知识	高速、精密设备的读图方法、步骤要领	★★
		机床夹具的设计	★★★
		英文图样用语与技术资料	★
操作技能鉴定考核要点	编制装配工艺	坐标镗床的装配工艺	★★

单元测试题

一、填空题（请将正确的答案填在横线空白处）

1. TK4163B 型单柱数控坐标镗床主传动系统是由_____传动，通过三级变速箱后，使主轴有 3 挡转速范围，经直流电动机驱动主轴在每挡内实现_____。

2. TK4163B 型单柱数控坐标镗床的进给传动中主轴的进给由_____驱动，经二级蜗轮副降速，通过_____调速，使主轴进给在 5.3～530 mm/min 内无级调速。

3. 夹具一般包括_____夹具、_____夹具和_____夹具等。

4. 车床夹具分为_____夹具和_____夹具两种基本类型。

5. 铣床夹具分为_____式、_____式和_____式 3 种。

6. 钻床夹具的结构形式一般分为_____式、_____式、_____式、_____式以及滑柱式等。

7. 镗床夹具主要用于加工_____、_____等零件上的孔或孔系。

8. 采用第三角画法时，必须在图样中画出第三角投影的_____符号。

9. 根据生产规模的不同来选择钻套的不同形式，在_____中应使用可换钻套，在_____中应使用固定钻套。

10. 绘制夹具总图的顺序是，先用_____绘出工件的主要部分及轮廓外形，工件按透明体处理，然后按照工件的形状及位置依次绘出定位、导向、夹紧及其他元件。

二、单项选择题（下列每题的选项中，只有 1 个是正确的，请将其代号填在横线空白处）

1. TK4163B 型单柱数控坐标镗床速控精定位，在趋近定位点时，分级降速，自动从 v_3 转到 v_4，使定位时平稳。v_3 和 v_4 的转速应为_____。
   A. $v_3=30$ mm/min；$v_4=10$ mm/min B. $v_3=30$ mm/min；$v_4=5$ mm/min
   C. $v_3=20$ mm/min；$v_4=10$ mm/min D. $v_3=20$ mm/min；$v_4=5$ mm/min

2. _____的作用是用来确定工件在夹具中的位置。
   A. 导向元件或装置   B. 夹紧装置
   C. 定位元件或装置   D. 连接元件或装置

3. 钻套在钻床夹具中用来引导刀具对工件进行加工，以保证加工孔位置的准确性，因此它是一种_____。
　　A. 定位元件　　B. 引导元件　　C. 夹紧元件　　D. 分度定位元件
4. 对于在几个方向都有孔的工件，为了减少装夹次数，提高各孔之间的位置精度，可采用_____钻床夹具。
　　A. 翻转式　　B. 盖板式　　C. 回转式　　D. 小移动式
5. 当被加工孔需要依次钻、扩、铰孔或加工台阶孔、攻螺纹等多工步加工时应采用_____。
　　A. 可换钻套　　B. 快换钻套　　C. 固定钻套　　D. 切边钻套
6. 设计钻床夹具时，夹具公差可取相应加工工件公差的_____。
　　A. 1/3～1/2　　B. 1/5～1/2　　C. ±0.10　　D. ±0.01
7. 当用钻夹具钻工件上位置靠得较近的两个圆孔时，所使用的钻套应是_____。
　　A. 固定钻套　　B. 快换钻套　　C. 可换钻套　　D. 切边钻套
8. 对于径向尺寸较大的车床夹具与机床主轴的连接应采用_____与主轴前端连接。
　　A. 过渡盘　　B. 锥柄　　C. 衬套　　D. 拉紧连杆
9. 铣床夹具的底面上一般都安装有定位键，一般使用_____个。
　　A. 1　　B. 2　　C. 3　　D. 4
10. 钻套内孔直径尺寸的确定，一般钻套内孔的基本尺寸应等于刀具的最大极限尺寸，与刀具之间取_____配合。
　　A. 基孔制过渡　　B. 基轴制过渡　　C. 基孔制间隙　　D. 基轴制间隙

三、判断题（下列判断正确的请打"√"，错误的打"×"）

1. 钻套的作用是确定刀具与夹具的相互位置，引导钻头、扩孔或铰刀，以防止加工过程中偏斜，从而保证被加工孔的位置精度。（　　）
2. 翻转式钻床夹具，主要适用于加工小型工件上有多个不同方向的孔，它连同工件在一起的总质量限于8～10 kg。（　　）
3. 当用钻夹具钻工件上位置靠得较近的两个圆孔时，应使用快换钻套。（　　）
4. TK4163B型单柱数控坐标镗床进给传动中主轴的进给由交流电动机驱动。（　　）
5. 钻套与工件间一般应留有排屑间隙 h，加工塑性材料时，h 应取小值。（　　）
6. 对于径向尺寸 $D<140$ mm 的小型车床夹具，一般是通过锥柄安装在车床主轴锥孔中，并用螺杆拉紧的连接方式，这种方式的定心精度较高。（　　）
7. 镗床夹具上镗套的硬度应低于镗杆的硬度。（　　）
8. 在大批量生产中，钻床夹具应优先选用快换钻套。（　　）
9. TK4163B型单柱数控坐标镗床速控定位时，工作台或滑板在向定位点趋近过程中自动3次分级降速，并以单向为定位基准，使定位时稳定可靠。（　　）
10. 坐标镗床装配，检测坐标精度时，环境温度应保持在20℃±0.025℃，保温时间不少于4 h。（　　）

四、简答题

1. 机床夹具的主要用途是什么？
2. 机床夹具主要由哪几部分组成？
3. 对车床夹具的总体结构要求是什么？
4. 简述 M7120A 型平面磨床工作台向右运动时液压主油路的工作过程。

单元测试题答案

一、填空题

1. 直流电动机　无级变速　　2. 直流电动机　晶闸管　　3. 机床　检验　焊接
4. 安装在车床主轴上的　安装在车床床鞍上的　　5. 直线进给　圆周进给　靠模
6. 固定　回转　翻转　盖板　　7. 箱体　支座　　8. 识别　　9. 大批量生产　中小批量生产　　10. 双点画线

二、单项选择题

1. D　　2. C　　3. B　　4. A　　5. B　　6. B　　7. D　　8. A　　9. A　　10. D

三、判断题

1. √　　2. √　　3. ×　　4. ×　　5. ×　　6. √　　7. √　　8. ×　　9. √　　10. √

四、简答题（略）

第  单元

加工与装配

□ 第一节　研磨 /249
□ 第二节　装配与调整 /253

本单元着重论述的是高精度工具和工件的研磨以及液压系统的安装调试等。内容从实际出发,紧密与实际生产相结合,各个环节包含了大量的、重要的知识和实际经验,且相互联系,密不可分,是钳工高级技师在实际生产中必须掌握和了解的理论知识。

第一节 研磨

培训目标
→ 掌握螺纹环规和丝杆的研磨方法，并达到技术要求
→ 掌握特殊材料工件研磨，并达到技术要求

一、螺纹环规和丝杆的研磨

1. 螺纹环规的研磨

（1）研具。M5 以下的环规研具，材料用 15～20 钢，螺纹部位的振摆度不大于 0.02 mm；M6 以上的环规研具，材料用高磷铸铁或球墨铸铁，硬度在 170～190HB 之间，螺纹部位的振摆度不大于 0.08 mm；并修钝两端不满扣的螺纹锐棱。螺纹环规研具的制造精度应不低于工件的精度。成套的研具由 3 根不同螺纹中径的螺纹杆组成。其中一根最大螺纹中径的螺纹杆，为环规的下公差尺寸；"过"与"止"端所用的研具，应分别按不同的螺纹中径制造，并编号标注明确，避免混淆。因为它们的中径不一样，所以一般不能代用。

（2）研磨方法

1) 细牙螺纹环规的研磨。细牙螺纹环规在研磨前，首先应清除牙底杂物。清除牙底杂物的螺纹研具如图 7—1 所示，其中径应小于环规预加工中径，即研具的牙扣应略小于环规预加工时的牙扣，外径也应略小些。接着用两根直径不同的研具研磨内径，第一根应略小于螺纹环规的底径，第二根应等于螺纹环规内径的下公差尺寸。

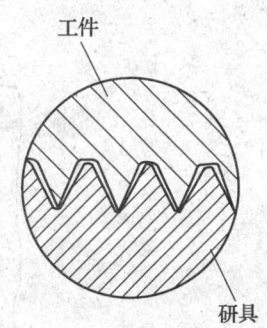

图 7—1 清除牙底杂物的螺纹研具

当上述两道工序完成以后，即可开始研磨或抛光。对 M16 以下环规的研磨和抛光，一般用整体式螺纹研具，并按不同中径的 1、2、3 三根研具依次进行研磨。M16 以上的环规，一般可用图 7—2a 所示的可调式大环规螺纹研具来研磨，研具上的螺纹牙型与工件上的牙型配合要求如图 7—2b 所示。

研具装夹在有倒、顺转的研磨头或车床上，将涂上研磨剂的环规旋到研具上，以低速的倒、顺转运动进行研磨，如图 7—3 所示。

研磨时，工件要掌握平稳，工作压力要均匀，既保证工件能自然地进退，又要赋予它一个反方向的轴向作用力，使相互的牙型单边接触。如用整体式研具研磨螺纹环规，需随时掌握研磨间隙，并根据研磨间隙更换适当的研具。可用螺纹塞规进行检验，这样有利于防止和杜绝产生质量事故。

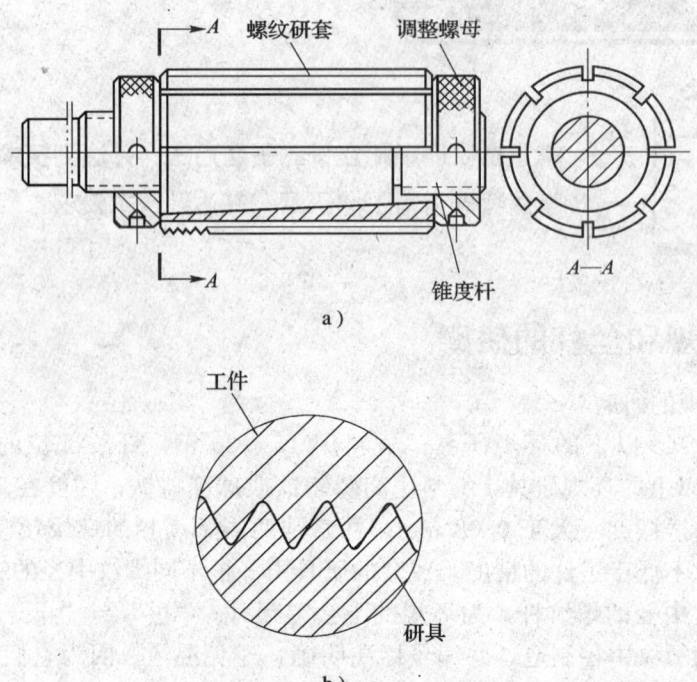

图 7—2 可调式大环规螺纹研具
a) 研具 b) 研具牙型与工件牙型的配合要求

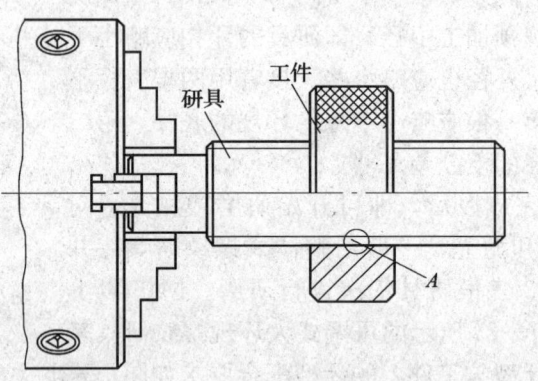

图 7—3 螺纹环规的研具

如果在应该更换研具的时候没有更换，势必会使牙型研磨得变形，而变了形的牙型要修整过来是很困难的。

螺纹环规经研磨后还需要抛光。抛光与研磨除研磨剂不同以外，在工艺上基本一样。研磨用的研磨剂是采用煤油、机油或柴油与金刚砂混合，调成稀糊状涂敷在研具上；抛光则是把金刚砂直接撒在研具的螺纹槽内，对工件进行干的抛光研制，以达到表面粗糙度的要求。

2）粗牙螺纹环规的研磨。大规格的粗牙螺纹环规，一般都采用螺纹磨床直接磨削，不再进行研磨和抛光；只有中、小规格的粗牙螺纹环规要经过研磨或抛光来提高它们的精度和减小表面粗糙度值，其具体方法与研磨或抛光细牙螺纹环规时相同。

2. 丝杆的研磨

在生产中，螺纹塞规只是在最后一道工序始由钳工来进行抛光，其他各道工序及精度都由螺纹磨床来保证。丝杆的研磨有一定难度，关键在于研具的制造。下面简略介绍一下制造研具的概况。

图7—4所示为丝杆研具的基本结构，由壳体、螺纹研套、调整螺母、定位销等组成。壳体的内锥孔与螺纹研套的外锥面接触率要求为85％左右，螺纹研套内孔应加工至比丝杆底径大0.05～0.3 mm，这个量要根据丝杆的直径来选定，直径大的取大值，直径小的取小值。螺纹研套的外圆还要铣几条供调整用的弹性槽（其中一条铣通），并修去槽沿的毛刺，然后擦干净，即可装入壳体内进行丝杆的研磨。

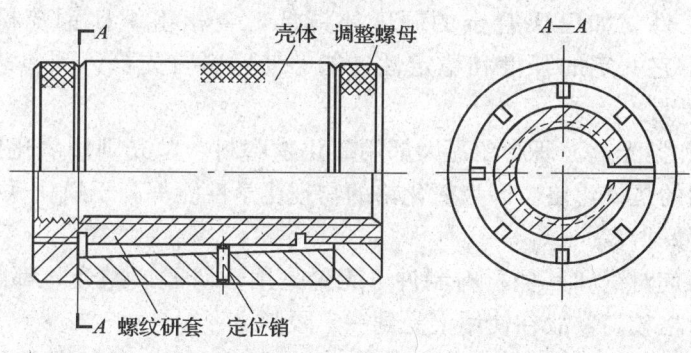

图7—4　丝杆研具

铰削螺纹用不等径丝锥，它由3个组成一套。由于螺纹研套的螺纹精度取决于丝锥的精度，所以丝锥的技术要求必须严格保证。其中最关键的是牙型，丝锥的牙型必须和丝杆的牙型相同。为满足这一要求，磨丝锥的砂轮应与磨丝杆的砂轮一致，即用加工丝杆的砂轮及其不变的安装位置去磨削丝锥，这样就可以获得丝锥和丝杆的相近牙型。

丝杆的研磨如图7—5所示。将研具旋入丝杆，在丝杆上涂一层薄薄的研磨剂，旋动研具并调整研磨间隙，而后以慢速做反、顺转进行研磨。

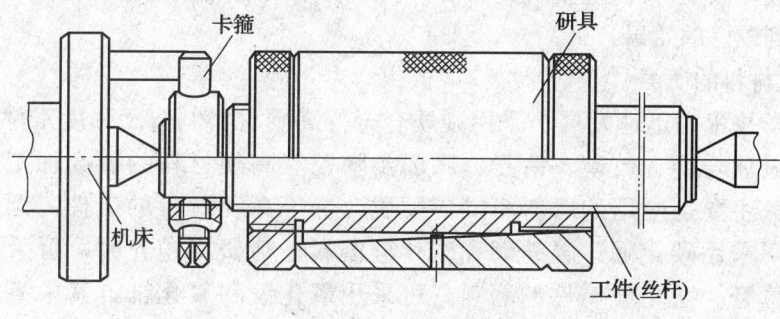

图7—5　丝杆的研磨

研磨时，应与前述螺纹环规的研磨一样，通过人手赋予螺纹研套进退一个反向的作用力，使双方的牙型始终从单面保持贴合。同样要严格掌握研磨间隙，如发现间隙过大则应及时调整，使研磨得以正常地进行。

二、研磨特殊材料工件

这里讲的特殊材料主要是指铜、硬质合金和玻璃等。因为它们和一般钢铁材料的性质不一样，所以研磨时选用的磨料和研具有所区别。但是，它们的研磨过程和方法，却和一般钢铁材料的研磨方法大致相同。

1. 软质材料的研磨

（1）铜瓦的研磨

1）研具材料。铜瓦中虽然含有其他合金元素，但仍比较软，磨料很容易嵌入工件表面。为了避免磨粒残留在研磨过的工件表面上，选择研具材料的基本原则是要求硬度低于工件。如巴氏合金的硬度比铜低，金相组织比铜疏松，但结合力较好，这就构成了它一定的强度和稳定性，能够使磨料首先嵌入研具表面，适用于制作研磨铜瓦的研具。

2）研磨剂和抛光剂。研磨铜瓦大都用氧化物磨料。抛光则用氧化铬或氧化铁，其中，用得最普遍的是氧化铬。因为氧化铬的物理化学性能都高于氧化铁，所以用于抛光铜瓦比氧化铁要好得多。

金刚石研磨剂对铜和其他材料制件，无论是用于研磨或抛光，都能收到极好的效果，但由于其价格较高，故在使用上受到一定限制。

（2）铝合金件的研磨。铝合金有与铜质相同的特点，但铝合金的韧性不及铜合金高。研磨或抛光铝合金工件（如轴与孔）时，可以用铅作研具；磨料仍可用一般的金刚砂。

（3）不锈钢工件的研磨。研磨不锈钢的关键，主要是选择磨料的问题。适用于研磨不锈钢的磨料有：单晶刚玉（Al_2O_3）、微粒刚玉（Al_2O_3不多于TiO_2）、锆刚玉（ZrO_2不少于Al_2O_3）。

不锈钢工件在精研或抛光时，主要用金刚石磨料。氧化铬也适用于不锈钢的抛光，但其效果次于金刚石磨料。精研时，一般都采用铸铁来制造研具。

研磨软质材料工件的平面，可采用压嵌法先将磨料压入研具，并在研磨中涂以保持湿润的研磨液，做1~2次遍及研具的研磨，然后用汽油洗涤研垢，再涂入研磨液继续研磨，可收到较好的效果。

2. 硬脆材料的研磨

随着科学技术的迅速发展，采用硬质合金等高硬材料制造高强度工件的情况已越来越广泛。硬质合金、玻璃、钻石、玛瑙及陶瓷等高硬材料的研磨加工工艺，与淬火钢相比较，主要是应用的磨料不同。硬质合金等高硬材料的工件，无论粗研或半精研磨，均可采用碳化硼、碳硅硼和碳化硅磨料；精研或抛光时，可采用金刚石粉或金刚石研磨膏。抛光玻璃件的磨料，可采用氧化铁和氧化铈，其中氧化铈比氧化铁的效果要好。

第二节 装配与调整

→ 掌握机床液压系统的安装及调试
→ 掌握机床液压系统的疑难故障及排除方法
→ 掌握数控机床主传动系统的常见故障及排除方法

一、机床液压系统的安装

机床液压系统由各种液压元件组成，各液压元件分布在机床的各个部位，它们之间用油管、管接头等零件连接成一个完整的液压系统。因此，液压系统安装是否可靠、合理和整齐等对系统的工作性能有着直接的影响。

1. 液压系统安装前的准备工作

（1）对各液压元件进行校验，有条件者可在相应的液压元件试验台上进行，没有试验台的可在机床试车时综合校验。

（2）对于系统中所用的仪器仪表（如压力表等）应严格调试，使其灵敏、准确、可靠，避免试车时指示不准确，甚至发生事故。

（3）检查各密封件是否完好，如不符合要求应更换。

（4）仔细检查所用油管是否有缺陷。

（5）在安装前必须将待安装的油管进行清洗，一般用20％硫酸或盐酸溶液进行酸洗，再用温水清洗，然后干燥。

（6）在安装各种泵和阀时，应注意进、回油口方位，如安装错误，将使系统动作失灵，甚至发生事故。

（7）液压泵和电动机柔性连接时，其同轴度应在0.1 mm以内，倾斜角不得大于1°（刚性连接时，其同轴度应小于0.05 mm）。否则，会引起噪声、发热，降低使用寿命等。

（8）安装前后均应检查各控制阀的滑阀（转阀）移动（转动）是否灵活。若出现呆滞现象，应检查接触面是否有脏物及接触面的直线度，若直线度不好，应修磨或研磨修整。

2. 压力管路的安装和要求

（1）平行或交叉的管子之间及管子和设备主体之间要相距10 mm以上，以防止互相干涉及振动时引起敲击。

（2）管子安装应牢靠，连接处要拧紧。在振动处可加阻尼，用以减振或消振，可用木块、硬橡胶等衬垫。

（3）对于细长油管应用管夹固定牢靠。

（4）管道安装要求尽量短，布管整齐，直角拐弯少，其目的是为了美观和减少沿程压力损失，检修时也方便。

(5) 对于较复杂的油路系统，在管道安装时为避免装错，可着色或编号加以区分。

3. 进油管道的安装和要求

(1) 进油管与泵进油口连接处应密封良好，以免进入空气，影响工作性能。

(2) 泵的进油高度对各种泵有不同的要求，一般不得大于 500 mm，若太高，就会造成进油困难，产生空穴现象。

(3) 一般进油管处应设置滤油器，滤油器的过滤精度一般为 80～180 μm（齿轮泵约为 180 μm，叶片泵约为 150 μm，要求较高的精密机床例外），通油面积应大于泵的 3 倍以上。

4. 回油管道的安装和要求

(1) 回油管应伸至油池油面以下（但不能贴近底面），以防止飞溅形成气泡。

(2) 回油管和进油管尽可能隔开或相距远一些。

(3) 回油管伸入油池中的一端管口应切成 45°的斜面，并朝箱壁，使回油不致直冲箱底。

(4) 溢流阀的回油管不许和泵的入口连通，要单独接回油池或与冷却器连接，若与泵的入口连接，将引起油温升高。

(5) 凡具有外部泄漏的阀，如减压阀、直控顺序阀等，其泄油口与回油管连通时，不许有背压，否则应单独接油池。

5. 机床液压系统的清洗

液压系统安装好后，为了确保液压系统正常循环，在进入试车阶段之前，必须对内部进行清洗。

(1) 清洗采用清洗油（可选用温度为 38℃时黏度为 20×10^6 m²/s 的透平油），将油温加热到 50～80℃对油管内的橡胶、污物等的去除效果则更好。

(2) 清洗工作以主系统为主，清洗前溢流阀及其他液压阀的排油回路要将阀的入口处临时切断，而将主回路连接临时通路，并使换向阀作一次换向，进行自动循环。

(3) 在主回路的回油管处临时接一回油滤油器，其过滤精度为 80～100 目网式滤油器，以便滤出主系统的杂质和异物，尽量保持油箱的干净。

(4) 清洗时最好一边清洗一边振动，轻敲油管，通常清洗时间为 1～2 h。

(5) 对于较复杂的液压系统可分区域对各部分进行清洗。

(6) 清洗后必须将清洗油尽可能排除干净，防止清洗油混入新液压油中，以免引起液压油变质，影响液压油的使用寿命。

(7) 清洗后要清洗油箱、油池，并进行全面检查，符合要求后，将清洗回路恢复到原正常系统。

二、机床液压系统的调试

在调试前，首先应弄懂液压系统的工作原理，熟悉系统的各种操作和调节手柄的位置及旋向等，并检查各液压元件的连接是否可靠，液压泵的转向、进出油口是否正确，油箱中是否有足够的油液等。检查无问题时，方可进行空载试车。

试车时应先启动液压泵，检查在卸荷状态下的运转。正常后，即可使其在工作状态下运转。液压泵运转正常后，可调节压力控制元件。首先调整系统压力，在调整溢流阀时，从压力为零开始，逐步提高压力使其达到规定压力值。然后调整各回路的压力阀，主回油路的安全溢流阀的调定压力，一般大于所需压力的10%～20%；快速行程泵的压力阀的调定压力，一般大于压力的10%～20%。压力继电器的调定压力一般应低于供油压力的0.3～0.5 MPa；卸荷压力一般应小于0.1～0.2 MPa，如果用它供给控制油路或润滑油路时，则压力应保持在0.3～0.6 MPa。流量控制阀的调整，应逐步关小流量阀，检查执行元件能否达到规定的最低速度及平稳性，然后按其工作要求的速度来调整。其后调整自动工作循环和顺序动作，检查各动作的协调性和顺序动作的正确性，检查启动、换向和速度换接的平稳性。同时还应检查各液压元件及管路是否泄漏及有无其他异常现象。

空载试车正常后，即可进行负载试车。为避免设备损坏事故，一般应先低负载试车，如正常，则可在额定负载下试车。负载试车时，应检查系统是否能完成预定的工作要求，运转性能是否良好，有无振动、噪声、爬行和油液温升等不正常现象。最后检查过滤器的滤芯，如无异常，设备即可投入正式使用。

三、液压系统的维护保养

在液压系统工作时，经常性的维护保养工作是十分重要的，其具体项目、检修周期及检修方法可参见表7—1。

表7—1　　　　　　　　　液压系统的检修周期及方法

检修项目	周期	检修方法
泵的声音异常	1次/日	听检。检查油中是否混入空气、滤网堵塞及异常磨损等
油温	1次/日	测试后与规定温度比较
联轴器声音	1次/日	听检。检查异常磨损及同轴度变化
泵的吸入真空度	1次/3个月	靠近吸油管处装接真空表，并检查过滤器是否堵塞
泵壳温度	1次/3个月	检查内部机件磨损，轴承是否烧坏
每个周期压力值	1次/6个月	检查各压力阀、方向阀和执行元件的泄漏及堵塞
液压机构运动速度	1次/6个月	若明显降低，检查泵的流量和各元件的泄漏
油封漏油	1次/6个月	检查各元件、管道、泵和缸等的密封处是否漏油
联轴器磨损	1次/年	检查磨损情况
校正压力计、温度计和计时计	1次/年	与校正仪表比较进行校正

四、液压系统常见故障及排除方法

现将液压系统常见故障及排除方法列于表 7—2 至表 7—11，可供参考。

表 7—2　　　　　　　　　　溢流阀的故障及排除

故　　障	原　　因	排 除 方 法
压力不稳定，压力波动	弹簧弯曲、弹簧太软 锥阀（球阀）与阀座接触不好 滑阀拉毛或弯曲变形 油液不清洁，堵塞阻尼孔	更换弹簧 修理阀座 修磨滑阀或更换滑阀 清洗滑阀
溢流阀振动	螺母松动 压力弹簧变形 滑阀配合过紧	拧紧螺母 更换弹簧 修理滑阀
调整无效	弹簧断裂或漏装 滑阀卡死 锥阀漏装 阻尼孔堵塞 进出油口接反	更换弹簧或补偿 检查，修理 检查补装 检查清洗 检查更正

表 7—3　　　　　　　　　　换向阀的故障及排除

故　　障	原　　因	排 除 方 法
换向阀不换向	电磁铁损坏或力量不足 滑阀拉毛或卡死 有中间位置的阀的弹簧力超过电磁铁吸力或弹簧折断 滑阀摩擦力过大	更换电磁铁 清洗、修理滑阀 更换弹簧 检查滑阀配合及两端密封阻力
电磁铁过热或烧坏	线圈绝缘不良 电磁铁铁心吸不紧 电压不对 电极焊接不好	更换电磁铁 检查电压和铁心是否被卡 调整电压 重新焊接

表 7—4　　　　　　　　　　齿轮泵的故障及排除

故　　障	原　　因	排 除 方 法
噪声及压力不稳定	液压泵吸空 泵体、泵盖间密封不严 轴端塞子密封不严 卸荷槽开的尺寸小，位置不当 齿轮精度低	见表 7—6 泵体、泵盖间修理或更换纸垫 采用塑料塞子，拧紧 更换盖板，修卸荷槽 对研齿轮
输油量不足	轴向间隙大 径向间隙大	修配，保证轴向间隙在 0.04～0.06 mm 更换泵体或齿轮

续表

故 障	原 因	排 除 方 法
轴端密封塞子蹦出来	泵中轴向回油孔堵塞	清洗污物，重新压入塞子
液压泵咬死	油液太脏，液压泵过载 溢流阀失灵 联轴器不同心	检查换油，换泵或修理该泵 修理、更换溢流阀 调整联轴器同心度小于 0.1 mm
装配后转动时松时开	端盖与轴不垂直 螺纹孔位置不正 齿轮有毛刺	检查调整，重新装配

表 7—5　　　　　　　　叶片泵的故障及排除

故 障	原 因	排 除 方 法
吸不上油	液压泵吸空 叶片在转子槽内粘住、卡死 电动机反转	见表 7—6 检修叶片，叶片在转子槽内灵活运动，间隙为 0.015～0.02 mm 检查电动机接线并调整
输油量不足，输出压力升不高	吸入空气 滤油器堵塞 个别叶片移动不灵活 轴向间隙大 溢流阀失灵 系统漏油	见表 7—6 及时清洗 检修叶片，使其均能灵活运动 检查轴向间隙，使稀油（含 80 煤油）间隙为 0.005 mm 左右 修理、更换溢流阀 检查排除
产生噪声	液压泵吸空 个别叶片在转子内卡住 吸油过滤器容量小 液压泵困油	见表 7—6 检修叶片 增加过滤器容量 修配流盘三角槽以消除困油

表 7—6　　　　　　系统产生噪声的原因及其排除方法

故 障	原 因	排 除 方 法
液压泵吸空引起连续不断的"嗡嗡"声并伴随杂声	液压泵本身或其进油管密封不良、漏气 油箱油量不足 液压泵进油管口过滤器堵塞 油箱不透空气 油液黏度过大	拧紧泵的连接螺栓及管路各管螺母 将油箱油量加到油标处 清洗过滤器 清洗空气滤清器 油液黏度应合适
液压故障造成杂声	轴向间隙因磨损而增大，输油量不足 泵内轴承、叶片等元件损坏或精度变差	修磨轴向间隙 拆开检修并更换已损坏零件

续表

故　　障	原　　因	排　除　方　法
控制阀处发出有规律或无规律的"吱嗡"的刺耳响声	调压弹簧永久变形、扭曲或损坏	更换弹簧
	阀座磨损、密封不良	修理阀座
	阀芯拉毛、变形、移动不灵活甚至卡死	修理阀芯、去毛刺，使阀芯移动灵活
	阻尼小孔被堵塞	清洗、疏通阻尼孔
	阀芯与阀孔配合间隙大，高、低压油互通	研磨阀孔、重配新阀芯
	阀开口小、流速高、产生空洞现象	应尽量减少进、出口压差
机械振动引起噪声	液压泵与电动机安装不同轴	重新安装或更新柔性联轴器
	油管振动或互相撞击	适当加设支承管夹
	电动机轴承磨损严重	更换电动机轴承
液压冲击声	液压缸装置失灵	进行检修和调整
	背压阀调整压力变动	进行检修和调整
	电液换向阀的单向节流阀故障	调节节流螺钉、检修单向阀

表7—7　　　　系统运转不起来或压力提不高的原因及其排除方法

故障部位	原　　因	排　除　方　法
液压泵电动机	电动机线接反	调换电动机接线
	电动机功率不足，转速不够高	检查电压、电流大小，采取措施
液压泵	泵进、出油口接反	调换吸、压油管位置
	泵吸油不畅、进气	见表7—6
	泵轴向、径向间隙大	检修液压泵
	泵体缺陷造成高、低压腔互通	更换液压泵
	叶片泵叶片与定子内表面接触不良或卡死	检修叶片及修理定子内表面
	柱塞泵柱塞卡死在开口位置	检修柱塞泵
控制阀	压力阀主阀芯或锥阀芯卡死在开口位置	清洗、检修压力阀，使阀芯移动灵活
	压力阀弹簧断裂或永久变形	更换弹簧
	某阀泄漏严重，以致高、低压油路连通	检修阀，更换已损坏的密封件
	控制阀阻尼孔被堵塞	清洗、疏通阻尼孔
	控制阀的油口接反或接错	检查并纠正接错的管路
液压油	黏度过高，吸不进油或吸不足油	用指定黏度的液压油
	黏度过低，泄漏太多	用指定黏度的液压油

表 7—8　　　　　　运动部件速度达不到或不运动的原因及其排除方法

故障部位	原因	排除方法
液压泵	泵供油不足、压力不足	见表 7—6
控制阀	压力阀卡死，进、回油路连通	见表 7—2
	流量阀的节流小孔被堵塞	清洗、疏通节流孔
	互通阀卡在互通位置	检修互通阀
液压缸	装配精度或安装精度超差	检查，保证达到规定的精度
	活塞密封圈损坏，缸内泄漏严重	更换密封圈
	间隙密封的活塞、缸壁磨损过大，内泄漏多	修理缸内孔，重配新活塞
	缸盖处密封圈摩擦力过大	适当调松压盖螺钉
	活塞杆处密封圈磨损严重或损坏	调紧压盖螺钉或更换密封圈
导轨	导轨无润滑油或润滑油不足，摩擦阻力大	调节润滑油量和压力，使润滑充分
	导轨的楔铁、压板调得过紧	重新调整楔铁、压板，使松紧合适

表 7—9　　　　　　运动部件产生爬行的原因及其排除方法

故障部位	原因	排除方法
控制阀	流量阀的节流口处有污物，通油量不均匀	检修或清洗流量阀
液压缸	活塞式液压缸端盖密封圈压得太死	调整压盖螺钉（不漏油即可）
	液压缸中进入的空气未排除干净	利用排气装置排气
导轨	接触精度不好，摩擦力不均匀	检修导轨
	润滑油不足或选用不当	调节润滑油量，选用适合的润滑油
	温度高，使油黏度变小、油膜破坏	检查油温高的原因并排除

表 7—10　　　　　　运动部件换向时的故障及其排除方法

故障	原因	排除方法
换向有冲击	活塞杆与运动部件连接不牢固	检查并紧固连接螺栓
	不在缸端部换向，缓冲装置不起作用	在油路上设背压阀
	电液换向阀中的节流螺钉松动	检查、调整节流螺钉
	电液换向阀中的单向阀卡住或密封不良	检查及修理单向阀
换向冲击量大	节流阀中有污物，运动部件速度不均匀	清洗流量阀节流口
	换向阀芯移动速度变化	检查电液换向阀节流螺钉
	油温高，油的黏度下降	检查油温升高的原因并排除
	导轨润滑油量过多，运动部件"漂浮"	调节润滑油压力或流量
	系统泄漏油多，进入空气	严防泄漏，排除空气

表7—11　　　　工作循环不能正确实现的原因及其排除方法

故　障	原　因	排　除　方　法
液压回路间互相干扰	同一个泵供油的各液压缸压力、流量差别大	改用不同泵供油或用控制阀（单向阀、减压阀等）使油路互不干扰
	主油路与控制油路同一泵供油，当主油路卸荷时，控制油路压力太低	在主油路上设置控制阀，使控制油路始终有一定压力，能正常工作
控制信号不能正确发出	行程开关、压力继电器开关接触不良	检查及检修各开关接触情况
	某些元件的机械部分卡住（如弹簧）	检查有关部件的机械结构部分
控制信号不能正确执行	电压过低，弹簧过软或过硬使电磁阀失灵	检查电路的电压，检查电磁阀
	行程挡板位置不对或未紧固	检查挡块位置并将其固紧

五、数控机床主传动系统的结构原理、常见故障及排除方法

1. 数控机床主传动系统的结构原理

主传动系统是用来实现机床主运动的，它将主电动机的原动力变成可供主轴上刀具切削加工的切削力矩和切削速度。为适应各种不同的加工及各种不同的加工方法，数控机床的主传动系统应具有较大的调速范围，以保证加工时能选用合理的切削用量，同时主传动系统还需要有较高的精度及刚度并尽可能降低噪声，从而获得最佳的生产率、加工精度和表面质量。

（1）主传动系统。目前数控机床主传动系统大致可以分为以下几类：

1）电动机与主轴直连的主传动。其优点是结构紧凑，但主轴转速的变化及转矩的输出和电动机的输出特性一致，因而使用上受到一定限制，如图7—6所示。

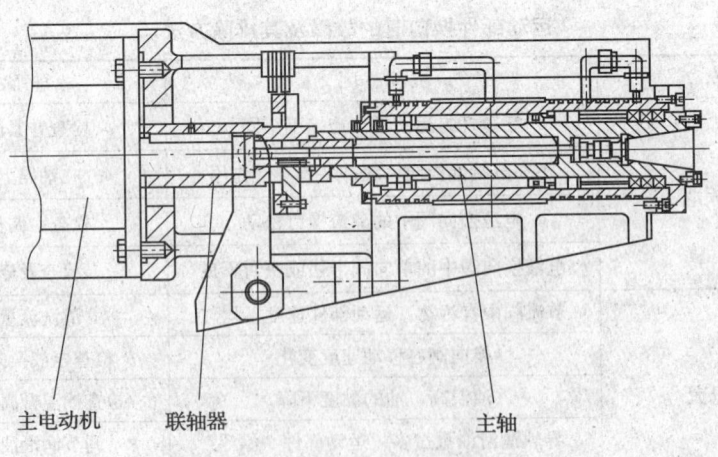

主电动机　　联轴器　　主轴

图7—6　电动机与主轴直连的主传动

2）经过一级变速的主传动。一级变速目前多用 V 带或同步带来完成，其优点是结构简单、安装调试方便，且在一定程度上能够满足转速与转矩输出要求，但主轴调速范围比仍与电动机一样，受电动机调速范围比的约束，如图 7—7 所示。

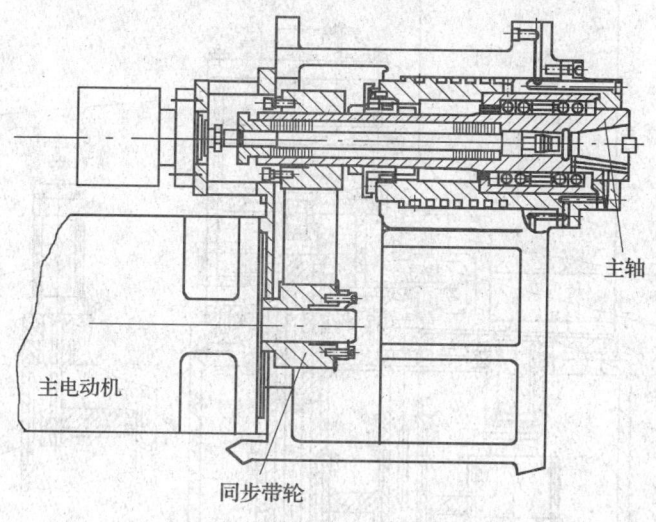

图 7—7　通过带传动的主传动

3）带有变速齿轮的主传动。这种配置方式大、中型数控机床采用较多。它通过少数几对齿轮降速，使之成为分段无级变速，确保低速大转矩，以满足主轴输出转矩特性的要求，如图 7—8 所示。

4）电主轴。电主轴通常作为现代机电一体化的功能部件，装备在高速数控机床上，其主轴部件结构紧凑，重量轻，惯量小，可提高启动、停止的响应特性，有利于控制振动和噪声，如图 7—9 所示。缺点是制造和维护困难且成本较高。电动机运转产生的热量直接影响主轴，主轴的热变形严重影响机床的加工精度，因此合理选用主轴轴承以及润滑、冷却装置十分重要。

（2）主轴部件。数控机床主轴部件是影响机床加工精度的主要部件，它的回转精度影响工件的加工精度，它的功率大小与回转速度影响加工效率，它的自动变速、准停和换刀等影响机床的自动化程度。因此，要求主轴部件具有与本机床工作性能相适应的高回转精度、刚度、抗振性、耐磨性和低的温升。在结构上，必须很好地解决刀具和工具的装夹、轴承的配置、轴承间隙调整和润滑密封等问题。

主轴的结构根据数控机床的规格、精度采用不同的主轴轴承。一般中小规格数控机床的主轴部件多采用成组高精度滚动轴承，重型数控机床则采用液体静压轴承，高速主轴常采用氮化硅材料的陶瓷滚动轴承。

1）主轴轴承的配置形式。加工中心的主轴轴承一般采用 2 个或 3 个角接触球轴承组成，或用角接触球轴承与圆柱滚子轴承组成，这种轴承经过预紧后可得到较高的刚度。当要求有很大刚度时，则采用圆柱滚子轴承和双向推力球轴承的组合。常用的加工中心主轴支承的典型结构有以下 3 种：

①前后支承用双列圆柱滚子轴承来承受径向负荷，用安装在主轴前端的双向角接触

球轴承来承受轴向负荷。这种结构刚度较好，能进行强力切削，适用于中等转速的机床。

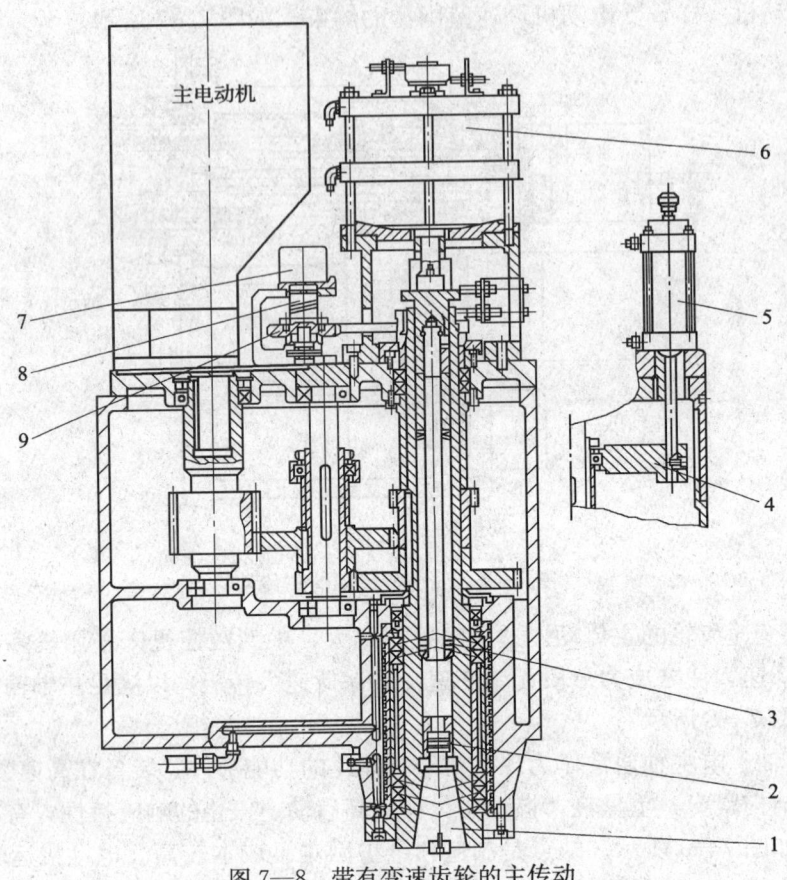

图 7—8　带有变速齿轮的主传动
1—主轴　2—弹簧夹头　3—碟形弹簧　4—拨叉　5—变速液压缸
6—松刀气缸　7—编码器　8—联轴器　9—同步带轮

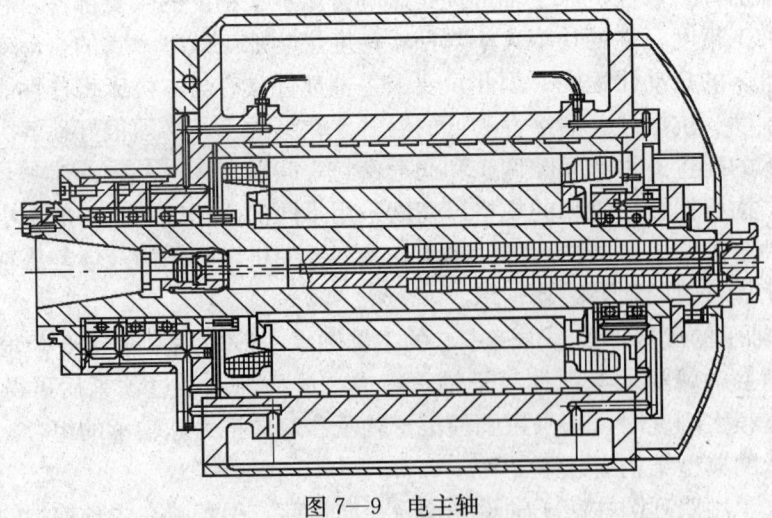

图 7—9　电主轴

②前支承用角接触球轴承，背靠背安装，以2~3个轴承为一套，用以承受轴向和径向负荷；后支承用圆柱滚子轴承。这种结构适应较高转速、较重切削负荷，主轴精度较高，但所承受轴向负载较前一种结构小。

③前后支承都采用成组角接触球轴承，承受轴向和径向负荷。这种结构适应高转速、中等切削负荷的数控机床。使用角接触球轴承，采用脂润滑，其极限 dn 值达 80×10^4；如采用油气润滑或喷油润滑，则转速可进一步提高。目前高速主轴多数采用陶瓷滚动轴承，在脂润滑情况下 dn 值可达 120×10^4（d 为轴承平均直径，单位为 mm，n 为轴承每分钟转数）。

2）主轴内刀具的自动夹紧和切屑的清除装置。在自动换刀机床的刀具自动夹紧装置中，刀杆常采用 7∶24 的大锥度锥柄，既利于定心，也为松刀带来方便。用碟形弹簧通过拉杆及夹头拉住刀柄的尾部，使刀具锥柄和主轴锥孔紧密配合，夹紧力达 10 000 N 以上。松刀时，通过液压缸活塞推动拉杆来压缩碟形弹簧，使夹头胀开，夹头与刀柄上的拉钉脱离，刀具即可拔出进行新旧刀具的交换。新刀装入后，液压缸活塞后移，新刀具又被碟形弹簧拉紧。在活塞推动拉杆松开刀柄的过程中，压缩空气由喷气头经过活塞中心孔和拉杆中的孔吹出，将锥孔清理干净，防止主轴锥孔中掉入切屑和灰尘，把主轴孔表面和刀杆的锥柄划伤，保证刀具的正确位置。

3）主轴准停装置。数控机床为了完成 ATC（刀具自动交换）的动作过程，必须设置主轴准停机构。由于刀具装在主轴上，切削时切削转矩不可能仅靠锥孔的摩擦力来传递，因此在主轴前端设置一个突键，当刀具装入主轴时，刀柄上的键槽必须与突键对准，才能顺利换刀。为此，主轴必须准确停在某固定的角度上。由此可知主轴准停是实现 ATC 过程的重要环节。

通常主轴准停机构有两种方式，即机械式与电气式。

机械方式采用机械凸轮机构或光电盘方式进行粗定位，然后由一个液动或气动的定位销插入主轴上的销孔或销槽实现精确定位，完成换刀后定位销退出，主轴才开始旋转。采用这种传统方法定位，结构复杂，在早期数控机床上使用较多。

现代数控机床采用电气方式定位较多。电气方式定位一般有以下两种方式。

一种是用磁性传感器检测定位，这种方法如图7—10所示，在主轴上安装一个发磁体与主轴一起旋转，在距离磁体旋转外轨迹 1~2 mm 处固定一个磁传感器，它经过放大器并与主轴控制单元相连接，当主轴需要定向时，便可停止在调整好的位置上。

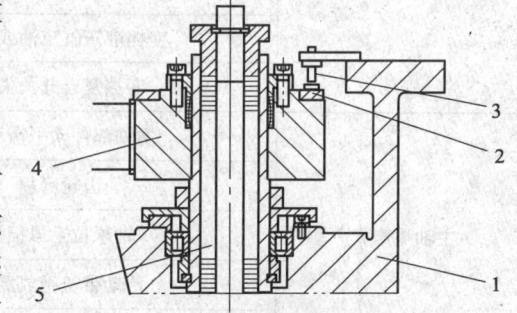

图7—10 磁性传感器主轴准停结构
1—主轴箱体 2—发磁体
3—磁传感器 4—带轮 5—主轴

另一种是用位置编码器检测定位，这种方法是通过主轴电动机内置安装的位置编码器或在机床主轴箱上安装一个与主轴 1∶1 同步旋转的位置编码器来实现准停控制，准停角度可任意设定，如图7—8所示。

2. 主传动系统的常见故障及排除方法（见表7—12）

表 7—12　　　　　主传动系统的常见故障及排除方法

故　　障	原　　因	排除方法
主轴发热	主轴轴承预紧力过大	调整预紧力
	轴承研伤或损坏	更换新轴承
	润滑油脏或有杂质	清洗主轴箱，重新换油
	轴承润滑油脂耗尽或润滑油脂过多	涂抹润滑脂，每个轴承 3 mL
主轴在强力切削时停转	电动机与主轴连接的传动带过松	张紧传动带
	传动带表面有油	用汽油清洗后擦干净
	传动带使用过久而失效	更换新带
	摩擦离合器调整过松或磨损	调整离合器，修磨或更换摩擦片
刀具不能夹紧	碟形弹簧位移量太小	调整碟形弹簧行程长度
	弹簧夹头损坏	更换新弹簧夹头
	碟形弹簧失效	更换新碟形弹簧
	刀柄上拉钉过长	更换拉钉并正确安装
刀具夹紧后不能松开	松刀液压缸压力和行程不够	调整液压缸压力和行程开关位置
	碟形弹簧压合过紧	调整碟形弹簧上螺母，减小弹簧压合量
主轴无变速	变挡液压缸压力不足	检测工作压力，若低于额定压力，应调整
	变挡液压缸研损或卡死	修去毛刺和研伤，清洗后重装
	变挡电磁阀卡死	检修电磁阀并清洗
	变挡液压缸拨叉脱落	修复或更换
	变挡液压缸窜油或内泄	更换密封圈
	变挡复合开关失灵	更换新开关
主轴噪声大	主轴部件动平衡不良	重做动平衡
	齿轮磨损	修理或更换齿轮
	轴承拉毛或损坏	更换轴承
	传动带松弛或磨损	调整或更换传动带
	润滑不良	调整润滑油量，保证主轴箱清洁度

六、进给系统的常见故障及排除方法

1. 滚珠丝杠副

(1) 滚珠丝杠副在高速数控机床上的应用。高速加工是面向 21 世纪的一项高新技术，它以高效率、高精度和高表面质量为基本特征，在航天航空、汽车工业、模具制造、光电工程和仪器仪表等行业中获得了越来越广泛的应用，并已取得了重大的技术经济效益，是当代先进制造技术的重要组成部分。为了实现高速加工，首先要有高速数控机床。高速数控机床必须同时具有高速主轴系统和高速进给系统，才能实现材料切削过程的高速化。为了实现高速进给，国内外有关制造厂商不断采取措施，提高滚珠丝杠的高速性能。主要措施有：

1) 适当加大丝杠的转速、导程和螺纹线数。目前常用大导程滚珠丝杠名义直径与导程的匹配为：40 mm×20 mm，50 mm×25 mm，50 mm×30 mm 等，其进给速度均可达到 60 m/min 以上。为了提高滚珠丝杠的刚度和承载能力，大导程滚珠丝杠一般采用双线螺纹，以提高滚珠的有效承载圈数。

2) 改进结构，提高滚珠运动的流畅性。改进滚珠循环反向装置，优化回珠槽的曲线参数，采用三维造型的导珠管和回珠器，真正做到沿着内螺纹的导程角方向将滚珠引进螺母体中，使滚珠运动的方向与滚道相切而不是相交。这样可把冲击损耗和噪声减至最小。

3) 采用"空心强冷"技术。高速滚珠丝杠在运行时由于摩擦产生高温，造成丝杠的热变形，直接影响高速机床的加工精度。采用"空心强冷"技术，就是将恒温切削液通入空心丝杠的孔中，对滚珠丝杠进行强制冷却，保持滚珠副温度的恒定。这个措施是提高中、大型滚珠丝杠高速性能和工作精度的有效途径。

4) 对于大行程的高速进给系统，可采用丝杠固定、螺母旋转的传动方式。此时，螺母一边转动、一边沿固定的丝杠做轴向移动，由于丝杠不动，可避免受临界转速的限制，避免了细长滚珠丝杠高速运转时出现的种种问题。螺母惯性小、运动灵活，可实现的转速高。

5) 进一步提高滚珠丝杠的制造质量。通过采用上述种种措施后，可在一定程度上克服传统滚珠丝杠存在的一些问题。日本和瑞士在滚珠丝杠高速化方面一直处于国际领先地位，其最大快速移动速度可达 60 m/min，个别情况下甚至可达 90 m/min，加速度可达 15 m/s²。由于滚珠丝杠历史悠久、工艺成熟、应用广泛、成本较低，因此在中等载荷、进给速度要求并不十分高、行程范围不太大（小于 4~5 m）的一般高速加工中心和其他经济型高速数控机床上仍然经常被采用。

（2）滚珠丝杠副常见故障及排除方法。滚珠丝杠副常见故障及排除方法见表7—13。

表 7—13　　　　　　　　　滚珠丝杠副的常见故障及排除方法

故障	原因	排除方法
滚珠丝杠副有噪声	丝杠支撑轴承的压盖压合情况不好	调整轴承压盖，使其压紧轴承端面
	丝杠支撑轴承可能破裂	如轴承破损，更换新轴承
	电动机与丝杠联轴器松动	拧紧联轴器锁紧螺钉
	丝杠润滑不良	改善润滑条件，使润滑油量充足
	滚珠丝杠副滚珠有破损	更换新滚珠

续表

故　障	原　因	排除方法
滚珠丝杠运动不灵活	轴向预加载荷太大	调整轴向间隙和预加载荷
	丝杠与导轨不平行	调整丝杠支座位置，使丝杠与导轨平行
	螺母轴线与导轨不平行	调整螺母座的位置
	丝杠弯曲变形	调整丝杠
滚珠丝杠润滑状况不良	检查各丝杠副润滑	用润滑脂润滑的丝杠，需移动工作台，取下罩套，涂上润滑脂

2. 导轨副

导轨副是数控机床的重要部件之一，它在很大程度上决定数控机床的刚度、精度和精度保持性。

数控机床导轨必须具有较高的导向精度、高刚度、高耐磨性，机床在高速进给时不振动、低速进给时不爬行等特性，其常见故障及排除方法见表 7—14。

表 7—14　　　　　　　　导轨副的常见故障及排除方法

故　障	原　因	排除方法
导轨研伤	机床经长时间使用，地基与床身水平度有变化，使导轨局部单位面积负荷过大	定期进行床身导轨的水平度调整，或修复导轨精度
	长期加工短工件或承受过分集中的负荷，使导轨局部磨损严重	注意合理分布短工件的安装位置，避免负荷过分集中
	导轨润滑不良	调整导轨润滑油量，保证润滑油压力
	导轨材质不佳	采用电镀加热自冷淬火对导轨进行处理，导轨上增加锌铝铜合金板，以改善摩擦情况
	刮研质量不符合要求	提高刮研修复的质量
	机床维护不良，导轨里落入脏物	加强机床保养，保护好导轨防护装置
导轨上移动部件运动不良或不能移动	导轨面研伤	用 180 号砂布修磨机床与导轨面的研伤
	导轨压板研伤	卸下压板，调整压板与导轨间隙
	导轨镶条与导轨间隙太小，调得太紧	松开镶条防松螺钉，调整镶条螺栓，使运动部件运动灵活，保证 0.03 mm 的塞尺不得塞入，然后锁紧防松螺钉
加工面在接刀处不平	导轨直线度超差	调整或修刮导轨，允差 0.015 mm/500 mm
	工作台镶条松动或镶条弯度太大	调整镶条间隙，镶条弯度在自然状态下小于 0.05 mm/全长
	机床水平度差，使导轨发生弯曲	调整机床安装水平度，保证平行度、垂直度在 0.02 mm/1 000 mm 之内

单元考核要点

考核类别	考核范围	考 核 点	重要程度
理论知识鉴定考核要点	研磨	螺纹环规的研磨	★★
		丝杆的研磨	★★★
		特殊材料工件的研磨	★
	装配与调整	机床液压系统的安装	★★★
		机床液压系统的调试	★★★
		液压系统的维护保养	★★
		液压系统常见故障及排除方法	★★★
操作技能鉴定考核要点	研磨	掌握螺纹环规和丝杆的研磨方法	★★★
		掌握特殊材料工件的研磨方法	★★★
	装配与调整	液压系统安装前的准备工作	★
		压力管路的安装和要求	★★
		进油管道的安装和要求	★★
		机床液压系统的调试	★★★
		液压系统的维护保养	★★
		掌握液压系统常见故障及排除方法	★★★
		数控机床主传动系统和进给系统的常见故障及排除方法	★★★

单元测试题

一、填空题（请将正确的答案填在横线空白处）

1. M5 以下的环规研具，材料用_____；M6 以上的环规研具，材料用_____。
2. 细牙螺纹环规在研磨前，首先应清除_____。
3. 大规格的粗牙螺纹环规，一般都采用_____直接磨削，不再进行研磨和抛光。
4. 在生产中，丝杆的研磨有一定难度，关键在于_____的制造。
5. 研磨丝杆时，通过人手赋予螺纹研套进退一个反向的作用力，使双方的_____始终从单面保持贴合。
6. 金刚石研磨剂对_____和其他材料制件，无论是用于研磨或抛光，都能收到极好的效果。

7. 硬质合金等高硬材料工件的研磨，均可采用碳化硼、碳硅硼和_____磨料。

8. 机床液压系统由各种液压元件组成，它们之间用_____等零件连接成一个完整的液压系统。

9. 压力管路的安装要求中，对平行或交叉的管子之间及管子和设备主体之间，要相距_____以上。

10. 凡具有外部泄漏的阀，其泄油口与回油管连通时，不许有_____，否则应单独接油池。

11. 为避免设备的损坏，一般在进行负载试车时，应先试车_____。

12. 泵声音异常的检查方法是：听检，检查油中是否混入空气、_____及异常磨损等。

13. 齿轮泵的输油量不足主要原因是_____。

14. 液压泵吸空引起连续不断的"嗡嗡"声并伴随杂声，造成的原因有可能是液压泵本身或其进油管密封_____、_____等。

15. 运动部件产生爬行如果是控制阀的因素，则可能存在的问题是：流量阀的节流口处有污物，_____不均匀。

16. 主传动系统是用来实现机床_____的，它将主电动机的原动力变成可供主轴上刀具切削加工的切削力矩和切削速度。

17. 电主轴通常作为现代机电一体化的_____，装备在高速数控机床上。

18. 数控机床为了完成 ATC（刀具自动交换）的动作过程，必须设置主轴_____。

二、单项选择题（下列每题的选项中，只有1个是正确的，请将其代号填在横线空白处）

1. 螺纹环规经研磨后还需要_____。
    A. 抛光   B. 电镀   C. 热处理   D. 机加工

2. M5以下的环规研具，材料用_____。
    A. 工具钢   B. 15~20钢   C. 45钢   D. 合金钢

3. 大规格的粗牙螺纹环规，一般都采用_____直接磨削。
    A. 普通磨床 B. 研磨   C. 抛光   D. 螺纹磨床

4. 数控机床导轨必须具有较高的_____，机床在高速进给时不振动、低速进给时不爬行等特性。
    A. 高强度、高硬度、高耐磨性
    B. 导向精度、高刚度、高耐磨性
    C. 平行度、高耐磨性、高硬度
    D. 高强度、高硬度、高尺寸精度

5. 机床液压系统由各种液压元件组成，各液压元件分布在机床的各个部位，它们之间用油管、_____等零件连接成一个完整的液压系统。
    A. 管接头   B. 阀类   C. 液压泵   D. 运行机构

三、判断题（下列判断正确的请打"√"，错误的打"×"）

1. 螺纹环规成套的研具由两根不同螺纹中径的螺纹杆组成。（ ）
2. 金刚石研磨剂对铜和其他材料制件，无论是用于研磨或抛光，都能收到极好的效果。（ ）
3. 在安装前必须将待安装的油管进行清洗，一般用40％硫酸或盐酸溶液进行酸洗，再用温水清洗，然后干燥。（ ）
4. 泵的进油高度对各种泵有不同的要求，一般不得大于1 000 mm，若太高，就会造成进油困难，产生空穴现象。（ ）
5. 溢流阀的回油管不许和泵的入口连通，要单独接回油池或与冷却器连接，若与泵的入口连接，将引起油温升高。（ ）
6. 液压系统的清洗，一般采用清洗油，将油温加热到50～200℃对油管内的橡胶、污物等的去除效果则更好。（ ）
7. 液压系统在调试前，首先应弄懂液压系统的工作原理，熟悉系统的各种操作和调节手柄的位置及旋向等。（ ）
8. 液压系统泵在进行吸入真空度检查时，应在远离吸油管处装接真空表，并检查过滤器是否堵塞。（ ）
9. 液压系统中，造成溢流阀振动的原因可能是螺母松动、压力弹簧变形或滑阀配合过紧。（ ）
10. 运动部件速度达不到或不运动，当检查为控制阀造成时，存在的因素可能是：压力阀卡死，进、回油路连通，流量阀的节流小孔被堵塞，互通阀卡在互通位置。（ ）
11. 加工中心的主轴轴承一般采用一个或两个角接触球轴承组成。（ ）
12. 主传动系统的主轴发热的原因，有可能是主轴轴承预紧力过大。（ ）
13. 为了提高滚珠丝杠的高速性能而采取的措施，其中有适当加大丝杠的转速、导程和螺纹线数。（ ）
14. 滚珠丝杠副产生噪声的因素，可能是螺母轴线与导轨不平行。（ ）
15. 导轨上移动部件运动不良或不能移动的原因，可能是导轨镶条与导轨间隙太小，调得太紧。（ ）

四、简答题

1. 简述细牙螺纹环规的研磨方法。
2. 研磨软质材料工件通常采用什么方法？
3. 机床液压系统在空载试车调试前，应注意和掌握哪些方面？
4. 试述液压系统的维护保养检修项目、周期及方法。
5. 液压系统常见故障中，当出现压力不稳定、压力波动时，试分析原因及修理方法。

五、技能题

题目：六方定位组合配合
1. 考件图样（见图7—11～图7—15）

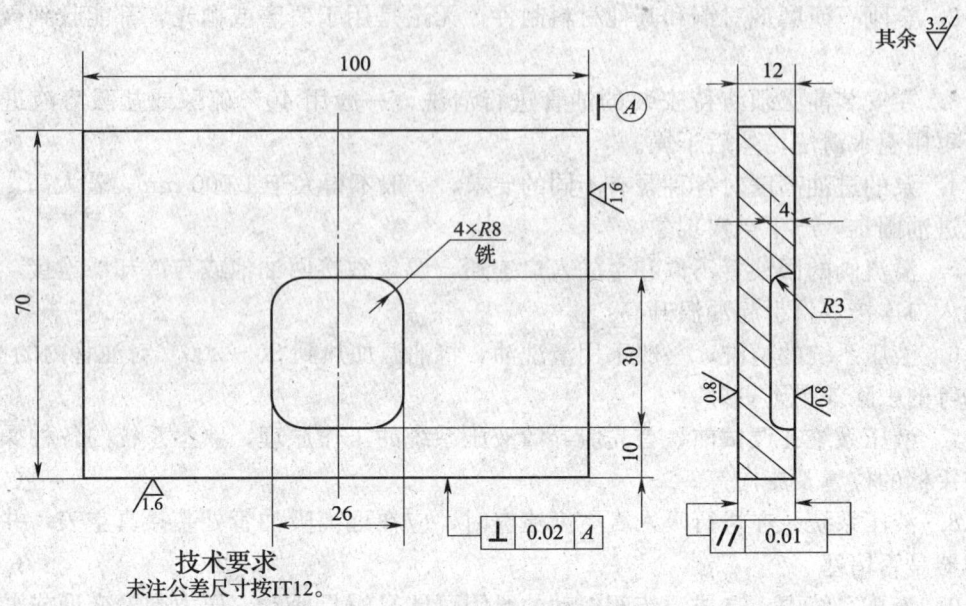

图 7—11 六方定位组合毛坯图 1

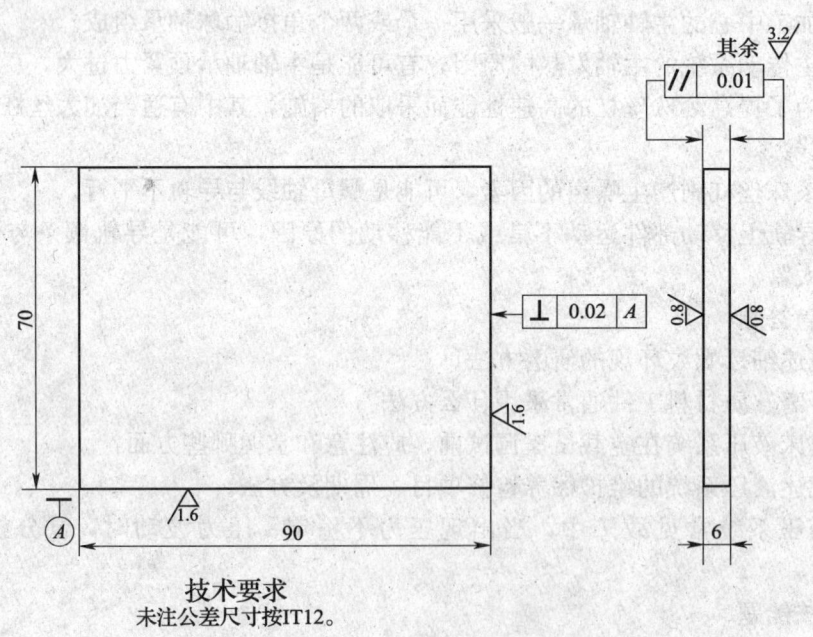

图 7—12 六方定位组合毛坯图 2

2. 操作要求

(1) 熟悉考件图样。

(2) 检查毛坯是否与考件符合。

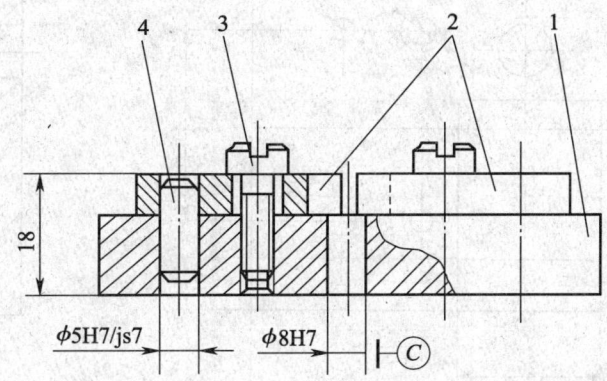

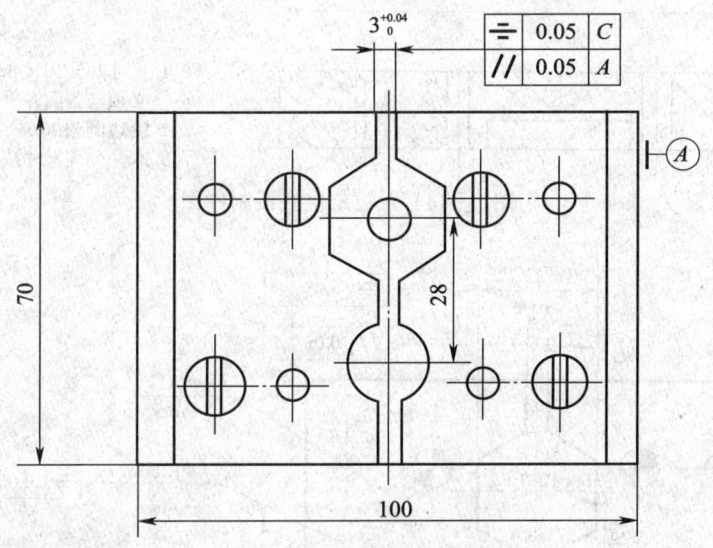

图7—13 六方定位组合装配图
1—底板 2—左、右板 3—螺钉 4—圆柱销

(3) 工具、量具、夹具的准备。

(4) 设备的检查（主要是电气和机械传动部分）。

(5) 划线及划线工具的准备。

(6) 安全文明生产要求。

3. 操作时限

6 h。

4. 技术标准

(1) 采用锯、锉、钻、铰的方法制作，加工后应达到图样要求的尺寸公差。对称度

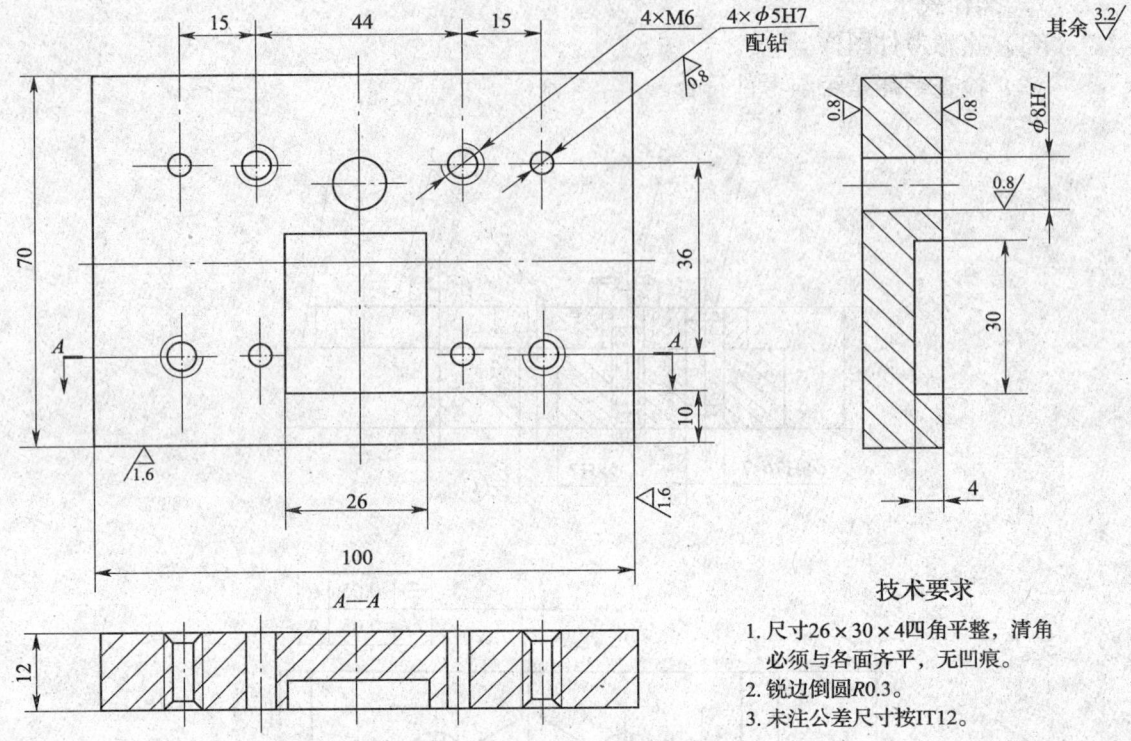

图 7—14 六方定位底板制件图

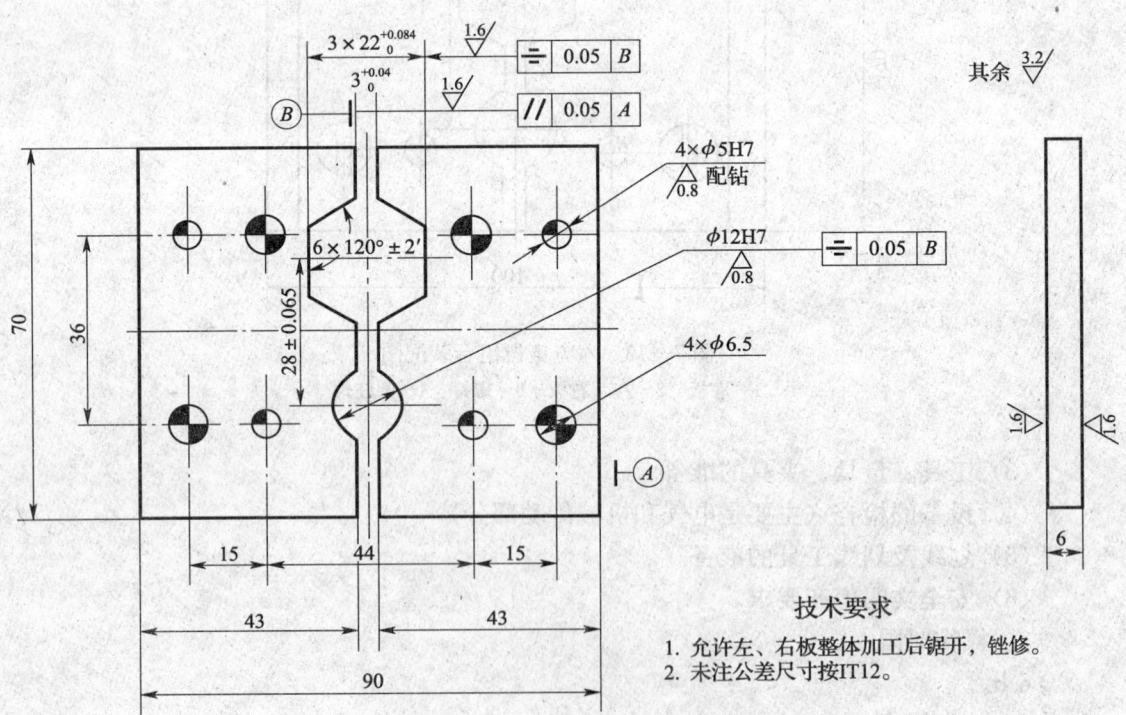

图 7—15 六方定位左、右板组合图

公差 0.05 mm，平行度公差 0.05 mm；锉削表面粗糙度为 $R_a1.6\ \mu m$，铰孔表面粗糙度为 $R_a0.8\ \mu m$，其他 $R_a3.2\ \mu m$。

（2）正确执行安全技术操作规程。

（3）应按企业有关文明生产的规定，做到工作场地整洁，工件、工具、量具等摆放整齐。

5. 评分表

序号	考核要求	配分	评分标准	检测结果	扣分	得分
1	$\phi 8H7$，$R_a0.8\ \mu m$	8	超差不得分			
2	26 mm×30 mm×4 mm 四角平整，4 侧面 $R_a3.2\ \mu m$	10	超差不得分			
3	15 mm（4 处），44 mm、36 mm 各 2 处	8	超差不得分			
4	$4\times\phi 5H7$，$R_a0.8\ \mu m$	8	超差不得分			
5	$6\times 120°\pm 2'$（6 处）	12	超差不得分			
6	$3\times 22^{+0.084}_{0}$ mm，$R_a1.6\ \mu m$（6 处）	12	超差不得分			
7	$3^{+0.04}_{0}$ mm（3 处），$R_a1.6\ \mu m$（6 处）	12	超差不得分			
8	28 mm±0.065 mm	4	超差不得分			
9	$\phi 12H7$，$R_a0.8\ \mu m$	4	超差不得分			
10	// | 0.05 | A	3	超差不得分			
11	= | 0.05 | B	3	超差不得分			
12	= | 0.05 | C	6	超差不得分			
13	外观	4	超差不得分			
14	设备、工量具使用及操作中的安全要领、工作服的穿戴等	6	根据情节酌情扣分			

单元测试题答案

一、填空题

1. 15～20 钢　高磷铸铁或球墨铸铁　2. 牙底杂物　3. 螺纹磨床　4. 研具　5. 牙型　6. 铜　7. 碳化硅　8. 油管、管接头　9. 10 mm　10. 背压　11. 低负载　12. 滤网堵塞　13. 轴向间隙大　14. 不良　漏气　15. 通油量　16. 主运动　17. 功能部件　18. 准停机构

二、单项选择题
1. A   2. B   3. D   4. B   5. A
三、判断题
1. ×   2. √   3. ×   4. ×   5. √   6. ×   7. √   8. ×
9. √   10. ×   11. ×   12. √   13. √   14. ×   15. √
四、简答题（略）

单元 7

第8单元

装配质量检验

- 第一节 噪声的检测 /277
- 第二节 零件的探伤检验法 /280
- 第三节 螺纹磨床加工试件表面产生波纹的分析 /283
- 第四节 刨齿机床常见的振动、噪声、加工波纹的分析 /285

现代高速精密设备对机械噪声指标要求越来越高，这无疑提高了制造与装配精度，同时也成为技术难点。因此，了解噪声来源，掌握其测量方法对于攻克技术难点和改进制造水平十分重要。本书列举了一些降低噪声的方法，介绍了铸铁探伤检验方法，这些对于分析、解决机械装配实验试车中出现的一些疑难问题很有帮助。典型实例详见第三、第四节内容，供读者参考。

第一节 噪声的检测

→ 了解关于噪声方面的知识
→ 掌握噪声测量方法及典型机构降低噪声的途径

一、噪声的概念

所谓噪声是指会对人的心理和精神状态产生不利影响的声音。

噪声是由各种不同频率成分的声音复合而成的,产生噪声的原因很多,多数是由于机械振动和气流引起的。

正常人耳能听到的声音范围在 20~20 000 Hz。通常把低于 2 Hz 的声音称为低声,而把高于 20 kHz 的声音称为超声。噪声的频率范围在 40~10 000 Hz 之间。

声音是由振动产生的,其声波作用于物体上的压力称为声压,声压的单位是 Pa。人耳所能听到的最弱的声压为 0.000 02 Pa,人耳能听到的没有危险的最大声压为 20 Pa,因此,人耳能听到的声压范围为 0.000 02~20 Pa。另外,人耳的听觉特点为,当声压增大 10 倍时,人耳所感觉到的响度仅比原来增大 1 倍。由于以上两个原因,声学上采用另一个物理量——声压级来表示,并定义声压级为:

$$L_p = 20 \lg \frac{p}{p_0}$$

式中 L_p——声压级,dB;
p——声压,Pa;
p_0——基准声压,2×10^{-5} Pa。

声压级的单位为分贝(dB),用声压级来表示人耳能听到的声音范围就小得多了,只是在 0~120 dB 的范围。其中 0~120 dB 表示参考声压级,120 dB 为最大声压级。

以上的公式也表明,声压增大 10 倍,声压级仅增大 1 倍,与人耳的听觉特点相一致。

二、噪声的测量

噪声的测量通常使用声级计。用声级计测得的噪声是经过仪器听感修正后的声压级。仪器修正的方法有 A、B、C 三种,因此所得的结果也分为三种,并用符号予以区别,记作 dB(A)、dB(B)、dB(C),分别称为 A 声级、B 声级、C 声级。在噪声的测量评定中,一般都应用 A 声级,即 dB(A)。用声级计测量噪声的测量范围是 40~120 dB(A)。

如图 8—1 所示为 ND_1 型精密声级计,用于测量声音的声压级和声级。使用仪器上的 A、B、C 3 个计权网络分别进行测量读数，则可大致判定噪声的频率特性。

当 $L_A = L_B = L_C$，表明噪声中高频成分较突出。

当 $L_A < L_B = L_C$，表示噪声中中频成分略强。

当 $L_A < L_B < L_C$，表明噪声呈低频特性。

如图 8—2 所示为由 ND_2 型声级计和倍频程滤波器组合的测声仪，除可测量声压级外，还可用来对声音进行频谱分析。

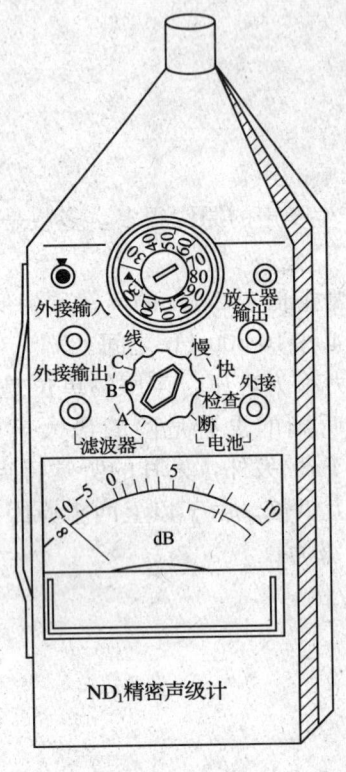
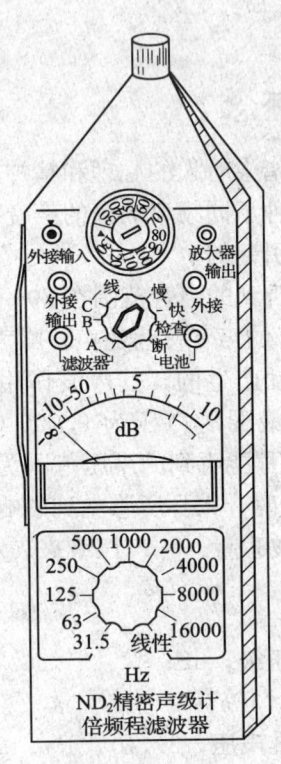

图 8—1　ND_1 型声级计外形图　　图 8—2　ND_2 型声级计和倍频程滤波器组合的测声仪外形图

测量时，应将传感器对准机器噪声的声源，其他噪声的干涉要小。一般情况下，传感器应与被测声源距离 1 m、高 1.5 m 为宜。对于噪声级极强或有危险的设备，也可取 5～10 m 为测量点。

如果从劳动保护的需要来进行测量，可把测点选在操作者的工作位置、人耳高度处。

无论做哪一类测量，在记录上都应标明测量地点，并注明测量仪器的型号，以及被测机器的工作状态。

在测量噪声时还应避开反射声的影响。因此，传感器距反射面必须在 2 m 以上。此外，还应注意风向、电磁场、振动、湿度、温度等影响，以免造成测量误差。

如图 8—3 所示为仪器附件之一的电容微声器，这是一种声电传感器。它主要由固定后极板 4 和金属膜片 3 所组成，两者互相绝缘，从而构成一个以空气为介质的电容器的两个极板。当一个直流电压加在两极板时，电容器就充电，所加电压称为极化电压。当声波作用在膜片 3 上时，膜片和后极板的距离发生周期性变化，从而引起电容量的变化，产生一定的交变电压。对于同一微声器，在极化电压等条件不变的情况下，所产生的交变电压的大小和波形则由作用的声压所决定，这样，电容微声器就将声音信号变成电信号输入声压计中。均压孔 1 用来使其与外面大气压平衡。

使用声级计时，微声器安装在声级计最前端，为使保护膜片不受损坏，故装有保护栅盖 2。

如果被测声音不是来自一个方向，为了改善微声器的全方向性，可将电容微声器的正常保护栅盖旋下，而旋上仪器附备的无规入射校正器，其外形如图 8—4 所示。

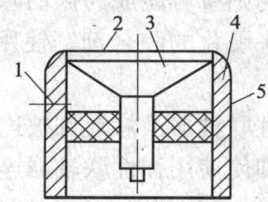
图 8—3　电容微声器
1—均压孔　2—保护栅盖　3—金属膜片
4—固定后极板　5—密封圈

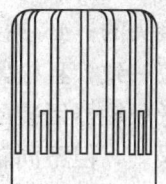
图 8—4　无规入射校正器

三、降低噪声的途径

下面以机床设备为例，介绍降低噪声的途径。

1. 机床噪声的来源

（1）机械噪声。机械噪声包括机床内各运动部件，如齿轮、滚动轴承、凸轮机构、联轴器等部件因同轴度误差等引起振动而产生的噪声；箱体、罩壳等静止部件，因受到运动部件的激振而引起振动所产生的噪声；还有刀具相对于工件运动所产生的摩擦和推动噪声。

（2）流体噪声。流体噪声包括液压系统的噪声，如液压泵、溢流阀、液压管道由于流量和压力的变化波动，液压冲击和产生空穴现象所产生的噪声，以及空气动力噪声，如电风扇、电动机转子等高速旋转件对空气的搅动而引起的噪声。

（3）电磁噪声。电磁噪声主要是由于电气元件的交变电磁力在元件空隙中相互作用产生振动而引起的噪声。

以上噪声源又相互影响，某个元件的振动往往又是另外一些元件的振动源，它们之间相互影响，往往会使噪声增大，特别是发生共振时，噪声将明显增大。

2. 降低机械噪声的几种方法

（1）降低齿轮的噪声。齿轮噪声是由于齿轮啮合时的冲击振动而引起的，减小齿轮振动噪声的一般措施有以下几个方面：

1）提高齿轮的制造精度，主要是提高齿轮的工作平稳性精度、接触精度和降低表面粗糙度值；提高齿轮的安装精度，主要是提高安装时的同轴度精度。

2) 提高齿轮的刚度，可以提高其固有频率，避免薄壁振动。当齿轮直径一定时，可以用加大齿轮的厚度来提高其刚度。

3) 保证箱体孔之间的平行度精度，保证传动轴有足够的刚度，对重要的高速齿轮采用减少以至消除轴孔和键侧的配合间隙等措施，是控制齿轮噪声外部因素的主要方面。

(2) 降低轴承噪声。通常深沟球轴承的噪声低于同级精度的圆锥滚子轴承。滚动轴承存在间隙会加大噪声。装配时，做好轴承的清洁工作，施加预加载荷，对降低轴承噪声有明显作用。

(3) 降低带传动噪声。带是有弹性的，对振动能起到吸收作用，一般情况下，用带传动对降低噪声是有利的。但是，如果带质量不均匀则有可能成为振动源。因此，平带应尽量选无接头的；必须接头时，应选用不会使接头硬化的胶合剂。使用多根 V 带时，注意其长度应一致，且松紧要适当。

(4) 降低联轴器因装配不良而产生的噪声。弹性联轴器虽然允许被连接的两轴有一定的同轴度误差，但不同轴则是振源之一。因此，即使使用弹性联轴器连接的两轴，也应从工艺上和安装时保证尽可能高的同轴度。

(5) 降低箱壁和罩壳的振动噪声。箱壁和罩壳一般有较大面积的薄壁，在其他激振力的影响下，往往引起薄壁振动，这是机床噪声的主要来源之一。增加肋板提高箱体刚度，是降低箱壁和罩壳噪声的有效方法。

封闭的齿轮箱对噪声可以起到屏蔽作用，对降低噪声相当有效。

噪声达到一定程度时，对人体健康会带来危害。为保护人体健康，噪声卫生标准为 85～90 dB（A）。在任何情况下，也不允许噪声超过 115 dB（A）。

第二节 零件的探伤检验法

 → 了解零件探伤检验的方法

对于特别重要的铸件（即安全性要求较高的铸件）需要进行内部缺陷的检验，一般采用磁粉探伤、超声波探伤以及 X 射线探伤等检测手段来进行。由于这几种检验方法均是在不损坏铸件的情况下检验其内部缺陷，故称为无损探伤试验。

无损探伤试验的费用昂贵，过度使用将会导致产品成本升高而失去竞争能力。所以，对于产品的可靠性和无损探伤的应用要权衡得失后慎用。常用的无损探伤方法有如下几种。

一、超声波探伤

声频超过 20 kHz 的声波,称为超声波。用于铸件探伤的超声波频率一般为 500 kHz~5 MHz。超声波探伤有脉冲反射法和穿透传播法。

1. 脉冲反射法

脉冲反射法是把超声波振子(探头)与被测铸件接触,使超声波在铸件中传播,当碰到缺陷时,就产生反射波,根据在阴极射线示波器上观察到的缺陷反射波,可判断出缺陷的大小和位置,如图 8—5 所示。

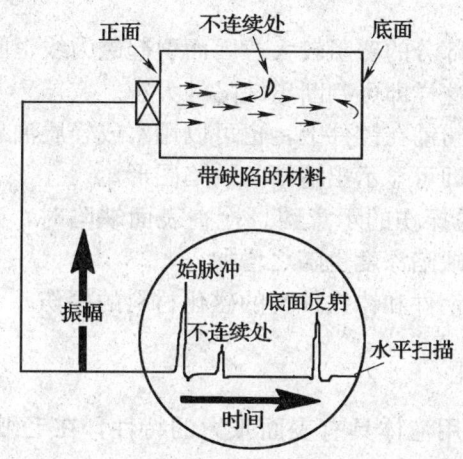

图 8—5 在脉冲回波(或反射)超声波测试中缺陷的扫描显示

2. 穿透传播法

这种方法要用两个探头,一个探头用作发射,另一个用作接收,如图 8—6 所示。接收探头和发射探头要对准,以便接收从铸件中传播过来的超声波。

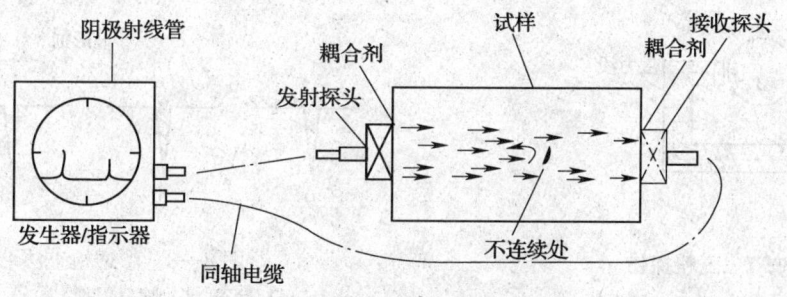

图 8—6 穿透传播法超声波测试简图

超声波探伤时,必须根据铸件材料选择相应的频率。如对大型铸钢件选 0.5~3 MHz,小型铸钢件选 1.5~5 MHz,铸铁件选 0.5~1 MHz,铝合金铸件选 1.3 MHz。

探头与铸件应紧密接触,如果中间隔有空气,则会使探伤能力变差。一般需要对探头接触的表面进行加工,并用油作耦合剂。当铸件表面较粗糙时,可用润滑脂、水玻璃等黏性好的物质作耦合剂。

二、X射线探伤

X射线探伤的原理是：当X射线穿过金属时，如果在其内部存在着孔洞或裂纹，则其对射线的吸收程度不同，穿透金属的射线强度也不同，在照相底片上可显示出缺陷的形状大小。与超声波探伤一样，X射线探伤可用于铸件内部缺陷（气孔、缩孔、夹砂、裂纹）的检验。

三、磁粉探伤

磁粉探伤是利用缺陷部分的磁阻较大，因而引起磁力线歪曲，产生漏磁通，使得均匀的磁粉在缺陷处聚集，这样即可判断出缺陷的大小。

用磁粉探伤时，将磁粉铺在铸件上，也可以用水或轻质油悬浮液铺上。使用磁粉探伤时，用紫外线灯照射，即可显示出清晰的缺陷图形。

如图8—7所示为磁粉探伤的示意图。检查表面缺陷时，磁化电流一般采用交流，增大磁化电流则可检验的缺陷深度也随之增加。

磁粉探伤只适用于铸钢件和铸铁件类的磁化材料的探伤。

四、渗透探伤

渗透探伤的原理是利用液体具有表面张力的特性，在毛细作用下能渗入到缺陷中去，再用显影剂将其吸出，即可显示出缺陷的位置。

渗透探伤如图8—8所示，渗透探伤的步骤如下：

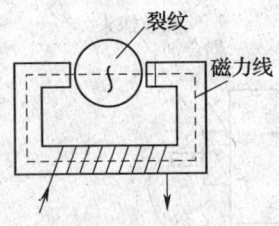

图8—7 磁粉探伤

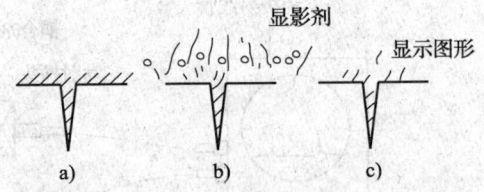

图8—8 渗透检查法
a) 渗透 b) 喷显影剂 c) 显影

1. 将被检查铸件表面清洗干净。
2. 用毛刷将渗透液（溶有颜色染料或荧光物质的油）刷到被检验表面上，放置10～30 min，让其渗透。
3. 用洗涤剂将表面的渗透液去掉。
4. 喷洒白色的显影剂，将渗透液吸出，以显示出缺陷的位置。

当铸件不适于用磁粉探伤时，则可用渗透法检查。渗透探伤只能用于非封闭型缺陷的探伤。

第三节 螺纹磨床加工试件表面产生波纹的分析

培训目标 → 了解典型装配试件的振动、噪声等分析,能够解决生产实践中此类疑难问题

工件螺纹表面波纹一般可用肉眼或放大镜在灯光下观察或与样品比较来评定,目前尚没有评定标准和检查仪器。它的产生原因非常复杂,往往是几种原因共存,其产生原因及排除方法见表8—1。

表8—1　螺纹磨床加工试件表面产生波纹的原因及排除方法

序号	产生原因	排除方法
1	电动机部分: (1) 电动机的转子、风扇叶、带轮等组件的平衡质量较差 (2) 电动机两端的单列向心球轴承已损坏 (3) 电动机前后端盖轴承座孔不同心 (4) 电动机转子硅钢片组的外径变形 (5) 电动机装配不良	更换电动机,对新电动机要求安放在平板上(对底座不用螺钉固定),以 1432 r/min 转动时的振幅在 0.005 mm 以内
2	砂轮主轴部分: (1) 砂轮的静平衡不好 (2) 砂轮主轴的轴承间隙过大 (3) 砂轮主轴两轴承孔的不同心 (4) 砂轮主轴轴颈部分或轴肩部分径向跳动或轴向窜动超差 (5) 部分切削液凝结在砂轮下部 (6) 砂轮法兰内锥孔与砂轮主轴锥体接触不良 (7) 传动砂轮主轴的两条V带长度不一致 (8) 砂轮的硬度、粒度、结合剂选择不当	(1) 先将新砂轮在车床上校准砂轮的轴向窜动,车出角度后作一次静平衡,装上螺纹磨床修整砂轮再作一次精确静平衡,才能正式使用 (2) 按砂轮主轴的装配工艺中的规定重新调整轴承间隙,使其在 0.002～0.003 mm (3) 按工艺要求研磨轴承孔达到技术要求 (4) 修磨主轴或更换新轴,按装配工艺要求重新装配调整与检验 (5) 在下班停工前,先关闭切削液后再空转砂轮机约 5 min,使切削液借离心力作用飞离砂轮。对已有凝结切削液的砂轮需要重修砂轮各面 (6) 修刮接触面上的硬点,要求接触率在80%以上 (7) 选择两条长度相同的V带 (8) 在螺纹底径尺寸可能达到要求的情况下,选择硬度较软、粒度较粗的砂轮或选择橡胶结合剂的砂轮

续表

序号	产　生　原　因	排　除　方　法
3	其他部分： (1) 头架主轴旋转不平稳 (2) 头架主轴转速太快 (3) 头架主轴传动链旋转不平稳 (4) 其他设备振动对螺纹磨床的影响 (5) 工件切削液太脏（同时会使工件螺纹表面烧伤）	(1) 调整头架主轴传动用的直流电动机整流器的接触使其均匀，炭刷位置要求对称，整流器的绝缘槽内应无炭粉 (2) 精磨时头架主轴转速应小于 8r/min (3) 检查传动链中的齿轮及带轮的径向跳动量，对超差的零件进行修复 (4) 对产生振动较大的设备，如刨床、冲锻设备、鼓风机、砂轮机等应间隔一定距离 (5) 更换或过滤切削液

　　为了检查产生波纹的原因，可用测微仪固定在工作台面上，将触头触及砂轮座外壳，按下列步骤逐项检查其振动来源，见表8—2。振动来源试验图如图8—9所示。

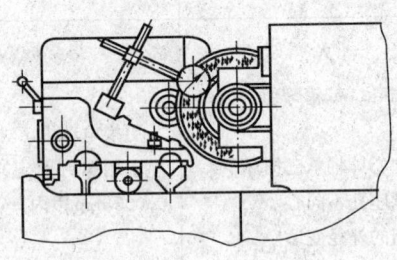

图 8—9　振动来源试验图

表 8—2　　　　螺纹磨床加工试件表面产生波纹的振动来源检查步骤

序号	检　查　方　法	振　动　原　因
1	机床全部不开动而测微仪指针有跳动	其他振动设备安装的影响
2	拆下传动砂轮主轴旋转的V带，仅开动交流电动机而指针有跳动	交流电动机转子不平稳，或滚珠轴承已磨损，或装配不良
3	拆下砂轮法兰，装上V带，开动砂轮，主轴旋转而指针有跳动	砂轮主轴及轴承间隙过大，或已磨损
4	装上砂轮法兰，开动砂轮，主轴旋转而指针有跳动	砂轮及其法兰平衡不良
5	拆下交换齿轮，开动头架主轴及砂轮主轴而指针有跳动	头架直流电动机炭刷位置不准，整流器绝缘槽内有炭粉，或V带轮不平衡

第四节 刨齿机床常见的振动、噪声、加工波纹的分析

刨齿机常见的振动、噪声、加工波纹的产生原因及排除方法见表8—3。

表8—3　刨齿机常见的振动、噪声、加工波纹的产生原因及排除方法

故障现象	产生原因	排除方法
刀架在换向时振动较大	(1) 带动刀架运动的摇盘上的圆螺母松脱,使曲柄在摇盘上松动 (2) 驱动刀架的曲柄连杆机构和摇盘滑块机构的配合间隙过大	(1) 重新配作摇盘与曲柄间的键和旋紧圆螺母 (2) 更换不合格零件,保证配合间隙符合技术要求
摇台自上向下转动时有抖动现象	扇形蜗轮副齿侧间隙过大	用调节螺钉调整螺杆与摇台蜗轮副的齿侧间隙,最小为0.01～0.015 mm
机床的噪声较大	(1) 抬刀的噪声 (2) 摇台油泵凸轮曲线不平滑 (3) 锥齿轮接触不良引起噪声	(1) 调整抬刀量使其在0.5～3 mm之间 (2) 检查制动块在滑枕和刀架座间的间隙,不许超过0.2 mm。将凸轮外形接触线处修整圆滑 (3) 重新调整齿轮的调整垫片,减少齿侧间隙和改善齿面接触精度
粗刨节锥角大于50°的中大模数齿轮时产生强烈振动	(1) 刨齿心轴和坯件的刚度差 (2) 分齿箱和回转板的紧固螺钉未紧固 (3) 摇台与底座的间隙较大	(1) 使刨齿心轴的端面与主轴端面接触(可在心轴端面与主轴端面垫一垫圈或重新磨锥体),增强心轴刚度;加大心轴中段尺寸;加大心轴两端面的空刀槽直径,使接触在外面 (2) 拧紧紧固螺钉 (3) 经修刮应保持摇台与底座的轴向间隙不大于0.015 mm,径向间隙为0.01～0.02 mm
精刨时齿面有垂直于刨削方向的波纹	(1) 属于强迫振动的: 1) 刨刀在进入工件一面的空行程太小,刀未抬起已切到工件,在齿大端引起波纹 2) 两刨刀在中途相逢,在齿面中部引起波纹 3) 刨刀刚切到齿大端时切削力突然增大,引起振动,齿面波纹从大端向小端逐渐减弱 (2) 属于自激振动的: 1) 刨齿心轴和坯件的夹固刚度不够 2) 刨刀安装后的刚度不良	1) 改进操作 2) 改进操作 3) 用很小的余量再精刨一遍

续表

故障现象	产生原因	排除方法
精刨时齿面有垂直于刨削方向的波纹	①压板（见图8—10）与夹刀板的接触不良，或已松动 ②抬刀的力量不够 ③夹刀板在滑枕内的间隙增大 ④刀夹（见图8—11）上安装刨刀的表面不平，或装刀时未将该表面清洁 3) 刀架导轨间隙增大	见本表故障现象4中的相关内容 ①修压板与夹刀板的结合面，使其接触且能均匀滑动，间隙不大于 0.015 mm ②拧紧抬刀用制动块上的内六角螺钉，使弹簧压缩，以增大制动作用 ③将夹刀板和颊板装在滑枕上，用推拉刮法保证间隙不大于 0.015 mm ④刀夹上装刨刀的表面平面度应达到不大于 0.016 mm 的要求，达不到则修磨。清洁装刀面 刀架导轨的侧向间隙不大于 0.01～0.02 mm，如间隙不符合要求则在导轨两端分别用力推拉、修刮导轨

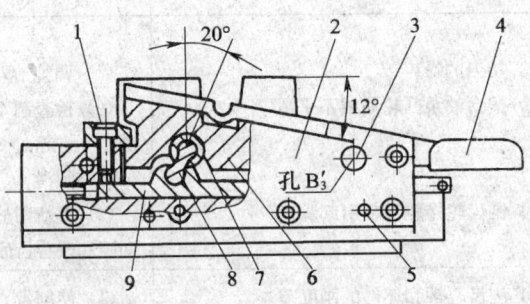

图8—10 颊板和夹刀板

1—压板 2—颊板 3—锥销 4—滑枕 5—圆柱销 6—夹刀板 7—套 8—8字凸轮 9—拉杆

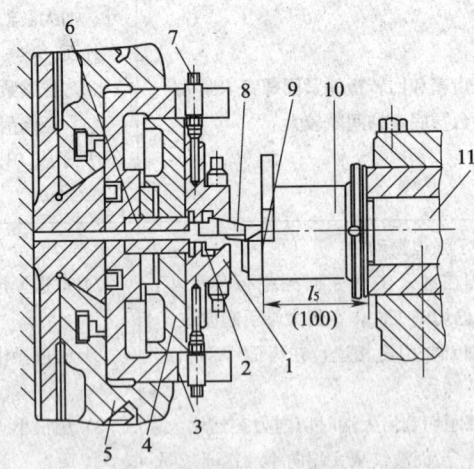

图8—11 刨刀安装的检查

1—刀夹 2—调整楔铁 3—滑枕 4—夹刀板 5—下刀板 6—颊板 7—调节螺钉
8—标准刨刀 9—角度块 10—心轴检验棒 11—主轴

单元考核要点

行为领域	鉴定范围	鉴定点	重要程度
理论知识鉴定考核要点	性能与精度检验	噪声的测量及降低机械噪声的方法	★
		零件的探伤方法	★★
操作技能鉴定考核要点		解决振动、变形、噪声等疑难问题的方法	★★★

单元测试题

一、填空题（请将正确的答案填在横线空白处）

1. 人耳能听到的声压范围为_____Pa。人耳的听觉特点为，当声压增大10倍时，人耳所感觉到的响度仅比原来增大_____倍。

2. 噪声的频率范围在_____Hz之间。

3. 机器噪声的来源有机械噪声、_____、_____。以上噪声源又相互影响，某个元件的振动往往又是另外一些元件的振动源，它们之间相互影响，往往会使噪声增大，特别是发生共振时，噪声将明显增大。

4. 降低齿轮噪声的措施有：提高齿轮的制造精度，提高齿轮的刚度，_____。

5. 在不损坏铸件的情况下检验其内部缺陷，称为_____试验。

二、判断题（下列判断正确的请打"√"，错误的打"×"）

1. 磁粉探伤、超声波探伤以及X射线探伤等检测手段是用来检验其外部缺陷的，故有可能会损伤金属表面。（　　）

2. 齿轮、滚动轴承等部件因制造精度低引起振动而产生噪声，箱体静止部件因受到运动部件的激振也会引起振动产生噪声。（　　）

3. 降低联轴器因装配不良而产生的噪声，关键在减振垫的弹性好坏。（　　）

4. 封闭的齿轮箱对噪声可以起到共振的作用。（　　）

5. 超声波探伤的原理是利用液体具有表面张力的特性，在毛细作用下能渗入到缺陷中去，再用显影剂将其吸出，即可显示出缺陷的位置。（　　）

6. 装配磨床砂轮主轴的轴承间隙过大，重新调整后的轴承间隙在0.02～0.03 mm即可。（　　）

三、简答题

1. 简述降低机械噪声的几种方法。

2. 何为磁粉探伤？

3. 简述渗透探伤的操作步骤。

4. 装配试车时你发现噪声大的原因是什么？是如何排除的？

单元测试题答案

一、填空题
1. 0.000 02～20 1　　2. 40～10 000　　3. 流体噪声　电磁噪声　　4. 保证箱体孔之间的平行度精度　　5. 无损探伤

二、判断题
1. ×　　2. √　　3. ×　　4. ×　　5. ×　　6. ×

三、简答题（略）

第 9 单元

培训与指导

作为高级技师凭借个人经验与对本职业技术理论知识的理解来编写培训讲义是传经授艺，也是对高级技师的基本要求。

随着科学的进步，装配钳工职业也在不断发展，也会有新技术、新设备、新材料、新工艺的出现。因此，要不断地学习以适应社会发展的需求。

→ 能够指导本职业初、中、高级工和技师的实际操作，并传授经验

→ 了解培训讲义的编写方法，能够进行技术理论培训并取得较好的效果

高级技师要具有指导本职业（工种）初级工、中级工、高级工、技师进行操作的能力和对本职业初级工、中级工、高级工、技师进行理论培训的能力，明确培训讲义的基本要求和编写方法，要能编写培训讲义。

一、培训讲义的基本要求

1. 应根据本职业的《国家职业标准》来编写。
2. 应结合本企业的产品、工艺、设备的特点来编写。
3. 应结合编写者本人长期积累的实践经验、先进的操作方法、技能、技巧来编写。
4. 培训讲义的内容应严谨、准确，采用的标准要符合最新的国家标准，名词术语要规范，物理量及计量单位使用要正确。
5. 培训讲义各等级间的知识与技能要合理衔接，既不能重复，也不能遗漏，并防止过多、过难、过深。
6. 培训讲义的语言应生动，通俗易懂，贴近生产实际，便于学员的理解和记忆。
7. 培训讲义应能充分体现机械行业在新技术、新材料、新设备、新工艺方面的发展趋势和管理科学的进步。

二、编写培训讲义的方法

1. 根据培训对象选定培训内容。
2. 搜集有关技术资料。
3. 认真研究本职业《国家职业标准》。
4. 编排培训教学顺序和有关内容。
5. 编写培训讲义。

三、培训讲义编写范例

浅谈尺寸链及其应用

我们把影响某一精度的，彼此按一定顺序连接构成的相互关联的封闭尺寸组称为尺寸链。利用解尺寸链的方法来解决产品装配精度和机械零件加工精度问题，是工艺学理论与生产实际相结合，保证产品质量的重要研究课题。

在培训教学过程中，应从下列环节入手，让学生认识、掌握尺寸链的有关理论知识，解决生产中的各种零件加工和产品装配精度的问题。

1. 尺寸链的组成

任何一个尺寸链都是由 3 个以上的尺寸组成的，每个独立的尺寸称为尺寸链的环，如：

(1) 封闭环。加工或装配中，自然形成的尺寸，或者说间接得到的尺寸（新产生的尺寸）以及要保证精度的尺寸为封闭环。一个尺寸链中只有一个封闭环，一旦封闭环确定错了，那么解题过程等于在做无用功。

(2) 组成环。尺寸链中除封闭环以外的环均称为组成环。组成环是直接得到的尺寸，又可分为：

1) 增环。在其他组成环不变的情况下，某个组成环增大时，封闭环也随之增大，则该组成环称为增环。

2) 减环。在其他组成环不变的情况下，某个组成环增大时，使封闭环减小，则该组成环称为减环。

2. 尺寸链分析

(1) 绘尺寸链简图把相互关联的尺寸，按一定顺序但不按严格比例排列成封闭的外形。同一尺寸链中各组成环分别用同一字母表示，如 A_1、A_2、A_3、…、A_n，封闭环用 A_ε 表示。

(2) 确定各增环、减环。在尺寸链简图上，由任一环一侧基面出发，绕其轮廓顺时针方向或逆时针方向旋转，在旋转时依次将每一个环标出与旋转方向相同的单向箭头，最后从相反方向回到这一基面时，就构成了封闭的外形。凡是箭头方向和封闭环相反的为增环，凡箭头方向和封闭环相同的为减环。

3. 极值法解尺寸链的计算公式

(1) 封闭环的基本尺寸。封闭环的基本尺寸等于所有增环基本尺寸之和减去所有减环基本尺寸之和，即：

$$A_\varepsilon = \sum_m \overrightarrow{A_{增}} - \sum_n \overleftarrow{A_{减}}$$

(2) 封闭环的最大极限尺寸。封闭环的最大极限尺寸等于所有增环的最大极限尺寸之和减去所有减环最小极限尺寸之和，即：

$$A_{\varepsilon\,max} = \sum_m \overrightarrow{A_{增max}} - \sum_n \overleftarrow{A_{减min}}$$

(3) 封闭环的最小极限尺寸。封闭环的最小极限尺寸等于所有增环的最小极限尺寸之和减去所有减环最大极限尺寸之和，即：

$$A_{\varepsilon\,min} = \sum_m \overrightarrow{A_{增min}} - \sum_n \overleftarrow{A_{减max}}$$

(4) 封闭环的上偏差。封闭环的上偏差等于所有增环的上偏差之和减去所有减环下偏差之和，即：

$$A_{\varepsilon s} = \sum_m \overrightarrow{A_{增s}} - \sum_n \overleftarrow{A_{减x}}$$

(5) 封闭环的下偏差。封闭环的下偏差等于所有增环的下偏差之和减去所有减环上偏差之和，即：

$$A_{\varepsilon x} = \sum_m \overrightarrow{A_{增x}} - \sum_n \overleftarrow{A_{减s}}$$

(6) 封闭环的公差。封闭环的公差等于所有组成环的公差之和，即：

$$\delta A_\varepsilon = \sum_{i=1}^{m+n} \delta A_i$$

4. 尺寸链的应用

解决零件加工精度和装配精度示例：

（1）套筒。套筒如图9—1所示，表面 C 为表面 B 的设计基准，以表面 C 定位加工缺口表面 B，可保证设计尺寸 $10^{+0.2}_{0}$ mm。当铣套筒缺口的定位基准为 A 面时，则设计基准与定位基准不重合，需进行工艺尺寸换算，工序尺寸应由 A 面标出。

试画工艺尺寸链简图，并计算 A、B 面之间的工序尺寸及偏差。

解法（一）

1）绘尺寸链简图。套筒的尺寸链简图如图9—2所示。

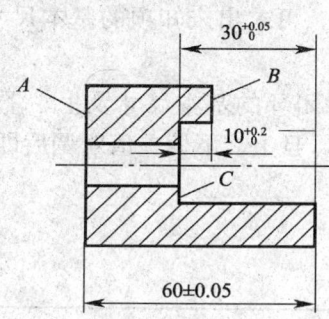

图9—1 套筒简图

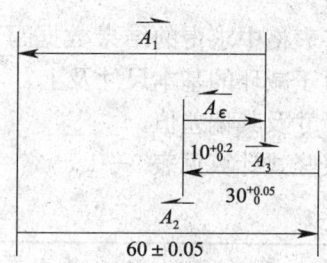

图9—2 套筒尺寸链简图

尺寸 $10^{+0.2}_{0}$ 为封闭环 A_ε，则 A_1、A_3 为增环（箭头与 A_ε 相反），A_2 为减环（箭头与 A_ε 相同）。

2）求 A_1 的基本尺寸及其偏差。

因为：$A_\varepsilon = A_1 + A_3 - A_2$

所以：$A_1 = A_\varepsilon + A_2 - A_3 = 10 + 60 - 30 = 40$ mm

因为：$A_{\varepsilon max} = A_{1max} + A_{3max} - A_{2min}$

所以：$A_{1max} = A_{\varepsilon max} + A_{2min} - A_{3max} = 10.2 + 59.95 - 30.05 = 40.10$ mm

因为：$A_{\varepsilon min} = A_{1min} + A_{3min} - A_{2max}$

所以：$A_{1min} = A_{\varepsilon min} + A_{2max} - A_{3min} = 10 + 60.05 - 30 = 40.05$ mm

所以：$A_1 = 40^{+0.10}_{+0.05}$ mm

解法（二）

1）绘尺寸链简图。尺寸链简图如图9—2所示。尺寸 $10^{+0.2}_{0}$ 为封闭环 A_ε，则 A_1、A_3 为增环，A_2 为减环。

2）求 A_1 的基本尺寸及其偏差。

因为：$A_\varepsilon = A_1 + A_3 - A_2$

所以：$A_1 = A_\varepsilon + A_2 - A_\varepsilon = 10 + 60 - 30 = 40$ mm

因为：$A_{\varepsilon s} = A_{1s} + A_{3s} - A_{2x}$

所以：$A_{1s} = A_{\varepsilon s} + A_{2x} - A_{3s} = 0.2 + (-0.05) - 0.05 = 0.10$ mm

因为：$A_{\varepsilon x} = A_{1x} + A_{3x} - A_{2s}$

所以：$A_{1x} = A_{\varepsilon x} + A_{2s} - A_{3x} = 0 + 0.05 - 0 = 0.05$ mm

所以：$A_1 = 40^{+0.10}_{+0.05}$ mm

解法（三）

1) 绘尺寸链简图。尺寸链简图如图 9—2 所示。尺寸 $10^{+0.2}_{0}$ 为封闭环 A_ε，则 A_1、A_3 为增环，A_2 为减环。

2) 求 A_1 的基本尺寸及其偏差。列表竖式计算要领是：

①将未知项空缺。各已知项填入表格时，若是增环或封闭环，其基本尺寸和上、下偏差值照抄；若是减环，则基本尺寸和上、下偏差值均需变号，且上、下偏差值对调后填入空格内。

②利用各环的代数和等于封闭环数值的竖式计算，可求出未知项的基本尺寸及上、下偏差值。

③将表格中求得的结果数据写下来时，增环、封闭环的基本尺寸及上、下偏差照抄。而对于减环的基本尺寸及上、下偏差值均需变号，且上、下偏差值对调后即为所求的基本尺寸及其偏差值。

列表竖式计算见表 9—1。

表 9—1　　　　　　　　竖式计算表　　　　　　　　　　mm

名　称	基本尺寸	上偏差	下偏差
增环 A_1	(40)	(+0.10)	(+0.05)
增环 A_3	30	+0.05	0
减环 A_2	−60	+0.05	−0.05
封闭环 A_ε	10	+0.20	0

所以：$A_1 = 40^{+0.10}_{+0.05}$ mm

（2）轴套在轴颈上的轴向间隙。在轴颈上套一轴套，加垫圈后用螺母紧固，如图 9—3 所示。

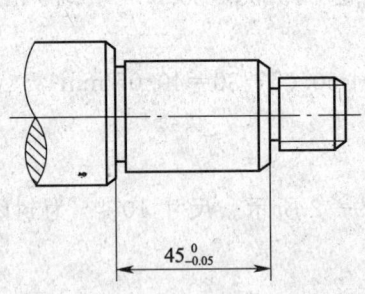

图 9—3　轴颈、轴套简图

试用尺寸链求解轴套在轴颈上的轴向间隙是多少？

解法（一）

1) 绘尺寸链简图。轴颈、轴套尺寸链简图如图 9—4 所示。装配后轴向间隙为封闭环 A_ε，则 A_1 为

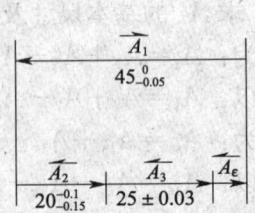

图 9—4　轴颈、轴套尺寸链简图

增环，A_2、A_3 为减环。

2) 求 A_ε 的基本尺寸及其偏差。

$A_\varepsilon = A_1 - (A_2 + A_3) = 45 - (20 + 25) = 0$ mm

$A_{\varepsilon max} = A_{1max} - (A_{2min} + A_{3min}) = 45 - (19.85 + 24.97) = 0.18$ mm

$A_{\varepsilon min} = A_{1min} - (A_{2max} + A_{3max}) = 44.95 - (19.9 + 25.03) = 0.02$ mm

所以：$A_\varepsilon = 0^{+0.18}_{+0.02}$ mm

轴向间隙为 0.02～0.18 mm。

解法（二）

1) 绘尺寸链简图。尺寸链简图如图 9—4 所示。装配后轴向间隙为封闭环 A_ε，则 A_1 为增环，A_2、A_3 为减环。

2) 求 A_ε 的基本尺寸及偏差。

$A_\varepsilon = A_1 - (A_2 + A_3) = 45 - (20 + 25) = 0$ mm

$A_{\varepsilon s} = A_{1s} - (A_{2x} + A_{3x}) = 0 - [(-0.15) + (-0.03)] = 0.18$ mm

$A_{\varepsilon x} = A_{1x} - (A_{2s} + A_{3s}) = -0.05 - [(-0.1) + 0.03] = 0.02$ mm

所以：$A_\varepsilon = 0^{+0.18}_{+0.02}$ mm

轴向间隙为 0.02～0.18 mm。

解法（一）为极值求解，解法（二）为偏差值求解。这两种方法都能利用尺寸链比较迅速、准确地计算出结果，在尺寸链求解过程中比较适用。

单元考核要点

行 为 领 域	鉴 定 范 围	鉴 定 点	重要程度
理论知识鉴定考核要点	理论培训	编写培训讲义的方法	★★
操作技能鉴定考核要点	指导操作	指导本职业初、中、高级工和技师的实际操作	★★★

单元测试题

一、简答题

1. 简述编写培训讲义的基本要求。
2. 简述编写培训讲义的方法。

二、技能题

结合生产实际编写一篇装配工艺讲义。

单元测试题答案

（略）

理论知识考核试卷

一、判断题（下列判断正确的请打"√"，错误的打"×"；每题1分，共46分）

1. 翻转式钻床夹具，主要适用于加工小型工件上有多个不同方向的孔，它连同工件在一起的总质量一般限于8~10 kg。（ ）
2. 原始误差等于工艺系统的几何误差。（ ）
3. 从机器的使用性能来看，有必要把零件做得绝对准确。（ ）
4. 气压传动有良好的适应性，可在易燃、易爆、强磁、辐射等恶劣环境中工作。（ ）
5. 清洗涂层导轨表面通常采用汽油清洗。（ ）
6. 钻工件上位置靠得较近的两个圆孔时，夹具中所使用的钻套应是快换钻套。（ ）
7. 当工件需要钻、扩、铰多工步加工时，夹具中的钻套应选用快换钻套。（ ）
8. 工件定位面与夹具定位元件之间有杂质、切屑或毛刺，会造成工件变形。（ ）
9. 车床夹具应保证工件的定位基准与车床的主轴回转中心线保持严格的位置关系。（ ）
10. 爬行对机床加工只会影响定位精度，对加工表面粗糙度没有影响。（ ）
11. 对M16以下环规的研磨和抛光，一般用整体式螺纹研具。（ ）
12. 大规格的粗牙螺纹环规，一般都采用螺纹磨床直接磨削。（ ）
13. 选择研具材料的基本原则是要求硬度低于工件。（ ）
14. 硬质合金等高硬材料的工件，研磨时均可采用碳化硼、碳硅硼和碳化硅磨料。（ ）
15. 在安装各种泵和阀时，应注意进、回油口方位，如安装错误，将使系统动作失灵，甚至发生事故。（ ）
16. 进油管与泵进油口连接处应密封良好，以免进入空气，影响工作性能。（ ）
17. 清洗工作以主系统为主，清洗前，溢流阀及其他液压阀的排油回路要将阀的入口处临时打开。（ ）
18. 运动部件产生爬行的原因有可能是流量阀的节流口处有污物，通油量不均匀。（ ）
19. 液压泵吸空引起连续不断的"嗡嗡"声并伴随杂声，有可能是油液黏度过大。（ ）
20. 叶片泵吸不上油，可能是叶片在转子槽内粘住、卡死。（ ）

21. 数控机床主轴部件的功率大小与回转速度影响加工效率，它的自动变速、准停和换刀等影响机床的精度等级。（   ）
22. 加工中心的主轴轴承一般采用一个或两个角接触球轴承组成。（   ）
23. 在自动换刀机床的刀具自动夹紧装置中，刀杆常采用 4∶12 的小锥度锥柄，既利于定心，也为松刀带来方便。（   ）
24. 数控机床为了完成 ATC（刀具自动交换）的动作过程，必须设置主轴准停机构。（   ）
25. 通常主轴准停机构有两种方式，即机械式与电气式。（   ）
26. 现代数控机床上采用机械凸轮机构或光电盘方式进行粗定位，然后由一个液动或气动的定位销插入主轴上的销孔或销槽实现精确定位。（   ）
27. 主传动系统的主轴发热的原因，有可能是主轴轴承预紧力过大。（   ）
28. 为了提高滚珠丝杠的高速性能而采取的措施，其中有，适当加大丝杠的转速、导程和螺纹线数。（   ）
29. 滚珠丝杠副产生噪声的原因，可能是螺母轴线与导轨不平行。（   ）
30. 导轨上移动部件运动不良或不能移动的原因，可能是导轨镶条与导轨间隙太小，调得太紧。（   ）
31. 声音是由振动产生的，其声波作用于物体上的压力称为声压，声压的单位是 dB。（   ）
32. 噪声的测量，通常使用声级计。用声级计测得的噪声是经过仪器听感修正后的声压级。（   ）
33. 机械噪声包括机床内各运动部件，如齿轮、滚动轴承、凸轮机构、联轴器等部件因同轴度误差等引起振动而产生的噪声；箱体、罩壳等静止部件，因受到运动部件的激振而引起振动所产生的噪声。刀具相对于工件运动所产生的摩擦和推动不属于噪声。（   ）
34. 装配时做好轴承的清洁工作，施以预加载荷，对降低轴承噪声无明显作用。（   ）
35. 渗透探伤只能用于非封闭型缺陷的探伤。（   ）
36. 在坐标镗床面部件总装配中，在安装刻线尺之前，应检验其放滚珠的一端中心孔的径向跳动。（   ）
37. 采用减压回路，可获得比系统压力低的稳定压力。（   ）
38. 对于在几个方向都有孔的工件，为了减少装夹次数，提高各孔之间位置精度，可采用移动式钻床夹具。（   ）
39. 基准不重合误差也就是定位尺寸公差。（   ）
40. 对工件上两个平行圆柱孔定位时，为了防止产生过定位，常用的定位方式是用两个圆锥销。（   ）
41. 容积调速回路中的溢流阀起安全保护作用。（   ）
42. 分组装配法的装配精度，完全取决于零件的加工精度。（   ）

43. 凡具有外部泄漏的阀，其泄油口与回油管连通时，如果有背压应单独接油池。（   ）

44. 装配时，使用可换垫片、衬套和镶条等，以消除零件间的累积误差或配合间隙的方法是调整法。（   ）

45. 在夹具中，用偏心夹紧工件比用螺旋夹紧工件的主要优点是动作迅速。（   ）

46. 长圆锥心轴可限制长圆锥孔工件的3个自由度。（   ）

二、单项选择题（下列每题的选项中，只有1个是正确的，请将其代号填在横线空白处；每题1分，共36分）

1. 当用钻夹具钻工件上位置靠得较近的两个圆孔时，所使用的钻套应是_____。
   A. 固定钻套　　B. 快换钻套　　C. 可提升钻套　　D. 切边钻套

2. 在精密丝杠车床上采用螺距校正装置属于_____。
   A. 误差补偿法　B. 就地加工法　C. 误差分组法　D. 调整法

3. 主轴的纯_____对内、外圆加工没有影响。
   A. 轴向窜动　　B. 径向圆跳动　C. 角度摆动　　D. 全跳动

4. 钻套在钻夹具中用来引导刀具对工件进行加工，以保证被加工孔位置的准确性，因此它是一种_____。
   A. 定位元件　　B. 引导元件　　C. 夹紧元件　　D. 分度定位元件

5. 设计钻床夹具时，夹具公差可取相应加工件公差的_____。
   A. 1/3～1/2　　B. 1/5～1/2　　C. ±0.10　　　D. ±1/3

6. 在液压系统中，突然启动或停机、突然变速或换向等引起系统中液体流速或流动方向的突变时，液体及运动部件的惯性将使局部压力突然升高，形成液压冲击。为了消除液压冲击，应采用_____。
   A. 平衡回路　　B. 缓冲回路　　C. 减压回路　　D. 卸荷回路

7. 为了使工作机构在任意位置可靠地停留，且在停留时其工作机构在受力的情况下不发生位移，应采用_____。
   A. 背压回路　　B. 平衡回路　　C. 闭锁回路　　D. 卸荷回路

8. 当液压设备上有两个或两个以上的液压缸，在运动时要求保持相同的位移或速度，或以一定的速比运动时，应采用_____。
   A. 调速回路　　B. 同步回路　　C. 调压回路　　D. 方向控制回路

9. 研磨时，研具与工件的相对运动比较复杂，每一磨粒_____在工件表面上重复自己的运动轨迹。
   A. 不会　　　　B. 大量　　　　C. 有时会　　　D. 可能

10. 超精加工中使用的切削液通常是_____的混合剂，在使用时，应在循环系统中不断过滤净化。
    A. 20%煤油和80%锭子油　　B. 80%煤油和20%锭子油
    C. 10%煤油和90%锭子油　　D. 90%煤油和10%锭子油

11. M5以下的环规研具，材料用_____。
    A. 工具钢　　B. 15～20钢　　C. 45钢　　　　D. 合金钢

12. 大规格的粗牙螺纹环规，一般都采用_____直接磨削。
    A. 普通磨床　　B. 研磨　　　C. 抛光　　　D. 螺纹磨床
13. 研磨铜瓦大都用_____磨料。
    A. 氧化物　　　B. 碳化物　　C. 金刚石类
14. 机床液压系统由各种液压元件组成，各液压元件分布在机床的各个部位，它们之间用油管、_____等零件连接成一个完整的液压系统。
    A. 管接头　　　B. 阀类　　　C. 液压泵　　D. 运行机构
15. 机床液压系统在试车时应先启动液压泵，检查在_____状态下的运转。
    A. 满负荷　　　B. 大负荷　　C. 小负荷　　D. 卸荷
16. 液压系统的泵声音异常检查周期应是_____。
    A. 1次/月　　　B. 1次/星期　C. 1次/天　　D. 1次/年
17. 溢流阀的故障中，使溢流阀产生振动的因素是_____。
    A. 压力油压力过大、油路阻塞、压力弹簧变形
    B. 管路变形、螺母松动、滑阀过松
    C. 螺母过紧、压力弹簧变形、滑阀配合过紧
    D. 螺母松动、压力弹簧变形、滑阀配合过紧
18. 液压系统运转不起来或压力提不高时，应首先考虑造成故障的几个因素是_____。
    A. 液压缸、液压泵、控制阀、液压油
    B. 电动机、液压泵、控制阀、液压油
    C. 液压缸、液压泵、控制阀、运行系统
    D. 液压油、液压泵、控制阀、运行系统
19. 电动机产生的热量直接影响主轴，主轴的热变形严重影响机床的加工精度，因此合理选用_____以及润滑、冷却装置十分重要。
    A. 主轴材料　　B. 主轴轴承　　C. 散热　　　D. 电动机转速
20. 数控机床通常主轴准停机构有两种方式，即机械式与_____。
    A. 手动式　　　B. 半机械式　　C. 电气式　　D. 半自动化式
21. 造成主传动系统中常见的刀具不能夹紧的原因是_____。
    A. 碟形弹簧位移量太大、弹簧夹头损坏、碟形弹簧失效、刀柄上拉钉过长
    B. 碟形弹簧位移量太小、弹簧夹头损坏、碟形弹簧失效、刀柄上拉钉过短
    C. 碟形弹簧位移量太小、弹簧夹头损坏、碟形弹簧失效、刀柄上拉钉过长
    D. 碟形弹簧压合过紧、弹簧夹头损坏、碟形弹簧失效、刀柄上拉钉过长
22. 可能导致滚珠丝杠运动不灵活的原因是_____。
    A. 轴向预加载荷太大、丝杠与导轨不平行、螺母轴线与导轨不平行
    B. 轴向预加载荷太大、电动机与丝杠联轴器松动、螺母轴线与导轨不平行
    C. 轴向预加载荷太大、丝杠与导轨不平行、电动机与丝杠联轴器松动
    D. 电动机与丝杠联轴器松动、丝杠与导轨不平行、螺母轴线与导轨不平行
23. 数控机床的导轨研伤后，经分析原因为"导轨材质不佳"，应采取的措施是

_____，以改善摩擦情况。
   A. 采用电镀加热自冷淬火对导轨进行处理，导轨上增加锌铝铜合金板
   B. 直接进行刮研处理，并增加垫片
   C. 调整导轨润滑油量，保证润滑油压力
   D. 加强机床保养，保护好导轨防护装置

24. 数控机床导轨必须具有较高的_____，机床在高速进给时不振动、低速进给时不爬行等特性。
   A. 强度、高硬度、高耐磨性
   B. 导向精度、高刚度、高耐磨性
   C. 平行度、高耐磨性、高硬度
   D. 强度、高硬度、高尺寸精度

25. 导轨副是数控机床的重要部件之一，它在很大程度上决定数控机床的刚度、_____和精度保持性。
   A. 规格   B. 加工范围   C. 精度   D. 寿命

26. 高速滚珠丝杠在运行时由于摩擦产生高温，造成丝杠的_____，直接影响高速机床的加工精度。
   A. 热变形   B. 强度降低   C. 热膨胀   D. 硬度降低

27. 采用"空心强冷"技术，就是将恒温_____通入空心丝杠的孔中，对滚珠丝杠进行强制冷却，保持滚珠丝杠副温度的恒定。
   A. 空气   B. 切削液   C. 乳化液   D. 水

28. 造成主传动系统中的主轴在强力切削时停转的原因可能是_____。
   A. 电动机与主轴连接的传动带过紧、传动带表面有油、传动带使用过久而失效、摩擦离合器调整过紧或磨损
   B. 电动机与主轴连接的传动带过紧、传动带表面有油、传动带使用过久而失效、摩擦离合器调整过松或磨损
   C. 电动机与主轴连接的传动带过松、传动带表面有油、传动带使用过久而失效、摩擦离合器调整过紧或磨损
   D. 电动机与主轴连接的传动带过松、传动带表面有油、传动带使用过久而失效、摩擦离合器调整过松或磨损

29. 导致数控机床导轨上移动部件运动不良或不能移动的原因大概为_____。
   A. 导轨面研伤，导轨压板研伤，导轨镶条与导轨间隙太大、调得太松
   B. 导轨面研伤，导轨不平行，导轨镶条与导轨间隙太小、调得太紧
   C. 导轨凹凸不平，导轨压板研伤，导轨镶条与导轨间隙太大、调得太紧
   D. 导轨面研伤，导轨压板研伤，导轨镶条与导轨间隙太小、调得太紧

30. 数控机床中，对于大行程的高速进给系统，可采用_____的传动方式。
   A. 丝杠固定、螺母旋转   B. 丝杠旋转、螺母固定
   C. 丝杠固定、螺母固定   D. 丝杠旋转、螺母旋转

31. 用超声波探伤时，探头与铸件应_____接触，否则会使探伤能力变差。

A. 紧密　　　　　　B. 保持一定的间隙　　　C. 中间隔有空气的

32. 用于铸件探伤的超声波频率一般为_____。

　　A. 20～100 kHz　　B. 100～500 kHz　　　C. 500 kHz～5 MHz

33. 在高强度材料上钻孔时，可采用_____为切削液。

　　A. 乳化液　　　　　B. 煤油　　　　　　　C. 硫化切削液

34. 工件以外圆柱为基准，定位元件是V形架时，则当设计基准是外圆_____时定位误差最小。

　　A. 上母线　　　　　B. 下母线　　　　　　C. 中心线

35. 齿轮泵输油量不足、压力升不高的原因是_____。

　　A. 轴向与径向间隙大　B. 泵体、泵盖间密封不严　C. 电动机反转液压泵吸空

36. 溢流阀产生振动的原因是_____。

　　A. 螺母松动或压力弹簧变形或滑阀配合过紧
　　B. 滑阀拉毛或弯曲变形
　　C. 液压压力过大

三、简答题（每题5分，共10分）

1. 液压系统中，当换向阀不换向时试判断故障原因及排除的措施。
2. 数控机床为什么必须设置主轴准停机构？

四、计算题（8分）

如图卷2—1所示为箱体零件孔加工工序图，1、2两孔中心距 $L=(100\pm0.1)$ mm，$\alpha=30°$，在坐标镗床上加工，为满足孔距尺寸要求，问坐标尺寸 L_x、L_y 的尺寸及公差如何计算？

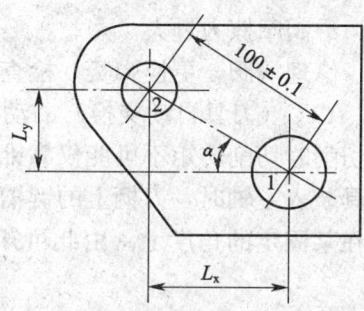

图卷2—1　箱体零件孔加工工序图

理论知识考核试卷答案

一、判断题

1. √ 2. × 3. × 4. √ 5. × 6. × 7. √ 8. ×
9. √ 10. × 11. √ 12. √ 13. × 14. √ 15. √ 16. √
17. × 18. √ 19. √ 20. √ 21. × 22. √ 23. √ 24. √
25. √ 26. × 27. √ 28. √ 29. √ 30. √ 31. × 32. √
33. × 34. √ 35. √ 36. √ 37. √ 38. √ 39. × 40. ×
41. √ 42. × 43. √ 44. √ 45. √ 46. ×

二、单项选择题

1. D 2. A 3. A 4. B 5. B 6. B 7. C 8. B
9. A 10. B 11. B 12. D 13. A 14. A 15. D 16. C
17. D 18. B 19. B 20. C 21. C 22. A 23. A 24. B
25. C 26. A 27. B 28. D 29. D 30. A 31. A 32. C
33. C 34. B 35. A 36. A

三、简答题

1. 答：原因：电磁铁损坏或力量不足、滑阀拉毛或卡死、有中间位置的阀的弹簧力超过电磁铁吸力或弹簧折断、滑阀摩擦力过大。

措施：更换电磁铁，清洗、修理滑阀，更换弹簧，检查滑阀配合及两端密封阻力。

2. 答：数控机床为了完成ATC（刀具自动交换）的动作过程，必须设置主轴准停机构。由于刀具装在主轴上，切削时切削转矩不可能仅靠锥孔的摩擦力来传递，因此在主轴前端设置一个突键，当刀具装入主轴时，刀柄上的键槽必须与突键对准，才能顺利换刀；为此，主轴必须准确停在某固定的角度上。由此可知，主轴准停是实现ATC过程的重要环节。

四、计算题

解：画尺寸链简图，如图卷2—2所示。

L是封闭环，L_x、L_y是组成环。把L_x、L_y向L投影，将此平面尺寸链化成由$L_x \cos\alpha$、$L_y \sin\alpha$、L三尺寸组成的线形尺寸链。

$L_x = L\cos 30° = 100 \times \cos 30° = 86.60$ mm

$L_y = L\sin 30° = 100 \times \sin 30° = 50$ mm

由尺寸链关系 $L = L_x \cos\alpha + L_y \sin\alpha$ 得

$\Delta L = \Delta L_x \cos 30° + \Delta L_y \sin 30°$

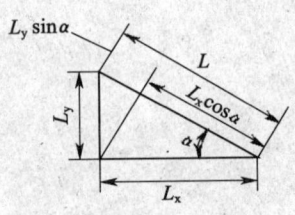

图卷2—2 尺寸链简图

同等公差分配，使 $\Delta L_x = \Delta L_y$；$\Delta L = 0.2$ mm 代入计算

$L_x = \Delta L_y = \dfrac{0.2}{\cos 30° + \sin 30°} = 0.146$ mm

工序图上标注镗孔坐标尺寸为：

$L_x = 86.60 \pm 0.073$ mm

$L_y = 50 \pm 0.073$ mm

操作技能考核试卷答案

本试卷用于技能操作先进经验或解决生产疑难问题成就展示与评审。

一、成就展示说明材料

1. 技能操作先进经验展示

(1) 该项操作内容必须具备本工种高级工及其以上水平。

(2) 说明该操作诀窍项的生产过程：提供操作图纸及工艺要求或文字，说明操作过程。

(3) 说明该操作先进经验的结果与作用，如提高的生产效率，产品质量的保障程度。

(4) 本技能操作先进经验具有突出表现，得到所在企业的认可或认证。

2. 解决生产疑难问题

(1) 提供生产疑难问题资料。

(2) 展示解决疑难问题的方法，如工装设计图纸及设计说明。

(3) 说明解决生产疑难问题的结果与作用。

(4) 本项方案得到所在企业的认可。

3. 材料要求

(1) A4 纸，大标题用二号宋体字，正文用四号宋体字，大小标题字体加粗，页边距：上、下各 25 mm，左、右各 30 mm。

(2) 提供的图纸资料清晰、齐全，材料说明简明、清楚。

(3) 材料需经企业技术主管确认签字并加盖公章。

二、专家评审（百分制）

1. 确定难度级别（占总分的 40%）

高难度≥36 分、较高难度≥32～35 分、一般难度≥28～31 分、较低难度≥24～27 分、无难度＜24 分。评价难度：一对照装配钳工的等级水平评定；二分析问题的难度。在至少四名评委分别打分后，去掉一个最高分、一个最低分，合计平均分。

2. 过程评定［任选（1）（2）中的一项，每项占总分的 60%］

(1) 操作先进经验

1) 审阅资料，占 18%。

2) 现场观看操作，占 42%。

(2) 解决生产疑难问题

1) 审阅资料，占 24%。

2) 现场考察，占 36%。
（3）过程评定
1) 资料的完整性、科学性、实用性、有效性。
2) 现场考评与资料的符合性及操作水平。
在至少四名评委分别打分后，去掉一个最高分、一个最低分，合计平均分。

三、申报材料与评审表

装配钳工高级技师技能水平成就申报材料

姓名：	单位：	编号：
成就（成果）名称		
1. 原生产的疑难问题		
2. 解决的手段与方法		
3. 取得的结果与作用		
4. 说明等级的对照点		
5. 本企业技术主管评语		
	技术主管： 公章： 年 月 日	

备注：表格不够用可延续加页。

装配钳工（技师 高级技师）

装配钳工高级技师技能水平成就评审表（总分100分）

编 号	成就（成果）名称	评 语	评 分
1. 难度级别评定（占总分的40%）	高难度≥36分		
	较高难度≥32～35分		
	一般难度≥28～31分		
	较低难度≥24～27分		
	无难度＜24分		
2. 过程评定（每项占总分60%）			
（1）操作先进经验	资料四性（完整、科学、实用、有效）18分		
	现场操作（与资料的符合和操作水平）42分		
（2）解决生产疑难问题	资料四性（完整、科学、实用、有效）24分		
	现场考察（与资料的符合程度和创作水平）36分		
备 注	过程评定中的（1）操作先进经验和（2）解决生产疑难问题，可任选其一，也可（1）和（2）都选，（1）（2）都选者取得分高的选项记载		总得分

评委：

附录

常用标牌规范英汉对照

A

abrasive 磨料
abrasive belt 砂布带
accessories 附件，辅助设备
accurate to dimension 符合加工尺寸
adjust screw 调整螺钉
alarm 警报
attachment 附件，附加装置
aluminun 铝
ampere 安培
amount of feed 进给量
angle 角，角度
angle square 角尺
anneal 退火
annunciator 报警器
anvil 铁砧，测砧，平台，基准面
triangular thread 三角螺纹
apron 溜板箱
arbour 心轴，刀杆
ALU (arithmetic-logic unit) 运算器
assembly 装配，装置
automation 自动化
axial feed 轴向进给
axis 轴线，中心线
axle （轮）轴

B

back 背面，背部
back and forth 往复，来回
back conter 尾顶尖
ball screw pair 滚珠丝杠副
baseplate 底板（底座），支承板
basis 基准
belt 带
bench lathe 台式车床
bent tool 弯头车刀
bore 镗，孔，腔
boring cutter 镗刀
boring machine 镗床
bracket 托架，支座
buffer 缓冲存储器
bushing 钻套，衬套

C

carbon 碳
carbon steel 碳素钢
carbide cutting tool 硬质合金刀具
cast iron 铸铁
CAD (computer-aided design) 计算机辅助设计
calendar 日历
caliber rule 卡尺
CAM (computer-aided manufacture) 计算机辅助制造
capstan lathe 六角车床
carriage 滑座，托架
center lathe 普通车床
centre 顶尖，顶针
chuck 卡盘，卡头，用夹头夹住
circuit 电路
class of accuracy 精度等级
clearance 间隙
chip 切屑
CNC (Computer Numerical Control) 计算机数字控制
CNC lathe 数控车床
CNC milling machine 数控铣床
code 代码，密码

command spots 指令信号点
component 零件，部件
copper 铜，铜的
countersink 钻孔，钻埋头孔
CPU (central processing unit) 中央处理器
crank 手柄，曲柄
crankshaft 曲轴
criterion 标准，尺度，依据
crossrail 横梁，横导轨
CRT 显示器
cutting fluid 切削液
cylinder 液压缸
cylindrical grinder 外圆磨床
center grinder 无心磨床

D
data plate 铭牌
depth 深度
diameter 直径
die handle 板牙扳手，板牙架
dimension 尺寸，尺度，量纲
displacement 位移，转移
dividing head 分度头
drill head 钻头，（钻床）床头箱
drill press 钻床
dry run 空运转
dynamic balance 动平衡

E
edit 编辑
elevating screw 升降丝杠
end elevation 俯视图
end milling cutter 端铣刀
English spanner 活扳手
escape 退刀槽
external thread 外螺纹

F
face mill 平面铣刀
feed rate 进给速度

file 锉（刀）
fixture 夹具，夹紧装置，配件
flute 排屑槽
forbid 禁止
four-jaw chuck 四爪单动卡盘
fuse-holder 保险盒

G
grinding machine 磨床

H
hard facing 表面硬化，表面淬火
headstock 床头箱，头架

I
inspection 检查，检验
instruction 指令
interface 接口

K
keyboard 键盘

L
lathe 车床
lathe tool 车刀
lead screw 丝杠

M
machine 机器，机床，机械加工
machining centre 加工中心
maintenance 维护，保养
mandrel 心轴
mechanism 机械装置，机构
memory 存储器
microcomputer 微机
miller 铣床，铣工
modulus 模数，模量
moment 力矩
Morse taper 莫式锥度
mounting 安装，装配
multiple thread 多线螺纹

N
normal rated power 额定功率
nozzle 喷嘴

O

ohm 欧姆
oil seal 油封
oil trough 油槽
one start screw 单线螺纹
one-way clutch 单向离合器
one-way valve 单向阀
output 输出
overheat 过热
overload 过载，使过载

P

panel 板，控制板，操纵板
parameter 参数
path 路径
pause 终止，暂停
perform 完成，执行
pin 销，钉
pinion 小齿轮
piping 管道
plain bearing 滑动轴承
planer mill 龙门铣床
plunger pump 柱塞泵
PMC 手动控制
position accuracy 定位精度
procedure 工序，程序
pulley 带轮，滑轮

Q

quench 淬火

R

rack 齿条
radial 半径的，径向的
radial drill 摇臂钻床
rake angle 前角
ratio 比，比率
reaming 扩孔，铰孔
register 寄存器，记录仪
relief 后角
reservoir 油箱，水箱
reset 清零，复位
resume 恢复，重新开始
rivet 铆钉，铆接
roughing 粗加工
roughness 表面粗糙度
route sheet 工艺过程卡
runout 径向跳动，偏心

S

saddle 床鞍，滑板
sample 实例，样品
scale 刻度，标度
screw 螺杆，螺钉，螺纹
seal 密封垫
secondary memory 辅助存储器
sensor 传感器
servo 伺服机构，伺服（电动）机
shaper 牛头刨床
shortcut key 快捷键
side rake angle 副前角
signal 信号
sliding bearing 滑动轴承
socket 座，插座
software 软件
spindle 主轴，心轴，推杆
spline 花键
steel ruler 钢尺
stock 毛坯，原料，材料
structure 结构，构造
symbol 符号，记号

T

tailstock 尾座，顶尖座
taper-shank 锥柄
title panel 标题栏
tolerance and fit 公差及配合
tool holder 刀杆，刀夹
transmission 转动，传递
T-slot T形槽
turning 车削，车工工作

twist drill　麻花钻

U

upright-drill　立式钻床

V

valve　阀
valve seat　阀座
vernier　游标尺

W

weigh　称（量），重
workpiece　工件
workseat　工件座
worktable　工作台

Z

zero　零，零度，零位